高等学校电子信息类规划教材

电子测量技术基础

（第2版）

高礼忠　　杨吉祥　　编著

东南大学出版社
·南京·

内 容 提 要

书中主要讲述电子测量的基本概念、各种电信号、电子元器件、网络参数及数字系统的测试原理和测量方法，以及常用电子测量仪器的原理与应用。具体内容包括：误差理论和数据处理、电压和电流测量、时间和频率测量、信号源、信号波形的显示和测量、信号分析、逻辑分析仪、电子元器件及网络参数测量、仪器总线及虚拟仪器等。

本书在2004年修订版的基础上，对任意波形发生器、数字示波器、逻辑分析仪、频谱分析仪以及虚拟仪器和仪器总线等内容，作了较大篇幅的修改与更新，特别增加了数字荧光示波器、实时频谱分析技术、LabWindows/CVI及其在虚拟仪器设计中的应用、最新的仪器总线PXIe、LXI、AXIe总线技术等全新的内容进行了介绍。

本书可作为普通高等院校电子类及信息类各专业本科生和硕士研究生的教材，也可供广大科研和工程技术人员参考。

图书在版编目（CIP）数据

电子测量技术基础 / 高礼忠，杨吉祥编著. —2版.
— 南京：东南大学出版社，2015.8
　ISBN 978 - 7 - 5641 - 5997 - 9

Ⅰ. ①电 …　Ⅱ. ①高 … ②杨 …　Ⅲ. ①电子测量技术 — 高等学校 — 教材　Ⅳ. ①TM93

中国版本图书馆 CIP 数据核字（2015）第 211004 号

书　　名	**电子测量技术基础(第 2 版)**
编　　著	高礼忠　杨吉祥
责 任 编 辑	朱经邦
责 任 印 制	张文礼
封 面 设 计	王　玥
出 版 发 行	东南大学出版社
出 版 人	江建中
社　　址	南京市四牌楼 2 号（邮编 210096）
印　　刷	大丰市科星印刷有限责任公司印刷
经　　销	全国各地新华书店
开　　本	787 mm × 1092 mm　1/16
印　　张	23
字　　数	598 千
版　　次	2015 年 8 月第 2 版
印　　次	2015 年 8 月第 1 次印刷
印　　数	1—3 000 册
书　　号	ISBN 978-7-5641-5997-9
定　　价	49.80 元

本社图书若有印装质量问题，请直接与营销部联系。电话（传真）：025-83791830。

前　　言

本书的第 1 版(1999 年出版)为全国高等学校电子信息类专业"九五"规划部级重点规划教材,由电子仪器与检测技术专业教学指导委员会编审、推荐出版。整本书体系结构合理,内容全面,涵盖了电子测量的基本概念、测量误差理论与数据处理、常用电参量、电子元器件与网络的测量原理与技术、常用电子测量仪器(时域、频域、数据域)的原理与应用等,不仅注重实用性,而且紧跟电子测量与仪器技术的最新发展,具有一定的先进性。

2004 年,作者结合教学科研实践和电子测量与仪器技术的新进展,对第 1 版作了全面修订。重点对 DDS(直接数字合成)、DSO(数字存储示波器)及频谱分析仪等内容作了较大的修改与更新,并补充了发展迅速的仪器总线技术与虚拟仪器技术方面的内容。

第 1 版和 2004 年修订版出版后,一直深受广大读者欢迎,国内多所高校征订作为电子测量课程的教材,先后共印刷 11 次,累计发行总量达 3.2 万册。

此次结合作者的教学实践和科研工作以及电子测量与仪器技术的最新进展,对全书进行了全面的修改与更新。除了增加一些例题和习题之外,重点对任意波形发生器、数字示波器、逻辑分析仪、频谱分析仪以及虚拟仪器和仪器总线等内容,作了较大篇幅的修改与更新,特别还增加了数字荧光示波器、实时频谱分析技术、LabWindows/CVI 及其在虚拟仪器设计中的应用。在本书最后一章,用较多篇幅对最新的仪器总线 PXIe、LXI、AXIe 总线技术等全新的内容作了重点介绍。

第 2 版修改与更新的内容主要有:

第 2 章　　补充了有关不确定度的最新标准;

第 5 章　　更新了 DDS 芯片介绍的内容,补充了 Keysight 公司(原安捷伦公司电子测量部)推出的最新波形发生技术——Trueform 技术的介绍;

第 6 章　　删除了模拟示波器的部分内容,修改更新了取样技术部分的内容,增加了示波器的最新发展状况和最新一代示波器—— 数字荧光示波器及其相关技术的介绍;

第 7 章　　逻辑分析仪的实例介绍改换了泰克、安捷伦公司近年来推出的具有代表性的新产品;

第 8 章　增加了最新的实时频谱分析技术和实时频谱分析仪的介绍；

第 10 章　补充介绍了仪器总线的最新发展，修改更新了虚拟仪器的介绍，删减了 GPIB、VME、VXI 总线的部分内容，增加了最新的仪器总线 PXIe、LXI、AXIe 总线的介绍，还对 NI 公司的另一种虚拟仪器开发平台 —— 基于标准 C 语言的 LabWindows/CVI 及其在虚拟仪器设计中的应用作了介绍。

全书共十章，主要内容包括：第 1 章对电子测量、电子仪器及测试系统作概述；第 2 章介绍测量误差理论与测量不确定度；第 3 章介绍电压、电流及电阻的测量原理，电压测量中共模干扰、串模干扰的抑制及误差分析；第 4 章介绍时间与频率的测量，频率稳定度的测量及调制域分析；第 5 章介绍信号的产生，包括合成信号源、函数发生器及任意波形的产生原理；第 6 章介绍信号波形的显示技术，包括示波器的发展与现状，模拟示波器的工作原理与技术指标，数字示波器（包括数字存储示波器和数字荧光示波器）的工作原理、性能指标与相关技术；第 7 章介绍逻辑分析仪的工作原理和产品实例；第 8 章介绍信号分析技术，包括频谱分析测量（传统频谱分析和实时频谱分析）、失真度测量、调制度测量及相位噪声测量；第 9 章介绍电子元器件参数测量及微波网络分析；第 10 章介绍仪器总线及虚拟仪器，包括虚拟仪器的概念与构成，虚拟仪器开发平台及其在虚拟仪器设计中的应用，仪器总线的发展与现状，常用仪器总线与最新仪器总线标准及相关技术。

本书可作为普通高等院校电子类及信息类各专业本科生和硕士研究生的教材。希望通过学习本书的内容，可以掌握电子测量技术与仪器方面的基础知识，并具备一定的应用能力，为从事相关研发工作奠定基础。

由于作者水平有限，书中错误与疏漏在所难免，恳请广大读者批评指正。

编著者

于东南大学

2015 年 6 月

目　　录

1 绪 论

1.1 引 言

测量的目的是准确地获取被测参数的值。通过测量能使人们对事物有定量的概念,从而发现事物的规律性。因而,测量是人类认识事物不可缺少的手段。离开测量,人类就不能真正准确地认识世界。物理定律是定量的定律,只有通过精密的测量才能确定它们的正确性。光谱学的精密测量帮助人们揭示了原子结构的秘密;对X射线衍射的研究揭示了晶体的结构;用射电望远镜才能发现类星体和脉冲星。这类例子举不胜举。另一方面,科学技术的发展也推动了测量技术的发展。即使像时间这样的基本量,在以前很长一段时间内一直用沙钟和滴漏进行极其粗略的测量,直到伽利略对摆的观察才启发人们用计数周期的谐振系统(如钟表)来测量时间。目前,使用铯原子谐振和氢原子谐振来测量时间,其准确度相当于在30万年内误差小于1 s。可见,现代测量仪器是科学研究的成果之一,而测量仪器又促进了科学技术的发展,两者的关系是相辅相成的。

电子测量是指利用电子技术进行的测量。在电子测量中采用的仪器称为电子测量仪器,简称电子仪器。电子测量分为两类,一类是测电压、电容或场强之类的电量;另一类是运用电子技术来测量压力、温度或流量之类的非电物理量。本书主要讨论第一类电子测量仪器。近三十多年来,电子技术,特别是微电子技术和计算机技术的迅猛发展促进了电子仪器技术的飞跃发展。电子仪器与计算机技术相结合使功能单一的传统仪器变成先进的智能仪器和由计算机控制的模块式测试系统。微电子技术及相关技术的发展,不断为电子仪器提供各种新型器件,如ASIC(专用集成电路)、CPLD(复杂可编程逻辑器件)、FPGA(现场可编程门阵列)、信号处理器芯片、新型显示器件及新型传感器件等等,不仅使电子仪器变得"灵巧"、功能强、体积小、功耗低,而且使过去难以测试的一些参数变得容易测试。调制域仪器的出现就是一例。电子仪器及测量技术的发展又是其他技术发展的保证。微型计算机采用总线结构,信号多路传输,信息仅在某些指定时刻有效,因而采用传统的示波器、电压表之类仪器对计算机系统进行测试难以奏效,必须采用如逻辑分析仪、仿真器及微机开发系统之类的新型数据域测试仪器,进行测试、调试和故障诊断。微电子技术的飞跃发展,使数字电路的集成度和工作速度不断提高。在一个芯片内可包含数百万个以上器件,但芯片的引脚数是有限的,为了通过有限的引脚对高度复杂的芯片进行全面测试,不仅要求研究新的测试理论和测试算法,开发大型先进的测试系统,而且要求采用新的电路设计。

1.2 电子测量的特点

与其他测量相比,电子测量及仪器具有下列主要特点:

1) 信号频率范围宽

被测电信号的频率范围低至直流,高至300 GHz(毫米波段上限)。在不同频段,许多电量的测量原理、方法及仪器是不同的。例如,测量频率、时间的频率计数器,在较低频段,常采用直接计数法。但在微波频段，由于受电子器件工作速度的限制，必须把微波信号频率变成较低的中频频率后再进行计数，因而微波频率计数器与通用计数器的工作原理是有差别的。随着电子技术的发展，电子元器件性能的提高，电子仪器的工作频率范围也在不断提高。

2）量程广

电子仪器所测电量的大小往往相差很大，因而仪器必须具有宽广的量程。例如，电压测量仪器要能测出从纳伏（nV）至千伏级的电压，量程达 12 个数量级；电阻测量仪器要能测出从 $10^{-5}\ \Omega$ 至 $10^9\ \Omega$ 以上的电阻；频率测量仪器要测出从 10^{-5} Hz 至 10^{11} Hz 以上的频率，等等。

3）测量精确度高

电子仪器的测量精确度可达到较高的水平。例如，对频率和时间的测量，由于采用了原子频标作为基准，使测量精确度达到 $10^{-13} \sim 10^{-14}$ 量级，这是目前人类在测量精确度方面达到的最高水平。相比之下，长度测量的最高精确度达 10^{-8} 量级；力学测量的最高精确度达 10^{-9} 量级。由于在电子仪器中采用性能越来越高的微处理器、DSP（数字信号处理）芯片，对测量结果进行各种数据处理，使测量误差减小，测量精确度进一步得到提高。

4）测量速度快

由于电子测量是采用电子技术来实现的，因而测量速度快，这对某些要求快速测量和实时测控的系统来说是很重要的。例如，在工业自动控制系统中，对各种机械运转的状态及设备的参数要及时进行测试，并对测量结果进行运算，最后向机械或设备发出控制信号。又如，在洲际导弹的发射过程中要快速测出它的运动参数，通过计算机运算，向它发出控制信号，修改其运动轨迹，使之达到预定的目标。

5）易于实现测量过程自动化

由于现代仪器都带有标准程控接口，在各仪器之间、仪器与计算机之间能方便地用各种标准总线连接起来组成自动测试系统，在计算机的控制下，自动执行测量、数据处理及记录等操作，省却了繁琐的人工操作。

6）易于实现仪器小型化

随着微电子器件集成度的不断提高，可编程器件及 ASIC 电路的采用，电子仪器正向着小型化、低功耗发展。特别是随着模块式仪器系统的采用，把多个仪器模块连同计算机装入一个机箱内组成自动测试系统，使之更为紧凑。这对某些场合，如军事、航空等领域的使用是有重要意义的。

1.3　电子仪器及测试系统的发展

20 世纪 70 年代以来，计算机技术和微电子技术的惊人发展给电子仪器及自动测试领域产生了巨大的影响。三十多年来，在仪器和测试领域发生了几件重要的事情，它们是智能仪器、GPIB（General Purpose Interface Bus）接口总线、PC 插卡式仪器、VXI 总线仪器、PXI 总线仪器及虚拟仪器的出现。这些技术的采用，改变了并且将继续改变仪器和测试领域的发展进程，使之朝着智能化、自动化、小型化、模块化和开放式系统的方向发展。

1.3.1　智能仪器

目前，人们习惯把内含微型计算机的仪器称为智能仪器，以区别于传统的电子仪器。当然，这些仪器所具有的智能水平是各不相同的，有的高些，有的低些，总的来说，随着科学技术的发展，智能仪器所具有的智能水平将会不断提高。

1）智能仪器的特点

微处理器的出现，带来了仪器技术的一场革命。由于微处理器具有体积小、价格低、可靠性高、功能强及使用灵活方便等优点，通过它能容易地把计算机技术应用于各种电子仪器，不仅使仪器具有某种智能，而且正在出现各种新的产品。

微处理器的应用之所以给电子仪器以惊人的冲击，其主要原因在于它增强了仪器的功能。电子仪器及测量技术一旦与计算机技术相结合，就大大增强了灵活性，许多原来用硬件逻辑难以解决或根本无法解决的问题用软件就能迎刃而解。例如，传统的数字多用表（DMM）能测量交流／直流电压、电流及电阻，但带微处理器的数字多用表除此之外还能测量诸如百分数偏离、偏移、比例、最小／最大、极限、统计（平均值、方差、均方差、均方根值）等多种参数，甚至在外加传感器后还能测量温度、压力等非电参数。传统的频率计数器能测量频率、周期、时间等参数，但带微处理器的通用计数器却还能测量电压、相位、上升时间、占空比、压摆率、漂移及比率等等多种参数。

计算机技术引入电子仪器后不但增强了仪器的功能，同时也提高了仪器的性能指标。通过微处理机的数据处理和存储等能力，可容易地实现各种自动校正、多次测量平均和误差消除等技术，从而提高了测量精度。

智能仪器的一个特点是操作自动化，因而被称为自动测试仪器。传统仪器面板上的开关与旋钮均被键盘代替，仪器操作人员要做的工作仅是按键，从而省却了繁琐的人工调节。智能仪器通常都能自选量程、自动校准，有的还能自动调整测试点，这既方便了操作，又提高了测试精度。例如，智能示波器一般能自动寻找波形，自动设置合适的幅度增益及扫描速度范围，使被测波形能自动在屏幕上以最佳方式稳定显示，大大简化了人工操作。

智能仪器的另一个特点是具有对外接口功能，通常都具有 GPIB 或其他标准接口，能够容易地接入自动测试系统中接受远地控制，进行自动测试。

仪器中采用微处理器后能实现"硬件软化"，许多传统的硬件逻辑都可用软件取代。例如，传统数字电压表的数字电路部分通常采用了大量的计数器、寄存器、译码显示电路及复杂的逻辑控制电路。在智能仪器中，只要速度跟得上，这些电路都可用软件取代。这样非但降低了成本，而且减小了体积，降低了功耗并提高了可靠性。

现代智能仪器通常都具有功能很强的自测试与自诊断技术，它能够自己诊断自己的功能是否正常。若发生故障，自己能确定故障发生的部位，从而大大提高了仪器的可靠性，简化并加快了仪器的维修工作。

2）智能仪器的组成

在物理结构上，微型计算机内含于电子仪器，微处理器及其支持部件是整个测试电路的一个组成部分。但是从计算机的观点看，测试电路与键盘、GPIB 接口及显示器等部件一样，仅是计算机的一种外围设备。智能仪器的基本组成如图 1-1 所示。显然，这是典型的计算机结构，与一般计算机的差别仅在于它多了一个"专用的外围设备"——测试电路；同时，还在于它与外界的通信通常都通过 GPIB 接口进行。既然智能仪器具有计算机结构，因此它的工作方式和计算机一样，而与传统的测试仪器差别较大。微处理器是整个智能仪器的核心，固化在只读存储器内的程序是仪器的"灵魂"。系统采用总线结构，所有外围设备（包括测试电路）和存储器都"挂"在总线上，微处理器按地址对它们进行访问。微处理器接受来自键盘或 GPIB 接口的命令，解释并执行这些命令，诸如发出一个控制信号到某个电路，或者进行某种数据处理等等。既然测试电路是微型计算机的外围设备之一，因而在硬件上它们之间必然有某种形式的接口，从简单的三态门、译码器、A/D 和 D/A 转换器到程控接口等等。微处理器通过接口发出各种控制信息给测试电路,以规定功能、启动测量、改变工作方式等等。微处理器通过查询或测试电路向微处理器提出中断请求,使微处理器及时了解测试电路的工作状况。当测试电路完成一次测量后,微处理器读取测量数据,进行必要的加工、计算、变换等处理,最后以各种方式输出,如送到显示器显示,打印机打印,或送给系统的主控制器等等。

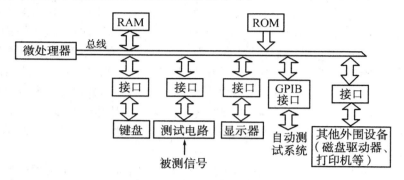

图 1-1　智能仪器的基本组成

虽然智能仪器中的测试电路仅是作为微型计算机的外围设备而存在,仪器中引入微处理器后有可能降低对测试硬件的要求,但仍不能忽视测试硬件的重要性,有时提高仪器性能指标的关键仍然在于测试硬件的改进。

1.3.2　GPIB 接口及自动测试系统

随着科学技术和生产的不断发展,测试任务日趋复杂,对测试系统在功能、速度及精度等方面的要求也越来越高,人工测试已很难满足这些要求,为此必须发展自动测试。

早期的自动测试系统都是根据具体的测试任务而设计的专用系统,其最大缺点是组建困难且不通用。组建者必须花很多时间设计和制造系统中各仪器设备及控制计算机的专用接口电路及测试软件。不同系统中的仪器接口互不通用,即使在同一个测试系统中,当测试内容改变时,也可能要重新设计接口电路和软件,这严重地影响了自动测试技术的发展。

为此,美国HP公司于20世纪70年代初,首先提出了接口标准化方案,并于1974年正式命名为HP-IB接口总线。后来得到了美国电气与电子工程师学会(IEEE)和国际电工委员会(IEC)的承认,分别命名为 IEEE-488 和 IEC-625 标准,通称 GPIB 标准。使用 GPIB 标准接口,可将不同厂家生产的各种型号的仪器用一条统一的无源标准总线方便地连接起来组建成各种自动测试系统,而无需在接口硬件方面再做任何工作,大大方便了系统的组建,因而得到了广泛的应用,使自动测试技术翻开了新的一页。

图1-2表示典型的电压和频率参数的自动测试系统。计算机是系统的控制器,它根据预先

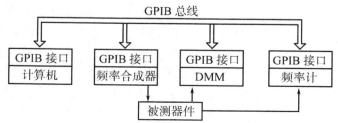

图 1-2　GPIB 测试系统举例

编制好的测试程序，首先设定频率合成器的各种功能，并启动工作，让它输出要求幅度和频率的信号，加到被测器件，然后命令数字多用表 DMM 和频率计数器对被测器件输出信号的幅度和频率进行测量。测量数据可送到计算机系统的显示器显示，或送到打印机进行打印。

1.3.3　VXI 总线仪器

GPIB 系统有效地解决了台式仪器的互联问题，但却存在系统体积庞大及传输速率低（理论上可达 1 M Bytes/s）两大问题。这在某些情况，如军用、航空及要求可移动的场合很不适用。为此，美国五家有影响的仪器公司在 1987 年 7 月成立了 VXI 联合协会，一致同意在 VME 微机总线的基础上开发模块式仪器标准总线。1987 年 10 月，1988 年 6 月和 1989 年 7 月分别发表了 VXI 总线规范 1.1，1.2 和 1.3 文本。VME 总线是 1981 年美国 Motorola 公司德国分部为 16 位微处理器 68000 系列而开发的微机总线，后来成为 IEEE P1014 标准。

VXI 总线的技术规范中规定了四种尺寸的插件板，较小的 A 和 B 尺寸是 VME 总线标准规定的插板尺寸，用于中等性能、可携带及低成本的系统。C 尺寸用于高性能及中等成本的系统，最大的 D 尺寸用于最高性能和最高成本的系统。

图 1-3 表示了 HP 公司于 1988 年推出的 C 尺寸主机架及 C 尺寸插板，在每个插板上有连接器插头，插入主机箱的背板上。背板上有 13 列槽口，因而最多可插入 13 个插件板。A 尺寸插板上只有一个连接器 P_1，B 和 C 尺寸的插板上有两个连接器 P_1 和 P_2，D 尺寸插板上有连接器 P_1、P_2 和 P_3。每个连接器有 3 列，每列有 32 个引脚，因而每个连接器有 96 个引脚；3 个连接器共有 288 个引脚。

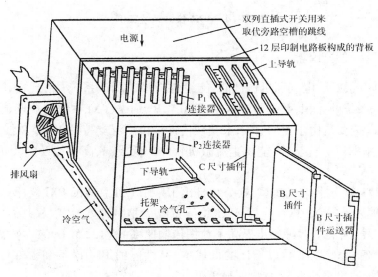

图 1-3　VXI 主机架实例

由图 1-3 可见，在主机架的后部有一块背板，这是一块 12 层印制板，上面制有 VXI 总线。背板上还有 13 列连接器插座，供插入仪器模块。主机箱的上、下部都有导轨，前端还有装配托架，使插板容易插入插座并固定住。C 尺寸的机架也可插入 B 尺寸的插板，但要利用运送器。

主机器的后部（位于背板和后面板之间）分上、下两层放置电源和冷却设备。上部提供了 VXI 标准规定的七种电源，下部是冷却用风扇。

背板上的 13 列插座按自左向右的顺序进行编号，最左列插座称为 0 号槽口，最右列插座为

12 号槽口。0 槽插件装有系统的公用资源,提供公用时钟及插件识别等信号,对系统资源进行管理,还具有 VXI 总线与其他总线(GPIB、RS－232C 等)间的转接功能,其他 12 个槽口插入用户选定的仪器模块。图 1－4 是 HP 公司的 C 尺寸主机架的 VXI 仪器系统实例。计算机是主控制器,通过 GPIB 总线与主机架相连。为了简化控制和便于编程,由鼠标器驱动交互测试发生器提供软面板,进行人机对话。0 槽插件还通过 RS－232C 接口与终端机相连。

图 1－4 中数字化仪占用了两个标准的插板宽度,所以主机架中共有 12 个插件,其中有的一个插件构成一个仪器,有的由两个插件构成一个仪器。当一个主机架不够用时,与主计算机相连的 GPIB 总线还可接至其他 VXI 主机架。

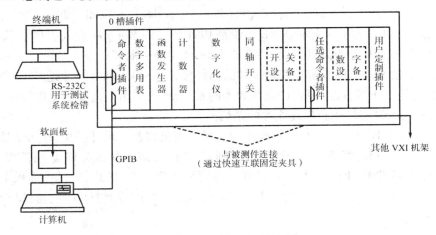

图 1－4　VXI 仪器系统实例

1.3.4　PXI 总线仪器

VXI 系统具有很好的电气和机械性能,能组建高级的测试系统;由于采用模块化结构,有效地减小了测试系统的体积;数据传输速率达 40 M Bytes/s。VXI 系统的缺点是一次性投资大,价格高。究其原因主要是由于 VXI 基于未受现代计算机广泛支持的 VME 总线结构,因而不能利用现有 PC 技术的巨大优势,不能将主流微机软件的低成本、高性能及广泛可用性等好处带给用户。

为此,在 1997 年 9 月 1 日,美国 NI 公司推出了基于 PCI 总线的 PXI 仪器总线。1998 年 PXI 系统联盟正式成立。与 VXI 总线一样,PXI 总线系统也是一种开放式、模块化的系统。但由于 PXI 基于 PCI 总线,因而不但进一步提高了数据传输速率(达 132 M Bytes/s),而且由于 PCI 是当前主流微型计算机总线,有数以千计的低成本、高性能的 PCI 设备和软件可供 PXI 系统使用,因而 PXI 系统的价格比 VXI 系统要显著低。

PXI 规范要求 PXI 设备必须能在 Windows 操作系统下工作,并要求厂商必须随模块提供驱动软件,这样保证了不同厂商产品的兼容性,节省了用户的开发时间。

PXI 规范定义了 3U 和 6U 两种尺寸的模块,它们分别与 VXI 系统中的 A 尺寸和 B 尺寸模块的尺寸相同。

PXI 系统的主机是一个拥有 2 ~ 31 个槽位的机箱。机箱的左边第一个槽是控制器槽,其他槽位称为外部设备槽,用于插入各种功能的仪器模块。常用的 PXI 系统的控制器有两种,即嵌入式控制器和 MXI－3 总线桥。嵌入式控制器是专为 PXI 机箱空间设计的插入槽 1 的通用计算机。PXI

机箱外部的台式计算机可通过插入 PXI 机箱槽 1 的 MXI－3 桥对 PXI 系统实现控制。

图 1－5 表示 18 槽的 PXI 机箱。

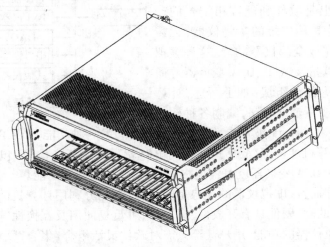

图 1－5　18 槽 PXI 机箱

1.3.5　PC 插卡式仪器

PC 插卡式仪器是指基于计算机标准总线(如 ISA、PCI)的内置功能卡。由于能更方便地利用计算机资源,因而这些仪器卡价格低廉,使用灵活方便;但受到一定的限制,主要是机内槽口数、空间及电源容量有限,散热不易且箱内干扰大,因而不宜用作微弱信号、高精度、大功率及微波等场合的测量。为此,可在计算机外扩展一个插卡箱,仪器卡插入插卡箱内,计算机与插卡箱间由 PC 总线连接。

仪器厂商生产了大量的 PC 插卡式仪器,如信号发生器、示波器、数字多用表及数据分析仪等,其中最重要的是数据采集卡(Data Acquisition,简称 DAQ)。图 1－6 表示了典型的数据采集系统的组成。各种物理量经传感器变成电信号。DAQ 对电信号进行调理(放大、衰减、滤波等)、取样并量化成数字量送到计算机。取样数据可直接在计算机屏幕上显示成图形,或求其幅值、频率及边沿时间,或进行功率谱估计、FFT、相关、卷积、数字滤波及统计等分析和处理。这些功能都是由软件实现的,软件决定了仪器的功能。这是虚拟仪器的核心思想,即只要具备必要的硬件资源,由软件定义仪器,"软件即仪器"。在硬件配置不改变的情况下,由软件实现新的仪器,这样节省了组建系统的成本,且大大增加了灵活性。

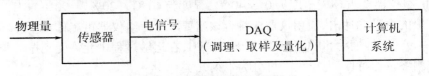

图 1－6　数据采集系统的组成

1.3.6　虚拟仪器及 LabVIEW

虚拟仪器是一种功能意义上的虚拟化的仪器,通常是指以计算机为核心的,由强大的测试应用软件支持的,具有虚拟仪器面板、足够的仪器硬件及通信功能的测量信息处理系统,其结构如图 1－7 所示。由图可见,虚拟仪器利用计算机强大的软件环境,兼容了不同接口及不同功能的仪器,建立图形化的虚拟仪器面板,完成测试所需的各种采集、控制、数据分析与显示的全部功能。

虚拟仪器实质上是软件和硬件相结合的产物。用虚拟仪器代替某种传统的实物仪器,无需实物仪器参与即可完成全部仪器功能。这种虚拟仪器通常由微型计算机及 A/D、D/A 变换器等通用硬件和应用软件等部分组成。如上所述,计算机加上 A/D 及其他少量辅助电路,编制各种软件

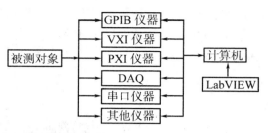

图 1-7　虚拟仪器系统的典型组成

就可实现数据采集、波形显示、波形参数测量及频谱分析等各种功能,如果再配上传感器,就可测量各种非电量。计算机加上 D/A 及其他辅助电路就可产生任意波形,包括扫频、调频等信号。计算机加上 A/D、D/A 变换器就可实现扫频分析、反馈控制等功能。

相对于传统仪器而言,虚拟仪器的优势是明显的。它充分利用计算机的软件资源,通过软件完成测试任务。它的软、硬件具有开放性、模块化、可重复使用及互换性等特点,使用户可以根据自己的需要定位仪器的功能。用户甚至只需对软件灵活组合、集合,就可组建功能不同的多种虚拟仪器。

LabVIEW 是由美国 NI 公司推出的虚拟仪器图形化软件开发平台。它与传统的文本编程语言不同,把繁琐的语言编程简化成用线条连接各种图标,相当于绘制流程图的过程。流程图绘好了,程序也编好了,因而易于学习,方便使用,节省了编程时间,提高了编程效率。LabVIEW 提供了 GPIB、VXI、标准串口、DAQ 及 VISA(虚拟仪器软件结构)的驱动程序库,还提供了功能强大的信号处理、统计、曲线拟合及复杂的分析程序。由于 LabVIEW 使用简单、直观明了、功能强大,因而在测控、自动化、电信等很多领域得到了广泛应用。

1.4　电子测量仪器的分类

电子测量仪器有多种分类方法,总的可分为通用和专用两大类。通用电子仪器有较宽广的应用范围,如示波器、多用表及通用计数器等。专用电子仪器有特定的用途,例如,光纤测试仪器用于测试光纤的特性,通信测试仪器用于测试通信线路及通信设备。另外,电子仪器还可按工作频段分为超低频、音频、视频、高频及微波等;按电路原理可分为模拟式和数字式;按仪器结构可分为便携式、台式、架式、模块式及插件式等;按使用条件又可分为 Ⅰ、Ⅱ 和 Ⅲ 组仪器。Ⅰ 组仪器为高精确度仪器,要求工作环境温度为 10 ~ 30℃,湿度为 30℃、(20% ~ 75%)RH,只允许有轻微的振动;Ⅱ 组仪器要求环境温度为 0 ~ 40℃,湿度为 40℃、(20% ~ 90%)RH,仪器在使用中允许有一般的振动和冲击,通用仪器应符合该组要求;Ⅲ 组仪器可工作在室外环境,要求温度为 -10 ~ 50℃,湿度为 50℃、(5% ~ 90%)RH,在运输过程中允许受到振动与冲击。

按照被测参量的特性,电子仪器可分为下列几类:

1)测量电信号的仪器

该类仪器用于测量电信号的种种特性。它们又可分为时域仪器、频域仪器及调制域测试仪器三大类。

(1)时域测试仪器　这类仪器用于测试电信号在时域的种种特性,例如观察和测试信号的时基波形(示波器);测量电信号的电压、电流及功率(电压表、电流表及功率计);测量电信号的频率、周期、相位及时间间隔(通用计数器、频率计、相位计及时间计数器等);测量脉冲占

空比、上升沿、下降沿、上冲;测量失真度及调制度等。

（2）频域测试仪器　该类仪器用于测量信号的频谱、功率谱、相位噪声功率谱等,典型仪器有频谱分析仪、信号分析仪等。

（3）调制域测试仪器　调制域描述了信号的频率、周期、时间间隔及相位随时间的变化关系,如图1-8所示。美国HP公司于1987年首先推出了调制域分析仪。使用调制域分析仪可测量诸如压控振荡器（VCO）的暂态过程和频率漂移;调频和调相的线性及失真;数据和时钟信号的相位抖动;脉宽调制信号;扫描范围、周期及线性;旋转机械的启动及运转状况;锁相环路的捕捉及跟踪范围;捷变频信号等。当然也可无间隔地测量稳态信号的频率、周期及相位等。

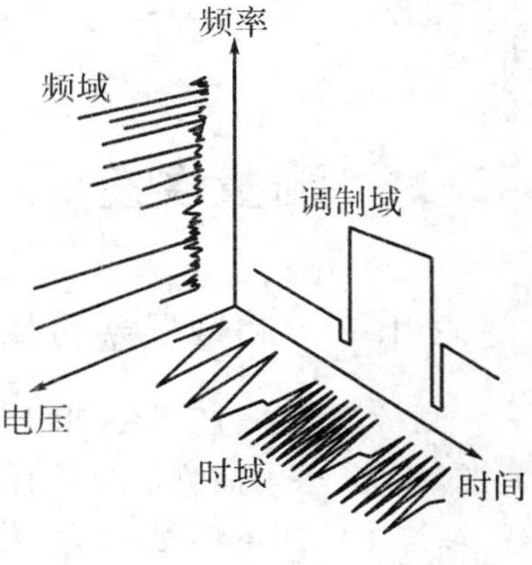

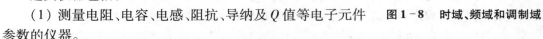

2）测量电子元器件及电路网络参数的仪器

这类仪器包括:

（1）测量电阻、电容、电感、阻抗、导纳及 Q 值等电子元件参数的仪器。

图1-8　时域、频域和调制域

（2）测量半导体分立器件、模拟集成电路及数字集成电路等电子器件特性的仪器。

（3）测量各类无源和有源电路网络特性的仪器,包括测量电路的传输系数、频率特性、冲激响应、灵敏度、驻波比及耦合度等特性的仪器。

3）数据域测试仪器

这类仪器所测试的不是电信号的特性,而是各种数据,主要是二进制数据流。它们所关心的不是信号波形、幅度及相位等信息,而是关心信号在特定时刻的状态"0"和"1",这些特定时刻包括时钟、读／写、输入／输出、选通及芯片选择等信号的有效沿。因此,用数据域测试仪器测试数字系统的数据时,除了输入被测数据流外,还应输入选通信号,以正确选通输入数据流。数据域测试的另一个特点是输入通道数多,例如,当测试微型计算机的地址或数据总线时可达32或64路以上。该类仪器还有丰富的显示、触发及跟踪等功能。

1.5　本课程的任务

电子测量的内容很广泛,本课程主要讨论以下几方面的内容:

（1）主要电参数的测量　包括电压、电流、电阻、频率、时间等的测量;电子元件（阻抗）及集成电路参数的测量;微波网络的分析。还将讨论各种电子测量都要使用的信号源。

（2）电信号显示和分析　包括在时域的波形显示和在频域的分析技术。前者讨论示波器的原理及使用,后者讨论频谱分析技术,还涉及失真度、调制度及相位噪声等测试技术。

（3）数字技术受到越来越多的重视,因此本书将讨论数字系统的基本测试仪器——逻辑分析仪。

（4）介绍仪器总线及虚拟仪器。仪器总线包括 GPIB,VXI,PXI 总线。最后简单介绍 LabVIEW。

（5）作为电子测量技术的基础——误差理论初步。

本书重点介绍基本测量原理和方法、基本测试技术及误差分析,对一些常用电子仪器的基本组成也将进行讨论。

2 误差理论与测量不确定度

2.1 测量误差

2.1.1 测量误差的基本概念

测量就是通过实验来求出被测量的量值,因此测量过程就要涉及标准和误差这两个重要问题。首先,求出被测量的量值的过程实际上是把待测量直接或间接地与一个同类已知量相比较,取这个已知量作为比值单位,求出被测量与其比值,这个比值连同单位一起作为被测量的量值。所以在测量过程中必须要有一个体现计值单位的量作为标准,并且要采用同一标准,测量结果才有意义。然而,人们通过各种方法所得到的测量值与真值之间总是有差别的,这个差别就称测量误差。

1)参考标准

测量中所使用的标准称为计量标准,一般来说,计量标准有以下三种类型:

(1)用理论来定义计量标准的真值 例如,电流的计量标准理论安培的定义为:流过真空中相距 1 m 的两条无限小圆形截面的平行导线而能在此两导线间产生 $2 \times 10^{-7} N/m$ 相互作用力的恒定电流。这样的真值是理想的概念,实际上是不可知的。因为要知道它,就必须测量它,要测量它又需要用某种标准作比较,这样陷入无穷的循环而仍然得不到真值。所以绝对的真值如同真理一样,是不可知的,人类只能通过科学技术的不断进步而无限地逼近它。

(2)指定值 As 由于真值是不可知的,所以一般由国家设立各种尽可能维持恒定不变的实物标准,以法令的形式指定以它所体现的量值作为计量单位的指定值。例如,指定以国家天文台保存的铯钟组所产生的特定条件下铯原子射束超精细能级跃迁频率的平均值为 9 192 631 770 Hz,或者说把这种微波振荡的 9 192 631 770 个周期的平均持续时间作为 1 原子秒。再例如,指定以国家计量局保存的铂铱合金圆柱体千克原器的质量为 1 kg。在国际上,通过互相比对来保证各个国家间在一定程度上的相互一致。

(3)实际值 A 在日常大量的测量中,不可能一一与国家基准直接比对,所以国家还设立了由一系列各级计量标准构成的量值传递网,把国家基准所体现的计量单位通过逐级比对传递到千百万日常使用的工作仪器或量具中去。每一级比对中,都以上一级标准器的量值作为近似真值,称之为实际值。

2)测量误差与测量不确定度

科学研究的实践证明,所有的测量都受到误差的影响。我们已经知道,在一定的时空条件下,一个量的真值是一个客观存在的确定数值,而在不同的时空条件下,量的真值往往是不同的。在测量过程中,当我们对同一物理量进行多次重复测量时,测量结果并不一样,这就是由于人们对客观规律认识的局限性,测量器具不准确,实验手段不完善,周围环境的影响,测量人员技术水平高低等原因,使得测量值只能反映它与被测量某种程度上的近似,这种近似是用误差来衡量的。评定测量结果是否有效或有效程度如何,也是用误差来衡量的。测量技术水平、测量结构的可靠性、测量工作的全部意义和价值都在于误差的大小。

不确定度是建立在误差理论基础上的一个新概念。误差的数字指标称为不确定度,它表示由于测量误差的存在而对被测量的真值缺乏了解的程度,是所给出的测量值的可能含有的(未知的)误差出现范围的一种评定。一个测量结果,只有当知道它的测量不确定度时才有意义。即一个完整的测量结果,不仅要表示其量值大小,还应同时给出相应的测量不确定度,以表明该测量结果的可信程度。

长期以来,国内外误差理论以及测量不确定度的概念、符号和表达式存在着不同程度的分歧和混乱,造成国际间交流的困难。为此,国际计量局于 1980 年做出了《实验不确定度规定建议书 INC - 1(1980)》,国际计量委员会随后采纳了该建议书,这一建议书使不确定度的计算及说明在国际上有了共同的基础。在 INC - 1(1980) 的基础上,不确定度的评定及表示得到了进一步的发展。1993 年国际不确定度工作组制定了《Guide to the Expression of Uncertainty in Measurement》,经国际计量局等七个国际组织批准实行,由国际标准化组织(ISO)公布,于 1995 年形成了《ISO Guide for Expression of Uncertainty of Measurement》(简称 GUM)并沿用至今,该标准几乎被之后所有的计量标准所引用。国际实验室认可合作组织(ILAC)于 2010 年颁布了《ILAC - P14》,对于仪器校准领域提出要求,并以 GUM 作为其标准。我国在 2011 年由中国合格评定国家认可委员会(CNAS)颁布了 CNAS - CL07:2011《测量不确定度的要求》,明确了我国以 GUM 标准评估测量不确定度,同时对校准领域测量不确定度的要求参照《ILAC - P14》。本教材中采用了符合国际和国家标准的误差理论和测量不确定度的表征方法。

3)研究误差理论的目的

由于在测量中误差是普遍存在的,所以研究误差的来源及其规律,减小和尽可能消除误差,以得到准确的实验结果是非常重要的。随着测量技术的发展,测量中的误差可以逐步减小,但不可能做到完全没有误差。有时即使为了减少一点误差也要花费大量人力和物力的代价,所以还要根据实际工作需要确定测量的精度。

我们研究误差理论的目的是:

(1)充分利用测量数据,合理、正确地处理数据,以在给定的测量条件下得出被测量的最佳估计值。

(2)根据数据处理的结果正确表示出测量不确定度。测量结果的使用与其不确定度有密切的关系,不确定度愈小,可信度越高,使用价值愈高;不确定度愈大,可信度愈低,使用价值也低。测量不确定度表示得过大,对产品质量会造成危害;过小则在人力、物力方面造成浪费。

(3)正确地分析误差来源及规律,以便在测量中合理地选择仪器、方法及环境,消除不利因素,完善检测手段,提高测量准确度。

2.1.2 测量误差的定义

测量结果与被测量真值之差称为误差。按表示方法可把测量误差分为绝对误差和相对误差两种。

1)绝对误差(absolute error)

设测量值为 x,被测量真值为 A_0,则绝对误差 Δx 表示为

$$\Delta x = x - A_0 \tag{2-1}$$

由于真值 A_0 一般无法得到,故式(2-1)只有理论上的意义,这样定义的绝对误差称为真误差(true error)。在实际中采用约定真值 A。约定真值定义为:对于给定目的而言,被认为充分

接近真值,可用于替代真值的量值。约定真值 A 可以是前面提过的指定值、实际值、标称值等,还可以是最佳估计值,即修正过的多次测量的算术平均值。误差可表示为

$$\Delta x = x - A \tag{2-2}$$

在测量中还常用到修正值的概念。与绝对误差绝对值相等,符号相反之值称为修正值,一般用 C 表示:

$$C = -\Delta x = A - x \tag{2-3}$$

一般测量仪器在说明书中以数字、表格、曲线或公式的形式给出工厂检定的修正值。利用修正值可求出仪器的实际值

$$A = x + C \tag{2-4}$$

例如,某电流表的量程为 1 mA,说明书中给出其修正值为 -0.01 mA。当用该电流表测一未知电流时,其测量值为 0.78 mA,则可求出被测电流的实际值为

$$A = 0.78 + (-0.01) = 0.77 \text{ mA}$$

在自动测量仪器中,修正值可存储在内存中,测量时仪器根据预先编制好的程序对测量结果进行修正。

2)相对误差(relative error)

绝对误差并不能完全表示测量的质量,它的大小不能作为比较测量结果准确度高低的依据。当我们测量两个频率,其中一个频率为 100 Hz,其绝对误差 Δf_1 为 1 Hz;另一个频率为 100 kHz,其绝对误差 Δf_2 为 10 Hz。后者的绝对误差虽然是前者的 10 倍,但后者的测量准确度却比前者为高。也就是说,测量的准确程度,除了与误差的大小有关以外,还和被测量值的大小有关。在绝对误差相等的情况下,测量值越小,测量的准确程度越低;测量值越大,测量的准确程度越高。为了能确切地反映测量的准确程度,一般情况下采用相对误差的概念。相对误差又叫相对真误差,它是绝对误差与被测量的真值之比,常用百分数表示。若用 γ 表示相对误差,则

$$\gamma = \frac{\Delta x}{A_0} \times 100\% \tag{2-5}$$

在实用中,真值往往代之以约定真值,有时甚至代之以测量结果。

根据相对误差中所取的相对参考值,相对误差又可分为

(1)实际相对误差

实际相对误差,是用绝对误差 Δx 与被测量的实际值 A 的百分比值来表示的相对误差,记为

$$\gamma_A = \frac{\Delta x}{A} \times 100\%$$

(2)标称相对误差

标称相对误差又称为示值相对误差,是用绝对值 Δx 与仪器的测定值 x 的百分比值来表示的,即

$$\gamma_x = \frac{\Delta x}{x} \times 100\% \tag{2-6}$$

这种方法只适合在误差较小的情况下,作为一种近似计算。

(3)分贝误差 $\gamma[dB]$

在电子学及声学测量中常用分贝(dB)来表示相对误差,称为分贝误差。设一个有源网络的电压输出输入比为

$$A = V_{out}/V_{in}$$

则电路增益可以用分贝表示为

$$\alpha = 20\lg A \text{（dB）}$$

当测量中存在误差时，增益 A 产生误差 ΔA，则分贝表达式中也对应地产生一个误差 $\Delta \alpha$，所以

$$\alpha + \Delta \alpha = 20\lg(A + \Delta A)$$
$$= 20\lg A\left(1 + \frac{\Delta A}{A}\right) \text{（dB）}$$

$$\Delta \alpha = 20\lg\left(1 + \frac{\Delta A}{A}\right) \text{（dB）}$$

分贝误差即可定义为

$$\gamma[\text{dB}] = 20\lg(1 + \gamma) \text{（dB）} \qquad (2-7)$$

例 2.1 某电流表测出电流值为 96 μA，标准表测出的电流值为 100 μA，求测量的相对误差和分贝误差。

解 绝对误差 $\qquad \Delta x = 96 - 100 = -4\ \mu$A

实际相对误差 $\qquad \gamma_A = \dfrac{\Delta x}{A} = \dfrac{-4}{100} \times 100\% = -4\%$

分贝误差 $\qquad \gamma[\text{dB}] = 20\lg[1 + (-0.04)]$
$$= -0.355\ \text{dB}$$

从上面的公式和例子可见，分贝误差只是相对误差的一种表示形式。当相对误差为正时，分贝误差也是正值；反之亦然。

（4）满度相对误差 γ_m

满度相对误差又称为引用误差，定义为绝对误差 Δx 与仪器的满度值 x_m 之比，记为

$$\gamma_m = \frac{\Delta x}{x_m} \times 100\% \qquad (2-8)$$

前面所列出的各种相对误差都是用来衡量测量的准确程度，用它们来衡量仪器的准确度就不合适。因为相对误差随着分母上的被测量而变化，而对于仪器所用的一般磁电式电表来说，即使表头指针偏转到不同位置，由此引起的磁场分布、机械摩擦及游丝扭矩等的不均匀性皆可忽略不计，即在一个量程内可认为 Δx 是常数。满度相对误差给出的就是某量程下的绝对误差的大小，适合用来表示电表或仪器的准确度。电工仪表正是按 γ_m 值来进行分级的，例如 1.0 级的电表，就表明其 $|\gamma_m| \leqslant 1.0\%$。如果该电表同时有几个量程，则所有量程均有 $|\gamma_m| \leqslant 1.0\%$。很显然，在不同的量程段内，仪表所引起的绝对误差是不同的。

常用电工仪表分为 0.1，0.2，0.5，1.0，1.5，2.5 及 5.0 七级，分别表示它们的满度相对误差限的百分比。要注意的是，准确度等级在 0.2 级以上的电表属于精密仪表，使用时要求较高的工作环境及严格的操作步骤。在同一量程范围内，电流表的绝对误差 Δx 并不是常数。

例 2.2 现有两块电压表，其中一块表是量程为 100 V 的 1.0 级表，另一块是量程为 10 V 的 2.0 级表，用它们来测 8 V 左右的电压，选用哪一块表更合适？

解 根据满度相对误差及表的等级的定义，若仪表等级为 S 级，则对应的满度相对误差 γ_m 的绝对值为 $S\%$，则用该表测量所引起的绝对误差

$$|\Delta x| \leqslant x_m \times S\%$$

若被测量实际值为 x_0，则测量的相对误差

$$|\gamma| \leqslant \frac{x_m \times S\%}{x_0}$$

若使用 100 V 1.0 级电压表,则测量误差为

$$|\Delta V_1| \leqslant 100 \times 1\% = 1 \text{ V}$$

若使用 10 V 2.0 级电压表,则测量误差为

$$|\Delta V_2| \leqslant 10 \times 2\% = 0.2 \text{ V}$$

由此例可以看出,尽管第一块表的准确度级别高,但由于它的量程范围大,所引起的测量误差范围也很大。也就是说,当一个仪表的等级选定后,所产生的最大绝对误差与量程 x_m 成正比。为了减少测量中的误差,在选择量程时使指针尽可能接近于满度值,一般情况应使被测量的数值尽可能在仪表满量程的 2/3 以上。在选择测量仪表时,也不要片面追求仪表的级别,而应该根据被测量的大小,兼顾仪表的满度值和级别。

例 2.3 检定量程为 100 μA 的 2 级电流表,在 50 μA 刻度上标准表读数为 49 μA,问此电流表是否合格?

解 $x_0 = 49 \text{ μA}$, $x = 50 \text{ μA}$, $x_m = 100 \text{ μA}$

$$\gamma_m = \frac{x - x_0}{x_m} \times 100\% = 1\% < 2\%$$

则此表在 50 μA 点是合格的。要判断该电流表是否合格,应在整个量程内取足够多的点进行检定。

2.1.3 测量误差的分类

按照测量误差的基本性质和特点,可以把误差分成三类:随机误差、系统误差和粗大误差。

1)随机误差

定义 测量结果减去在重复条件下对同一被测量进行无限多次($n = \infty$)测量结果的平均值。当误差中不含有系统误差时,该误差即为随机误差。

由于实际上系统误差不可能完全掌握,另外无限多次的重复测量列也不可能实现,所以随机误差不可能准确地得出,实际中只能得到随机误差的估计值。

由于随机误差产生于多种因素的同时作用,这些因素互不相关,没有规律,其中每一因素对测量值的影响微小,如噪声干扰、电磁场的微小变化、空气扰动、大地微振等无规律的微小因素,这些因素的总和则会对测量值产生可以觉察到的影响。这表现在从宏观上看,测量条件虽然没有变,而当测量灵敏度足够高时,测量结果会有上、下起伏的变化。处理随机误差的方法主要是概率统计法。

2)系统误差

定义 在重复条件下,对同一被测量进行无限多次重复测量,其测量结果的平均值减被测量真值之差值。当误差中不再包含有随机误差时,即为系统误差。

由于真值不能确定,并且测量只能有限次数重复进行,故系统误差不能完全知道。

系统误差按其掌握程度分为常差(已定系差)和不确定系差(未定系差)。其数值符号和规律已经确定的误差称为常差;其数值未确切掌握,或数值大小已知而符号未确定的称为不确定系差。已掌握的系统误差,可以通过修正值与测量结果的代数和将其从测量结果中消除,不能确定的那部分系统误差导致了不确定度的产生。

造成系统误差的原因很多,但都具有一定的规律性,在实际测量中可以分析系统误差产生

的原因,采取一定的技术措施以消除或减弱系统误差。

3)粗大误差

定义　　明显超出规定条件下预期的误差。

粗大误差主要是由于测量过程中的操作错误引起的,如读数错误、测量方法错误、测量人员操作不当以及测量设备本身存在问题等原因都会造成粗大误差。它表现为统计的异常值。测量结果中带有粗大误差时,应按一定规则剔除。

4)测量误差对测量结果的影响

随机误差造成的测量结果的分散性,用概率统计中的总体标准偏差 σ 来定量表达,如图2-1所示。通常把 σ 称为精密度指标,随机误差决定了测量精密度(precision of measurement)。

系统误差表示了测量结果偏离真值或实际值的程度,如图2-2所示,系统误差决定了测量正确度(correctness of measurement)。

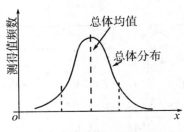

图2-1　随机误差引起数据分散

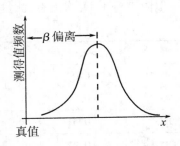

图2-2　系统误差引起数据偏离

可以用图2-3所示的打靶结果来描述测量误差的影响。在图2-3(a)中,子弹着靶点很集中,但着靶点的中心位置偏离靶心较远。这说明射手的瞄准重复性很好,可能由于准星未得到校准,或是风向等原因造成了偏离,只要找出原因就可得到纠正。这种情况相当于测量中由于系统误差所引起的测量值虽然集中但偏离真值(或实际值)较远,说明测量的精密度好而正确度低。在图2-3(b)中着靶点围绕靶心分散均匀,但分散程度大。这种情况对应于测量中随机误差大而系统误差小的情况,说明测量的精密度差而正确度高。

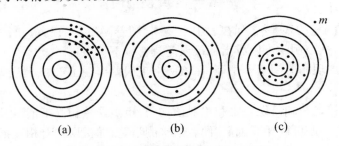

(a)　　　　　　　　(b)　　　　　　　　(c)

图2-3　测量误差对测量结果的影响

(a)精密度高　　　　(b)正确度高　　　　(c)精确度高

我们希望测量既精密又正确,如图2-3(c)所示的情况,通常用测量准确度(accuracy of measurement)来表征测量结果与被测量真值之间的一致程度。准确度有时也叫做精确度。

值得注意的是,精密度、正确度、准确度都是定性的概念,如要定量给出,则应分别用实验标准偏差 S、偏倚和测量不确定度的概念。定量分析是后面几节的研究重点。

图 2-3(c)中,点 m 表示由于疏忽或错误造成的脱靶,不能代表射击者的水平。相当于测量中的粗大误差,应在测量结果中予以剔除。

2.2 随机误差

2.2.1 随机误差的性质和特点

在测量中,随机误差是不可避免的。在设法排除较为重大而明显的系统误差的影响后,仍然会遗留下很多不能确切掌握甚至完全未知的因素,它们以各种各样的方式影响测量结果,使得在相同条件下,以同一方法对同一未知量进行重复测量,只要使用的仪器足够灵敏,则每次所得测量值总有差异,即在测量结果中存在随机误差。对单次测量而言,随机误差的大小和符号都是不确定的,没有规律性。但在进行多次测量后,可以发现随机误差还是呈现出某些规律。例如,对一电阻进行了 15 次测量,测量数据如表 2-1 所示。

表 2-1 一组电阻测量数据

No	R_i/Ω	$v_i = R_i - \bar{R}$	No	R_i/Ω	$v_i = R_i - \bar{R}$	No	R_i/Ω	$v_i = R_i - \bar{R}$
1	85.30	+ 0.09	6	85.24	+ 0.03	11	85.19	− 0.02
2	85.71	+ 0.50	7	85.36	+ 0.15	12	85.35	+ 0.14
3	84.70	− 0.51	8	84.86	− 0.35	13	85.21	0.0
4	84.94	− 0.27	9	85.21	0.0	14	85.16	− 0.05
5	85.63	+ 0.42	10	84.97	− 0.24	15	85.32	+ 0.11

根据定义,在重复条件下进行无限多次测量才能得到随机误差。在有限次测量中定义残差
$$v_i = x_i - \bar{x}$$
其中,x_i 为单次测量值;$\bar{x}$ 为有限次测量的平均值。

本例中电阻测量的算术平均值 $\bar{R}$ 为
$$\bar{R} = \frac{\sum R_i}{15} = 85.21\ \Omega$$

再根据 $\bar{R}$ 算出每次测量的残差 v_i,列在表中第三列。随着测量次数的增加,残差的性质就反映了随机误差的性质。从该例中可以看出随机误差具有以下特点:

(1)正负误差出现的概率基本相等,在该例中正误差出现了 7 次,负误差出现了 6 次。即随机误差具有对称性。

(2)表中正误差之和和负误差之和绝对值均匀,正负误差相互抵消。可以说当测量次数无限增大时,正负随机误差可以相互抵消。而有限次测量时,随机误差有相互抵消的可能,即随机误差具有抵偿性。

(3)正负误差的绝对值都没有超过 0.51,说明在多次测量中,随机误差的绝对值不会超过一定的界限,即随机误差具有有界性。

(4)单峰性 绝对值小的误差出现的概率比绝对值大的误差出现的概率大。

2.2.2 随机误差的统计处理

根据大量的实际统计,可以看出随机误差服从概率统计规律。概率论中的中心极限定理说

明,只要构成随机变量总和的各独立随机变量的数目足够多,而且其中每个随机变量对于总和只起微小的作用,则随机变量总和的分布规律可认为是正态分布,又称为高斯(Gauss)分布。在测量中,测量误差往往是由众多对测量影响微小且又互不相关的因素相互影响造成的,如噪声干扰、空气扰动、电磁场微变及测量人员感觉器官各种无规律的微小变化等。这些微小误差的总和构成了测量中的随机误差,可以说测量中随机误差的分布大多接近于正态分布,受随机误差影响的测量数据的分布也大多接近正态分布。如果影响随机误差的因素有限或某项因素起的作用特别大,就不满足中心极限定理所要求的条件,误差就呈非正态分布,如均匀分布、三角形分布及反正弦分布等。总之,随机误差及其影响下的测量数据都服从一定的统计规律。对随机误差的统计处理就是要根据概率论和数理统计的方法研究随机误差对测量数据的影响,以及它们的分布规律。还要研究在实际的有限次测量中,如何能用统计平均的方法减小随机误差的影响,估计被测量的数学期望和方差,为最后评定测量不确定度提供数据。

1)随机变量的数字特征

测量值的取值可能是连续的,也可能是离散的。从理论上讨论,大多数测量值的可能取值范围是连续的,而实际上由于测量仪器的分辨率不可能无限高,因而得到的测量值往往是离散的。例如用数字式仪器测某电阻值,从理论上看,由于随机误差的影响,测量值可能在电阻真值附近某个区间的任何位置上,但实际上测量的全部可能取值范围是该区间内、间隔为仪器能分辨的最小值的整数倍的一系列离散值。此外,有一些测量值本身就是离散的。例如测量单位时间内脉冲的个数,其测量值本身就是离散的。因此要根据离散随机变量和连续随机变量的特性来分析测量值的统计特性。

在概率论中,不管是离散随机变量还是连续随机变量都可以用分布函数来描述它的统计规律。但实际中较难确定概率分布,且不少情况下不需求出概率分布规律,只需知道某些数字特征就够了,数字特征是反映随机变量的某些特性的数值,常用的有数学期望和方差。

(1)期望

设 $x_1, x_2, \cdots, x_i$ 为离散型随机变量 X 的可能取值,相应概率为 $p_1, p_2, \cdots, p_i$,其级数和为

$$x_1 p_1 + x_2 p_2 + \cdots + x_i p_i = \sum_{i=1}^{\infty} x_i p_i$$

若 $\sum x_i p_i$ 绝对收敛,则称其和数为期望或数学期望,记为 $E(X)$

$$E(X) = \sum_{i=1}^{\infty} x_i p_i, \qquad \sum_i p_i = 1 \tag{2-9}$$

在统计学中,期望与均值(mean)是同一个概念。无穷多次的重复条件下的重复测量单次结果的平均值即为期望值。

若 X 为连续型随机变量,其分布函数为 $F(x)$,概率密度为 $p(x)$,则期望定义为

$$E(X) = \int_{-\infty}^{\infty} x \, \mathrm{d}F(x) \tag{2-10a}$$

或

$$E(X) = \int_{-\infty}^{\infty} x p(x) \, \mathrm{d}x \tag{2-10b}$$

(只要积分收敛)。

(2)方差

随机变量(或测量值)的数学期望只能反映其平均特性。在实际测量中除了要知道测量值的平均特性外,还需要知道测量数据的离散程度。方差是用以描述随机变量可能值对期望的分

散的特征值,测量中的随机误差也用方差 $\sigma^2(x)$ 来定量表征。

随机变量 X 的方差为 X 与其期望 $E(X)$ 之差的平方的期望,记作 $D(X)$,即

$$D(X) = E\{[X - E(X)]^2\} \qquad (2-11)$$

与数学期望的情况类似,对离散性随机变量:

$$D(X) = \sum_{i=1}^{\infty} [x_i - E(X)]^2 p_i \qquad (2-12\text{a})$$

若对每次测量结果单独统计,n 次测量得到 n 个测量值,当 n 足够大时,用 $1/n$ 代替 p_i,则当 $n \to \infty$ 时得

$$D(X) = \frac{1}{n} \sum_{i=1}^{\infty} [x_i - E(X)]^2 \qquad (2-12\text{b})$$

对连续型随机变量:

$$D(X) = \int_{-\infty}^{\infty} [x - E(x)]^2 p(x) \mathrm{d}x \qquad (2-13)$$

展开等式右边可进一步得到

$$D(X) = \int_{-\infty}^{\infty} [x^2 - 2xE(x) + E^2(x)]p(x)\mathrm{d}x = E(x^2) - [E(x)]^2 \qquad (2-14)$$

在实际问题中,随机变量往往是有量纲的,而方差的量纲是随机变量量纲的平方,使用不方便。为了与随机变量量纲统一,常用 $\sqrt{D(X)}$ 来代替 $D(X)$,记为均方差或标准偏差 $\sigma(X)$。根据式(2-12b),当 $n \to \infty$ 时得

$$\sigma(X) = \sqrt{\frac{1}{n} \sum_{i=1}^{\infty} [x_i - E(x)]^2} \qquad (2-15)$$

2)正态分布

前面已经分析过测量数据的分布大多接近于服从正态分布,这里讨论有关连续型随机变量的正态分布问题。

(1)正态分布曲线

正态分布的概率密度函数为

$$p(x) = \frac{1}{\sqrt{2\pi}\sigma} \exp\left[\frac{-(x-\mu)^2}{2\sigma^2}\right] \qquad (2-16)$$

根据式(2-10b)和式(2-13)可以求出服从正态分布的物理量的期望值和标准偏差

$$E(X) = \int_{-\infty}^{\infty} xp(x)\mathrm{d}x = \frac{1}{\sqrt{2\pi}\sigma} \int_{-\infty}^{\infty} x\exp\left[\frac{-(x-\mu)^2}{2\sigma^2}\right]\mathrm{d}x = \mu$$

$$\sigma^2(x) = \int_{-\infty}^{\infty} (x-\mu)^2 p(x)\mathrm{d}x = \frac{1}{\sqrt{2\pi}\sigma} \int_{-\infty}^{\infty} (x-\mu)^2 \exp\left[-\frac{(x-\mu)^2}{2\sigma^2}\right]\mathrm{d}x = \sigma^2$$

概率密度函数公式中的参数 μ 即为随机变量 X 的期望值,σ 为其标准偏差。若 $\mu = 0$,则

$$p(x) = \frac{1}{\sqrt{2\pi}\sigma} \exp\left[\frac{-x^2}{2\sigma^2}\right] \qquad (2-17)$$

期望值为 μ 和 0 的正态分布曲线分别如图 2-4(a)、(b)所示,(a)和(b)的曲线形状相同,只是在坐标轴内位置不同,曲线(a)关于 $x = \mu$ 的直线为对称,曲线(b)关于 y 轴为对称。所以在分析曲线性质时,可以以其中一个为例。该函数的性质如下:

① $p(x)$ 的定义域为 $(-\infty, +\infty)$。

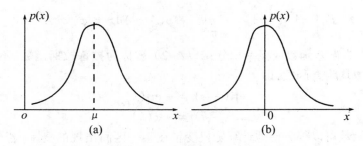

图 2-4 期望值为 μ 和 0 的正态分布概率密度曲线

(a) 期望值为 μ　　　(b) 期望值为 0

② 整个定义域内, $p(x) \geqslant 0$, 即正态分布曲线总是位于 x 轴的上方。

③ $p(x)$ 是 x 的偶函数, 即 $p(-x) = p(x)$, 所以分布曲线对称于 y 轴。

④ 当 $x \to \infty$ 时, $p(x) \to 0$, 所以横坐标是分布曲线的渐近线。

⑤ 函数的极值点　$p(x)$ 的导数为

$$p'(x) = \frac{-x}{\sigma^3 \sqrt{2\pi}} \exp\left[\frac{-x^2}{2\sigma^2}\right]$$

令 $p'(x) = 0$, 得 $x = 0$, 并且当 $x < 0$ 时 $p'(x) > 0$, 曲线上升; $x < 0$ 时 $p'(x) < 0$, 曲线下降。所以函数在 $x = 0$ 处有极大值。

⑥ 曲线的拐点　$p(x)$ 的二阶导数为

$$p''(x) = \frac{1}{\sigma^5 \sqrt{2\pi}} \exp\left[\frac{-x^2}{2\sigma^2}\right](x^2 - \sigma^2)$$

当 $|x| < \sigma$ 时 $p'(x) < 0$, 即在 $(-\sigma, +\sigma)$ 间正态分布曲线向下弯曲; 当 $|x| > \sigma$ 时 $p''(x) > 0$, 在 $(-\sigma, +\sigma)$ 区间外, 正态分布曲线向上弯曲; 在 $x = \pm\sigma$ 时 $p''(x) = 0$, 所以 $x = \pm\sigma$ 是正态分布曲线的拐点。

（2）正态分布的概率计算

服从正态分布的随机变量, 其分布是对称的, 所以一般可取其对称的区间 $(-a, a)$ 来估计随机变量 x 出现的概率。

$$P\{-a \leqslant x \leqslant a\} = P\{|x| \leqslant a\} = \int_{-a}^{+a} p(x)\mathrm{d}x = 2\int_0^a p(x)\mathrm{d}x \qquad (2-18)$$

因为随机变量 x 在某一区间出现的概率与标准偏差 σ 的大小密切相关, 故常把区间极限值设为 σ 的倍数, 即设

$$a = k\sigma \quad 或 \quad k = \frac{a}{\sigma}$$

则式（2-18）就变成

$$P\{|x| \leqslant k\sigma\} = P\left\{\left|\frac{x}{\sigma}\right| \leqslant k\right\} = 2\int_0^k \frac{1}{\sqrt{2\pi}} \exp\left(-\frac{x^2}{2\sigma^2}\right)\mathrm{d}\left(\frac{x}{\sigma}\right)$$

分别令 $t = \frac{x}{\sigma}$ 或 $\sqrt{2}\tau = \frac{x}{\sigma}$, 则有

$$P\{|x| \leqslant k\sigma\} = \frac{2}{\sqrt{2\pi}} \int_0^k \exp\left(-\frac{t^2}{2}\right)\mathrm{d}t = \mathrm{erf}(k) \qquad (2-19)$$

或

$$P\{\,|\,x\,|\leqslant k\sigma\,\} = \frac{2}{\sqrt{\pi}}\int_0^{k/\sqrt{2}}\exp(-\tau^2)\mathrm{d}\tau = \varphi(k/\sqrt{2}) \qquad (2-20)$$

式中,常称 $\mathrm{erf}(k)$ 为误差函数或概率积分;$\varphi(k/\sqrt{2})$ 被称为拉普拉斯函数。不难证明,误差函数和拉普拉斯函数均为奇函数,即

$$\mathrm{erf}(-k) = -\mathrm{erf}(k)$$
$$\varphi(-k) = -\varphi(k)$$

利用这两个函数可以很方便地计算随机变量在某一区间出现的概率。若要计算服从正态分布的随机变量 x 在区间 (a,b) 内出现的概率,则根据式$(2-19)$ 和式$(2-20)$ 有

$$P(a < x < b) = \int_a^b p(x)\mathrm{d}x = \frac{1}{2}\Big[\mathrm{erf}\Big(\frac{b}{\sigma}\Big) - \mathrm{erf}\Big(\frac{a}{\sigma}\Big)\Big]$$

或

$$P(a < x < b) = \frac{1}{2}\Big[\varphi\Big(\frac{b}{\sqrt{2}\sigma}\Big) - \varphi\Big(\frac{a}{\sqrt{2}\sigma}\Big)\Big]$$

如区间为 $(-a,a)$,则

$$P(-a < x < a) = \mathrm{erf}\Big(\frac{a}{\sigma}\Big) = \varphi\Big(\frac{a}{\sqrt{2}\sigma}\Big)$$

在实际工作中常设 $k = a/\sigma$,由此可得

$$P\{\,|\,x\,|< k\sigma\,\} = \mathrm{erf}(k) = \varphi(k/\sqrt{2})$$

根据 k 值计算的概率值可以制成表格。附录 1 即为误差函数表,根据 k 值可以很方便地查出随机变量在相应区间出现的概率。如要知道随机变量 x 出现在 $(-1.40\sigma, +1.40\sigma)$ 区间的概率,查附录 1 的表 A 第 9 行第 2 列即可得到相应的概率为 0.838 487,避免了积分计算的麻烦。

在误差理论中,经常用到下面几个值,它们分别为

$$P(\,|\,x\,|<\sigma) \approx 0.682\ 7$$
$$P(\,|\,x\,|<2\sigma) \approx 0.954\ 5$$
$$P(\,|\,x\,|<3\sigma) \approx 0.997\ 3$$

从上面的数据可以看出,随机变量 x 在 $\pm 3\sigma$ 区间之内的概率达到 0.997 3,而在这个区间外的概率非常小,在有限次统计中可认为是不可能出现的事件。

在上面的分析中是以期望值为零的正态分布曲线进行讨论的,对期望值为 μ 的正态分布曲线可以得到相同的结果。

测量中绝大部分随机误差及其影响下的测量值都是服从正态分布的。若设 x 为测量值,δ 为测量中的随机误差,则它们的概率密度函数分别为

$$p(x) = \frac{1}{\sqrt{2\pi}\sigma(x)}\exp\Big\{-\frac{[x - E(x)]^2}{2\sigma^2(x)}\Big\}$$

$$p(\delta) = \frac{1}{\sqrt{2\pi}\sigma(\delta)}\exp\Big\{-\frac{\delta^2}{2\sigma^2(\delta)}\Big\}$$

对应于前面的分析,今后讨论随机误差和测量值的分布时,也只需讨论其中一种,而对另一种只需要把横坐标移动一个位置就可得出类似的结果。

2.2.3　用有限次测量估计测量值的数学期望和标准偏差

前面所讨论的被测量的数字特征数学期望 $E(x)$ 和标准偏差 $\sigma(x)$ 都是在无穷多次测量的条件下求得的,但是在实际测量中只能进行有限次测量,就不能按照式$(2-10\mathrm{b})$ 和

式(2-13) 准确地求出被测量的数学期望和标准偏差。特别是在测量次数 n 不大的情况下,随机变量的统计特征本质上是随机的。如何根据有限次测量所得结果对被测量的数学期望 $E(x)$ 和测量的标准偏差 $\sigma(x)$ 作出估计是本节讨论的重点。

1) 有限次测量值的算术平均值及其分布

(1) 算术平均值 $\bar{x}$

对同一个量值作一系列等精度独立测量,其测量列中的全部测量值的算术平均值是最可靠的测量结果,称为算术平均值原理。

设被测量的真值为 μ,其等精度测量值为 $x_1,x_2,\cdots,x_n$,则其算术平均值为

$$\bar{x} = \frac{1}{n}(x_1 + x_2 + \cdots + x_n) = \frac{1}{n}\sum_{i=1}^{n} x_i \tag{2-21}$$

可以证明,$\bar{x}$ 的数学期望就是 μ。

$$E(\bar{x}) = E\left(\frac{1}{n}\sum_{i=1}^{n} x_i\right) = \frac{1}{n}E\left(\sum_{i=1}^{n} x_n\right) = \frac{1}{n}\sum_{i=1}^{n} E(x_i) = \frac{1}{n} \cdot n\mu = \mu$$

由概率论可知,若某未知参量的估计值的数学期望正好等于该参量值,则该估计值称为无偏估计值。由于 $\bar{x}$ 的数学期望为 μ,故算术平均值就是真值 μ 的无偏估计值。

实际测量中通常以算术平均值代替真值,以测量值与算术平均值之差即剩余误差(简称残差)v 来代替真误差 δ,即

$$v_i = x_i - \bar{x} \tag{2-22}$$

当 $n \to \infty$ 时,$v \to \delta$。

算术平均值有如下两个性质:

① 残差的代数和等于零,即

$$[v] = 0 \tag{2-23}$$

② 残差的平方和为最小,即

$$[v^2] = v_1^2 + v_2^2 + \cdots + v_n^2 = \min \tag{2-24}$$

性质 ① 可用于检查测量值的算术平均值和残差的计算是否正确;性质 ② 是最小二乘法的理论基础。

(2) 算术平均值 $\bar{x}$ 的分布及标准偏差

前面已说明,当测量次数 n 有限时,统计特征本质上是随机的,所有算术平均值 $\bar{x}$ 本身也是一个随机变量。根据正态分布随机变量之和的分布仍然是正态分布的理论,$\bar{x}$ 也属于正态分布,应用 $\bar{x}$ 的方差 $\sigma^2(\bar{x})$ 来表征其精密度。

$$\sigma^2(\bar{x}) = \sigma^2\left(\frac{1}{n}\sum_{i=1}^{n} x_i\right) = \frac{1}{n^2}\sigma^2\left(\sum_{i=1}^{n} x_i\right) = \frac{1}{n^2}\sum_{i=1}^{n} \sigma^2(x_i)$$

$$= \frac{1}{n^2}n\sigma^2(x) = \frac{1}{n}\sigma^2(x) \tag{2-25}$$

或写成标准偏差的形式

$$\sigma(\bar{x}) = \frac{\sigma(x)}{\sqrt{n}} \tag{2-26}$$

式(2-25) 说明了测量平均值的方差比总体或单次测量的方差小 n 倍,或者说平均值的标准偏差比总体测量值的标准偏差小 $\sqrt{n}$ 倍。这是由于随机误差的抵消性,在计算 $\bar{x}$ 的求和过程中,正负误差相互抵消;n 越大,抵消程度越大,平均值离散程度越小,所以在实际测量中可以采用统

计平均的方法来减弱随机误差的影响。图 2-5 表示了被测量总体和测量平均值的分布曲线。可以看出,测量值和测量平均值都以正态分布的形式分布在真值(数学期望)附近,前者曲线平坦,离散程度大,精密度低;后者曲线尖锐,离散程度小,精密度高。

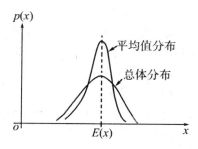

图 2-5　总体和平均值分布曲线

值得注意的是,当 n 增大时,每个测量值的随机误差对平均值的随机误差影响甚小。根据中心极限定理,可以得到另一个结论,无论被测量总体分布是什么形状,随着测量次数的增加,测量值算术平均值的分布都越来越趋近于正态分布。

2) 用有限次测量数据估计测量值的标准偏差 —— 贝塞尔公式

测量值的总体标准偏差是在 $n \to \infty$ 情况下以真误差 δ 来定义的,实际中 n 不可能为 ∞ ,不可能根据真值 μ 求出 δ ,只能求出真值 μ 的估计值 $\bar{x}$,再求出每次测量的残差 v_i 。下面讨论如何根据有限次测量数据来计算测量值标准偏差的最佳估计值。

前面我们已经定义残差 v_i ,现将式(2-22)重写如下:

$$v_i = x_i - \bar{x}$$

对 v_i 求和,则得到

$$\sum_{i=1}^{n} v_i = \sum_{i=1}^{n} (x_i - \bar{x}) = \sum_{i=1}^{n} x_i - n\bar{x} = n\bar{x} - n\bar{x} = 0$$

由式(2-22)又可得到

$$\sigma^2(v_i) = \sigma^2(x_i) - \sigma^2(\bar{x}) = \sigma^2(x) - \frac{1}{n}\sigma^2(x) = \frac{n-1}{n}\sigma^2(x)$$

$$\sigma^2(x) = \frac{n}{n-1}\sigma^2(v_i) = \frac{n}{n-1} \cdot \frac{1}{n}\sum_{i=1}^{n} [v_i - E(v_i)]^2$$

根据式(2-23),$E(v_i) = 0$,所以有

$$\sigma^2(x) = \frac{1}{n-1}\sum_{i=1}^{n} v_i^2 = \frac{1}{n-1}\sum_{i=1}^{n} (x_i - \bar{x})^2 \qquad (2-27)$$

式(2-27)称为贝塞尔公式,要注意的是在推导贝塞尔公式的过程中仍然是根据方差的定义得出的,严格说来仍是在 $n \to \infty$ 的条件下推导得出的。在 n 为有限值时,用贝塞尔公式计算的结果仍然是标准偏差的一个估计值,通常称为实验标准偏差,用符号 $\hat{\sigma}(x)$ 或 s 表示,即

$$\hat{\sigma}(x) = \sqrt{\frac{1}{n-1}\sum_{i=1}^{n} (x_i - \bar{x})^2}$$

或

$$s(x) = \sqrt{\frac{1}{n-1}\sum_{i=1}^{n} (x_i - \bar{x})^2} \qquad (2-28)$$

由于 $\sum_{i=1}^{n} v_i^2 = \sum_{i=1}^{n} (x_i - \bar{x})^2 = \sum_{i=1}^{n} x_i^2 - n\bar{x}^2$,贝塞尔公式还可表示为

$$s(x) = \sqrt{\frac{1}{n-1}\left(\sum_{i=1}^{n} x_i^2 - n\bar{x}^2\right)} \qquad (2-29)$$

$\hat{\sigma}^2(x)$ 是否是 $\sigma^2(x)$ 的无偏估计值,要看它的数学期望是否等于 $\sigma^2(x)$。

$$E[\hat{\sigma}^2(x)] = E\left[\frac{1}{n-1}\sum_{i=1}^{n}(x_i - \bar{x})^2\right]$$

$$= \frac{1}{n-1}E\left\{\sum_{i=1}^{n}[[x_i - E(x)] - [\bar{x} - E(x)]]^2\right\}$$

$$= \frac{1}{n-1}E\left\{\sum_{i=1}^{n}[x_i - E(x)]^2 - 2\sum_{i=1}^{n}[x_i - E(x)][\bar{x} - E(x)] + \sum_{i=1}^{n}[\bar{x} - E(x)]^2\right\}$$

$$= \frac{1}{n-1}\left\{\sum_{i=1}^{n}E[x_i - E(x)]^2 - 2nE[\bar{x} - E(x)]^2 + nE[\bar{x} - E(x)]^2\right\}$$

$$= \frac{1}{n-1}\left[n\sigma^2(x) - n \cdot \frac{1}{n}\sigma^2(x)\right]$$

$$= \sigma^2(x)$$

由此可知,用贝塞尔公式求得的估计值 $\hat{\sigma}^2(x)$ 是 $\sigma^2(x)$ 的无偏估计值。但实验标准偏差 $\hat{\sigma}(x)$ 并不是 $\sigma(x)$ 的无偏估计,为统一起见,下面都用 $s(x)$ 表示实验标准偏差。

根据式(2-26),也可以把 $s(\bar{x}) = \dfrac{s(x)}{\sqrt{n}}$ 作为平均值标准偏差的估计值。下面列出前面所定义的各种标准偏差的符号公式及所表示的不同意义,以便在使用时不致混淆。

总体测量值标准偏差 　　$\sigma(x) = \sqrt{\dfrac{1}{n}\sum_{i=1}^{n}[x_i - E(x)]^2}$ 　　测量值离散程度表征

总体测量值标准偏差估计值或称总体测量值实验标准偏差

$$s(x) = \sqrt{\frac{1}{n-1}\sum_{i=1}^{n}[x_i - \bar{x}]^2}$$

测量平均值标准偏差 　　$\sigma(\bar{x}) = \dfrac{\sigma(x)}{\sqrt{n}}$ 　　平均值离散程度表征

测量平均值实验标准偏差 　　$s(\bar{x}) = \dfrac{s(x)}{\sqrt{n}}$

2.2.4　测量结果的置信度

1)置信概率与置信区间

由于随机误差的影响,测量值均会偏离被测量真值。测量值分散程度用标准偏差 $\sigma(x)$ 表示。一个完整的测量结果,不仅要知道其量值的大小,还希望知道该测量结果的可信赖的程度。下面从两方面来分析测量的可信度问题。

(1)虽然不能预先确定即将进行的某次测量的结果,但希望知道该测量结果落在数学期望附近某一确定区间内的可能性有多大。由于均方差表示测量值的分散程度,常用标准偏差 $\sigma(x)$ 的若干倍来表示这个确定区间

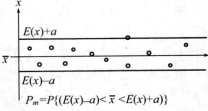

$$P_m = P\{(E(x)-a) < \bar{x} < (E(x)+a)\}$$

图 2-6　置信区间

a。也就是说，希望知道测量结果落在$[E(x) - c\sigma(x), E(x) + c\sigma(x)]$这个区间内的概率有多大？如图2-6所示，$a = c\sigma(x)$，

$$P\{[E(x) - c\sigma(x)] \leq x \leq [E(x) + c\sigma(x)]\} \tag{2-30}$$

（2）在大多数实际测量中，我们真正关心的不是某次测量值出现的可能性，而是关心被测量真值处在某测量值x附近某确定区间$[x - c\sigma(x), x + c\sigma(x)]$内的概率，如图2-7所示，即要知道概率：

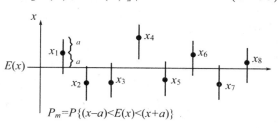

图2-7　置信区间意义

$$P\{[x - c\sigma(x)] \leq E(x) \leq [x + c\sigma(x)]\} \tag{2-31}$$

在测量结果的可信问题中，a称为置信区间，P称为相应的置信概率。置信区间和置信概率是紧密相连的，只有明确一方才能讨论另一方。置信区间刻画了测量结果的精确性，置信概率刻画了这个结果的可靠性。在实际计算中往往是根据给定的置信概率求出相应的置信区间或根据给定的置信区间求置信概率。

从数学上来讲，概率$P\{[x - c\sigma(x)] \leq E(x) \leq [x + c\sigma(x)]\}$与概率$P[E(x) - c\sigma(x)] \leq x \leq [E(x) + c\sigma(x)]$是相等的，所以在实际计算中，不必去区分这两种情况。讨论置信问题必须要知道测量值的分布。下面分别讨论正态分布和t分布下的置信问题。

2）正态分布下的置信问题

正态分布下的测量值X的概率密度函数为

$$p(x) = \frac{1}{\sqrt{2\pi}\sigma(x)}\exp\left\{-\frac{[x - E(x)]^2}{2\sigma^2(x)}\right\}$$

要求出x处在关于$E(x)$为对称区间$\pm c\sigma(x)$内的概率，就是要求图2-8中阴影部分的面积。即对分布密度所代表的曲线进行积分，积分上下限分别为

$$E(x) + c\sigma(x), \quad E(x) - c\sigma(x)$$

根据前面对误差函数分析，设$Z = \dfrac{x - E(x)}{\sigma(x)}$，则

$$\int_{E(x)-c\sigma(x)}^{E(x)+c\sigma(x)} p(x)\,dx = \int_{-c}^{c} \frac{1}{\sqrt{2\pi}}e^{-\frac{1}{2}z^2}dz \tag{2-32}$$

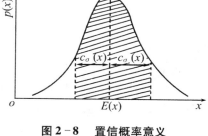

图2-8　置信概率意义

查附录1就可以根据设定的区间大小及$\sigma(x)$的数值，求出置信概率；或根据置信概率求出对应的置信区间。

例2.4　已知某被测量x服从正态分布，$E(x) = 50$，$\sigma(x) = 0.2$，求在$P_c = 99\%$情况下的置信区间a。

解　已知$P[|x - E(x)| < c\sigma(x)] = P[|Z| < c] = 99\%$，查表得$c = 2.60$，置信区间则为

$$[50 - 2.60 \times 0.2, 50 + 2.60 \times 0.2] = [49.48, 50.52]$$

例2.5　已知某测量值x服从正态分布，分别求出测量值处在真值附近$E(x) \pm \sigma(x)$，$E(x) \pm 1.96\sigma(x)$，$E(x) \pm 3\sigma(x)$区间中的置信概率。

解　对应于置信区间的系数c分别为

$$E(x) \pm \sigma(x) \qquad\qquad c = 1$$

$$E(x) \pm 1.96\sigma(x) \qquad c = 1.96$$

$$E(x) \pm 3\sigma(x) \qquad c = 3$$

查表当 $c_1 = 1$ 时 $\qquad p_c = 0.683$

$c = 1.96$ 时 $\qquad p_c = 0.95$

$c = 3$ 时 $\qquad p_c = 0.997$

即 $\qquad p[\,|\,x - E(x)\,|\, < \sigma(x)\,] = 68.3\%$

$\qquad p[\,|\,x - E(x)\,|\, < 1.96\sigma(x)\,] = 95\%$

$\qquad p[\,|\,x - E(x)\,|\, < 3\sigma(x)\,] = 99.7\%$

3）应用 t 分布讨论 $\bar{x}$ 的置信问题

在正态分布的置信问题讨论中，是以测量值作为测量结果来讨论的。而在实际测量中是以算术平均值 $\bar{x}$ 作为被测量的最佳估值的，而且以均方差的估值 $s(x)$ 代替 $\sigma(x)$，$s(\bar{x})$ 代替 $\sigma(\bar{x})$。这样在讨论置信问题时，要以 $\bar{x} \pm ks(\bar{x})$ 作为置信区间，相应的置信概率为

$$P_c[\,E(x) - ks(\bar{x}) < \bar{x} < E(x) + ks(\bar{x})\,] = \int_{E(x)-k\cdot s(\bar{x})}^{E(x)+k\cdot s(\bar{x})} \frac{1}{\sqrt{2\pi}s(\bar{x})} \exp\left\{ -\frac{[\bar{x} - E(x)]^2}{2s^2(\bar{x})} \right\} dx$$

在上式的积分变换中，设 $t = \dfrac{\bar{x} - E(x)}{s(\bar{x})}$ 与式（2-32）中的 $Z = \dfrac{x - E(x)}{\sigma(x)}$ 就有根本的区别。

由于 $\sigma(x)$ 是常量，所以随机变量 Z 仍然服从正态分布。而 $s(\bar{x})$ 本身是一个随机变量，它的平方 $s^2(\bar{x})$ 属于 χ^2 分布，因此随机变量 t 不再服从正态分布，而属于"学生"氏（Student）分布，或习惯上就简称 t 分布，其概率密度函数为

$$p(t) = \frac{\Gamma\left(\dfrac{\nu+1}{2}\right)}{\sqrt{\nu\pi}\,\Gamma\left(\dfrac{\nu}{2}\right)} \left(1 + \frac{t^2}{\nu}\right)^{-\frac{\nu+1}{2}} \tag{2-33}$$

式中 $\Gamma(x)$ 为伽马函数；$\nu = n - 1$ 为自由度，n 是测量次数。

t 分布的图形如图2-9所示，图形类似于正态分布。但 t 分布与 σ 无关，与测量次数有关。从图2-9可以看出，当 $n > 20$ 以后，t 分布与正态分布就很接近了。可以用数学方式证明当 $n \to \infty$ 时，t 分布与正态分布完全相同，即正态分布是 $n \to \infty$ 时 t 分布的一个特例。t 分布一般用来解决小子样置信问题。

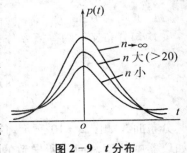

图2-9　t 分布

根据 t 分布的概率密度函数 $p(t)$，就可用积分的方法求出 $E(x)$ 处在 $\bar{x}$ 附近对称区间 $[\bar{x} - k_t s(\bar{x}), \bar{x} + k_t s(\bar{x})]$ 内的置信概率。为区别起见，这里标准偏差的系数用 k_t 表示，称为 t 分布因子。由于 t 分布的积分计算很复杂，也有现成的表格利用。附录2（t 分布函数表）列出了

$$P\{\,|\,\bar{x} - E(x)\,|\, < k_t s(\bar{x})\,\} = P\{\,|\,t\,|\, < k_t\,\} = \int_{-k_t}^{k_t} p(t)\,dt = 2\int_0^{k_t} p(t)\,dt$$

例2.6 当测量次数 $n = 10$，求置信区间在 $\bar{x} \pm 3s(\bar{x})$ 时的置信概率。

解 $n = 10$ 即 $\nu = n - 1 = 9$，$k_t = 3$ 则查表得 $P\{\,|\,\bar{x} - E(x)\,|\, < 3s(\bar{x})\,\} = 0.986$。

例2.7 对某电感进行了12次等精度测量，测得的数值（mH）为 20.46，20.52，20.50，20.52，20.48，20.47，20.50，20.49，20.47，20.49，20.51，20.51，若要求在 $P = 95\%$ 的置信概率下，该电感真值应在什么置信区间内？

解　第一步:求出 $\bar{x}$ 及 $s(\bar{x})$

$$\bar{L} = \frac{1}{12}\sum_{i=1}^{12} L_i = 20.493 \text{ mH}$$

$$s(L) = 0.020 \text{ mH}$$

$$s(\bar{L}) = \frac{0.020}{\sqrt{12}} = 0.006 \text{ mH}$$

第二步:查 t 分布表,由 $\nu = n - 1 = 11$ 及 $P = 0.95$,查得 $k_t = 2.20$

第三步:估计电感 L 的置信区间

$$[\bar{L} - k_t s(\bar{L}), \bar{L} + k_t s(\bar{L})]$$

$$k_t s(\bar{L}) = 2.20 \times 0.006 = 0.013 \text{ mH}$$

所以电感 L 的置信区间为 $[20.48, 20.51]$ mH,对应的置信概率为 $p_c = 0.95$。

根据本例再深入理解置信概率和置信区间的意义。从电感的总体中取得的这 12 个数据成为一个子样,得出一组 $\bar{L}$ 及 $s(\bar{L})$ 所对应的置信区间。如果另取一组子样,可以得到不同的 $\bar{L}$ 及 $s(\bar{L})$,对应不同的置信区间。这里所得的 $[20.48, 20.51]$ mH 只是各种可能的置信区间中的一个。如果能用更高级的仪器或用某种方法测得该电感更精确的值,则并不能肯定这个区间一定包含真值,但在同样测量条件下,求出足够多的置信区间,就可以确定这些区间中有 95% 的区间包含真值,这就是置信概率的意义。

4)非正态分布

在前面的分析中都假定了测量值和误差服从正态分布。因为从理论上说,正态分布是概率论的中心极限定理的必然结果,实践已证明大多数误差的分布接近正态分布。要注意的是中心极限定理有两个前提:一是构成总和(总误差)的分量的数目足够多;二是每一分量对总和的贡献都足够小。在电子测量中也遇到在不少情况下,测量结果对某些影响量很敏感,如果其中一项影响特别大,则误差的总分布将决定于这一项误差分布。下面介绍几种常见的非正态分布曲线及其置信问题。

(1)均匀分布

均匀分布又称为等概率分布、矩形分布,其概率分布密度 $p(x)$ 为

$$p(x) = \begin{cases} \dfrac{1}{b-a} & a \leq x \leq b \\ 0 & x < a \text{ 及 } x > b \end{cases} \tag{2-34}$$

其分布曲线如图 2-10 所示。这是一种很常见也很重要的分布。如仪器中的度盘回差所导致的误差,调谐不准确造成的误差及仪器最小分辨率引起的误差等,都可近似认为属于均匀分布。在测量数据中,按四舍五入原则取有效数字时造成的截尾误差,也属于均匀分布。还有不少误差,往往只能估计出其极限大致在某一范围 $\pm a$ 内,而对其分布律完全无知,在此情况下,一般都假定该误差在 $\pm a$ 间均匀分布。

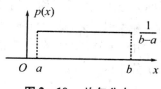

图 2-10　均匀分布

均匀分布的方差推导如下:

$$\sigma^2(x) = \int_{-\infty}^{\infty} [x - E(x)]^2 p(x)\mathrm{d}x = \int_a^b \left(x - \frac{b+a}{2}\right)^2 \frac{1}{b-a}\mathrm{d}x = \frac{(b-a)^2}{12} \tag{2-35a}$$

或

$$\sigma(x) = \frac{b - a}{\sqrt{12}} \tag{2-35b}$$

（2）三角形分布

三角形分布的概率密度曲线如图 2-11 所示。可以证明两个误差限相同的均匀分布的误差之和,其分布服从三角形分布。三角形分布的概率密度函数 $p(x)$ 为

$$p(x) = \begin{cases} \dfrac{e + x}{e^2} & (-e \leqslant x \leqslant 0) \\ \dfrac{e - x}{e^2} & (0 \leqslant x \leqslant e) \end{cases} \tag{2-36}$$

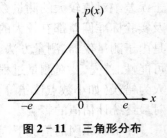

图 2-11　三角形分布

三角形分布又称为辛普森(Simpson)分布。在各种利用比较法的测量中,常常要作两次相同条件下的测量,若每次测量的误差是均匀分布,那么两次测量的最后结果就服从三角形分布。

（3）反正弦分布

若被测量 x 与一个量 θ(例如相位或角度)成正弦关系,即

$$x = e\sin\theta$$

而 θ 本身又是在 $0 \sim 2\pi$ 之间呈均匀分布的,那么 x 的概率密度函数为

$$p(x) = \frac{1}{\pi\sqrt{e^2 - x^2}} \qquad (|x| < e) \tag{2-37}$$

这就是所谓反正弦分布,其曲线呈 U 形,如图 2-12 所示。其左右两边的渐近线为 $x = \pm e$。圆形度盘偏心而致的刻度误差,与具有随机相位的正弦信号有关的误差等,均属于反正弦分布。

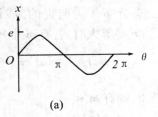
(a)

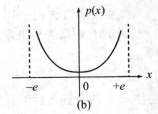
(b)

图 2-12　反正弦分布

(a) 反正弦分布　　(b) 反正弦分布概率密度曲线

（4）几种常用分布的置信因数

按照标准偏差的基本定义可以求得各种分布的标准偏差 σ,再求得置信因数(又称覆盖因子)k。表 2-2 中列出了几种常用分布的置信因数,此时置信概率高于 99%[5]。

表 2-2　置信因数值

分　布	置信因数 k
正　态	$2 \sim 3$
三　角	$\sqrt{6}$
梯　形	$\sqrt{6/(1 + \beta^2)}$, $\beta \leqslant 1$ 为梯形上、下底之比
均　匀	$\sqrt{3}$
反正弦	$\sqrt{2}$
两　点	1

2.2.5 粗差的处理

在无系统误差的情况下,测量中大误差出现的概率是很小的。在正态分布情况下,误差绝对值超过 $2.57\sigma(x)$ 的概率仅为 1%,误差绝对值超过 $3\sigma(x)$ 的概率仅为 $0.27\% \approx 1/370$。对于误差绝对值较大的测量数据,就值得怀疑,可以列为可疑数据。可疑数据对测量值的平均值及实验标准偏差都有较大的影响,造成测量结果的不正确,因此在这种情况下要分清可疑数据是由于测量仪器、测量方法或人为错误等因素造成的异常数据,还是由于正常的大误差出现的可能性。首先,要对测量过程进行分析,是否有外界干扰(如电力网电压的突然跳动),是否有人为错误(如小数点读错等)。其次,可以在等精度条件下增加测量次数,以减少个别离散数据对最终统计估值的影响。

在不明原因的情况下,就应该根据统计学的方法来判别可疑数据是否是粗差。这种方法的基本思想是:给定一置信概率,确定相应的置信区间,凡超过置信区间的误差就认为是粗差,并予以剔除。用于粗差剔除的常见方法有:

1)莱特检验方法

莱特检验法是一种正态分布情况下判别异常值的方法。判别方法如下:

假设在一列等精度测量结果中,第 i 项测量值 x_i 所对应的残差 v_i 的绝对值 $|v_i| > 3s$,则该误差为粗差,所对应的测量值 x_i 为异常值,应剔除不用。

本检验方法简单,使用方便,当测量次数 n 较大时,是比较好的方法,一般适用于 $n > 10$ 的情况; $n < 10$ 时,容易产生误判。

2)肖维纳检验法

肖维纳检验法也是以正态分布作为前提的,假设多次重复测量所得 n 个测量值中,当 $|v| > a$ 时,则认为是粗差。当 n 足够大时,若有 m 个残差 $|v| > a$,可以用频率代替概率而得到

$$P\{|v| > a\} = \frac{m}{n} \to 0 \qquad (2-38)$$

为使 m 在四舍五入后可视为0,则有 $m \leqslant \frac{1}{2}$

式(2-38)即为

$$n \cdot P\{|v| > a\} \leqslant \frac{1}{2}$$

$$P\{|v| > a\} \leqslant \frac{1}{2n}$$

$$P\{|v| > a\} = 2\int_a^\infty P(\delta)\mathrm{d}\delta = 1 - \mathrm{erf}(k) \leqslant \frac{1}{2n}$$

或

$$P\{\delta \leqslant a\} = \mathrm{erf}(k) \leqslant 1 - \frac{1}{2n} = \frac{2n-1}{2n} \qquad (2-39)$$

肖维纳检验法就基于式(2-38)和式(2-39)。根据式(2-39),由测量次数 n 计算 $P\{\delta \leqslant a\}$,查误差函数表即得 k 值。表2-3列出了 $n = 3 \sim 500$ 范围内的 k 值。

具体的肖维纳检验方法为:在一系列等精度测量结果中,若某个测量值 x_i 所对应的残差 v_i 超过了公式中的值 $a = ks$,则该 x_i 是异常数据。若发现绝对值大于 a 值的残差多于1个,则把其中最大的一个 $|v_i|$ 所对应的数据 x_i 剔除后,再重新计算 s 值,重新用肖维纳检验法检验。依此类推,直到数据符合要求为止。

肖维纳检验法中的 k 值由误差函数表确定。根据式(2-39)可得肖维纳准则数表,以备查用(见表2-3)。

表 2-3 肖维纳准则数表

n	$k = a/s$	n	$k = a/s$	n	$k = a/s$
3	1.38	13	2.07	23	2.30
4	1.54	14	2.10	24	2.32
5	1.65	15	2.13	25	2.33
6	1.73	16	2.16	30	2.39
7	1.79	17	2.18	40	2.50
8	1.86	18	2.20	50	2.58
9	1.92	19	2.22	75	2.71
10	1.96	20	2.24	100	2.81
11	2.00	21	2.26	200	3.02
12	2.04	22	2.28	500	3.29

要注意的是肖维纳检验法是建立在频率趋近于概率的前提下,一般也要在 $n > 10$ 时使用。

3) 格拉布斯检验法

格氏检验法是在未知总体标准偏差 σ 的情况下,对正态样本或接近正态样本异常值进行判别的一种方法,是一种从理论上就很严密,概率意义明确,又经实验证明效果较好的判据。这里只介绍其具体用法。

对一系列重复测量的最大或最小数据,用格氏检验法检验,若残差 $|v_{max}| > G \cdot s$,则判断此值为异常数据,应予剔除。G 值按重复测量次数 n 及置信概率 p_c 由表2-4求出。

具体检验步骤为:

(1)选定危险率 a(即错判 x_i 为坏值的概率)。$a = (1 - p_c)$,一般 a 取 1%,2.5%,5%;

(2)根据测量次数 n 和危险率 a,查表2-4得 G 值;

(3)若残差 $|v_{max}| > G \cdot S$,则判此数据为异常数据,应予剔除。

除上述三种检验法以外,还有奈尔(Nair)检验法、Q 检验法和狄克逊检验法等,可参阅有关资料。

表 2-4 格拉布斯准则数 G 值

$a =$ $(1 - p_c)$	n																	
	3	4	5	6	7	8	9	10	11	12	13	14	15	16	17	18	19	20
5.0%	1.15	1.46	1.67	1.82	1.94	2.03	2.11	2.18	2.23	2.29	2.33	2.37	2.41	2.44	2.47	2.50	2.53	2.56
1.0%	1.15	1.49	1.75	1.94	2.10	2.22	2.32	2.41	2.48	2.55	2.61	2.66	2.70	2.74	2.78	2.82	2.85	2.85

在对粗大误差处理中要注意以下几个问题:

(1)所有的检验法都是人为主观拟定的,至今尚未有统一的规定。这些检验法又都是以正态分布为前提的,当偏离正态分布时,检验可靠性将受影响,特别是测量次数少时更不可靠。

（2）若有多个可疑数据同时超过检验所定置信区间，应逐个剔除，重新计算 $\bar{x}$ 及 s，再行判别。若有两个相同数据超出范围时，也应逐个剔除。

（3）在一组测量数据中，可疑数据应极少。反之，说明系统工作不正常。因此剔除异常数据是一件需慎重对待的事。要对异常数据的出现进行分析，以能找出产生异常数据的原因，不致因轻易舍去异常数据而放过发现问题的机会。

4）应用举例

例 2.8 对某温度进行多次重复测量，所得结果列于表 2-5，试检验测量数据中有无异常。

表 2-5 例 2.8 所用数据

序号	测得值 x_i	残差 v_i	序号	测得值 x_i	残差 v_i	序号	测得值 x_i	残差 v_i
1	20.42 ℃	+ 0.016 ℃	6	20.43 ℃	+ 0.026 ℃	11	20.42 ℃	+ 0.016 ℃
2	20.43 ℃	+ 0.026 ℃	7	20.39 ℃	− 0.014 ℃	12	20.41 ℃	+ 0.006 ℃
3	20.40 ℃	− 0.004 ℃	8	20.30 ℃	− 0.104 ℃	13	20.39 ℃	− 0.014 ℃
4	20.43 ℃	+ 0.026 ℃	9	20.40 ℃	− 0.004 ℃	14	20.39 ℃	− 0.014 ℃
5	20.42 ℃	+ 0.016 ℃	10	20.43 ℃	+ 0.026 ℃	15	20.40 ℃	− 0.004 ℃

解

（1）从表中可看出 $x_8 = 20.30$ 是一个可疑数据，按莱特检验法

$\bar{x} = 20.404$

$s = 0.033$

$|v_8| = 0.104$ $3s = 0.033 \times 3 = 0.099$

$|v_8| > 3s$

故可判断 x_i 是异常数据，应予剔除。再对剔除后数据计算得

$\bar{x} = 20.411$

$s' = 0.016$ $3s' = 0.048$

其余的 14 个数据的 $|v_i|$ 均小于 $3s'$，故为正常数据。

（2）用肖维纳检验法

以 $n = 15$ 查表 2-3 得 $k = 2.13$

$$ks = 2.13 \times 0.033 = 0.07$$
$$|v_8| > 0.07$$

故用肖维纳检验法 v_8 也是异常数据，剔除后再按 $n = 14$ 查表 2-3 得 $k = 2.10$

$$ks' = 2.10 \times 0.016 = 0.034$$

$|v_i|$ 均小于 ks'，故余下的均为正常数据。

（3）按格拉布斯检验法

取置信概率 $p_c = 0.99$，以 $n = 15$ 查表 2-4 得

$G = 2.70$

$Gs = 2.7 \times 0.033 = 0.09 < |v_8|$，剔除 x_8 后重新计算判别，得 $n = 14$，$p_c = 0.99$ 下 G 值为 2.66

$$Gs' = 2.66 \times 0.016 = 0.04$$

可见余下数据中无异常值。

2.3 系统误差

前面已经分析过系统误差（Systematic Error）的基本性质和特点。当误差中不再包含有随机误差时，即为系统误差。对于掌握了方向和大小的系统误差，可以通过修正值与测量结果的代数和将其从测量结果中消除。但是，由于系统误差不能恰如其分地被掌握，虽进行了修正，在已修正结果中仍会存在系统误差。总的来说，系统误差的出现是有规律可循的，一旦得知来源，可以通过技术途径来消除或削弱其影响。但是系统误差的变化规律往往难以掌握，残余系统误差（不可预期的那部分）导致测量的不确定度。

由于系统误差和随机误差的性质和对测量结果的影响不同，在处理方法上也有所不同。通常对系统误差的处理涉及以下几个方面：

（1）在测量前就要分析测量方案或方法中可能造成系统误差的因素，并尽力消除这些因素，如校准仪器的刻度，选择正确的测量方案等。

（2）根据测量的具体内容和条件，在测量过程中采取某些技术措施，以尽量消除和减弱系统误差的影响。

（3）在测量结束后，首先要检验测量数据中是否存在变值系差。存在变值系差的测量数据原则上应舍弃不用，并根据变值系差的变化特性，找出产生变值系差的因素，重新进行测量。当残差的最大值明显小于测量允许的误差范围时，也可考虑使用所得的测量数据。

（4）用修正值（包括修正公式和修正曲线）对评定可用的测量数据所得的结果进行修正，设法估算出未能消除而残留下来的系统误差对最终测量结果的影响，即设法估计出残余的系统误差的数值极限范围，计算出测量结果的不确定度。

2.3.1 系统误差的检查和判别

在实际测量中，系统误差和随机误差一般都是存在的。如果在一列测量数据中存在着未被发现的系统误差，那么对测量数据按随机误差进行的一切数据处理将毫无意义。所以在对测量数据进行统计处理前必须要检查是否有系统误差存在。

1）恒定系统误差的检查和处理

常用校准的方法来检查恒定系统误差是否存在，通常用标准仪器或标准装置来发现并确定恒定系统误差的数值，或依据仪器说明书上的修正值，对测量结果进行修正。下面分析恒定系统误差对测量结果的影响。

设一系列重复测量值为 $x_1, x_2, \cdots, x_n$，测量值中含有随机误差 δ_i 和恒定系统误差 θ，设被测量的真值为 x_0，则有

$$x_i = x_0 + \delta_i + \theta$$

当 n 足够多时，$\sum_{i=1}^{n} \delta_i \approx 0$

$$\bar{x} = \frac{1}{n} \sum x_i = \frac{1}{n}\left(nx_0 + \sum_{i=1}^{n} \delta_i + n\theta\right) \approx x_0 + \theta \qquad (2-40)$$

式（2-40）表明，当测量次数 n 足够大时，随机误差对 $\bar{x}$ 的影响可忽略，而系统误差 θ 会反映在 $\bar{x}$ 中。利用修正值 $C = -\theta$ 可以在进行平均前的每个测量值 x_i 中扣除，也可以在得到算术平均值

后扣除。对于因测量方法或原理引入的恒定系差,可通过理论计算修正。

在这种情况下,

$$v_i = x_i - \bar{x} = (x_0 + \theta + \delta_i) - (x_0 + \theta) \approx \delta_i$$

即 θ 不影响 v_i 的计算,也不影响实验标准偏差 s 的计算。也就是说,恒定系统误差并不引起随机误差分布密度曲线的形状及其分布范围的变化,也就无从通过统计方法来检查是否存在恒定系统误差的存在,在数据处理中要特别注意恒定系统误差的检查和判别。

2)变值系差的判定

变值系差是指随测量条件而变化的系统误差。总的来说,当测量条件变化时,系统误差客观上是有确定规律的误差。例如,温度对电阻率的影响造成了电阻值的变化属于变值系差,理论上能找出温度与电阻值之间的解析关系式以确定系统误差的大小。但在大部分情况下,很难掌握系统误差的变化规律。要对测量数据进行分析和判别,若测量数据中变值系差的值明显大于随机误差时,数据就应舍弃不用。检查后重新取得测量数据。

如果存在着非正态分布的变值系统误差 ξ_i,那么一系列重复测量值的分布将会偏离正态。可以通过检验测量结果分布的正态性,来检查测量中是否存在变值系差。这种方法比较麻烦,在实际测量中,可以利用一些较为简捷的判断来检查。常用的有以下两种判据:

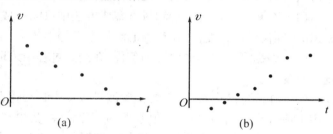

图 2 - 13　单向变化的累进性系差
（a）向下变化　　（b）向上变化

（1）累进性系差的判别 —— 马利科夫判据

图 2 - 13 表示了与测量条件呈线性关系的累进性系统误差,如由于蓄电池端电压的下降引起的电流下降。在累进性系差的情况下,残差基本上向一个固定方向变化。

马利科夫判据是常用的判别有无累进性系差的方法。把 n 个等精度测量值所对应的残差按测量顺序排列,把残差分成两部分求和,再求其差值 D。测量次数有可能是偶数,也有可能是奇数。当 n 为偶数时,

$$D = \sum_{i=1}^{n/2} v_i - \sum_{i=n/2+1}^{n} v_i$$

当 n 为奇数时,

$$D = \sum_{i=1}^{(n+1)/2} v_i - \sum_{i=(n+1)/2}^{n} v_i \qquad (2-41)$$

若测量中含有累进性系差,则前后两部分残差和明显不同,D 值应明显地异于零。所以马利科夫判据即为:若 D 近似等于零,则上述测量数据中不含累进性系差,若 D 明显地不等于零（与 v_i 值相当或更大）,则说明上述测量数据中存在累进性系差。

（2）周期性系差的判别 —— 阿贝 - 赫梅特判据

如图 2 - 14（a）所示,如秒表的轴心在水平方向有一点偏移,设它的指针在垂直向上的位置时造成的误差为 ξ,当指针在水平位置运动时 ξ 逐渐减小至零,当指针运动到垂直向下位置时,误差为 $-\xi$,如此周而复始,造成的误差如图 2 - 14（b）所示,这类呈规律性交替变换的系统误差称为周期性系统误差。

通常用阿贝－赫梅特判据来检验周期性系差的存在。把测量数据按测量顺序排列，将对应的残差两两相乘，然后求其和的绝对值，再与实验标准方差相比较，若

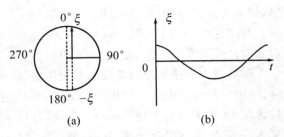

图 2－14　周期性系差实例

$$\left| \sum_{i=1}^{n-1} v_i v_{i+1} \right| > \sqrt{n-1} s^2 \qquad (2-42)$$

则可认为测量中存在周期性系统误差。

当我们按照随机误差的正态分布规律检查测量数据时，如果发现应该剔除的粗大误差占的比例较大时，就应该怀疑测量中含有非正态分布的系统误差。

存在变值系差的测量数据原则上应舍弃不用。但是，若虽然存在变值系差，但残差的最大值明显地小于测量允许的误差范围或仪器规定的系差范围，则测量数据可以考虑使用，在继续测量时需密切注意变值系差的情况。

例 2.9　对某电压进行了 10 次等精度测量，测量数据见表 2－6。试分别用马利科夫判据和阿贝-赫梅特判据判别该组测量数据中是否存在累进性系统误差和周期性系统误差。

解　利用式（2－21）、（2－28），计算得到该组电压测量值的平均值和实验标准偏差：

$$\bar{x} = 6.80 \text{ V} \quad s = 0.048 \text{ V}$$

计算各次测量值的残差 v_i，如表 2－6 所示。

（1）用马利科夫判据判别累进性系统误差：

$$D = \sum_{i=1}^{5} v_i - \sum_{i=6}^{10} v_i = 0 - 0 = 0$$

根据马利科夫判据，D 等于零，说明该组电压测量数据中不含累进性系统误差。

（2）用阿贝-赫梅特判据判别周期性系统误差：

计算各次电压测量值的 $v_i v_{i+1}$，计算结果见表 2－6。

表 2－6　例 2.9 所用数据

	电压 /V	v_i/V	$v_i v_{i+1}$
1	6.74	－ 0.06	＋ 0.002 4
2	6.76	－ 0.04	－ 0.000 8
3	6.82	＋ 0.02	＋ 0.001 0
4	6.85	＋ 0.05	＋ 0.001 5
5	6.83	＋ 0.03	－ 0.001 8
6	6.74	－ 0.06	＋ 0.003 0
7	6.75	－ 0.05	－ 0.000 5
8	6.81	＋ 0.01	＋ 0.000 5
9	6.85	＋ 0.05	＋ 0.002 5
10	6.85	＋ 0.05	

$$\sum_{i=1}^{9} v_i v_{i+1} = 0.007 8 > \sqrt{9} s^2 = 0.006 8$$

根据阿贝-赫梅特判据，该组电压测量数据中含有周期性系统误差。

2.3.2　消除或减弱系统误差的典型测量技术

测量仪器本身存在误差和对仪器安装、使用不当，测量方法或原理存在缺点，测量环境变化以及测量人员的主观原因都可能造成系统误差。在开始测量以前应尽量发现并消除这些误差来源或设法防止测量受这些误差来源的影响，这是消除或减弱系统误差最好的方法。

在测量中，除从测量原理和方法上尽力做到正确、严格外，还要对测量仪器定期检定和校准，注意仪器的正确使用条件和方法。例如仪器的放置位置、工作状态、使用频率范围、电源供

给、接地方法、附件及导线的使用和连接都要注意符合规定并正确合理。

要注意周围环境对测量的影响,特别是温度对电子测量的影响较大,精密测量要注意恒温或采取散热、空气调节等措施。为避免周围电磁场及有害振动的影响,必要时可采用屏蔽或减振措施。

对测量人员主观原因造成的系统误差,在提高测量人员业务技术水平和工作责任心的同时,还可以从改进设备方面尽力避免测量人员造成的误差。例如用数字式仪表常常可以避免读数误差。又如用耳机来判断两频率之差时,由于人耳一般不能听到16 Hz以下的频率,所以会带来误差,若把用耳机指示改为用示波器或数字式频率计指示,就可以避免这个误差。测量人员不要过度疲劳,必要时变更测量人员重新进行测量也有利于消除测量人员造成的误差。

虽然在测量之前注意分析和避免产生系统误差的来源,但仍然很难消除产生系统误差的全部因素。因此在测量过程中,可以采用一些专门的测量技术和测量方法,借以消除或减弱系统误差。这些技术和方法往往要根据测量的具体条件和内容来决定,并且种类也很多,其中比较典型的有下面几种:

1)零示法

零示法是在测量中使被测量对指示器的作用与标准量对指示器的作用相互平衡,以使指示器示零的一种比较测量法。它可以消除指示器不准所造成的系统误差。

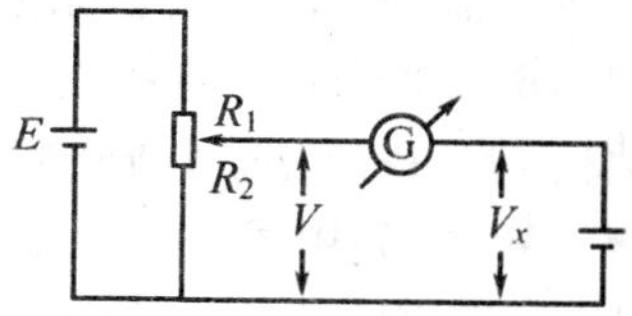

图2-15就是用零示法测量未知电压V_x的电路。图中,E是标准直流电压;R_1与R_2构成标准可调分压器;G是检流计。测量时调节分压比,使$V = ER_2/(R_1 + R_2)$恰好等于被测电压V_x,则检流计G将示零。这样就可以测得被测电压的数值

图2-15　零示法测电压

$$V_x = V = E \cdot \frac{R_2}{R_1 + R_2}$$

在测量过程中,只需判断检流计中有无电流。因此只要标准直流电压正确度高、检流计灵敏度高,测量的正确度就高。检流计支路不对R_2起负载作用,不影响分压比,检流计本身的读数正确与否并不影响被测电压V_x的测量正确度。

在电子测量中广泛使用的平衡电桥是零示法测量的另一例子。在平衡电桥中作为指示器的检流计应该具有高的灵敏度,作为已知量的各臂元件值应该具有高的准确度。

2)替代法

替代法(置换法)是在测量条件不变的情况下,用一个标准已知量去替代被测量,并调整标准量使仪器的示值不变,于是被测量就等于标准量的示值。由于在替代过程中,测量电路及仪器的工作状态和示值均保持不变,故测量中的恒定系差对测量结果不产生影响,测量的准确度主要取决于标准已知量的准确度及指示器的灵敏度。

图2-16是用替代法测量未知电阻R_X阻值的电路。测量时首先将被测电阻R_X接入桥路,调节电桥臂使电桥平衡。然后用一个可变标准电阻去置换被测电阻,调整这个可变标准电阻的阻值,使电桥仍然达到平衡。这时被测电阻的阻值R_X就等于可变标准电阻的阻值R_S。只要电桥中检流计G的灵敏度足够高,测量的准确度就主要取决于标准电阻R_S的准确度,而与桥臂R_1、R_2、R_3的阻值及检流计的准确度无关,电桥中的分布电容、分布电感等对

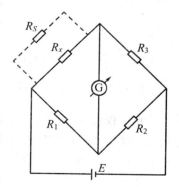

图2-16　替代法测电阻

测量准确度也基本没有影响。

3）交换法（对照法）

当估计由于某些因素可能使测量结果产生单一方向的系统误差时，我们可以进行两次测量。利用交换被测量在测量系统中的位置或测量方向等办法，设法使两次测量中误差源对被测量的作用相反。对照两次测量值，可以检查出系统误差的存在，对两次测量值取平均值，将大大削弱系统误差的影响。例如用旋转度盘读数时，分别将度盘向右旋转和向左旋转进行两次读数，用对读数取平均值的办法就可以在一定程度上消除由传动系统的回差造成的误差。又如用电桥测电阻时，将被测电阻放在不同的两个桥臂上进行测量，也有助于削弱系统误差的影响。

4）微差法

前面提到的零示法要求被测量与标准量对指示仪表的作用完全相同，以使指示仪表示零，这就要求标准量与被测量完全相等。但在实际测量中标准量不一定是连续可变的，这时只要标准量与被测量的差别较小，那么指示仪表的误差对测量的影响将大大减弱。

设被测量为 x，与它相近的标准量为 B，被测量与标准量之微差为 A，A 的数值可由指示仪表读出，则

$$x = B + A \qquad\qquad (2-43)$$

$$\frac{\Delta x}{x} = \frac{\Delta B}{x} + \frac{\Delta A}{x} = \frac{\Delta B}{A + B} + \frac{A}{x} \cdot \frac{\Delta A}{A} \qquad\qquad (2-44)$$

由于 x 与 B 的微差 A 远小于 B，所以 $A + B \approx B$，可得测量误差

$$\frac{\Delta x}{x} = \frac{\Delta B}{B} + \frac{A}{x} \cdot \frac{\Delta A}{A} \qquad\qquad (2-45)$$

式中 B 为标准量；A 为被测量与标准量之微差。

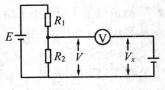

图 2-17　微差法测量

由式（2-45）可见，在采用微差法进行测量时，测量误差由两部分组成，其中第一部分 $\Delta B/B$ 为标准量的相对误差，它一般是很小的。第二部分是指示仪表的相对误差 $\Delta A/A$ 与系数 A/x 的积，其中系数 A/x 是微差与被测量的比，称相对微差。由于相对微差远小于 1，因此指示仪表误差对测量的影响被大大地削弱了。

例 2.10   图 2-17 是一个用微差法测量未知电压 V_x 的电路，图中标准电压 V 为相对误差 $\pm 0.1\%$ 的 9 V 稳压源，若被测电压标称 10 V，要求测量误差 $\Delta V_x/V_x \leqslant \pm 0.5\%$，电压表量程为 3 V，问选用几级表可以满足测量要求？

解   由式（2-45）可得

$$\frac{\Delta x}{x} = \frac{\Delta B}{B} + \frac{\Delta A}{A} \cdot \frac{A}{x} \leqslant \pm 0.5\%$$

$$\frac{\Delta A}{A} = \left(\frac{\Delta x}{x} - \frac{\Delta B}{B}\right) \cdot \frac{x}{A} \leqslant (|\pm 0.5\%| - |\pm 0.1\%|) \times \frac{10}{1} = 4\%$$

电压表量程 $V_{\max}$ 为 3 V，故

$$\gamma_m = \frac{\Delta A}{V_{\max}} = \frac{\Delta A}{A} \cdot \frac{A}{V_{\max}} = 4\% \times \frac{1}{3} = 1.33\%，故选 \gamma_m = 1.0\%$$

即选量程 3 V 的一级表即可。

由此可见，采用微差法测量，用引用误差为 1% 的电压表能做到测量的总相对误差小于 0.5%，指示仪表引起 0.4% 的误差，即仪表误差的影响已被削弱，若使被测量和标准量之间微差更小，测量的相对误差还可进一步减小。

2.3.3 系统误差的修正和系差范围的估计

前面介绍的在测量前消除系统误差的来源,在测量中通过一些技术措施消除或减弱系统误差的方法,大都是从根源上消除系统误差的方法,也可以说是一种"治本"的方法。但是有时系统误差的变化规律过于复杂,采取了一定的技术措施后仍难完全解决;或者虽然可以采取一些措施来消除误差源,但在具体测量条件下采取这些措施在经济上价格昂贵或技术上过于复杂,这时作为一种"治标"的办法,应尽量找出系统误差的方向和数值,采用修正值(包括修正曲线或公式)的方法加以修正。例如,可在不同温度时进行多次测量,找出温度对测量值影响的关系来,然后在实际测量时,根据当时的实际温度对测量结果进行修正。

最后,当感到认识能力不足,一时不能找到系统误差的变化规律时,也应尽力找出系统误差的大体范围,即找到系统误差的上限 ε_a 及下限 ε_b,然后可以把它分解为恒定的和变化的两个部分。其中恒定部分的数值为 $1/2(\varepsilon_a + \varepsilon_b)$,变化部分的变化幅度为 $1/2(\varepsilon_a - \varepsilon_b)$。系统误差的恒定部分通常可以进行修正,系统误差的变化部分常用来与随机误差的变化范围进行合成,共同决定测量数据的可信程度。

2.4 测量不确定度

2.4.1 测量不确定度(Uncertainty of measurement)的概念

不确定度作为测量误差的数字指标,表示由于测量误差的存在而对测量结果的准确性的可疑程度,是测量理论中很重要的一个新概念。长期以来,在各个国家和不同科学领域内存在着对测量结果不确定度的估计方法及表达形式的不一致性,影响了计量和测量成果的相互交流和利用。为此,有关的国际组织致力于制定一个统一的文件,以提供一个较为全面的能为各方接受的合理可行的方案,并于1989年组成国际不确定度工作组。1993年国际不确定度工作组公布了《Guide to the Expression of Uncertainty in Measurement》(测量不确定度表达导则)。1996年1月,我国国家技术监督局根据有关国际组织的文件要求,制定了"检定/校准证书"格式来统一全国的测量结果的不确定度的表达,并对测量不确定度说明如下:通常当给出测量结果时,必须同时说明其测量结果的不确定度的定量表述。测量结果的不确定度可以用合成标准不确定度或扩展不确定度表示。通常,国际上在基本常数、基本计量学研究、计量基准和计量标准的国际比对中,使用合成标准不确定度 u_c 表示;在其他测量结果中常用扩展不确定度 U 表示,同时应说明覆盖因子 k 或置信水平 p 与自由度 γ。本教材按上述的导则及1993年由七个国际组织公布的《International Vocabulary of Basic and General Terms in Metrology》(国际通用计量学术语,简称 VIM),把不确定度这一概念介绍给读者。

1) 不确定度的定义和分类

定义　　不确定度是与测量结果相联系的一种参数,用于表征被测量之值可能的分散程度的参数。在 VIM 中规定,这个参数可以是标准偏差 s 或是 s 的倍数 ks;也可以是具有某置信概率 p(例如 $p = 95\%, 99\%$)的置信区间的半宽。

测量不确定度一般由若干分量组成,如果这些分量恒只用实验标准偏差给出就称为标准不确定度(Standard Uncertainty)。其中可以按统计方法计算的不确定度称为 A 类(标准)不确定度,而由其他方法或由其他信息的概率分布估计的不确定度称为 B 类(标准)不确定度。相应的方法分别称之为标准不确定度的 A 类计算法(Type A Evaluation) 和 B 类计算法(Type B Evaluation)。

各个不确定度的分量都会影响到测量结果,通常用合成标准不确定度(Combined Standard Uncertainty) 来表示各种不确定度分量联合影响测量结果的一个最终的、完整的标准不确定度。

由于某种特殊的需要,由某个较大的置信概率所给出的不确定度称为扩展不确定度(Expanded Uncertainty)。扩展不确定度(又称总不确定度)是指:定义测量结果可疑区间的量,被测量以某一可能性(即置信水平)落入该区间中。扩展不确定度是该区间的半宽。覆盖因子是扩展不确定度与合成标准不确定度的比值。综上所述,测量不确定度分类如下:

$$不确定度\begin{cases}标准不确定度\begin{cases}A 类标准不确定度 \\ B 类标准不确定度 \\ 合成标准不确定度\end{cases} \\ 扩展不确定度\end{cases}$$

2) 测量不确定度的来源

测量不确定度来源于以下因素:

(1) 被测量定义的不完善,实现被测量定义的方法不理想,被测量样本不能代表所定义的被测量。

(2) 测量装置或仪器的分辨率、抗干扰能力,控制部分稳定性等影响。

(3) 测量环境的不完善对测量过程的影响以及测量人员技术水平等影响。

(4) 计量标准和标准物质的值本身的不确定度,在数据简化算法中使用的常数及其他参数值的不确定度,以及在测量过程中引入的近似值的影响。

(5) 在相同条件下,由随机因素所引起的被测量本身的不稳定性。

3) 不确定度与误差的关系

从上述不确定度的来源中可以看出有随机效应的影响,也有系统效应的影响。往往容易把不确定度和误差的概念混淆起来。"误差"是个意义明确的概念,"不确定度"表示疑问、不明确、不知道的知识。

所有测量都受到误差的影响。测量结果与被测量真值之间的差值即为测量误差。不确定度意味着测量结果的准确性和可疑程度,是用于说明测量结果的质量优劣的一种表示。所以在给出测量结果时,必须同时给出其不确定度的定量表达。

另外要注意的是在随机误差、系统误差与 A、B 类不确定度之间不存在简单的对应关系。

A 类不确定度是由统计方法获得的分量,它可以对应随机误差,如重复测量中的变化,由贝塞尔公式评定;也可以对应系统误差,如由上一级基准用统计方法得到的不确定度值。

B 类不确定度是用除统计方法以外的其他方法计算得到的不确定度分量,它可以对应于随机误差,如温度波动影响;也可以对应于系统误差。

由于不确定度不是指具体的符号和绝对值均确定的误差,故不能用来修正测量结果。

2.4.2 测量不确定度的计算

1) 测量过程模型

当需要测量电路中某电阻消耗的功率时,通常需测量这个电阻的阻值、电阻两端的电压及流过电阻的电流这三个量中的任意两个值,再根据相关公式算出电阻所消耗的功率。其中电阻、电压或电流值可以通过 n 次测量取平均而得到,称为直接测量,也可以利用其他人所测得的结果。而功率是通过计算得来的,称为间接测量的结果。

广义来说,测量过程模型可表达为

$$Y = f(X_1, \cdots, X_i, \cdots, X_m) \qquad (2-46)$$

式中,Y 是被测量;$X_i(i = 1, \cdots, m)$ 是可测量,也是公式中的自变量。公式中大写字母既代表物理量,也代表其随机变量。可用图 2-18(a) 来表达测量过程模型,其中 $X_1, \cdots, X_i, \cdots, X_m$ 为输入量,Y 为输出量。而图 2-18(b) 中的 x_i 为输入量 X_i 的估计值,可以通过 n 次重复测量得到,也可从手册、检定

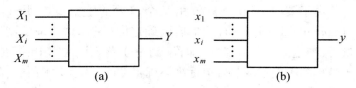

图 2-18　测量过程评定模型

证书或其他人提供的测量结果中得到。y 为输出量 Y 的估计值,即间接测量结果,对应的公式为

$$y = f(x_1, \cdots, x_i, \cdots, x_m) \qquad (2-47)$$

当直接测量时,即为公式 $Y = X$ 的情况,可测量 X 即为被测量 Y。

2) A 类标准不确定度评定

由统计方法获得的标准不确定度的分量称为 A 类标准不确定度分量,其典型的表达可以是在重复条件下的一组重复测量的标准偏差或其推广(如最小二乘法),用估计方差及其自由度来表征。

根据对随机误差的分析,对某一量 X 进行 n 次重复测量,得到测量值 $x_1, \cdots, x_n$,通过计算平均值 $\bar{x}$ 及残差 v_i,用贝塞尔公式求出样本方差 $s^2(x)$。s^2 称为测量值的 A 类方差估计,再除以 n 得到平均值 $\bar{x}$ 的 A 类方差估计 $s^2(\bar{x}) = s^2/n$,再取方差的正平方根即为平均值的实验标准偏差,也是平均值 $\bar{x}$ 的 A 类标准不确定度 $u(\bar{x}) = +\sqrt{s^2(\bar{x})}$。这里的自由度 $\nu = n - 1$。

A 类标准不确定度是指分量的全部集合。设 A 类标准不确定度分量为 $u_{A1}, u_{A2}, \cdots, u_{An}$,其各个分量的自由度分别为 $\nu_1, \nu_2, \cdots, \nu_n$,则所有按 A 类方法所确定的标准不确定度以及协方差的合成标准不确定度 u_{cA} 为 A 类合成标准不确定度。在各分量 u_{Ai} 彼此独立的情况下,

$$u_{cA} = \left(\sum_{i=1}^{n} u_{Ai}^2 \right)^{1/2} \qquad (2-48)$$

而 u_{cA} 的自由度 ν_A 为

$$\nu_A = \frac{u_{cA}^4}{\sum \dfrac{u_{Ai}^4}{\nu_i}} \leqslant \sum \nu_i \qquad (2-49)$$

3) B 类标准不确定度评定

在很多情况下无法用统计计算法求得不确定度,就要用非统计的 B 类方法分析。所谓非统计方法即是统计方法以外的其他方法,对某一量只测量一次,甚至不测量就能获得测量结果,例如可以从资料查出或换算出测量的不确定度;以前的测量数据;对有关仪器或材料的性能了解;厂商的手册或技术说明书中的技术指标;标准检定证书所提供的技术数据;国际上所公布的常量、常数等。将这种方法估计的标准不确定度称为 B 类标准不确定度。它与 A 类的区别在于不是利用多次测量直接求出,而是需要查已有信息来获得。而这类信息往往也是通过统计方法得出的,但信息不全,常常只给出一个极大值与极小值,而未提供测量值的分布以及自由度大小。根据现有信息来评定近似的相应方差或标准偏差以及相应的自由度就是 B 类不确定度分量的评定。在 B 类分量评定中要求实验人员了解所依据的信息,判断其可靠性;也要求对其分布作出某种估计,这些都需要有一定的实践经验。

在不确定度的 B 类评定方法中,对于信息只给出了极大、极小这样两个极限值的情况下,首先要考虑其概率分布,再根据其可能分布从理论上预先求出覆盖因子 k,B 类标准不确定度就是区间的半宽除以覆盖因子。

例 2.11 某说明书给出 20 ℃ 时纯铜的线性热膨胀系数值为 $\alpha_{20} \approx 16.52 \times 10^{-6}/℃$,其最大可能值为 $16.92 \times 10^{-6}/℃$,最小可能值为 $16.40 \times 10^{-6}/℃$。试求其 B 类标准不确定度。

解 根据这些信息,假定误差为均匀分布,则区间的半宽 α 为

$$\alpha = \frac{(16.92 - 16.40)}{2} \times 10^{-6}/℃ = 0.26 \times 10^{-6}/℃$$

从表 2 - 2 中查得覆盖因子为 $\sqrt{3}$,则 B 类标准不确定度就是 α 除以覆盖因子,得

$$u(\alpha) = \alpha/\sqrt{3} = 0.15 \times 10^{-6}/℃$$

根据中心极限定义,尽管 Y 的测量值 y_i 的概率分布多种多样,但只要有足够重复的次数(一般 $n > 4$),其平均值 $\bar{y}$ 的概率分布就可以看成趋近于正态分布。在缺乏任何其他信息的情况下,则假设为均匀分布。

B 类不确定度也可以根据以前得到的测量结果计算。如仪器在过去测量中已经得到了重复测量的不确定度,现在的测量值接近于过去重复测量时的读数,就可以应用该不确定度。具体来说,如某仪器在指定条件下,对某被测量进行了 n 次测量,得到平均值 $\bar{x}$、A 类方差 s^2 和平均值的 A 类标准不确定度 $u(\bar{x}) = s/\sqrt{n}$。如在近似上述指定条件下用该仪器对另一接近于 $\bar{x}$ 的值进行一次测量,则该测量值的 B 类标准不确定度为 $u = + \sqrt{s^2}$。

若某测量方法中含有多项相互独立的 B 类不确定度分量 $u_{B1}, u_{B2}, \cdots, u_{Bn}$,一般按标准偏差方法合成:

$$u_{cB} = \sqrt{u_{B1}^2 + u_{B2}^2 + \cdots + u_{Bn}^2} \tag{2-50}$$

4)合成标准不确定度(Combined Standard Uncertainty)

合成标准不确定度是指受到几个不确定度分量影响的测量结果的标准不确定度,分量可以是 A 类不确定度分量,也可以是 B 类不确定度分量。可写为

$$u_c = \sqrt{\sum u_{Ai}^2 + \sum u_{Bi}^2 + \cdots} \tag{2-51}$$

如各分量彼此独立时,

$$u_c = \sqrt{\sum u_{Ai}^2 + \sum u_{Bi}^2} \tag{2-52}$$

合成不确定度的自由度为

$$\nu = \frac{u_c^4}{\sum \dfrac{u_{Ai}^4}{\nu_{Ai}} + \sum \dfrac{u_{Bj}^4}{\nu_{Bj}}} \tag{2-53}$$

5)扩展不确定度

合成标准不确定度 $u_c(y)$ 可以直接用来表示测量结果的不确定度,但 $u_c(y)$ 给出的区间所能包含的被测量的概率太小,以正态分布为例,落在 $[-\sigma, +\sigma]$ 区间的误差只有 68% 的概率。对于某些实际应用来说,此概率常显不足。为了放大区间,可将 $u_c(y)$ 乘以一个覆盖因子 k,得到扩展不确定度,一般用 U 表示,即

$$U = k \cdot u_c(y) \tag{2-54}$$

实际上在给出 U 的同时必须指明覆盖因子 k 的值,所以扩展不确定度并没有增加测量结果的

信息,而只是以不同形式表示了已有的信息。

有两种确定 k 值的方法:

(1)为使置信区间具有某种给定的置信概率 p,覆盖因子 k 应为一个具有给定置信概率 p 的覆盖因子 k_p。当 y 接近正态分布时,计算出 $u_c(y)$ 的有效自由度 ν_{eff},按给定 p 查出 t 分布临界值,则

$$k_p = t_p(\nu_{\text{eff}}) \qquad (2-55)$$

扩展不确定度则为

$$U_p = k_p u_c(y)$$

测量值 Y 表示为

$$Y = y \pm U_p = y \pm k_p u_c(y)$$

(2)若合成不确定度的自由度 ν 无法得到,则无法得到 $t_p(\nu)$,此时,一般取 k 的值在 $2 \sim 3$ 之间。

$$U = k u_c(y)$$
$$Y = y \pm U = y \pm k u_c(y) \qquad (2-56)$$

例 2.12 某数字电压表技术说明书中规定:在仪器检定 $1 \sim 2$ 年之内,1 V 范围内的不准确度为 $14 \times 10^{-6} \times$ 读数 $+ 2 \times 10^{-6} \times$ 范围。假设在 2 年时间范围内,用此表对某电压进行多次测量得平均值 $\overline{V} = 0.928\ 571\text{ V}$,并得到 A 类标准不确定度 $u(\overline{V}) = 12\ \mu\text{V}$,请计算最后测量结果。

解 根据技术说明书要求,由于仪器本身影响,有一个极限误差区间为 a,而 $\Delta \overline{V}$ 落在 $[-a, +a]$ 中的概率相同,可认为是均匀分布。根据此信息,可计算出

$$a = (14 \times 10^{-6}) \times (0.928\ 571\text{ V}) + (2 \times 10^{-6}) \times (1\text{ V}) = 15\ \mu\text{V}$$

根据均匀分布可得覆盖因子为 $\sqrt{3}$,故可得 $\overline{V}$ 的 B 类标准不确定度为

$$u_B(\overline{V}) = 15\ \mu\text{V}/\sqrt{3} = 8.7\ \mu\text{V}$$

$\overline{V}$ 的合成标准不确定度为

$$u_c(\overline{V}) = \sqrt{(u_{cA}^2(\overline{V}) + u_{cB}^2(\overline{V}))} = \sqrt{12^2 + (8.7)^2} \approx 15\ \mu\text{V}$$

此时只要能确定合成不确定度情况下覆盖因子 k,则可得扩展不确定度 U。根据第 2 种取 k 值的方法,取 $k = 3$,则

$$U = 3 \times 15\ \mu\text{V} = 45\ \mu\text{V}$$

最终结果可表示为

$$V = (0.928\ 571 \pm 0.000\ 045)\text{ V}, \qquad k = 3$$

6)不确定度的传播

根据图 $2-18$ 所示测量过程的模型,被测量 Y 可以通过直接对另外若干个量 $x_1, x_2, \cdots, x_m$ 进行测量,并按已知的函数关系

$$y = f(x_1, x_2, \cdots, x_m) \qquad (2-57)$$

求得,这种测量形式称为间接测量。在间接测量中除了根据式 $(2-57)$ 求出被测量以外,还要得出测量过程中 y 的误差和不确定度。

(1)间接测量的误差合成定律

设式中各 x_i 之间彼此独立,且测量误差为 Δx_i,y 的误差为 Δy,则

$$y + \Delta y = f(x_1 + \Delta x_1, x_2 + \Delta x_2, \cdots, x_m + \Delta x_m)$$

按泰勒级数展开,则

$$f(x_1 + \Delta x_1, x_2 + \Delta x_2, \cdots, x_m + \Delta x_m)$$

$$= f(x_1, x_2, \cdots x_m) + \frac{\partial f}{\partial x_1}\Delta x_1 + \frac{\partial f}{\partial x_2}\Delta x_2 + \cdots + \frac{\partial f}{\partial x_m}\Delta x_m + \cdots +$$

$$\frac{1}{m!}\left(\frac{\partial f}{\partial x_1}\Delta x_1 + \frac{\partial f}{\partial x_2}\Delta x_2 + \cdots + \frac{\partial f}{\partial x_m}\Delta x_m\right)^m + \cdots \qquad (2-58)$$

略去式(2-58)中的高次项,得

$$y + \Delta y = f(x_1 + \Delta x_1, x_2 + \Delta x_2, \cdots, x_m + \Delta x_m)$$

$$\approx f(x_1, x_2, \cdots x_m) + \frac{\partial f}{\partial x_1}\Delta x_1 + \frac{\partial f}{\partial x_2}\Delta x_2 + \cdots + \frac{\partial f}{\partial x_m}\Delta x_m$$

即

$$\Delta y = \frac{\partial f}{\partial x_1}\Delta x_1 + \frac{\partial f}{\partial x_2}\Delta x_2 + \cdots + \frac{\partial f}{\partial x_m}\Delta x_m$$

可写成

$$\Delta y = \sum_{i=1}^{m} \frac{\partial f}{\partial x_i}\Delta x_i \qquad (2-59\text{a})$$

一般来说,各分项误差 Δx_i 由系统误差 ε_i 和随机误差 δ_i 构成,即

$$\Delta y = \sum_{i=1}^{m} \frac{\partial f}{\partial x_i}(\varepsilon_i + \delta_i) \qquad (2-59\text{b})$$

① 随机误差合成

设各分项的系统误差 ε_i 为零,各分项的随机误差为 δ_i,则式(2-59a)可写成 y 的随机误差 δ_y 为

$$\delta_y = \sum_{i=1}^{m} \frac{\partial f}{\partial x_i}\delta_i$$

将上式两边平方,可得到

$$\delta_y^2 = \sum_{i=1}^{m}\left(\frac{\partial f}{\partial x_i}\right)^2\delta_i^2 + \sum_{\substack{i \neq k \\ i=1-m \\ k=1-m}}\left(\frac{\partial f}{\partial x_i}\frac{\partial f}{\partial x_k}\delta_i\delta_k\right)$$

若对每个 x_i 都进行 n 次测量,对上式由 $j = 1 \sim n$ 求和,则

$$\sum_{j=1}^{n}\delta_{yj}^2 = \sum_{j=1}^{n}\sum_{i=1}^{m}\left(\frac{\partial f}{\partial x_i}\right)^2\delta_{ij}^2 + \sum_{j=1}^{n}\sum_{\substack{i \neq k \\ i=1-m \\ k=1-m}}\frac{\partial f}{\partial x_i}\frac{\partial f}{\partial x_k}\delta_{ij}\delta_{kj}$$

若 $x_1, x_2, \cdots, x_m$ 均为独立随机变量,则 δ_{ij}, δ_{kj} 也为独立随机变量。当 $n \to \infty$ 时,根据随机误差的抵偿性,上式中各乘积项抵消,即上式的第二项趋于零。将上式两端同除以 n,得

$$\frac{1}{n}\sum_{j=1}^{n}\delta_{yj}^2 = \sum_{i=1}^{m}\left(\frac{\partial f}{\partial x_i}\right)^2\left(\frac{1}{n}\sum_{j=1}^{n}\delta_{ij}^2\right)$$

最后得到

$$\sigma^2(y) = \sum_{i=1}^{m}\left(\frac{\partial f}{\partial x_i}\right)^2\sigma^2(x_i) \qquad (2-60)$$

上式即为已知各分项方差 $\sigma^2(x_i)$ 求总合方差 $\sigma^2(y)$ 的公式。这里要注意的是该式仅适用于对 m 项相互独立的分项测量结果进行总合,因为在它的推导过程中假设各测量值互相独立,这样 $n \to \infty$ 时 $\delta_{ij}\delta_{kj}$ 的 n 项和才趋近于零。

② 系统误差的合成

设测量中各随机误差可以忽略,各分项的系统误差为 ε_i,则式(2-59a) 为

$$\Delta y = \frac{\partial f}{\partial x_1}\varepsilon_1 + \frac{\partial f}{\partial x_2}\varepsilon_2 + \cdots + \frac{\partial f}{\partial x_m}\varepsilon_m = \sum_{i=1}^{m} \frac{\partial f}{\partial x_i}\varepsilon_i \qquad (2-61)$$

式中　$\varepsilon_1, \varepsilon_2, \cdots, \varepsilon_m$ 表示各量 $x_1, x_2, \cdots, x_m$ 直接测量的已知系统误差。

（2）不确定度的传播 —— 标准差的传播

不确定度的传播基于方差和方差阵的可加性。当输入量独立时,输出值 y 的均方不确定度 $u^2(y)$ 为

$$u^2(y) = \sigma^2(y) = \sum_{i=1}^{m} \left(\frac{\partial f}{\partial x_i}\right)^2 E(\delta_i^2) = \sum_{i=1}^{m} \left(\frac{\partial f}{\partial x_i}\right)^2 \sigma(\bar{x}_i)^2 \qquad (2-62)$$

用 $s^2(\bar{x})$ 估计,则上式为

$$u^2(y) = \sum_{i=1}^{m} \left(\frac{\partial f}{\partial x_i}\right)^2 s^2(\bar{x}_i) = \sum_{i=1}^{m} \left(\frac{\partial f}{\partial x_i}\right)^2 u^2(x_i) \qquad (2-63)$$

这是基于方差的可加性的不确定度传播律,即对间接测量来说,被测量 $Y = f(x_1, x_2, \cdots, x_m)$,而且 $x_1, x_2, \cdots, x_m$ 分别为 $X_1, X_2, \cdots, X_m$ 的最佳估计值,其不确定度分别为 $u(x_1), u(x_2), \cdots, u(x_m)$,则有

$$u_c^2(y) = c_1^2 u^2(x_1) + c_2^2 u^2(x_2) + \cdots + c_m^2 u^2(x_m) \qquad (2-64)$$

式中　c_i 称为灵敏度系数(Sensitivity),又称传播常数,

$$c_1 = \frac{\partial f}{\partial x_1}, \quad c_2 = \frac{\partial f}{\partial x_2}, \quad \cdots \quad c_m = \frac{\partial f}{\partial x_m} \qquad (2-65)$$

可用下列三种方法之一求 c_i:

① 偏导数方法:利用高等数学中 $c_i = \dfrac{\partial f}{\partial x_i}$ 来求。

② 数值计算方法:将 f 中第 i 个变量 x_i 增加一个小量 dx,计算相应的函数值 f_1;再将 x_i 减少 dx 后计算得 f_2,则 $c_i = (f_1 - f_2)/2dx$。

③ 实验方法:在输入端使 x_i 增加 Δx_i,测出输出端的相应变化 Δy_i, $c_i = \Delta y_i/\Delta x$。

例 2.13　设输出量 $Y = aX_1 X_2 X_3$, X_1, X_2, X_3 的正态分布输入量的估计值 x_1, x_2, x_3 分别为 $n_1 = 10, n_2 = 5$ 和 $n_3 = 15$ 的重复条件下独立测量的算术平均值,其相对标准不确定度分别为

$$u(x_1)/x_1 = 0.25\% \quad \nu_1 = 9$$
$$u(x_2)/x_2 = 0.57\% \quad \nu_2 = 4$$
$$u(x_3)/x_3 = 0.82\% \quad \nu_3 = 14$$

计算相对合成不确定度及合成不确定度的自由度。

解　根据 $Y = aX_1 X_2 X_3$ 的函数关系,有

$$\left(\frac{u_c(y)}{y}\right)^2 = \frac{1}{y^2} \cdot \sum_{i=1}^{3} \left(\frac{\partial f}{\partial x_i}\right)^2 \cdot u^2(x_i)$$

$$= \frac{1}{y^2}\left[(ax_2 x_3)^2 (0.25\%)^2 \cdot x_1^2 + (ax_1 x_3)^2 (0.57\%)^2 x_2^2 + (ax_1 x_2)^2 (0.82\%)^2 x_3^2\right]$$

$$= (0.25\%)^2 + (0.57\%)^2 + (0.82\%)^2$$

$$= 1.06 \times 10^{-4}$$

$$\nu_{\text{eff}} = \frac{[u_c(y)/y]^4}{\sum_{i=1}^{3} \frac{[u(x_i)/x]^4}{\nu_i}} = \frac{1.06^2}{\frac{0.25^4}{9} + \frac{0.57^4}{4} + \frac{0.82^4}{14}} = 19$$

在计算中如 ν_{eff} 为非整数,一般修约为较小的整数(舍去小数部分)。

例 2.14 试分析同轴小功率标准的不确定度。

解 设同轴小功率标准的主要不确定度来源如下:

(1)输出电压比测量不准确引起的不确定度 e_1 为

$$e_1 = \Delta k_v/k_v = 0.002\,8\%$$

(2)直流效率测不准引起的不确定度 e_2 为

$$e_2 = \frac{\Delta \eta_d}{\eta_d} = 0.01\%$$

(3)直流校准功率 P_{de} 测不准引起的不确定度 e_3 为

$$e_3 = \frac{\Delta P_{de}}{P_{de}} = 0.010\,4\%$$

(4)隔热同轴传输线 η_L 测不准引起的不确定度 e_4 为

$$e_4 = 0.167\,6$$

所以扩展不确定度为

$$U_a = k_a \left\{ \left(\frac{e_1}{k_1} \right)^2 + \left(\frac{e_2}{k_2} \right)^2 + \left(\frac{e_3}{k_3} \right)^2 + \left(\frac{e_4}{k_4} \right)^2 \right\}^{\frac{1}{2}} \qquad (2-66)$$

式中 k_a 为总的覆盖因子,当置信概率为 99% 时,则覆盖因子 $k_a = 2.58$;对不确定度 $e_1 \sim e_4$,根据性质是均匀分布,故 $k_1 = k_2 = k_3 = k_4 = \sqrt{3}$,将上述数据代入式(2-66),可得到

$$U_a = 0.25\%$$

2.4.3 测量数据处理

通过实际测量取得测量数据后,通常还要对这些数据进行计算、分析、整理,有时还要把数据归纳成一定的表达式或画成表格、曲线等等,这就是要进行数据处理。数据处理是建立在误差分析的基础上的。这里只是介绍一些测量值数值计算的基本知识。

1)有效数字

由于测量误差的存在、测量仪器分辨率的限制等原因,测量数据不可能完全准确。同时,在对测量数据进行计算时,如遇到 π、e、$\sqrt{3}$ 等无理数时,实际计算也只能取其近似值。因此,我们通常所处理的数据是近似数。当用近似数表示一个量时,为了表示得确切,通常规定绝对误差的绝对值不超过其末位的半个单位。对于这种误差不大于末位的半个单位的数,从它左边第一个不为零的数字起,直到右边最后一个数字止,都是有效数字。例如 45 301,82.742 6,21.40 等,只要它们的误差绝对值小于各数末位数的半个单位,它们都是有效数字,其有效数位分别为 5,6,4。值得注意的是,在左起第一位非零数字左边的零不是有效数字,而左起第一位非零数字与其后数字间的零及末尾的零都是有效数字。例如 0.054 kΩ,左边的两个零不是有效数字,因为它可以通过单位变换变为 54 Ω,可见只有两位有效数字。又如 403 这样的数字,中间的零自然是有效数字,因它表示十位数字是零。而 57.840 A,57.840 0 A,57.840 00 A 的有效数位分别为 5,6,7,分别表示它们的绝对误差的绝对值不超过 0.000 5 A,0.000 05 A,0.000 005 A,它们的正确度不同。此外,对于像 89 000 V 这样的数值,若实际上在百位数上就包含了误差,即实际上

只有三位有效数字,这时个位和十位上的零虽然不再是有效数,可是它们要用来表示数字的位数,也不能任意去掉,这时为了区别右面三个零的不同,通常采用有效数字乘上 10 的乘幂的形式。例如,上述 89 000 V 写成三位有效数字应为 890×10^2 V,89.0×10^3 V,8.90×10^4 V,0.890×10^5 V 等,表明其绝对误差的绝对值不超过 50 V。

2)数值修约

量值的修约既包括数值,也包括量值的修约,指把数值中(对于量值来说,指在给定单位下的数值)被认为是多余(或无效)的部分舍弃。

修约间隔　　确定修约保留位数的一种方式。修约间隔的量值一经确定,修约值即为该量值的整数倍。

如指定修约间隔为 0.1,修约值即应在 0.1 的整数倍中选取,相当于将数值修约到一位小数。如指定修约间隔为 10,相当于将数值修约到"十"数位。

对于测量不确定度,是先确定其有效位数(一般为 1 ~ 2 位)而后据此得出其修约间隔;对测量结果的修约,则是先确定修约间隔而后得出其有效位。

初学者在测量时,往往喜欢尽量地通过估计多取几位数字,希望从此提高准确性。其实不然,如果测量仪器的误差为 ±0.01 V,测得的数据为 4.471 2 V,其结果应写为 4.47 V,小数点后末尾两位数字没有意义,应用舍入规则进行删略。

经典的"四舍五入"法则是有缺点的。如果只保留 n 位有效数字,那么从 $(n+1)$ 位起右边的数字都应处理。第 $(n+1)$ 位数字可能为 0 ~ 9 共十个数,它们出现的概率在大量计算时可视为相同,根据"四舍五入"规则,舍掉第 $(n+1)$ 位的零不会引起舍入误差,第 $(n+1)$ 位为 1 和 9,2 和 8,3 和 7,4 和 6 时舍入误差分别是这一位上的 +1 和 -1,+2 和 -2,+3 和 -3,+4 和 -4,足够多次的舍入引起的误差可以抵消。而当第 $(n+1)$ 位为 5 时,只入不舍将只产生正的舍入误差,且其舍入误差值比其他数的舍入误差大。因此,若遇 5 就入,则将造成正的舍入误差出现的机会多,这对数值计算是不利的。例如,在对大量的测量值(或近似值)求和时,由于正的舍入误差占优势,就可能使计算结果偏大。

为使正、负舍入误差出现的机会大致均等,现已广泛采用如下的舍入规则:

(1)若保留 n 位有效数字,当后面的数值小于第 n 位的 0.5 单位就舍去;

(2)若保留 n 位有效数字,当后面的数值大于第 n 位的 0.5 单位就在第 n 位数字上加 1;

(3)若保留 n 位有效数字,当后面的数字恰为第 n 位的 0.5 单位,则当第 n 位数字为偶数(0,2,4,6,8)时应舍去后面的数字(即末位不变);当第 n 位的数字为奇数(1,3,5,7,9)时,第 n 位数字应加 1(即将末位凑为偶数)。这是因为,第 n 位数字为奇数和偶数的概率相同,因而舍和入的概率也相同,当舍入次数足够多时,舍入误差就会抵消。同时由于规定第 n 位为奇数时进 1,为偶数时舍去,就使有效数字的尾数为偶数的机会增多,而一个偶数恰好能被除尽的机会比奇数多,这也有利于计算准确度的提高。

上面的舍入规则可简单地概括为:小于 5 舍,大于 5 入,等于 5 时取偶数。

例 2.15　将下列数字保留 3 位有效数字:

45.77,36.251,43.149,38 050,47.15,3.995

解　现将保留的有效数字列于下面:

45.8,36.3,43.1,3.80×10^4,47.2,4.00

3)有效数字的运算法则

当需要若干测量值(或近似值)进行运算时,若有效数字保留太多,不仅造成运算的复杂性,而且容易出错;若保留的位数太少,又可能降低运算结果的准确度。有效数字位数的取舍,原则上取决于参加运算的各数中误差最大的那个数的有效位。在对测量值进行数值计算时,通常应遵循以下规则:

(1)当 n 个近似值进行加减运算时,在各数中,以小数点后位数最少的那一个数为准,其余各数均舍入至比该数多一位,而计算结果所保留的小数点后的位数则应与各数中小数点后位数最少者的位数相同。

(2)当 n 个近似值进行乘除运算时,在各数中,以有效数字位数最少的那一个数为准,其余各数及积(或商)均舍入至比该因子多一位,而与小数点位置无关。

(3)将数平方或开方后,结果可比原数多保留一位。

(4)用对数进行运算时,n 位有效数字的数应该用 n 位对数表示。

(5)查角度的三角函数时,所用的函数值的位数可随角度误差的减少而加多,其对应关系如表2-7所示。

(6)若计算式中出现 e,π,$\sqrt{3}$ 等常数时,可根据具体情况来决定它们应取的位数。一般来说,若计算结果要求 k 位有效数字,则对它们近似值应取($k+1$)位有效数字。

表2-7　三角函数值有效位数与角度误差对应关系

角度误差	$10''$	$1''$	$0.1''$	$0.01''$
三角函数值的位数	5	6	7	8

在常见的运算中,下述两种情况需要特别注意:

(1)当指数的底远大于1或远小于1时,指数的误差对结果影响较大。例如 $1\,000^{2.1} = 1\,995\,262$ 而 $1\,000^{2.2} = 3\,981\,072$,又如 $0.001^{2.1} = 5.01 \times 10^{-7}$,而 $0.000\,1^{2.2} = 2.51 \times 10^{-7}$。可见当底数远大于或远小于1时,指数很小的变化都会使结果相差很多。对于这种情况,指数应尽可能多保留几位有效数字。

(2)当两数相减时,若两数相差不多,则可能对结果产生很大的影响。例如 $y = 2/(x_1 - x_2)$,若 $x_1 = 2.383\,1$,$x_2 = 2.382\,5$,x_1、x_2 保留全部有效数字,则

$$y = \frac{2}{2.383\,1 - 2.382\,5} = 3\,333$$

若 x_1、x_2 保留四位有效数字,则

$$y = \frac{2}{2.383 - 2.382} = 2\,000$$

若 x_1、x_2 保留三位有效数字,则

$$y = \frac{2}{2.38 - 2.38} \to \infty$$

可见当两差数相近时,有效数字的位数对结果的影响可能十分严重,在测量的计算中应尽量避免这种情况或尽量多取几位有效数字。

必须指出,即使遵循了上述运算法则,也不能保证所得到的全是有效数字。这时尚需针对具体情况作运算处理。例如,对多个近似值求平均时,由于正负误差的抵偿性,其平均值往往可比近似值多取一些位数。又如,在用消去法求解线性方程组时,往往会由于进行减法运算而造成有效数字的丢失,这时,为了得到较好的结果,在计算时方程组的系数、常数项与中间结果,应适当地多取几位数。

对于大量运算的情况,特别是在电子计算机上的大量运算时,数字舍入问题相当复杂,除按上述原则处理外,还需根据实际计算的经验作出取舍。

4)测量结果的表示

对于测量结果及其测量不确定度的有效位,按 JJG1027 – 91《测量误差及数据处理》中提出的两条原则处理:

(1)测量结果的最终值(指测量报告上的)修约间隔应与其测量不确定度(指扩展不确定度)的修约间隔相同;

(2)扩展不确定度和相对不确定度的有效位一般取 1 ~ 2 位。

上述原则没有提及扩展不确定度 U 所采用的置信概率 p,也就是说,修约问题与 p 值大小无关。

那么什么情况下取1位,什么情况下取2位,国际上对此问题也未完全统一。这里推荐其中一种比较流行的方法:U 的有效数字的第一个(自左至右的第一个非零数字)数等于或大于3时,取1位有效数;反之取两位。

要注意的是,对于 $u_c(y)$,$u(x_i)$ 等处于计算过程中的量值,则应比 U 多一位有效数。

例2.16 设测得值为 6.859 628,如扩展不确定度分别为 $U_1 = 0.003\,84$ 和 $U_2 = 0.002\,81$,则按上面的方法,应分别取 1 位和 2 位有效数来修约,得 $U_1 = 0.004$,$U_2 = 0.002\,8$。

第一种情况得到:6.860 ± 0.004

第二种情况得到:6.859 6 ± 0.002 8

它们的相对不确定度 U_r,分别为 0.000 6 和 0.000 4,可表示为 6.860(1 ± 0.000 6)和 6.859 6(1 ± 0.000 4)。

例2.17 使用等级为 1.5 级、量程为 500 V 的电压表对某一未知电压进行测量,得到测量结果为 346.5 V,其测量结果可表示如下:

(1)1.5% × 500 = 7.5 V 作为示值的扩展不确定度,则只需 1 位有效数,即修约成 8 V,修约间隔为 1 V,测量结果也应按同一修约间隔进行修约,即为 346 V,表示为(346 ± 8) V。

(2)其相对不确定度为 7.5 V/346.5 V = 2.165%,则需要两位有效数,修约成 2.2%,测量结果表示为 346(1 ± 0.022) V。

简单情况下,对 U 一律取两位有效数,对 $u_c(y)$,$u(x_i)$ 等一律均为三位有效数。

测量结果的表达形式分三种情况:

(1)被测量 Y 的测量结果 y 取覆盖因子 k 得到其扩展不确定度 U 时,可表达成

$$Y = y \pm U \qquad (k = 2)$$
$$y - U \leqslant Y \leqslant y + U \qquad (k = 2)$$
$$Y = y(U) \qquad (k = 2)$$

(2)当可以按给定置信概率 p 得到覆盖因子 k_p 并给出扩展不确定度 U_p 时,可表达成

$$Y = y \pm U_p \qquad (p = 0.95)$$
$$y - U_p \leqslant Y \leqslant y + U_p \qquad (p = 0.95)$$
$$Y = y(U_p) \qquad (p = 0.95)$$

(3)当用相对不确定度 $U_r = U/y$ 或 U_p/y 给出时,分别采用:

$$Y = y(1 + U_r) \qquad (k \text{ 或 } p \text{ 之值})$$

如标称值为 100 mV 的某标准电压的测量不确定度 $U_{0.99} = 0.20\,\mu V$ 时,可表达为

$$V = (100.000\,65 \pm 0.000\,20)\,mV \qquad (p = 0.99)$$

$$100.000\ 45\ \text{mV} \le V \le 100.008\ 5\ \text{mV} \qquad (p = 0.99)$$
$$V = 100.000\ 65(20)\ \text{mV} \qquad (p = 0.99)$$
$$V = 100.006\ 5(1 + 2.0 \times 10^{-6})\ \text{mV}$$

注意这里的计量单位一般只用一个,不应写成如:
$$V = 100.006\ 5\ \text{mV} \pm 0.20\ \mu\text{V}\ 的形式。$$

2.5 非等精度测量

前面所讨论的测量结果及其不确定度的计算都是基于等精度测量条件,即在相同地点、相同条件、相同测量人员和测量程序、相同的测量设备,并在短时期内的重复测量。所谓短时期,可理解为能保证等精度测量的时间间隔。在等精度测量条件下,每个测量数据的标准偏差是相同的。而在不同测量条件(如仪器、方法及环境等不同)下进行非等精度测量时,测量数据的精度是不同的。在相同测量条件下进行多组测量,但每组的测量次数不同,用每组测量的平均值作为测量结果,则这些结果的精密度是不同的,因而也是非等精度测量。例如,对某电参数在相同条件下进行两组测量,第一组测了 50 次,其平均值为 $\bar{x}_1$;第二组测了 5 次,其平均值为 $\bar{x}_2$,显然 $\bar{x}_1$ 的精密度比 $\bar{x}_2$ 的精密度要高,这两组测量属非等精度测量。精度高的测量结果应得到较高的重视,因而引入权的概念。由于 σ 不同,可靠程度不同,σ 小,精密度高,"权"就大;反之,σ 大,"权"就小。

2.5.1 权与加权平均值

在不同测量条件下,对某一量进行 m 次测量,测得的数据分别为 $x_1, x_2, \cdots, x_m$,对应的误差为 $\delta_1, \delta_2, \cdots, \delta_m$,其均方差为 $\sigma_1, \sigma_2, \cdots, \sigma_m$。假设它们服从正态分布:

$$P(\delta_i) = \frac{1}{\sqrt{2\pi}\sigma_i}\exp\left[-\frac{\delta_i^2}{2\sigma_i^2}\right]$$

这些误差同时出现的概率为

$$P = \prod_1^m P(\delta_i)\,\mathrm{d}\delta_i = \frac{1}{(\sqrt{2\pi})^m \prod\limits_1^m \sigma_i^2}\exp\left[-\sum_{i=1}^m \frac{\delta_i^2}{2\sigma_i^2}\right]\prod_1^m \mathrm{d}\delta_i$$

当 $P = P_{\max}$ 时,才能求出被测量最佳估值。这就要求当 $m \to \infty$ 时,上式中指数项绝对值为最小,即

$$\sum_{i=1}^m \frac{\delta_i^2}{2\sigma_i^2} = \sum_{i=1}^m \frac{[x_i - E(x)]^2}{2\sigma_i^2} = \min \qquad (2-67)$$

对式(2-67)进行微分,令其为零,即可得到

$$\frac{\mathrm{d}}{\mathrm{d}[E(x)]}\sum_{i=1}^m \frac{[x_i - E(x)]^2}{2\sigma_i^2} = \sum_{i=1}^m \frac{-[x_i - E(x)]}{\sigma_i^2} = 0$$

$$\sum_{i=1}^m \frac{x_i}{\sigma_i^2} = \sum_{i=1}^m \frac{E(x)}{\sigma_i^2} = E(x)\sum_{i=1}^m \frac{1}{\sigma_i^2}$$

$$E(x) = \frac{\sum\limits_{i=1}^m \dfrac{x_i}{\sigma_i^2}}{\sum\limits_{i=1}^m \dfrac{1}{\sigma_i^2}} \qquad (2-68)$$

当 m 为有限值时,上式为

$$\bar{x} = \frac{\sum\limits_{i=1}^{m} \dfrac{x_i}{s_i^2}}{\sum\limits_{i=1}^{m} \dfrac{1}{s_i^2}} \qquad (2-69)$$

把式(2-68)与等精度测量中 $\bar{x} = \sum\limits_{i=1}^{m} x_i/m$ 相比,在非等精度测量中,精度高的数据对 $\bar{x}$ 的影响大,这就体现了权的概念。如定义权 W 为

$$W_i = \frac{\lambda}{s_i^2} \qquad (2-70)$$

式中 λ 为常数。将式(2-70)代入式(2-69),可得

$$\bar{x} = \frac{\sum\limits_{i=1}^{m} W_i x_i}{\sum\limits_{i=1}^{m} W_i} \qquad (2-71)$$

式中的 $\bar{x}$ 称为加权平均值。在等精度测量中 σ_i 相等,W_i 也相等,$\bar{x} = \sum\limits_{i=1}^{m} x_i/m$ 就是加权平均值的一个特例。

2.5.2　加权平均值的标准偏差及权

加权平均值的标准偏差表示了它的精密度,根据标准偏差合成公式

$$\sigma_{\bar{x}}^2 = \sum_{i=1}^{m} \left(\frac{\partial \bar{x}}{\partial x_i} \right)^2 \sigma_i^2 = \frac{1}{\left(\sum\limits_{i=1}^{m} \dfrac{1}{\sigma_i^2} \right)^2} \sum_{1}^{m} \left(\frac{1}{\sigma_i^2} \right)^2 \sigma_i^2 = \frac{1}{\sum\limits_{i=1}^{m} \dfrac{1}{\sigma_i^2}} \qquad (2-72)$$

或写成

$$\frac{1}{\sigma_{\bar{x}}^2} = \sum_{i=1}^{m} \frac{1}{\sigma_i^2} \qquad (2-73)$$

再在式两边同乘常数 λ,则为

$$\frac{\lambda}{\sigma_{\bar{x}}^2} = \lambda \sum_{i=1}^{m} \frac{1}{\sigma_i^2} = \sum_{i=1}^{m} \frac{\lambda}{\sigma_i^2}$$

根据权的定义

$$\overline{W} = \frac{\lambda}{\sigma_{\bar{x}}^2} = \sum_{i=1}^{m} W_i \qquad (2-74)$$

例 2.18　设电压 V 的三个非等精度测量值分别为

$$V_1 = 1.0\,\text{V}, \quad V_2 = 1.2\,\text{V}, \quad V_3 = 1.4\,\text{V}$$

它们的权分别为 6,7,5,求 V 的最佳估值。

解　$\bar{V} = \dfrac{\sum\limits_{i=1}^{m} W_i V_i}{\sum\limits_{i=1}^{m} W_i} = \dfrac{1.0 \times 6 + 1.2 \times 7 + 1.4 \times 5}{6 + 7 + 5} = 1.19\,\text{V}$

$$\overline{W} = 18$$

附录1 正态分布在对称区间的积分表（误差函数表）

$$P(|Z| \leqslant k) = \int_{-k}^{k} \frac{1}{\sqrt{2\pi}} e^{-\frac{Z^2}{2}} dZ$$

$$= P[E(X) - k\sigma(X) \leqslant x \leqslant E(X) + k\sigma(X)]$$

$$Z = \frac{\delta}{\sigma(X)} = \frac{x - E(X)}{\sigma(X)}$$

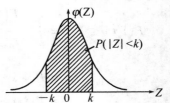

表A 根据 k 值查置信概率 p

k	$p(|Z| < k)$	k	$p(|Z| < k)$	k	$p(|Z| < k)$	k	$p(|Z| < k)$
0.00	0.000000	1.00	682689	2.00	954500	3.0	(2) 9 73002
0.05	039878	1.05	706282	2.05	959636	3.5	(2) 9 95347
0.10	079656	1.10	728668	2.10	964271	4.0	(4) 9 366575
0.15	119235	1.15	749856	2.15	968445	4.5	(4) 9 932047
0.20	158519	1.20	769861	2.20	972193	5.0	(6) 9 426697
0.25	197413	1.25	788700	2.25	975551	5.5	(6) 9 962021
0.30	235823	1.30	806399	2.30	978552	6.0	(8) 9 802683
0.35	273661	1.35	822984	2.35	981227	6.5	(8) 9 984462
0.40	310843	1.40	838487	2.40	983605	7.0	(10) 9 97440
0.45	347290	1.45	852941	2.45	985714	7.5	(10) 9 99936
0.50	382925	1.50	866386	2.50	987581	8.0	(10) 9 99999
0.55	417681	1.55	878858	2.55	989228		
0.60	451494	1.60	890401	2.60	990678		
0.65	484303	1.65	901057	2.65	991951		
0.70	516073	1.70	910869	2.70	993066		
0.75	546745	1.75	919882	2.75	994040		
0.80	576289	1.80	928139	2.80	994890		
0.85	604675	1.85	935686	2.85	995628		
0.90	631880	1.90	942569	2.90	996268		
0.95	657888	1.95	948824	2.95	996882		

注：$(n)9$ 表示小数点后面先写 n 个 9 再接写后面数字。例如 $p(|Z| < 3) = 0.997\,300\,2$。

表B 与置信概率对应的置信因子 k

$p(|Z| < k)$	0.50	0.70	0.80	0.90	0.95	0.99	0.995	0.999
k	0.674 5	1.036	1.282	1.645	1.960	2.576	2.807	3.291

附录2 t 分布在对称区间的积分表

$$P(\mid t \mid \leqslant k_t) = \int_{-k_t}^{k_t} \frac{\Gamma\left(\dfrac{\nu+1}{2}\right)}{\sqrt{\nu\pi}\Gamma\left(\dfrac{\nu}{2}\right)}\left(1 + \frac{t^2}{\nu}\right)^{-\frac{\nu+1}{2}} dt$$

$$= P[\mid \bar{x} - E(X) \mid \leqslant k_t\hat{\sigma}(\bar{x})]$$

$$= P[\mid \bar{x} - E(X) \mid \leqslant k_t\hat{\sigma}(x)/\sqrt{n}]$$

$$t = \frac{\delta}{\sigma(\bar{x})} = \frac{\bar{x} - E(X)}{\hat{\sigma}(X)/\sqrt{n}}$$

$$\nu = n - 1$$

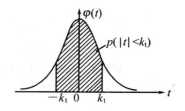

t_a 值表

ν \ k_t	p								
	0.5	0.6	0.7	0.8	0.9	0.95	0.98	0.99	0.999
1	1.000	1.376	1.963	3.078	6.314	12.706	31.821	63.657	636.619
2	0.816	1.061	1.386	1.886	2.920	4.303	6.965	9.925	31.598
3	0.765	0.978	1.250	1.638	2.353	3.182	4.541	5.841	12.924
4	0.741	0.941	1.190	1.553	2.132	2.776	3.747	4.604	8.610
5	0.727	0.920	1.156	1.476	2.015	2.571	3.365	4.032	6.859
6	0.718	0.906	1.134	1.440	1.943	2.447	3.143	3.707	5.959
7	0.711	0.896	1.119	1.415	1.895	2.365	2.998	3.499	5.405
8	0.706	0.889	1.108	1.397	1.860	2.306	2.896	3.355	5.041
9	0.703	0.883	1.100	1.383	1.833	2.262	2.821	3.250	4.781
10	0.700	0.879	1.093	1.372	1.812	2.228	2.764	3.169	4.587
15	0.691	0.866	1.074	1.341	1.753	2.131	2.602	2.947	4.073
20	0.687	0.830	1.064	1.325	1.725	2.086	2.528	2.845	3.850
25	0.684	0.856	1.058	1.316	1.708	2.060	2.485	2.787	3.725
30	0.683	0.854	1.055	1.310	1.697	2.042	2.457	2.750	3.646
40	0.681	0.851	1.050	1.303	1.684	2.021	2.123	2.701	3.551
60	0.679	0.848	1.046	1.296	1.671	2.000	2.390	2.600	3.460
120	0.677	0.845	1.041	1.289	1.658	1.980	2.358	2.617	3.373
∞	0.674	0.842	1.036	1.282	1.645	1.960	2.326	2.576	3.291

习　　题

2-1　用图2-19中(a)、(b)两种电路测电阻R_x,若电压表的内阻为R_V,电流表的内阻为R_I,求测量值受电表影响产生的绝对误差和相对误差,并讨论所得结果。

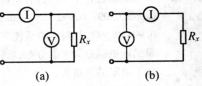

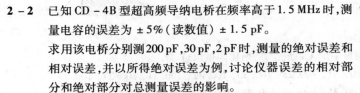

图2-19　习题2-1之图

2-2　已知CD-4B型超高频导纳电桥在频率高于1.5 MHz时,测量电容的误差为±5%(读数值)±1.5 pF。

　　求用该电桥分别测200 pF,30 pF,2 pF时,测量的绝对误差和相对误差,并以所得绝对误差为例,讨论仪器误差的相对部分和绝对部分对总测量误差的影响。

2-3　对某电感进行了14次等精度测量,测量值为(单位:mH):

L1 = 20.46,　　L2 = 20.52,　　L3 = 20.50,　　L4 = 20.52,　　L5 = 20.48,　　L6 = 20.47,

L7 = 20.50,　　L8 = 20.49,　　L9 = 20.47,　　L10 = 20.49,　　L11 = 20.51,　　L12 = 20.51,

L13 = 20.68,　　L14 = 20.54。

　　试分别用莱特、肖维纳、格拉布斯检验法检验测量数据中有无异常数据。

2-4　对某信号源的输出频率f_x进行了10次等精度测量,结果为

110.105, 110.090, 110.090, 110.070, 110.060

110.050, 110.040, 110.030, 110.035, 110.030(kHz)

　　试用马利科夫及阿卑-赫梅特判据判别是否存在变值系差。

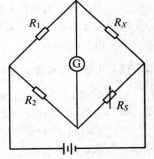

2-5　用等臂电桥($R_1 \approx R_2$)测电阻R_X,电路如图2-20所示。电桥中R_S为标准可调电阻,利用交换R_X与R_S位置的方法对R_X进行2次测量,试证明R_X的测量值与R_1及R_2的误差ΔR_1及ΔR_2无关。

图2-20　习题2-5之图

2-6　对某信号源的输出频率f_X进行了8次测量,数据如下:

次数	1	2	3	4	5	6	7	8
频率/kHz	1 000.82	1 000.79	1 000.85	1 000.84	1 000.73	1 000.91	1 000.76	1 000.82

　　求$E(f_X)$及$s(f_X)$。

2-7　设题2-5中不存在系统误差,在要求置信概率为99%的情况下,估计输出频率的真值应在什么范围内?

2-8　具有均匀分布的测量数据,当置信概率为100%时若它的置信区间为$[E(X) - c\sigma(X), E(X) + c\sigma(X)]$,问这里$c$应取多大?

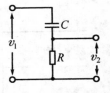

2-9　设有大电阻$R_M = R_{M0} \pm \Delta R_M$,小电阻$R_m = R_{m0} \pm \Delta R_m$,已知$R_M \gg R_m$,它们的相对误差近似相等。在把这两个电阻分别串、并联时,哪个电阻的误差对总电阻的相对误差影响大?

图2-21　习题2-10之图

2-10　$R-C$相移网络如图2-21所示,v_2导前v_1的角度为

$$\varphi = \text{arctg} \frac{1}{\omega RC}$$

已知ω、R、C及$\Delta\omega/\omega$、$\Delta R/R$、$\Delta C/C$,求φ角的绝对误差$\Delta\varphi$及相对误差γ_φ。

2-11　用示波器观察两个同频率的正弦信号如图2-22,图中$x_1 = 1.2$ cm,$x_2 = 8.0$ cm

(1) 计算 v_2 导前 v_1 的角度 φ；

(2) 若由于示波器分辨率的限制，x_1 的读数应为 $(1.2 \pm 0.1)\text{cm}$，x_2 的读数应为 $(8.0 \pm 0.1)\text{cm}$，问用这种方法测量造成的误差 $\Delta\varphi$ 及 $\Delta\varphi/\varphi$ 各为多少？

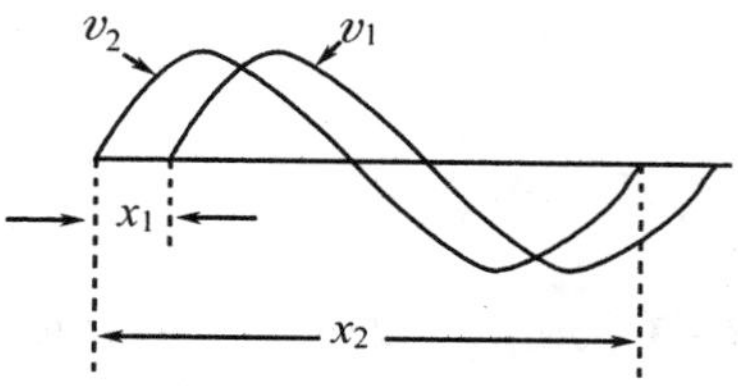

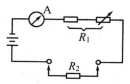

图 2-22　习题 2-11 之图

2-12　对某电阻进行了 10 次测量，数值（kΩ）为

0.992、0.993、0.992、0.993、0.993、0.991、0.993、0.993、

0.994、0.992，若测量的系统误差为 ±1%，并为均匀分布，测量的随机误差为正态分布，求：

(1) 电阻的测量值；

(2) 所求测量值的误差。

2-13　用两种不同的方法测电阻，若测量中均无系统误差，所得阻值（Ω）为

第一种方法（测 8 次）100.36，100.41，100.28，100.30，100.32，100.31，100.37，100.29

第二种方法（测 6 次）100.33，100.35，100.29，100.31，100.30，100.28

(1) 若分别用以上两组数据的平均值作为电阻的两个估计值，问哪个估计值更可靠？

(2) 用两次测量的全部数据求被测电阻的估计值（加权平均值）。

2-14　检定 2.5 级、量程为 100 V 的电压表，在 50 V 点刻度上标准电压表读数为 48 V，试问此表是否合格？

2-15　采用微差法测量未知电压 V_x，设标准电压的相对误差不大于 $5/10\ 000$，电压表的相对误差不大于 1%，相对微差为 $1/50$，求测量的相对误差。

2-16　用万用表测电阻，其原理电路示于图 2-23。试求指针在什么位置测量误差最小。

2-17　电能的计算公式为 $W = \dfrac{V^2}{R}t$，若已知 $\gamma_V = \pm 1\%$，$\gamma_R = \pm 0.5\%$，$\gamma_r = \pm 1.5\%$，求电能的相对误差。

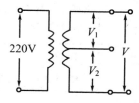

图 2-23　习题 2-16 之图

2-18　电阻 R 上的电流 I 产生的热量 $Q = 0.24 I^2 Rt$，式中 t 为通过电流的持续时间。已知测量 I 与 R 的相对误差为 1%，测定 t 的相对误差为 5%，求 Q 的相对误差。

2-19　设某类电流表通过的电流 I 与指针偏转角 α 之间关系是 $I = k\text{tg}\alpha$，式中 k 为常数，电流测量误差最小的条件是什么？

2-20　两个电阻的测量值分别是 $R_1 = (20 \pm 20\%)\ \Omega$，$R_2 = (100 \pm 0.4)\ \Omega$，试求两个电阻在串联与并联时总电阻及其相对误差。

2-21　在图 2-24 中，$V_1 = V_2 = 40$ V，若用 50 V 交流电压表进行测量，允许总电压 V 的最大误差为 $\pm 2\%$，问应选择什么等级的电压表？

图 2-24　习题 2-21 之图

2-22　设某测量结果有关 A 类不确定度和 B 类不确定度如表 2-8 所示，求该测量结果的合成不确定度、自由度及总不确定度（取置信概率 $p = 0.95$）。

表 2-8　习题 2-22 所用之数据

序号	不确定度			自由度	
	来源	符号	数值	符号	数值
1	基准	u_{A1}	1	ν_1	5
2	读数	u_{A2}	1	ν_2	10
3	电压表	u_{A3}	$\sqrt{2}$	ν_3	4
4	电阻表	u_{A4}	2	ν_4	16
5	温度	u_{A5}	2	ν_5	1

3 电压测量

3.1 引　言

电压(Voltage)是基本的物理量之一,无论在科学研究、生产实践,或是在日常生活中,人们都需要对电压进行测量。不仅是电量测量,即使是非电量测量也常常借助电压测量来实现的。

3.1.1 电压测量的发展过程

在电学测量中,人们很早就进行电压测量,包括直流电压、交流电压、工频电压及高频电压等的测量。早期是采用电流表作为指示器;而后人们借助电子技术对电压进行测量。

借助电子技术进行电压测量的仪器称为电子电压表(Electronic Voltmeter)。电子电压表有模拟电压表(Analog Voltmeter)和数字电压表(Digital Voltmeter,写作 DVM)两种。模拟电压表采用模拟电子技术并以表头指示测量结果;而数字电压表主要采用模数转换技术并以数码显示测量结果。早在 1915 年,美国 R. A. 海辛首先提出峰值电压表的设计,到 1928 年美国 Generd Radio 公司生产出第一批电子电压表。1952 年美国 NLS(Non-Linear-System) 公司首先研制出数字电压表,而后其发展层出不穷直至今日。英国 SOLATRON 公司 7801 型 $8\frac{1}{2}$ 位数字多用表是具有世界领先水平的电压测量仪器之一。

我国也经历了从模拟电压表到数字电压表的发展过程,在20世纪60年代中期北京无线电技术研究所和上海电表厂分别研制成功 $4\frac{1}{2}$ 位 DVM;80年代初期就进行微机化 DVM 的研制;在引进、吸收国外新技术的基础上推出一批国产化产品,例如北京无线电技术研究所的 BY1955A $5\frac{1}{2}$ 位数字多用表等。

3.1.2 电压测量的分类

由于被测电压的幅值、频率以及波形的差异很大,因此电压测量的种类也很多,通常有以下几种分类方法:

(1) 按频率范围分类　有直流电压测量和交流电压测量,而交流电压测量中按照频段范围又分为低频、高频和超高频的电压测量;

(2) 按测量技术分类　有模拟电压测量技术和数字电压测量技术;

(3) 按测量结果的表示分类　有峰值测量、有效值测量及平均值测量。通常如未作说明,均指以有效值表示被测电压。

3.1.3 对电压测量的要求及主要技术指标

在进行电压测量时,测量装置必须正确反映被测量的大小和极性,并附有相应的单位。具体要求如下：

（1）测量范围要足够大；

（2）电压测量仪器的输入阻抗必须很高，避免对被测系统的负载效应；

（3）要有足够宽的频率响应范围，以便测量从超低频到超高频的各种交流信号；

（4）测量误差必须在允许范围内；

（5）可以准确测量各种波形的信号，包括方波、三角波等非正弦信号。

鉴于上述要求，电压测量仪器通常具有如下主要技术指标：

（1）**幅度范围**　是指可测量电压的范围，包括量程的划分及每一量程的测量范围，在 1 071 多用表中共分 5 档量程：

$$0 \sim 100.000\ 0\ \text{mV} \qquad 0 \sim 1.000\ 000\ \text{V} \qquad 0 \sim 10.000\ 00\ \text{V}$$

$$0 \sim 100.000\ 0\ \text{V} \qquad 0 \sim 1\ 000.000\ \text{V}$$

（2）**频率范围**　目前模拟电压表可测量的频率范围要比数字电压表高。例如，BOONTON 公司的 92C 射频电压表可测量的频率上限达 1.2 GHz，而 ANALOGIC 公司的 DP100 数字多用表只能达 25 MHz。

（3）**输入特性**　通常指电压表的输入阻抗 Z_i，包括输入电阻 R_i 和输入电容 C_i。在进行直流电压测量时只有 R_i 影响测量结果。1 071 数字多用表的输入电阻为

$$R_i > 10\ 000\ \text{M}\Omega \quad （0.1 \sim 10\ \text{V 量程}）;$$

$$R_i = 10\ \text{M}\Omega(1 \pm 0.1\%) \quad （100\ 及\ 1\ 000\ \text{V 量程}）.$$

（4）**分辨率**　是指能够测量被测电压最小增量的能力，该项技术指标主要针对数字电压表而言。例如 HP3458A $8\frac{1}{2}$ 位数字电压表分辨率为满量程的 10^{-8}。

（5）**准确度**　又称精确度，它是误差术语的反义，有时直接用误差表示仪器的技术指标。它指电压表的指示值（或显示值）与被测量的真值之差。模拟电压表的测量误差一般为 1% ～ 3%，而数字电压表可以优于 10^{-7}。

（6）**抗干扰能力**　在实际电压测量中要遭受各种干扰信号的影响，使测量精度受到影响，特别是在测量小信号的时候。通常将干扰分为串模干扰和共模干扰两类，在 1 071 数字多用表中，有

串模干扰抑制比为　66 dB(1 ± 0.15%) 　（干扰信号频率为 50 Hz 或 60 Hz）

共模干扰抑制比为　> 140 dB　（DC）

　　　　　　　　　> 80 dB　（AC1 ～ 60 Hz，1 kΩ 不平衡源电阻）。

3.2　电压测量的基本方法

如前所述，电压测量有模拟测量和数字测量两种方法，相应的仪器为模拟电压表和数字电压表。虽然数字电压表越来越普及，但就目前的技术条件来说，尤其是对于很高频率信号的测量还不能完全取代模拟电压表。另一方面，从学习和了解电压测量技术来说，模拟电压表乃是数字电压表的基础。

3.2.1　交流电压的模拟测量方法

对于交流电压的测量通常有两种基本方式：放大 - 检波式和检波 - 放大式，如图 3 - 1 所

示。它们都是利用检波器将交流电压变为直流电压并以表头指示测量结果,前者[图(a)]测量灵敏度高,但频率范围只能达到几百千赫;后者[图(b)]频率范围可以从直流到几百兆赫,但是由于检波器的限制其灵敏度较低。对于图(b)来说,在提高灵敏度的同时受到噪声的影响;由于噪声的频谱很宽,而被测信号正弦波是单频的,因而有时利用外差原理借助中频放大器的优良选择性来克服噪声影响。无论哪一种方式,检波器是其核心部件,它将交流电压转换为相应的直流电压以便表头指示测量结果。

```
V_i ○→ [放大] → [检波] → [读数指示]          V_i ○→ [检波] → [放大] → [读数指示]
              (a)                                          (b)
```

图 3 - 1   交流电压的模拟测量方法
(a) 放大 - 检波式   (b) 检波 - 放大式

在进行交流电压测量时,国际上一直以有效值表示被测电压的大小,因为有效值反映了被测信号的功率。但在实际测量中由于检波器的工作特性不同所得结果有峰值、平均值、有效值之别。因此,无论用哪一种特性的检波器做成的电压表,其读数大多按正弦波有效值进行刻度。

正弦交流电压可表示为

$$V(t) = V_p \sin(\omega t + \phi) \tag{3-1}$$

式中 $V(t)$—— 交流电压瞬时值;

V_p—— 交流电压的峰值;

ω—— 交流电压的角频率;

ϕ—— 交流电压的初始相位。

因此,交流电压的平均值为

$$V_{AV} = \frac{1}{T}\int_0^T |V(t)| \, \mathrm{d}t$$

式中 T—— 交流电压的周期。

将式(3-1)代入上式并认为 $\phi = 0$,得

$$V_{AV} = 0.637V_p \tag{3-2}$$

交流电压的有效值,即均方根值为

$$V_{rms} = \sqrt{\frac{1}{T}\int_0^T V^2(t)\,\mathrm{d}t}$$

将式(3-1)代入上式并认为 $\phi = 0$,得

$$V_{rms} = 0.707V_p \tag{3-3}$$

因此对正弦波,若采用峰值检波时输出为 V_p,而用平均值检波时输出为 $0.637V_p$,用有效值检波时输出为 $0.707V_p$。

下面为简单起见,用 V 表示有效值。今定义波形的峰值与有效值之比为波峰因数 k_p,即

$$k_p = V_p/V \tag{3-4}$$

根据式(3-3),正弦波的波峰因数 $k_p = 1/0.707 = \sqrt{2}$。

定义波形的有效值与平均值之比为波形因数,即

$$k_F = V/V_{AV} \tag{3-5}$$

根据式(3-2)和式(3-3),对正弦波,$k_F = 1.11$。

表 3 - 1 列出了几种常用波形的 k_p 和 k_F。

例 3.1　今用一有效值电压表(指采用有效值检波器)分别测量正弦波、三角波及方波电压,其结果均显示 1 V,问这三个电压的峰值及平均值各为多少?

解　正弦波　$V_p = k_p V = 1.414$ V,　　$V_{AV} = V/k_F = 0.9$ V

　　　　三角波　$V_p = 1.73$ V,　　　　　　$V_{AV} = 0.87$ V

　　　　方　波　$V_p = 1$ V,　　　　　　　$V_{AV} = 1$ V

表 3 - 1　各种波形的波形因数 k_F 与波峰因数 k_p

序号	名　称	有效值 V	平均值 V_{AV}	波形因数 k_F	波峰因数 k_p
1	正　弦　波	$0.707V_p$	$0.637V_p$	1.11	1.414
2	正弦波半波整流	$0.5V_p$	$0.318V_p$	1.57	2
3	正弦波全波整流	$0.707V_p$	$0.637V_p$	1.11	1.414
4	三　角　波	$0.577V_p$	$0.5V_p$	1.15	1.73
5	方　　波	V_p	V_p	1	1
6	脉　冲　波	$\sqrt{\dfrac{\tau}{T}} \cdot V_p$	$\dfrac{\tau}{T} \cdot V_p$	$\sqrt{\dfrac{T}{\tau}}$	$\sqrt{\dfrac{T}{\tau}}$

注:1. 表中为近似值;2. τ 为脉冲宽度,T 为脉冲周期。

3.2.2　电压的数字测量方法

1)基本方法

对于直流电压,数字电压表是将被测电压 V_i 经模数转换,而后由数字逻辑电路进行数据处理并以数码表示测量结果,图 3 - 2 为其原理框图。

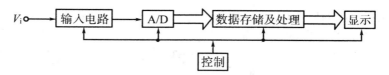

图 3 - 2　电压的数字测量原理框图

电压的数字测量方法有两点好处。其一,可以将一些处理模拟量的问题转化为处理数字量的问题。前者需用模拟电路,而后者则用数字技术。现在数字逻辑电路集成度越来越高,不仅有利于电压表的小型化,更能提高仪器的可靠性。其二,由于电压的数字测量方法采用数字技术,因此 DVM 可以很方便地与数字计算机以及计算机的外设(例如打印机、绘图仪)相连接。这样就可以借助计算机的资源进一步增强和完善 DVM 的功能,而且还可以通过标准总线接入自动测试系统实现测量自动化。鉴于上述情况,DVM 有取代模拟电压表的趋势,尤其是在直流或低频交流电压测量方面。

2)电压数字测量方法的特点

从 DVM 的结构来说,电压的数字测量方法有如下一些特点:

(1)采用模数转换器　模数转换器(A/D)是 DVM 的关键部件,在 DVM 中常见的 A/D 有双斜式、多斜式、脉冲调宽式以及余数循环比较式,这些内容将在下一节介绍。

（2）用数码显示测量结果　目前普遍采用数码管或液晶显示器（LCD）显示数码，甚至还借助数码显示器显示 DVM 的其他有关信息。

（3）采用微处理器　自 20 世纪 70 年代微处理器出现以来，人们将它和 RAM、ROM 等芯片用于 DVM，构成控制器，管理整个 DVM 的操作以及处理测量结果。

（4）具有标准接口功能　经常采用的标准接口有 GPIB 并行口和 RS－232C 串行口。DVM 具备标准接口功能之后就可以与计算机（有时称为控制器）相连接，再加上其他具有标准接口的仪器组成自动测试系统。

（5）利用计算机软件功能　以上四点均属硬件功能，软件功能包括对 DVM 的控制及数据处理等。数据处理功能使 DVM 的性能更加完善，还可以使 DVM 中的某些硬件功能用软件实现，例如自动校零、抑制干扰等等。

通常将具有微处理器的 DVM 称为微机化 DVM 或智能 DVM，其组成如图 3－3 所示。

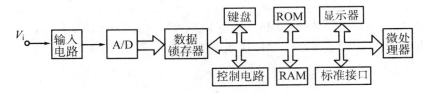

图 3－3　微机化 DVM 简化框图

3）数字电压表的主要技术指标

DVM 的技术性能除了在 3.1 节提出的以外，还必须包括数字式仪表本身的一些特殊要求，讨论如下。

（1）输入范围　最大输入一般为 ±1 000 V，并具有自动量程转换和一定的过量程能力。例如，英国 SOLARTRON 公司的 7 801 最大输入电压为 1 000 V（DC）。

（2）准确度　最高可在 10^{-7} 左右。

（3）稳定度　短期稳定度为读数的 0.002 倍，期限为 24 小时；长期稳定度为读数的 0.008 倍，期限为半年。

（4）分辨率　目前达 10^{-8}，即 1 V 输入量程时的测量分辨率为 10 nV。

（5）输入阻抗　输入电阻的典型值为 10 MΩ，输入电容的典型值为 40 pF。

（6）输入零电流　是指 DVM 输入端短路时仪器呈现的输入电流，通常为 nA 量级。

（7）仪器的校准　DVM 内部备有供校准用的标准，并且校准部分是独立的，与测量无关。

（8）输出信号　为 BCD 码，可用于记录、打印或机外数据处理。

（9）输出接口　通常为 GPIB 或 RS－232C。

（10）显示位数　目前已达 $8\frac{1}{2}$ 位，大多数台式表为 $4\frac{1}{2}$ 位、$5\frac{1}{2}$ 位，而手持式的为 $3\frac{1}{2}$ 位。所谓 $3\frac{1}{2}$ 位，是指最大读数为 1 999，依此类推。

（11）读数速率　指在仪器正常工作时单位时间内可读数据（测量结果）的次数，最高达 500 次/s。

（12）数据存储容量　目前 DVM 内部可存储多达 1 000 个数据。

（13）数据处理能力　能求得被测电压最大偏差、平均值，甚至还可以计算方差、标准偏差等。

3.3　数字电压测量中的模数转换器

在 DVM 的发展过程中,曾经采用过各种各样的模数转换器,现今尚被采用的有如下几种:双斜式、三斜式、多斜式、余数循环比较式及多周期脉冲调宽式等。就 A/D 本身而言,目前已经有很多集成芯片,一个芯片就是一个 A/D 及其周边电路,有些芯片就是某些生产 DVM 厂家制造的专用集成芯片。下面介绍几种在 DVM 中常用的 A/D 的工作原理及其特点。

3.3.1　双斜及多斜式模数转换器

双斜式 A/D 是早期 DVM 中广泛采用的一种 A/D,属于积分型 A/D。现在各种新型积分式 A/D 都是双斜式 A/D 的改进形式,所以双斜式 A/D 是积分型 A/D 的基础,目前仍被很多 DVM 采用。

1) 双斜式 A/D 工作原理

双斜式 A/D 的原理电路如图 3-4 所示,它由积分器 A、过零比较器 C 和控制电路组成。积分器的输入端由开关 S_1, S_2, S_3, S_4 分别接通被测电压 V_i、基准电压 $+V_r$、$-V_r$ 以及地。这些开关分别受控制电路的 J_1, J_2, J_3, J_4 信号控制。

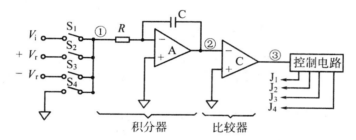

图 3-4　双斜式 A/D 原理电路

双斜式模数转换过程如图 3-5 所示。可以分为采样期和比较期两个工作阶段。

（1）采样期　假设起始状态为:S_4 接通,S_1, S_2, S_3 断开,积分器的输入端 ① 接地,其输出电位为零(图中位置②),比较器输出状态为"0"(位置③)。当控制电路在 t_1 时刻接通 S_1,而 S_2, S_3, S_4 断开时,积分器开始对被测电压 V_{i1} 积分,其积分时间固定为 T_1,通常将 T_1 称为测量期或采样期。由于被测电压 V_{i1} 为正,积分器输出为负向斜波,因此比较器的输出状态为"1"(高电平)。

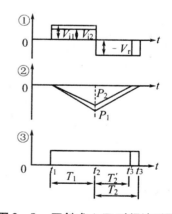

图 3-5　双斜式 A/D 时间波形图

（2）比较期　当达到 T_1 期的结束时刻 t_2 时,积分器输出达到 P_1 点,控制电路发出控制信号使 S_1 断开,S_3 闭合,而 S_2, S_4 仍然断开,积分器对与 V_i 极性相反的基准电压 $-V_r$ 进行积分。由于这时输入电压为负,积分器的输出是从 P_1 点开始的正向斜波,逐渐趋向水平坐标。在 t_3 时刻②点电压为零,使比较器的输出状态又发生变化,③点状态变为"0"。这时控制电路切断开关 S_3,停止对 $-V_r$ 积分,并将 S_4 接通,使积分器的输入再次为零。至此,一次转换过程结束。现将对 $-V_r$ 的积分时间 (t_3-t_2) 定义为 T_2,称为比较期。T_2 的长短表征被测电压 V_{i1} 的大小。例如,设被测电压 V_{i2} 仍为正,但 $V_{i2} < V_{i1}$,则在 T_1 期结束时,积分器的输出达到 P_2 点;对

$-V_r$ 积分的结束时刻为 t_3'，$T_2' = t_3' - t_2$，显然 $T_2' < T_2$。从图 3-5 可以看出，在一次测量过程中积分器进行两次不同斜波方向的积分，所以称为双斜式 A/D。假如被测电压 V_i 为负，则在 T_1 期间积分器输出正向斜波，T_2 期间对 $+V_r$ 进行积分，输出负向斜波，仍在积分器的输出过零时完成一次测量。注意，一次转换中 V_r 与 V_i 的极性要相反。

从上述转换过程可看到，双斜式 A/D 是将被测电压 V_i 转换为时间 T_2，并在 T_2 时间内控制计数器对固定频率的时钟信号进行计数。其实，在 T_1 期也对此时钟进行计数，通常是在 T_1 结束时计数器达满度值并溢出，这一次计数对测量结果没有影响。到 T_2 期再从零开始计数，最后用数字显示 T_2 期的计数结果，以表示被测电压 V_i 的大小。

按照积分器的工作原理，在采样期积分器的输出电压 V_1 和输入电压 V_i 的关系为

$$V_1 = -\frac{1}{RC}\int_{t_1}^{t_2} V_i \mathrm{d}t \qquad (3-6)$$

因此得

$$V_1 = -\frac{T_1}{RC} \times \bar{V}_i \qquad (3-7)$$

式中　　R，C——积分电阻、电容，决定积分器的时间常数；

　　　　T_1——采样期，$T_1 = t_2 - t_1$；

　　　　$\bar{V}_i$——T_1 期内 V_i 的平均值，即

$$\bar{V}_i = \frac{1}{T}\int_{t_1}^{t_2} V_i \mathrm{d}t \qquad (3-8)$$

如果 V_i 为直流电压，则 $\bar{V}_i = V_i$。

在比较期，积分器的输出电压为

$$V_2 = V_1 - \frac{1}{RC}\int_0^{T_2}(-V_r)\mathrm{d}t \qquad (3-9)$$

假设 $T_2 = t_3 - t_2$，因为在 t_3 时刻 $V_2 = 0$，故得

$$0 = V_1 + \frac{1}{RC}\int_0^{T_2} V_r \mathrm{d}t \qquad (3-10)$$

将式（3-7）代入式（3-10），得

$$\bar{V}_i = \left(\frac{T_2}{T_1}\right) \times V_r \qquad (3-11)$$

如果计数时钟周期为 T_0，T_1 期计数器满度值为 N_1，T_2 期计数值为 N_2，则 $T_1 = N_1 T_0$，$T_2 = N_2 T_0$，因此式（3-11）可表示为

$$\bar{V}_i = \frac{N_2}{N_1} \times V_r \qquad (3-12)$$

或

$$\bar{V}_i = e \times N_2$$

式中　　e 为刻度系数，即 $e = V_r/N_1$，表明单位数码所代表的电压的大小。

从式（3-12）可见，双斜式 A/D 可以将模拟量（电压 V_i）转换为相应的数字量（N_2）。

2）双斜式 A/D 的特点

（1）积分元件 R，C 以及计数时钟 T_0 的变化不影响转换精度　　由于在测量结果表达式（3-11）中没有 R，C，因此在一次转换过程中测量结果不受 R，C 的精度及其稳定性的影响。同理，该式也与时钟周期 T_0 无关，即 T_0 的长期稳定性不影响转换精度。因为双斜式 A/D 对 R，

C 以及 T_0 的要求不十分苛刻,对比较器失调量的限制也不十分严格,所以它是一种廉价且性能较好的模数转换器,至今仍在中、低档 DVM 中广泛应用。

(2) 具有很强的抗串模干扰能力 所谓串模干扰是指与被测信号相串联地加到 DVM 输入端的干扰信号,如图 3-6(a) 所示。图中 V_i 为被测电压,V_n 为串模干扰信号。因为积分器对输入信号具有平均作用(见式(3-6)),所以如果取采样期 T_1 为干扰周期的整数倍,则可以使得由干扰引起的测量误差减少到最低程度,甚至为零。在图 3-6(b) 中,在被测电压 V_i 上存在交流干扰,使积分器输出的负向斜波也存在干扰。但只要采样期 T_1 是干扰周期的整数倍,且干扰正、负对称,则采样期结束时积分器输出(P 点)电压保持不变,因而抑制了干扰的影响。通常在 DVM 中干扰影响最大的是 50 Hz 工频分量,因此采样期的选取应该是 $T_1 = n \times 20$ ms,$n = 1,2,3,\cdots$。当然,对正、负不对称的脉冲干扰,双斜式 A/D 有一定平均作用,但难以减少到零,见图 3-6(c)。另一方面,由于必须满足 $T_1 = n \times 20$ ms 的条件,双斜式 A/D 完成一次转换至少需要 $T_1 + T_2 \approx 2T_1 = 2n \times 20$ ms 时间,与其他类型 A/D 相比,转换速率较低,导致 DVM 的读数速率低,这是双斜式 A/D 的一个缺点。下面将要提到的多斜式 A/D 就是针对这个问题提出来的。

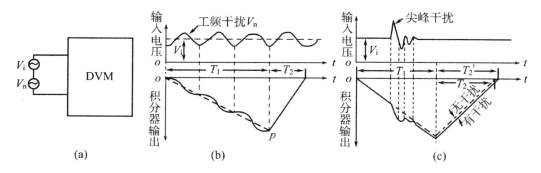

图 3-6 双斜式 A/D 对串模干扰的抑制作用
(a) 串模干扰对测量的影响 (b) 对工频干扰的抑制 (c) 对脉冲干扰的抑制

另外须指出,为了提高测量精度,在选用双斜式 A/D 时要注意以下几点:(1) 积分器应该有大的动态范围,良好的线性度;(2) 积分电容品质优良,包括介质损耗小、吸收效应小等;(3) 比较器的响应速度必须快。

3) 三斜式 A/D

如果将双斜式的比较期分为两个阶段,分别对两个同样极性、不同大小的基准电压 V_{r1} 和 V_{r2} 积分,就成为三斜式 A/D。与双斜式 A/D 相比,三斜式 A/D 有如下两个优点:一是减小转换误差,二是加快转换速度,这些优点对于 DVM 是很重要的。

图 3-7(a) 虚线框内为三斜式 A/D 原理图,图中仅画出采样期和比较期的有关部分,被测电压为 $-V_i$,基准电压为 V_r 及 $V_r/2^n$,分别由 S_2,S_3 接到积分器的输入端。比较器 C_1 的比较电平为 V_1,比较器 C_2 的比较电平为地电位(0 V)。

三斜式 A/D 在采样期的工作过程与双斜式完全相同(见图 3-5)。比较期从 t_2 开始,首先接通开关 S_2,对 V_r 积分。当积分器输出端②点的电位到达比较器 C_1 的比较电位 V_1 时,输出一个 T_2 期结束的先导信号(波形③的虚线处)。紧跟在后面的一个时钟信号到来时(t_3 时刻),控制电路发出控制信号接通 S_3,而 S_2 断开。此后积分器对基准电压 $V_r/2^n$ 进行积分,直至积分器输出(②点)电位为零,比较器 C_2 的输出状态(④点)发生变化(为"0"态),开关 S_3 断开。对 $V_r/2^n$ 的积分时间称为 T_3,$T_3 = t_4 - t_3$。

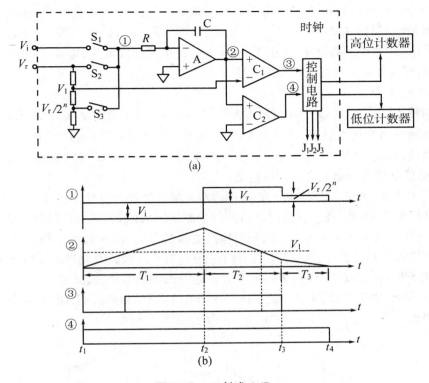

图 3 - 7　三斜式 A/D

（a）原理图　　（b）时间波形图

由此可见,三斜线 A/D 的比较期由 T_2 和 T_3 两个阶段组成。由于 T_3 期被积分的基准电压是 T_2 期的 $1/2^n$,所以在 T_3 期积分器输出的变化速率比 T_2 期间慢得多,在过零点的误差也小得多。

在 T_1, T_2 和 T_3 期间,积分器的输出电位从零开始最后回到零,因此积分电容净得电荷为零(在双斜式 A/D 中也是这样),其数学关系为

$$-\frac{1}{RC}\int_0^{T_1}(-V_\mathrm{i})\,\mathrm{d}t - \left(\frac{1}{RC}\int_0^{T_2}V_\mathrm{r}\,\mathrm{d}t + \frac{1}{RC}\int_0^{T_3}\frac{V_\mathrm{r}}{2^n}\,\mathrm{d}t\right) = 0 \tag{3-13}$$

因此得

$$\frac{T_1}{RC}\overline{V}_\mathrm{i} = \frac{V_\mathrm{r}}{RC}\left(T_2 + \frac{1}{2^n}\times T_3\right) \tag{3-14}$$

式中　$\overline{V}_\mathrm{i}$ 的定义和双斜式 A/D 相同。

与双斜式 A/D 相对应,在三斜式 A/D 中可以认为:$T_1 = N_1 T_0$, $T_2 = N_2 T_0$, $T_3 = N_3 T_0$,则式(3 - 14)可表示为

$$\overline{V}_\mathrm{i} = \frac{V_\mathrm{r}}{N_1}\times\left(N_2 + \frac{1}{2^n}\times N_3\right) \tag{3-15}$$

因此,在三斜式 DVM 中测量结果的数字量为

$$N = N_2 + \frac{1}{2^n}\times N_3 \tag{3-16}$$

上式说明三斜式 DVM 的测量结果由两项组成,第一项 N_2 为积分器对 V_r 积分时的计数值,第二项 $N_3/2^n$ 为对 $V_\mathrm{r}/2^n$ 积分时的计数值。在 DVM 中,用两个计数器分时地对时钟 T_0 进行计

数,分别称为高位计数器和低位计数器,见图 3 - 7(a)。由于 N_3 对应的基准电压为 $V_r/2^n$,所以计算总的测量结果时必须以 N_2 和 N_3 按权相加,这就是式(3 - 16)的结果。由于在 T_2 期采用了较大的基准电压,加快了测量速度,在 T_3 期采用了较小的基准电压,提高了测量精度,因而三斜式 A/D 较好地解决了速度与精度的矛盾。

　　4)多斜式 A/D

　　前述两种积分式 A/D 的 T_1 期仅对被测信号 V_i 采样。为了克服干扰信号,尤其是工频串模干扰信号对测量精度的影响,T_1 必须取得很大,通常为 $T_1 = n \times 20\,\mathrm{ms}$。由于 T_1 的数值较大致使转换速率很低,影响 DVM 的读数速率。另一方面,从三斜式 A/D 可以看到在比较期的后期(T_3)由于降低基准电压而提高了测量精度。

　　针对上述特点,多斜式 A/D 不仅在 T_1 期内对被测信号进行积分,而且也对基准电压($+ V_r$ 或 $- V_r$)进行积分。因此,在采样期内就得到部分测量结果(数据的高位部分),进一步提高了转换速率。又由于在采样期内多次变换积分输出电压的方向,因而减小了积分器的动态范围,避免积分器进入饱和状态,同时也减轻了由于积分电容介质吸收效应对测量精度的影响。与三斜式 A/D 相类似,在比较期(T_2),多斜式 A/D 停止对被测信号积分,只对不同基准电压从大到小依次进行积分,以提高测量精度。在多斜式 A/D 中 T_1 期称为斜升期,而 T_2 期称斜降期。在斜升和斜降期积分器的输出时间波形如图 3 - 8 所示,工作过程如下。

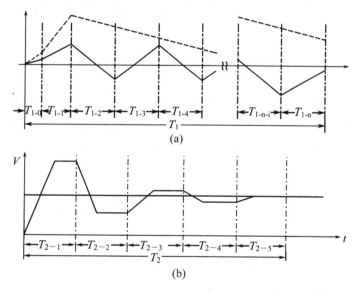

(a)

(b)

图 3 - 8　多斜式 A/D 的工作过程

(a)斜升过程　(b)斜降过程

　　(1)斜升期(图 3 - 8(a)):T_1 开始时为 T_{1-0} 阶段,积分器对 V_i 积分,设 V_i 为负,积分器输出正向斜波;而后为 T_{1-1},对 $- V_i$ 和 $- V_r$ 积分,仍输出正向斜波,且速度加快;在 T_{1-2},对 $- V_i$ 和 $+ V_r$ 积分,因为 $| V_r | > | V_i |$,所以积分器输出负向斜波;此时如果该斜波过零,则在 T_{1-3} 期接入 $- V_r$,否则仍接 $+ V_r$。如此往复下去,直至 T_1 期结束。注意,$T_{1-1} = T_{1-2} = \cdots = T_{1-n} = 2T_{1-0}$。

　　(2)斜降期(图 3 - 8(b)):三斜式的 T_2 期分两个阶段,而多斜式的 T_2 分 5 个阶段:T_{2-1},T_{2-2},$\cdots$,T_{2-5}。在这 5 个阶段,积分器输入端分别接入 $- V_r$、$+ V_r$、$- V_r/10$、$+ V_r/100$、$- V_r/1000$,而 V_i 断开。T_2 期开始时积分器输出电压即 T_1 期结束时的电压(注意,在图 3 - 8(b)中为观察清

楚,T_2 期的电压值被夸大了)。在每个 T_2 阶段,积分器越过零点后,再积分一段时间,该时间为 $15T_0$(T_0 为计数时钟周期),之后输入不接任何电压,因而输出保持一段水平不变。当 T_{2-5} 结束时,积分器输出回到零点。

在整个转换周期,积分器输出电压始于零而终于零,DVM 内计数器逢正向斜波时递增计数,逢负向斜波时递减计数,计数结果反映了被测电压的大小。当然在 T_2 期,由于各阶段的基准电压不同,因而计数要加权。

美国 HP3478 型 DMM 采用多斜式 A/D。

3.3.2 脉冲调宽式模数转换器

脉冲调宽式 A/D 仍是积分式 A/D 的一种形式。它与双斜式 A/D 之差别在于积分器的输入电压不仅有被测电压 V_i、基准电压 $+V_r$ 或 $-V_r$,还有周期固定(T_s)、幅度为 $\pm V_s$ 的方波电压。由于在测量过程中 V_s 总是大于 V_i 与 V_r 之和,因此 A/D 的转换周期取决于方波电压的周期,积分器输出斜变方向也取决于 V_s 的极性,该方波也就称为节拍方波。

脉冲调宽式 A/D 的电路原理如图 3-9(a) 所示。在这种 A/D 中,被测电压 V_i 和方波电压 V_s 始终加在积分器的输入端,而基准电压 $+V_r$ 或 $-V_r$ 则在控制电路的作用下根据需要分时地加到积分器输入端,其工作过程结合图 3-9(b) 的波形进行说明。

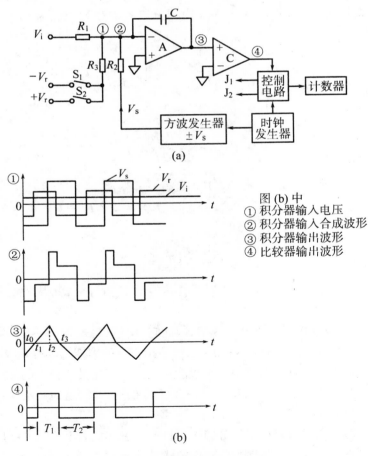

图 3-9 脉冲调宽式 A/D
(a) 原理图 (b) 时间波形图

假设从 t_0 开始 A/D 已进入稳定的工作状态,并且被测电压 V_i 为正(即 $V_i > 0$)。这时节拍方波已进入负半周状态($V_s < 0$),积分器输出为负;开关 S_1 接通基准电压 $-V_r$,S_2 断开。由于 V_s 为负,所以积分器输入端合成电压为负,使积分电容器放电,积分器输出正向斜波;直至 t_1 时刻积分器的输出电位越过零点[见图(b)中的波形 ③],使比较器 C 的输出状态由低态变为高态。这时控制电路使 S_2 接通、S_1 断开,积分器的输入电压有 V_i、$+V_r$ 及 V_s(仍在负半周),由于负电压仍大于正电压,使积分电容器继续放电。但由于接入 $+V_r$,断开 $-V_r$,使积分器输入负电压减小,所以 t_1 后积分器输出的斜升速率下降。在 t_2 时刻节拍方波的极性改变为 $+V_s$,因而积分器输入为正电压,使电容器充电,积分器输出负向斜波。直至 t_3 时刻积分器的输出又越过零点,比较器的输出状态再次发生变化(变为低态),控制电路使开关 S_1 接通、S_2 断开,$-V_r$ 接到积分器的输入端,使积分器输入端正电压减小,电容器继续放电,但速度已经减慢。直至节拍方波改变为 $-V_s$,重复以 t_0 开始的过程。

在一次 A/D 转换过程中,由于节拍方波 V_s 是正、负对称的,一个周期内积分的平均电压为零,所以它对 A/D 转换的结果没有任何贡献,仅仅用于控制 A/D 转换周期;而 $+V_r$ 及 $-V_r$ 的作用时间则取决于 V_i 的大小,图(b)中波形 ④ 表示作用于积分器输入端的基准电压变化情况,T_1 和 T_2 分别表示 $+V_r$ 和 $-V_r$ 的作用时间,一次 A/D 转换过程中它的总作用时间为方波的周期 T_s,即 $T_1 + T_2 = T_s$。

按照电荷平衡原理,在方波的一个周期内积分电容器净得电荷量为零,因此得如下方程式:

$$\frac{V_i}{R_1} \times (T_1 + T_2) + \frac{V_r}{R_3} \times T_1 + \left(-\frac{V_r}{R_3}\right) \times T_2 = 0 \qquad (3-17)$$

如果取 $R_1 = R_3$,则得

$$V_i = \frac{T_2 - T_1}{T_s} \times V_r \qquad (3-18)$$

为了对 $(T_2 - T_1)$ 进行测量,对式(3-18)进行一些变换。

由于 $\qquad T_2 - T_1 = 2 \times T_2 - (T_1 + T_2) = 2 \times T_2 - T_s$

因此

$$V_i = \frac{2V_r}{T_s} \times \left(T_2 - \frac{T_s}{2}\right) \qquad (3-19)$$

由上式可见,若在 $(T_2 - T_s/2)$ 时间内对时钟信号 T_0 进行计数,就得到被测电压 V_i 的 A/D 转换结果。

由于脉冲调宽式 A/D 仍属于积分型 A/D,因此它具有双斜式 A/D 的许多特点,例如积分元件 RC 的变化不会影响模数转换精度;如果选择节拍方波的周期 T_s 为工频周期的整数倍,即 $T_s = n \times 20$ ms,就可以获得良好的抗串模干扰能力。此外,它还具有如下的优点:

(1)在整个转换过程中被测电压 V_i 总是加在 A/D 的输入端,这对于某些特殊的应用场合是很有意义的。

(2)在每一个转换周期内要往返积分四次,见图 3-9(b),使积分器的动态范围减小,从而降低其非线性失真的影响。它比双斜式 A/D 的线性度可以高两个数量级,所以脉冲调宽式 A/D 是一种高精度模数转换器。

世界上第一个 $8\frac{1}{2}$ 位数字多用表采用了脉冲调宽技术,它就是英国 SOLARTRON 公司的产品。

3.3.3 余数循环比较式模数转换器

余数循环比较式 A/D 没有采用积分器,它的核心电路是比较器,属于反馈比较型 A/D,其工作原理类似于常见的逐次比较式 A/D,简化方框示于图 3-10。图中 A_1 放大倍数为 1,A_2 放大倍数为 10。S/H 为采样/保持电路。极性检测电路判别 V_i 的极性。数据检测电路实际上是一位 BCD 或二进制数的 A/D。被测电压 V_i 通过开关 S_1(位置 1)作用于比较器 C 的同相输入端。D/A 的输出 V_D 作用于 C 的反相输入端。D/A 所需基准电压 V_r 的极性由控制电路根据比较器 C 输出端的状态进行选择。比较器同相端的输入电压 V_i 及 D/A 输出电压 V_D 同时作用于减法器 A_1 的两个输入端,所得差值电压 V_1 经 A_2 进行放大成 V_2,并通过开关 S_2(位置 1)作用于 S/H$_1$ 电路。至此第一次比较结束,所得数码为 D/A 的输入数码,尚有余数电压 $V_i' = V_2 = 10 \times (V_i - V_D)$ 存于电容 C_2 上。第二次比较时,S_1 置于位置 3,以上次余数存储电压 V_i' 加到比较器 C 的同相输入端,进行第二次比较。在第二次比较时 S_2 在位置 2,得新的余数电压 $10 \times (V_i' - V_D)$ 存于 C_1,作为第三次比较时的 V_i'。如此循环下去,所以有余数循环比较式 A/D 之称。假设多次循环比较过程中每次(或每个节拍)得数码 N_n,n 为循环比较次数,$n = 1, 2, \cdots$。余数循环式 A/D 总的转换结果 N 为各次转换时 D/A 数码 N_n 的加权,即

$$N = N_1 \times 10^0 + N_2 \times 10^{-1} + \cdots + N_n \times 10^{-(n-1)} \qquad (3-20)$$

式(3-20)假设 D/A 是一位 BCD 码转换器。若为二进制码,则有

$$N = N_1 \times 16^0 + N_2 \times 16^{-1} + \cdots + N_n \times 16^{-(n-1)} \qquad (3-21)$$

式(3-21)假设 D/A 为 4 位二进制码转换器。当然,这时 A_2 的放大倍数应该为 16。

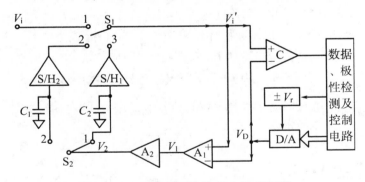

图 3-10 余数循环比较式 A/D 原理图

现以输入电压 $V_i = +7.905\,3\,\text{V}$ 为例,结合表 3-2 说明循环比较过程。

第 1 次:S_1 置于 1,S_2 置 1,$V_i' = V_i = +7.905\,3\,\text{V}$,数据检测 0111,经 D/A 后 $V_D = 7\,\text{V}$,$V_1 = V_i' - V_D = +0.905\,3\,\text{V}$,$V_2 = 9.053\,\text{V}$,存于 C_2。

第 2 次:S_1 置 3,S_2 置 2,$V_i' = V_{C2} = 9.053\,\text{V}$,数据检测 1001,$V_D = 9\,\text{V}$,$V_1 = 0.053\,\text{V}$,$V_2 = 0.53\,\text{V}$,存于 C_1。

以下比较过程在表 3-2 中已详细说明,不再赘述。当第 5 次比较完后,余数已为 0,比较结束。

表 3 - 2   余数循环比较过程

序号	S_1	S_2	输入电压或余数 存储电压(V)	极性 判别	数据检测 8 4 2 1	D/A 输出 V_2	余数电压 V_1 (V)	余数存储 电压 V_2(V)
1	1	1	+ 7.905 3	+	0 1 1 1	7	+ 0.905 3	+ 9.053
2	3	2	9.053	+	1 0 0 1	9	0.053	0.53
3	2	1	0.53	+	0 0 0 0	0	0.53	5.3
4	3	2	5.3	+	0 1 0 1	5	0.3	3.0
5	2	1	3	+	0 0 1 1	3	0	0

在该例中,D/A 为一位 BCD 输入码,根据表 3 - 2 的转换过程得余数循环 A/D 转换结果为

$$N = 7 \times 10^0 + 9 \times 10^{-1} + 0 \times 10^{-2} + 5 \times 10^{-3} + 3 \times 10^{-4} = 7.905\ 3(\text{V})$$

因为式(3 - 20)是采用 BCD 码,所以权值的底数为 10,A_2 放大倍数应该为 10。

由于余数循环比较式的转换速度快,每次极性判别和数据判别都很快,因而在某些转换时刻可能出现判别的不确定性甚至误判别。然而,余数循环转换的本身具有自动纠错能力,即使在转换过程中出现某些判别错误,最后也能给出正确结果,见参考文献[6]。

余数循环式 A/D 的特点如下:

(1)分辨率高　　从上例可知,转换过程可以不断地进行下去,每转换一次分辨率就可以提高一个数量级。然而,实际上受到以下种种因素限制:电路元器件的热噪声、保持电容的泄漏和介质吸收效应以及 D/A 的非线性等。因此,目前余数循环比较式 A/D 的分辨率还仅限于 $10^{-6} \sim 10^{-7}$ 量级。

(2)转换速度快　　它不像积分式 A/D 那样受采样期时间 T_1 的限制,其转换速度仅受下列因素限制,诸如 D/A 的转换速度,比较器、衰减器、余数放大器、S/H 电路的响应速度,以及在开关 S_1 改变位置时余数模拟电压的建立时间等。据参考文献[3]介绍,完成一次 22 bit 转换约需 1.6 ms 时间,远低于积分式 A/D 的转换时间,因此这种 A/D 用于 DMM 可以大大提高读数速率。

美国 FLUKE 公司的 DMM 以余数循环比较式 A/D 为著称,该公司的 8520A 型 DMM 在进行直流电压(V_{dc})测量时,最高分辨率 1 μV,读数速率为 500 次/s。我国北京无线电技术研究所已引进该公司的技术。与 8520A 相应的国产 DMM 型号为 BY1955A,是 $5\frac{1}{2}$ 位数字多用表。

FLUKE 公司后又推出 8506A $7\frac{1}{2}$ 位 DMM,对直流电压进行测量时,分辨率达 100 nV,读数速率为 500 次/s。

3.4　单片式 DVM

随着大规模集成电路(LSI)的发展,现今许多 A/D 的集成度越来越高。例如积分式 A/D 可以将积分器、比较器以及数字逻辑电路集成在一块芯片里,只要配上少量的外围电路(基准电源、显示器以及控制开关等)就可以构成一个简单而实用的 DVM。常见的双斜式 A/D 集成芯片可以达到 $3\frac{1}{2}$ 位、$4\frac{1}{2}$ 位水平。例如 5G14433(MC14433)、ICL7107CPL 均为 $3\frac{1}{2}$ 位,后者采用液晶显示器(LCD);ICL7135CPL、ICL7129CPL 均为 $4\frac{1}{2}$ 位,后者采用 LCD;还有 HI7159 为 $5\frac{1}{2}$ 位多重积分式 A/D。本节介绍 5G14433 的原理和应用。

3.4.1 双斜式模数转换器 5G14433 芯片的原理和构成

1) 5G14433 的特点

该芯片双极性电源供电,电源电压范围为 $\pm 4.5\,V \sim \pm 8\,V$,一般选取典型值 $\pm 5\,V$,功耗约为 $8\,mW$;最大读数为 1999,转换精度为 $0.05\%\,V_i \pm 1$ 个字;具有自动校零和自动极性转换的功能;具有 BCD 码输出;能提供超量程指示信号;采用共阴极 LED 动态扫描显示方式。

2) 5G14433 的引脚排列

5G14433 为 24 引脚双列直插封装,如图 3-11(a) 所示,各引脚的定义如下:

V_{SS} 各输出信号的公共地端,它接 V_{AG} 时输出电平变化范围是 $V_{AG} \sim V_{DD}$;接 V_{EE} 时输出电平变化范围是 $V_{EE} \sim V_{SS}$;

V_{EE} 负电源端,通常接 $-5\,V$;V_{DD} 正电源端,通常接 $+5\,V$;

V_{AG} 输入信号的公共地(模拟地);V_{ref} 外接基准电压输入端;V_i 模拟电压输入端;

R_1、R_1/C_1、C_1 外接积分元件端;C_{01}、C_{02} 外接自动调零电容;

DU 实时输出控制端,若在双积分的第(五)阶段开始之前从 DU 端输入一个正脉冲,则本次 A/D 转换的结果送到锁存器(见图 3-11(b)),再经多路选择开关输出。否则,输出端保持锁存器中原有的转换结果;

CL_1、CL_0 时钟脉冲输入、输出端,两者之间接电阻 R_C;

EOC 转换周期结束标志输出端,每次 A/D 结束由该端输出一个正脉冲;

$\overline{OR}$ 超量程信号输出端,超量程时 $\overline{OR} = 0$;

$DS_1 \sim DS_4$ 多路选通信号输出端,$DS_1 \sim DS_4$ 分别为千位 ～ 个位选通信号;

$Q_0 \sim Q_3$ BCD 码输出端。

3) 内部电路结构

模拟部分包括积分器、比较器、模拟开关等电路(见图 3-11(b)),输入信号有被测电压 V_i 及基准电压 V_{ref},输出信号为比较器输出端的状态。外接元件为积分器的积分元件 R_1,C_1 及自动校零电容 C_0。

数字部分主要有计数电路、锁存器、多路选择开关、时钟发生器及逻辑控制器等组成。

时钟发生器由芯片内部的反相器、电容器以及外接电阻 R_C 组成。通常 R_C 可取 $750\,k\Omega$,$470\,k\Omega$,$360\,k\Omega$ 等典型值,所对应的频率 f_{cp} 分别为 $50\,kHz$,$66\,kHz$,$100\,kHz$(近似值)。为了提高抗工频干扰的能力,f_{cp} 应该是市电频率的整数倍。若采用外时钟信号时,则不外接电阻 R_C。

逻辑控制器的作用是按时发出控制信号,根据比较器输出的极性接通相应的模拟开关,使之有序地完成每次 A/D 转换工作,并在 T_2 期间令 $3\frac{1}{2}$ 位计数器计数。

计数电路由三级十进制计数器和一个 D 触发器组成 $3\frac{1}{2}$ 位计数器组成,在比较期对时钟脉冲(f_{cp})进行计数,计数范围是 $0 \sim 1999$。锁存器用来存放计数的结果。

多路选择开关将 A/D 转换结果送至外接显示器,每次送一位 BCD 码,一次转换结果分四次送完。这里是采用动态扫描显示器的方式,扫描次序是先千位,而后是百位,最后为个位。多路选择开关是通过 $DS_1 \sim DS_4$ 选通信号依次选通各位 BCD 码,从千位至个位,其时序如图 3-11(c) 所示。当 DS_1 输出正脉冲时,多种选择开关输出千位数;DS_2 输出正脉冲时,多路开关输出百位数,依此类推。

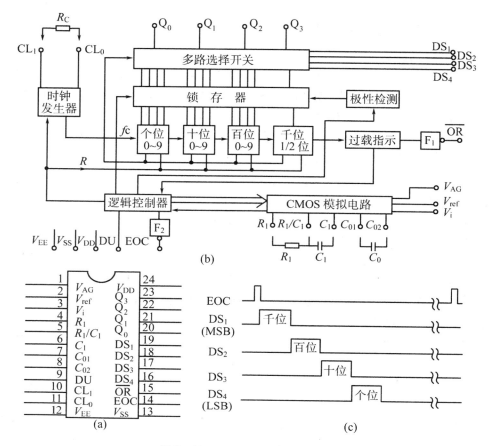

图 3-11　5G14433 双斜式 A/D
（a）引脚排列图　（b）内部电路结构　（c）读出显示时序图

4）5G14433 的工作过程

为了提高测量精度，5G14433 在模数转换过程中进行自校零。其工作过程可分为6个阶段：模拟校零阶段；数字调零阶段；重复模拟校零阶段；被测信号采样阶段（即双斜式的采样期）；数字调零阶段；反向积分阶段（即双斜式的比较期）。上述6个阶段都是在内部逻辑控制电路的作用下自动完成的。

3.4.2　5G14433 的应用

用5G14433 以及少量外部电路就可以构成紧凑小型的 DVM，现举例如下。

图 3-12 是以5G14433 为核心组成的 DVM，它可测量直流电压（V_{DC}）、交流电压（V_{AC}）、直流电流（I_{DC}）、交流电流（I_{AC}），交流测量仅限于50 Hz工频。其实，这已具备数字多用表功能。交流信号经平均值检波器（ICL7650）和滤波器（R_6，R_7，C_3）进入模数转换器 5G14433。如果是直流信号就不需要检波，如图中左上方的虚线所示，这时滤波器仅用于滤除干扰信号。A/D 转换所得数字量为 BCD 码，经 MC4511 锁存、译码后驱动 LED 显示器，显示被测电压的极性以及4位数码。MC4511 是段码译码器，把 BCD 码译成7段显示器显示所需的段码。因为5G14433 采用动态扫描显示方式，所以只用1片 MC4511 译码，输出的7段码送至4个 LED 的阳极。一次转换结果需要4次译码输出，分别由位选信号 DS_1 ~ DS_4 经驱动器 MC1416 轮流选通各位 LED 显示

器的阴极。MC1416 产生驱动显示器阴极（即位选线）所需的电流。在图中 A/D 的 DU 端（9 脚）和地之间设置一个开关，当开关接通时 DU 就为低电平，它将封锁在此之后的 A/D 转换输出数据，使当前读数处于保持状态。此外，A/D 的 $\overline{OR}$ 端（15 脚）接至 D 触发器 CC4013 的 R 端；而 EOC 端（14 脚）接至其 CLK 端。CC4013 的 $\overline{Q}_2$ 与其 D_2 端相连，因此它构成一个 T 触发器。当 5G14433 不超量程时，$\overline{OR}$ 为高电平，使 CC4013 复位。当 5G14433 超量程时，$\overline{OR}$ 为低电平，CC4013 每收到一个时钟（即 EOC 信号），$\overline{Q}_2$ 就改变一次状态，送到译码器 MC4511 的 BI 端（4 脚），使 LED 闪烁，以示超量程。5G14433 的基准电压由 MC1403 提供。调节电位器 W 可得到 2 V 基准电压。有关 MC4511 的详细说明可参阅有关手册。

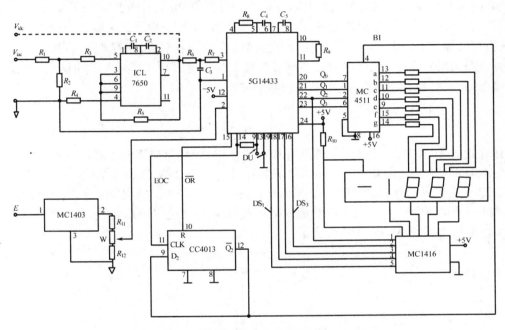

图 3－12　以 5G14433 为主要器件构成的 DVM

最后需说明的是该 DVM 的数值显示范围是 0000 ～ 1999，最高位仅显示 0 和 1 两个数码，因而该位数码还兼显示电压极性（ ＋ 和 － ）及超量程等信息。其中，当该位数码中 Q_2（5G14433 的 22 脚）＝ 1 时为正极性，Q_2 ＝ 0 时为负极性。图中该信号经 MC1416 驱动后，送到显示极性的 LED 灯，指示被测电压的极性。

3.5　数字多用表技术

如前所述，直流电压的测量是最基本的测量。在直流电压测量的基础上，可以实现对其他参量的测量，例如交流电压、电流的测量、电阻的测量，甚至温度、压力等非电量的测量。对这些参量的测量都是在直流数字电压测量的基础上实现的，与此相应的仪器称为数字多用表（Digital MultiMeter，简写为 DMM），其组成如图 3－13 所示。在该图中先通过 ACV/DCV 变换器将交流电压变

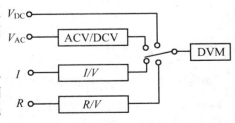

图 3－13　数字多用表的组成

为直流电压,通过 R/V 变换器将电阻变为直流电压,而 I/V 是将电流变为直流电压,以后再用 DVM 技术对这些直流电压进行测量。

3.5.1 ACV/DCV 变换技术

在 DMM 中 ACV/DCV 的变换是按照真有效值的定义进行的,即取被测量的均方根值,现在大多采用集成电路来实现。图 3-14(a) 为美国 FLUKE 公司 8520A 型 DMM 的 ACV/DCV 变换器原理图。其中,A_1 电路先对输入交流电压 V_i(图(b)中波形①)进行半波整流,输出交流电压的正半周,其幅度增益为 1(如图(b)中波形②所示)。而后它和 V_i 在平方放大器 A_2 的输入端相加,因为对应这两个信号的输入电阻分别为 10 kΩ 和 20 kΩ,因此实现了全波整流(波形③)。该电压经过 A_2 的平方运算之后,由平方根放大器 A_4 和平均值放大器 A_3 一起完成平方根运算,得直流输出 V_o。因此 V_o 就是 V_i(输入交流电压)的均方根值,即有效值。在图(a)中,平方和开方电路为具有两个 PN 结的对数和反对数放大器,而且开方电路(A_4)的反馈回路已经将平均值电路(A_3)包含在其中了。所以得到如下关系:

$$V_o = \sqrt{\overline{V_i^2}} \qquad (3-22)$$

或者

$$V_o = V_{irms} \qquad (3-23)$$

真有效值 ACV/DCV 变换器的性能好坏直接影响 DMM 对交流电压测量的精度。现在国外某些生产 DMM 的公司都有自己的专用集成芯片,将 ACV/DCV 变换器集成在一块芯片上,除了必要的电源电压之外,只需外接有关的电容器作为平均及滤波之用。例如,美国 HP 公司 3478 型 DMM 的 ACV/DCV 变换器就是专用集成芯片,除了电源电压之外,只需外接 3 个电容和 1 个电阻就能进行 ACV/DCV 变换了。

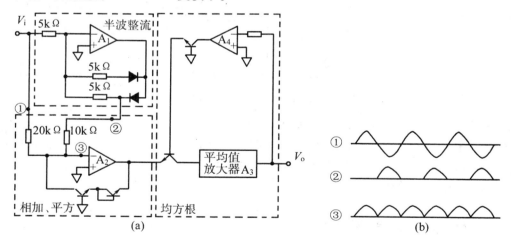

图 3-14 ACV/DCV 变换原理
(a) ACV/DCV 变换器的组成   (b) 时间波形图

3.5.2 I/V 转换器

将被测电流 i_x 流过标准电阻 R_s,则 R_s 上的电压 $u_s = i_x R_s$,如图 3-15 所示。测出 u_s,便知 i_x,因为 R_s 是已知的。为了减小转换器的内阻,R_s 应选很小,常在几欧姆以下,因此 u_s 也很小,在后面应进行放大。在图 3-15 中,采用具有高输入阻抗的串联同相负反馈放大器进行放大。

在测量几毫安以下的小电流时,宜采用如图 3-16 所示的 I/V 转换电路。因为运算放大器的输入电流接近零,所以 i_x 全部流经电阻 R_s,输出电压 $u_0 = i_x R_s$。流经 R_s 的电流 i_x 最终流入放大器的输出端,因此 i_x 不宜过大,否则放大器因功耗过大而烧坏。当 i_x 非常小时,在放大器输入端必须采取防护措施,以减小漏电流造成的误差。

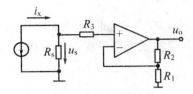

图 3-15 电流 i_x 较大时的 I/V 电路

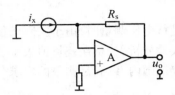

图 3-16 i_x 较小时的 I/V 电路

3.5.3 R/V 变换技术

R/V 变换技术是将被测电阻 R_x 变换为相应的电压 V_x 进行测量。只要流过电阻 R_x 的电流是已知的,测得 R_x 上的压降 V_x 后就可以通过计算求得 R_x。一种产生电流的电路如图 3-17 所示。图中 +11 V 和 +10 V 电压都是由高稳定度直流电压源提供的,+11 V 电压经

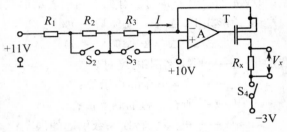

图 3-17 R/V 变换电路原理图

过电阻 R_1,R_2,R_3 加到运算放大器 A 的反相端。由于运算放大器的反相端应该与同相端具有相等的电位(即为 +10 V),因此 $R_1 \sim R_3$ 上的电压降为 $11 - 10 = 1$(V)。因此,流过电阻 $R_1 \sim R_3$ 的电流为

$$I = \frac{11 - 10}{R_1 + R_2 + R_3} = \frac{1}{R_1 + R_2 + R_3} \tag{3-24}$$

如果 $R_1 \sim R_3$ 以欧姆为单位,则 I 以安培为单位。在图 3-17 中,电流 I 通过 MOS 场效应管 T 流入被测电阻 R_x,其上电压降为 V_x,再经 DVM 测量 V_x,结果得

$$R_x = \frac{V_x}{I} \tag{3-25}$$

为了适应各种被测电阻阻值范围,可通过开关 S_2,S_3 改变电流 I 的大小。例如英国 SOLARTRON 公司 7151 型 DMM 的 R/V 变换器规定如下:

被测电阻阻值范围(R)	20 MΩ	2 MΩ	200 kΩ	20 kΩ
测试电流(I)	100 nA	1 μA	10 μA	100 μA

在用 DMM 进行电阻测量时需要用两根导线 a 和 b 连接被测电阻,称为两线欧姆测量法,见图 3-18(a)。这时测量的电压 V_x 除了 R_x 上的压降外,还包括电流 I 在两根导线电阻上的压降,使线电阻也计入 R_x 内,因此引入测量误差,尤其是被测电阻较小或者连接线太长时误差就更显著了。为此可采用四线(a,b,c,d 线)测量法,如图 3-18(b)所示。图中 I_+,H_i,L_o,I_- 为 DMM 面板上的四个接线端钮。电流 I 的流通途径为:$I_+ \rightarrow c$ 线 $\rightarrow R_x \rightarrow d$ 线 $\rightarrow I_-$ 端,在 a,b 线上无电流,也无压降,V_x 仅为 R_x 的

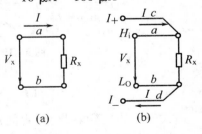

图 3-18 测量电阻的接线方法
(a)两线欧姆测量法
(b)四线欧姆测量法

压降,消除了导线电阻的影响,提高了测量精度。

3.6 数字电压测量的误差分析

在进行电压测量时,由于实际条件所限,测量结果都存在误差。因此,在研究电压测量时必须进行误差分析。分析误差量值大小、产生误差的原因,并寻找减小测量误差的方法,使误差限制在一定范围内,以满足测量的要求。

3.6.1 数字电压测量误差公式

DVM 的误差公式通常有如下两种表示形式:

形式1 $\quad \Delta = \pm(a\% V_x + b\% V_m)$ (3-26)

形式2 $\quad \Delta = \pm(a\% V_x + d)$ (3-27)

式中 $\quad \Delta$—— 测量结果的绝对误差;

$\quad V_x$—— 被测电压的指示值;

$\quad V_m$—— 所在量程的满度值;

$\quad a\%$—— 电压表转换系数引起的误差;

$\quad b\%$—— 电压表除转换系数误差以外的测量误差;

$\quad d$—— 以数字表示的 $b\% V_m$ 误差值。

在式(3-26)中,第一项称为增益误差,因为它和电压表的转换系数有关,例如衰减器的分压比以及放大器的增益所引起的误差,以 Δa 表示;第二项称偏移误差,例如放大器的失调电压、模数转换器的量化误差等因素所产生的误差,因为它在全量程范围内都是固定值,以 Δb 表示,因此式(3-26)中的两项误差可以分别表示为

$$\Delta a = a\% \times V_x \tag{3-28}$$

$$\Delta b = b\% \times V_m \tag{3-29}$$

Δa、Δb 和 V_x 的关系如图3-19(a)所示,图中 $\Delta = \Delta a + \Delta b$。

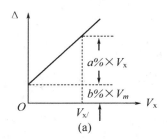
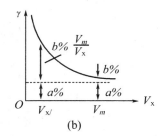

图3-19 测量误差与被测电压 V_x 的关系

(a) a、b 两项合成的绝对误差与 V_x 的关系

(b) a、b 两项合成的相对误差与 V_x 的关系

由式(3-26)还可以得到测量的相对误差,γ 的表达式为

$$\gamma = \frac{\Delta}{V_x}$$

即

$$\gamma = \pm \left(a\% + b\% \times \frac{V_\mathrm{m}}{V_\mathrm{x}} \right) \tag{3-30}$$

图 3-19(b) 表示了相对误差 γ 和被测电压 V_x 的关系。由图可见,相对误差的第 1 项 $a\%$ 不随 V_x 的增大而改变;而相对误差的第 2 项 $b\% \times (V_\mathrm{m}/V_\mathrm{x})$ 随 V_x 的增大而逐渐减小,直至 $V_\mathrm{x} = V_\mathrm{m}$ 时它等于 $b\%$。从使用的角度来说,希望在 V_x 的任何测量值下都有较小的相对误差,因此需要选择合适的量程,使被测量 V_x 在所选量程上有较大的读数值,使 V_x 尽量接近 V_m。当然,还要避免超量程问题。

3.6.2 数字电压表主要部件的误差分析

如前面图 3-2 所示,DVM 主要由输入部分、模数转换部分、数码显示部分以及控制部分组成。首先假设控制部分没有误差,而模数转换误差通常表现为量化误差,当满量程的数码 N 已定后该误差亦已确定,因此这里不进行分析。下面仅限于对双斜式 DVM 的输入部分进行误差分析,包括输入衰减器、放大器以及双斜式模数转换器的模拟电路部分。

1) 输入电路的误差

如前所述,在电压测量中为了适应被测信号的不同幅度范围,需要划分量程。实际上这些量程是借助输入电路将被测信号衰减或放大,使之在一个额定的范围内以便后继电路(例如模数转换器)能正常工作,这个额定值通常为 10 V。对于大的被测信号必须通过衰减器进行衰减,小的被测信号要用放大器进行放大。因此,DVM 的输入电路由衰减器和放大器组成,其原理电路如图 3-20 所示。图中 R_1,R_2 组成衰减器,起分压器作用;A 和 R_3,R_4 组成串联电压负反馈放大器,把远小于 10 V 的被测信号放大至接近 10 V。

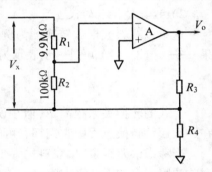

图 3-20 DVM 输入电路原理图

在此电路中,输出电压 V_o 可以表示为

$$V_\mathrm{o} = -\frac{R_2}{R_1 + R_2} \times \frac{A_\mathrm{d}}{1 + F \times A_\mathrm{d}} \times V_\mathrm{x} \tag{3-31}$$

式中　$\dfrac{R_2}{R_1 + R_2}$ —— 衰减器的衰减系数,下面以 k 表示,$k = \dfrac{R_2}{R_1 + R_2}$;

A_d —— 放大器 A 的开环放大倍数;

F —— 放大器 A 的反馈系数;

$\dfrac{A_\mathrm{d}}{1 + F \times A_\mathrm{d}}$ —— 反馈放大器的闭环放大倍数。

在式(3-31)中,电阻 R_1,R_2 不为理想值时就要引起衰减系数误差;R_3,R_4 不为理想值时就要引起反馈数系 F 的误差;A_d 不够大以及放大器的输入电阻 R_i 不够大也要引起误差。总之,这些都使 DVM 产生测量误差。

将衰减系数以符号 k 代入式(3-31)得

$$V_\mathrm{o} = -k \times \frac{A_\mathrm{d}}{1 + FA_\mathrm{d}} \times V_\mathrm{x} \tag{3-32}$$

按照式(3-32)可求得输入电路由于上述因素引起的相对误差。对上式求对数得

$$\ln V_{\rm o} = - \left[\ln k + \ln A_{\rm d} + \ln V_{\rm x} - \ln(1 + FA_{\rm d}) \right] \qquad (3-33)$$

对式(3-33)求微分并认为 $V_{\rm x}$ 为定值得

$$\frac{\Delta V_{\rm o}}{V_{\rm o}} = - \left(\gamma_k - \frac{1}{1 + FA_{\rm d}} \times \gamma_{\rm Ad} - \frac{FA_{\rm d}}{1 + FA_{\rm d}} \times \gamma_F \right) \qquad (3-34)$$

式中　γ_k，$\gamma_{\rm Ad}$，γ_F 分别为衰减器、放大器、反馈系数的相对误差,即

$$\gamma_k = \Delta k/k \qquad \gamma_{\rm Ad} = \Delta A_{\rm d}/A_{\rm d} \qquad \gamma_F = \Delta F/F_{\rm o}$$

由式(3-34)可知测量的相对误差 $\Delta V_{\rm o}/V_{\rm o}$ 不只是各分项相对误差之和,而是要乘以相应系数。

这里必须指出,如果衰减器衰减系数为1,反馈放大器增益为1,则称为 DVM 的基本量程。由式(3-33)可知,在基本量程时测量误差最小。从电路上来说,这时的测量不用衰减器,而且放大器的反馈系数为1,上述引进误差的因数已被削弱,所以测量精度最高。

以上误差属于误差公式的 Δa 部分。此外,放大器的失调电流以及等效失调电压要引起测量误差,它们的温漂也会引起测量误差,这些属于误差公式的 Δb 部分。

2）模数转换器的误差

这里以双斜式模数转换器为例进行讨论。从双斜式 A/D 的工作原理已知,其模数转换结果——式(3-11)可进一步表示为下式:

$$T_2 = \frac{T_1}{V_{\rm r}} \times V_{\rm x}$$

上式的转换关系很简单,似乎误差来源很少。其实,双斜式 A/D 是由许多元器件组成的,在一次模数转换过程中它们都有可能引入相应的测量误差,使测量结果产生误差量 ΔT_2。

当考虑误差因素时,双斜式 A/D 的模拟电路部分可示于图 3-21 中。由图可见,产生测量误差的因素有如下几个方面:

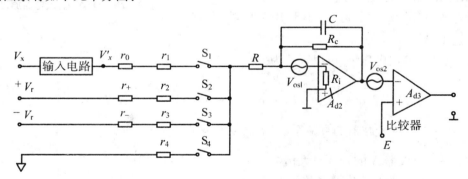

图 3-21　包含误差因素的双斜式 A/D 的模拟电路部分

（1）积分器输入端的各种电阻,包括:输入电路部分的等效输出电阻 r_0;基准源 $\pm V_{\rm r}$ 的内阻 r_+,r_-;各个开关 S 的导通电阻 $r_1 \sim r_4$,由于它们各不相同,以致在积分期 T_1,T_2 的时间常数各不相同,导致测量误差。

（2）开关 S 一般由场效应管构成,其驱动电压产生的结电容充放电流将参与积分过程;另一方面,开关断开时的电阻性泄漏电流也将参与积分,两者都要造成模数转换误差。

（3）积分放大器开环放大系数 $A_{\rm d2}$ 不可能为无穷大,使模数转换特性呈非线性;积分放大器输入电阻 $R_{\rm i}$、积分电容的泄漏电阻 $R_{\rm c}$ 也不可能为无穷大,导致积分电阻发生变化。

（4）当积分放大器的频响不够宽时,积分器的响应速度将要受到限制,使积分器的输出产

生延时,从而造成转换误差。

(5)积分放大器和比较器的失调电压 V_{os1},V_{os2} 和它们的温漂,使比较器的实际转换电平偏移而造成转换误差。

(6)比较器的比较电平 E 若不稳定,必将产生误差。当此电平为地电位时,由于接地不良也要产生误差。

(7)比较器的不灵敏区也要产生误差。

总之,以上各种误差因素对 A/D 转换结果都要引起误差,使转换结果 T_2 的误差量为 ΔT_2。但是可以将 ΔT_2 分为 ΔT_{21} 和 ΔT_{22} 两部分,ΔT_{21} 属于误差公式的 Δa 部分,而 ΔT_{22} 属于 Δb 部分。

3.7　电压测量中的干扰及其抑制技术

电压测量从模拟方法到数字方法,在测量精度上不断提高。模拟电压表的测量精度达 10^{-2} 量级,数字电压表的测量精度达 10^{-5} ~ 10^{-6} 量级,最高达 10^{-8}。为了实现高精度的电压测量,必须抑制各种干扰。本节讨论影响测量精度的干扰以及抑制干扰的措施。

3.7.1　电压测量中的干扰

电压测量中有以下两种干扰。

1)随机性干扰

在电压测量的过程中这种干扰信号是不确定的。例如 DVM 内部电子的热噪声、器件的散弹噪声以及测量现场的电磁干扰等。

2)确定性干扰

通常分为串模(Normal Model,简写为 NM)干扰和共模(Common Model,简写为 CM)干扰两种,见图 3-22。在图(a)中,干扰电压 V_n 与被测电压 V_x 串联地加到 DVM 两个测量输入端 H 和 L(即测量电位的高端和低端)之间,故称串模干扰,通常以 V_{nm} 表示。串模干扰一般来自被测信号本身,例如稳压电源中的纹波电压、测量接线上感应的工频或高频电压。串模干扰的频率范围从直流、低频直至超高频;其波形有周期性的正弦波或非正弦波,也有非周期性的脉冲和随机干扰。在图(b)中,干扰电压(即图中的 V_{cm})同时作用于 DVM 的 H 和 L 端,即 DVM 的 H 和 L 端受到干扰信号的同等影响(包括幅度和相位),故称为共模干扰 V_{cm}。产生共模干扰的原因往往是因为测量系统的接地问题,由于被测电压与 DVM 相距较远,以至两者的地电位(即它们的参考电位)不一样,有时共模电压 V_{cm} 高达几伏甚至几百伏。此外,被测信号本身也可能含有共模电压分量。

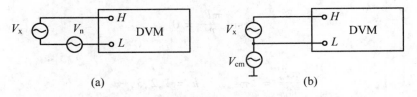

图 3-22　数字电压表的串模干扰和共模干扰示意图
(a)串模干扰　　(b)共模干扰

3.7.2 串模干扰的抑制方法

常见抑制串模干扰的方法有两种:输入滤波法和积分平均法。输入滤波法是利用低通滤波器滤除被测电压中的高频干扰分量,但这要影响 DVM 对被测信号的响应速度,降低读数速率。在 DVM 中主要采用积分法来消除串模干扰,讨论如下。

1) 积分式数字电压表对串模干扰的平均作用

已知积分式数字电压表是在某一时间内对被测信号进行积分,取平均值,因此具有优良的抑制串模干扰能力。现在对图 3-6 双斜式 A/D 进行讨论。

假设被测电压 V_x 上叠加了一个平均值为零的正弦波干扰电压 V_n(即使是非正弦波电压也可以分解为各种频率的正弦波分量),即

$$V_n(t) = V_n \sin(\omega_n t + \phi) \tag{3-35}$$

式中　V_n——干扰电压的幅值;

　　　ω_n——干扰电压的角频率;

　　　ϕ——干扰电压的初相角(它以 T_1 期开始积分的时刻为参考,见图 3-6)。

因此,双斜式 DVM 的输入电压 V_i 为

$$V_i = V_x + V_n(t)$$

它在 T_1 期内的平均值为

$$\overline{V_i} = \frac{1}{T_1} \int_0^{T_1} V_i \mathrm{d}t = \frac{1}{T_1} \int_0^{T_1} [V_x + V_n(t)] \mathrm{d}t = \overline{V_x} + \overline{V_n} \tag{3-36}$$

式中　$\overline{V_x}$——被测电压在 T_1 期内的平均值;

　　　$\overline{V_n}$——干扰电压在 T_1 期内的平均值,它表征串模干扰引起测量误差的大小。

为了抑制串模干扰对测量的影响,应该使 $\overline{V_n} = 0$。因为

$$\overline{V_n} = \frac{1}{T_1} \int_0^{T_1} V_n \sin(\omega_n t + \phi) \mathrm{d}t$$

经演算得

$$\overline{V_n} = \frac{V_n \times T_n}{\pi \times T_1} \times \sin \frac{\pi T_1}{T_n} \times \sin\left(\frac{\pi T_1}{T_n} + \phi\right) \tag{3-37}$$

式中　T_n 为干扰信号的周期,$T_n = 2\pi / \omega_n$。

下面以式(3-37)为依据讨论对串模干扰的抑制问题。

由式(3-37)可见,串模干扰引起的误差电压既与 T_1/T_n 有关,也与初相角 ϕ 有关。欲使 $\overline{V_n} = 0$,该式中必有一个因子为零,现分别讨论如下。

(1)令

$$\sin \frac{\pi T_1}{T_n} = 0$$

则

$$\frac{\pi T_1}{T_n} = k\pi \qquad k = 1,2,3,\cdots$$

故得

$$T_1 = k T_n \tag{3-38}$$

(2)令

$$\sin\left(\frac{\pi T_1}{T_n} + \phi\right) = 0$$

则

$$\frac{\pi T_1}{T_n} + \phi = n\pi \qquad n = 1,2,3,\cdots$$

故得

$$\phi = \left(n - \frac{T_1}{T_n}\right) \times \pi \qquad (3-39)$$

若能满足式(3-38)或式(3-39)条件,则串模干扰就能全部被抑制掉,这证明了积分对串模干扰的平均作用。而实际情况并非如此,现对以上两式作进一步讨论。

2) $\overline{V}_n$ 与 T_1/T_n 的关系

鉴于干扰信号的初相角是随机的,因此式(3-37)中最后一项因子的取值在 -1 和 $+1$ 之间,现考虑最不利情况取为 $+1$,则式(3-37)可以表示为

$$\overline{V}_n = \overline{V}_{n\,max} = \frac{V_n T_n}{\pi T_1} \times \sin\frac{\pi T_1}{T_n} \qquad (3-40)$$

现以串模抑制比(Normal Model Reject Rate,简写为 NMRR)定量表示 DVM 对串模干扰的抑制能力,它定义为

$$NMRR = 20\lg\frac{V_n}{\overline{V}_n} \qquad (3-41)$$

式中　V_n——串模干扰电压的幅度值;

　　　$\overline{V}_n$——干扰电压引起的最大测量误差;

　　　NMRR 的单位为 dB。

将式(3-40)代入式(3-41)得

$$NMRR = 20\lg\frac{\dfrac{\pi T_1}{T_n}}{\sin\dfrac{\pi T_1}{T_n}} \qquad (3-42)$$

根据上式可画出积分式 DVM 对串模干扰的抑制特性,如图 3-23 所示,图中以 T_1 为参变量。

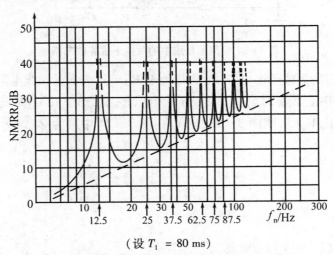

（设 $T_1 = 80$ ms）

图 3-23　双斜式 DVM 的串模干扰抑制特性曲线

从式(3-42)和图 3-23 可以得到如下几点关系:

（1）当 T_1/T_n 为整数，即双斜式 A/D 的采样期 T_1 为干扰信号周期 T_n 的整数倍时，NMRR $= \propto$。此称为理想抑制条件，这就是图 3－6 的理论证明。

（2）当采样期 T_1 一定时，干扰信号频率 f_n 越高（即 T_n 值越小），双斜式 A/D 对串模干扰的抑制能力越强；同理，当 T_n 一定时，采样期 T_1 越长，对串模干扰抑制能力也越强。

（3）当干扰信号的周期偏离理想抑制点，使 T_1/T_n 不等于整数时，NMRR 便急剧下降。如果干扰周期偏离理想抑制点不远，例如工频周期偏离理想点（20 ms）为 1% ，则代入式（3－42），可得 NMRR $\approx$ 40 dB，即减小了 100 倍。

3）$\bar{V}_n$ 与 ϕ 的关系

在讨论 $\bar{V}_n$ 与干扰信号初相角 ϕ 的关系时，根据式（3－40）可以将式（3－37）表示为

$$\bar{V}_n = \bar{V}_{n\,max} \times \sin\left(\frac{\pi T_1}{T_n} + \phi\right) \tag{3-43}$$

由上式可见，当 T_1 和 T_n 为定值时，干扰信号的 $\bar{V}_{n\,max}$ 也一定，因此 $\bar{V}_n$ 将是一个随干扰信号初相角 ϕ 变化的正弦函数。如果合理选择 ϕ，使其正弦函数值为零，那么串模干扰的影响也将被完全抑制。由式（3－43）不难看到，使 $\bar{V}_n = 0$ 的最佳初相角为

$$\phi = -(\pi T_1/T_n)$$

3.7.3 共模干扰的抑制方法

如前所述，产生共模干扰的原因之一是测量系统的接地问题。

1）共模抑制比的定义

通常 DVM 和被测信号源相距较远，需要较长的接线。这不仅由于长线引入串模干扰，而且还会由于接地不良引入共模干扰，如图 3－24 所示。

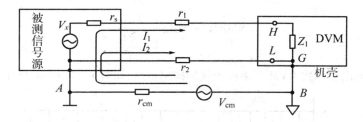

图 3－24　测量系统中的共模干扰等效电路

图中 V_{cm} 为共模的等效干扰电压；r_{cm} 为接地电阻；r_1，r_2 为测量接线电阻；r_s 为信号源内阻；Z_1 为 DVM 的输入阻抗。现在讨论由于共模干扰电压 V_{cm} 的影响，在 DVM 的输入端 H 和 L 之间产生的等效干扰电压 V_{cn}（参照图 3－22(b)）。在图 3－24 中因为 $Z_1 \gg r_1$，$Z_1 \gg r_2$，$Z_1 \gg r_s$，$Z_1 \gg r_{cm}$，故得

$$V_{cn} \approx V_{cm} \times \frac{r_2}{r_{cm} + r_2} \times \frac{Z_1}{Z_1 + r_1 + r_s}$$

$$\approx \frac{r_2}{r_{cm} + r_2} \times V_{cm} \tag{3-44}$$

又因为 $r_{cm} \ll r_2$，式（3－44）可以表示为

$$V_{cn} \approx V_{cm}$$

现在定义共模抑制比 CMRR（Common Model Reject Rate）为

$$\text{CMRR} = 20\lg\frac{V_{cm}}{V_{cn}} \tag{3-45}$$

式中　　V_{cm}——电压测量系统中 DVM 受到的共模干扰电压;

　　　　V_{cn}——共模干扰电压在 DVM 的 H,L 端引入的等效干扰电压(相当于串模干扰电压)。

CMRR 单位为 dB。

将式(3-44)代入式(3-45),得

$$\text{CMRR} = 20\lg\frac{r_{cm} + r_2}{r_2}$$

因为 $r_{cm} \ll r_2$,故得

$$\text{CMRR} \approx 20\lg1$$

即

$$\text{CMRR} \approx 0\text{dB} \tag{3-46}$$

对上述分析小结如下:

(1) 从式(3-44)可见,DVM 的共模干扰电压可以转换为串模干扰电压,后者和被测电压串联地加到 DVM 的输入端,所以对于测量误差来说最终仍是由串模干扰引起。

(2) 图3-24 的测量系统不能抑制共模干扰(因为 CMRR = 0dB),故需要采取改进措施。

2) 提高共模抑制比的措施

为了在电压测量中提高抗共模干扰能力,减小测量误差,必须对图 3-24 所示测量系统的结构进行改进。通常有这样一些方法:① 浮置 DVM 的低端;② 采用双端对称差分输入电路;③ 浮置双端对称输入电路;④ 采用双重屏蔽和浮置。下面介绍第 ① 和第 ④ 种措施。

(1) 浮置 DVM 的低端

在图3-24 的电路中,共模干扰的影响主要由 I_2 造成的,因此要设法削弱 I_2 的影响。有效的方法是浮置低端,即将 DVM 的 L 端与仪器的机壳相隔离(在 DVM 中 L 端的电位是其模拟电路的参考电位),如图 3-25 所示。图中在仪器的 L 端与机壳之间有一个很大的阻抗 Z_2 表示它们之间是相隔离的,这时在 DVM 输入端的等效干扰电压为(考虑到 $Z_1 \gg r_2$)

$$V_{cn} \approx V_{cm} \times \frac{r_2}{Z_2 + r_{cm} + r_2} \times \frac{Z_1}{Z_1 + r_1 + r_s} \tag{3-47}$$

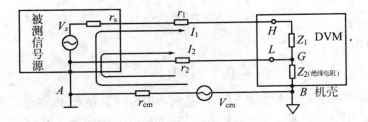

图 3-25　浮置 DVM 低端的电压测量系统

因为 $Z_1 \gg r_1,r_s$,所以

$$V_{cn} \approx \frac{r_2}{r_{cm} + r_2 + Z_2} \times V_{cm} \tag{3-48}$$

又因为 $Z_2 \gg r_2,r_{cm}$,所以

$$V_{cn} \approx \frac{r_2}{Z_2} \times V_{cm}$$

因此,图 3-25 电路的共模抑制比为

$$CMRR = 20\lg \frac{V_{cm}}{V_{cn}}$$

将 V_{cn} 的表示式代入上式,得

$$CMRR \approx 20\lg \frac{Z_2}{r_2} \qquad (3-49)$$

对比式(3-49)和式(3-46)可以看出:由于浮置 DVM 的 L 端,并且 $Z_2/r_2 \gg 1$,所以 CMRR 不再为零。由此可见,浮置 DVM 的 L 端可以提高电压测量的抗共模干扰能力;并且 L 端与机壳之间隔离得越好,Z_2 值就越大,共模抑制比也就越高。

(2) DVM 采用双重屏蔽和浮置

目前高精度 DVM 都采用这种技术,如图 3-26 所示。用机壳作为外屏蔽,在机壳内再设置一个内屏蔽盒,将 DVM 的模拟电路屏蔽起来。在 DVM 模拟电路被浮置的 L 端与内层屏蔽之间以及内、外层屏蔽之间都是高度绝缘的,绝缘阻抗 Z_2,Z_3 都很大。

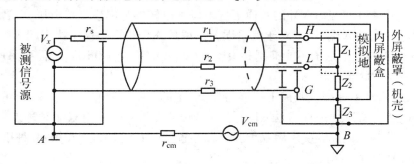

图 3-26　双重屏蔽与浮置的电路原理图

由图 3-26 可见,共模干扰电压 V_{cm} 经 Z_3,r_{cm} 和 r_3 分压,并认为 r_{cm} 很小可以忽略不计,因此 r_3 上的压降 V'_{cm} 为

$$V'_{cm} = \frac{r_3}{r_3 + Z_3} V_{cm}$$

V'_{cm} 再经 Z_2 和 r_2 分压,又因为 $Z_2 \gg r_2$;$Z_3 \gg r_3$,故在 r_2 上的压降为

$$V_{cn} \approx \frac{r_2}{Z_2} \times \frac{r_3}{Z_3} \times V_{cm}$$

因此得共模抑制比为

$$CMRR = 20\lg \frac{Z_2 \times Z_3}{r_2 \times r_3} \qquad (3-50)$$

上式表明,要提高 CMRR 就要加大 Z_2,Z_3,即将内部电路浮置起来,内屏蔽层也要浮置起来。例如,当 $Z_2 = Z_3 = 10^6 \ \Omega$,$r_2 = r_3 = 1 \ k\Omega$,由式(3-50)得 CMRR = 120 dB,达到了较高的共模抑制水平。此外,在图 3-26 中一共有三条接线和 DVM 相连接,通常采用具有屏蔽的双芯线,屏蔽层就相当于具有内阻 r_3 的接线,而具有内阻 r_1 和 r_2 的接线则是双芯线。由于屏蔽线能使 CMRR 有很大提高,因此在实际测量中应利用屏蔽线并进行正确连接。

3.8　电压测量中的自校正技术

在现代测量仪器中,为了提高仪器的性能,引入了自动校零和自校准功能。下面介绍电压

测量中的自动校零和自动校正技术。

3.8.1　自动校零技术

在电压测量过程中,由于仪器内部器件的零点偏移(主要由运算放大器的失调电压和失调电流所致)及其温漂,即使零输入时也有输出读数,产生测量误差。消除这种误差的方法是自动校零。有两种自动校零方法,即硬件方法和软件方法。

1) 硬件校零方法

(1) 动态校零的基本原理

先以运算放大器为例说明电子仪器偏离零点的原因及自动校零的基本原理。图 3-27 为一运算放大器,作用于输入端的等效失调电压为 V_{os}。假设该运算放大器的开环增益为 A_d、输入信号电压为 V_i,则放大器的输出电压 V_o 为

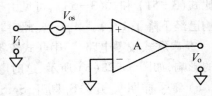

图 3-27　具有失调电压运放的等效电路

$$V_o = A_d(V_i + V_{os}) \qquad (3-51)$$

由上式可见,这时不仅输入电压 V_i 被放大,而且放大器的失调电压 V_{os} 也被放大 A_d 倍。在电子仪器中 $A_d \times V_{os}$ 属于非被测量,将要引起测量误差。为了克服该误差,电子仪器可以采用校零技术。其原理是在放大器的有关部位加一偏移量以抵消失调电压的影响,其实只要在图 3-27 电路中加入少量元件就可以实现自动校零。通常有如下两种自动校零电路。

① 并联式自动校零电路　并联式自动校零电路如图 3-28(a) 所示。在该电路中利用电容器 C_0 的存储能力对失调电压 V_{os} 起补偿作用。其工作过程分为两步。

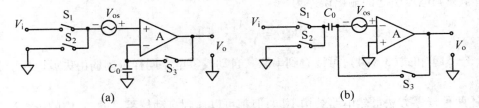

图 3-28　运算放大器的自动校零电路

(a) 并联式校零电路　(b) 串联式校零电路

a) 零采样期　开关 S_1 断开,S_2、S_3 接通,放大器电路成为输入接地的跟随器。这时由失调电压产生的输出电压 V_o 为

$$V_o = A_d(V_{os} - V_o)$$

即

$$V_o = \frac{A_d}{1 + A_d} \times V_{os} \qquad (3-52)$$

因为 S_3 接通,C_0 的端电压等于 V_o,即失调电压 V_{os} 在运放输出端引起的误差电压存储于电容器 C_0 中。

b) 工作期　这时开关 S_1 接通,S_2、S_3 断开,放大器接通输入信号 V_i,处于正常的放大工作状态,但是还需考虑 C_0 上电压的作用,其输出电压为

$$V_o = A_d \times \left(V_i + V_{os} - \frac{A_d}{1 + A_d} \times V_{os} \right)$$

经化简得

$$V_o = A_d \times \left(V_i + \frac{1}{1 + A_d} \times V_{os} \right)$$

假设由于失调电压 V_{os} 引起的输出误差为 V_{oos}，

$$V_{oos} = A_d \times \frac{1}{1 + A_d} \times V_{os} \qquad (3-53)$$

对比式（3-51）和式（3-53），可见由于采用并联补偿，在放大器工作期失调电压 V_{os} 对输出的影响已经下降了 $1/(1 + A_d)$ 倍。此时基本上消除了失调电压的影响。

② 串联式校零电路　　串联式校零电路也是利用电容器对电压的存储作用来削弱失调电压的影响，如图3-28（b）所示，这时电容器 C_0 和输入信号串联相连。其工作过程如下：

a）零采样期　　开关 S_1 断开，S_2，S_3 接通，放大器成为输入接地的跟随器，输出电压表示式为

$$V_o = -A_d(V_o + V_{os})$$

因此得

$$V_o = -\frac{A_d}{1 + A_d} \times V_{os}$$

此电压存储于电容器 C_0 中。

b）工作期　　这时开关 S_1 接通，S_2，S_3 断开，电路为放大器工作状态，其输出电压为

$$V_o = -A_d\left(V_i - \frac{A_d}{1 + A_d} \times V_{os} + V_{os} \right) = -A_d\left(V_i + \frac{1}{1 + A_d} V_{os} \right)$$

因此，由于失调电压引起的输出误差为

$$V_{oos} = \frac{A_d}{1 + A_d} \times V_{os} \qquad (3-54)$$

对比式（3-51）和式（3-54），可以看到串联式自动校零电路同样可削弱由失调电压引起的测量误差。

上述两种校零方法虽然电路结构不同，但都可以达到自动校零目的。它们的校零过程分两步，即零采样期和工作期。零采样期是对测量误差进行采样；工作期是对被测量进行测量，同时也消除测量误差。这两步动作都由开关 S_1，S_2，S_3 在控制电路的作用下自动完成，所以称为"自动校零"。校零过程是由硬件完成的，故又称硬件校零。

（2）具有动态校零的双斜式模数转换器

由于硬件校零速度快，所以在 DVM 中得到广泛应用。现以串联自动校零方法在双斜式 A/D 中的应用为例介绍如下。

具有串联式自动校零的双斜式 A/D 电路如图3-29（a）所示。除了电容器 C_0 和开关 S_1 ～ S_4 之外，还有双斜式 A/D 的积分放大器 A_1 和比较放大器 A_2，同时还标明了它们的失调电压 V_{os1} 和 V_{os2}。这时一次模数转换过程分三个阶段：零采样期、采样期和比较期，见图3-29（b）。

① 零采样期　　开关 S_1，S_2 断开，S_3，S_4 接通，等效电路如图3-29（c）所示，积分器和比较器构成一个跟随器。当电路达到稳态时，有如下关系：

$$-A_1 \times (V_{20} + V_{os1}) = V_{10} \qquad (3-55)$$
$$A_2 \times (V_{10} + V_{os2}) = V_{20} \qquad (3-56)$$

式中　　A_1 —— 积分放大器的增益；

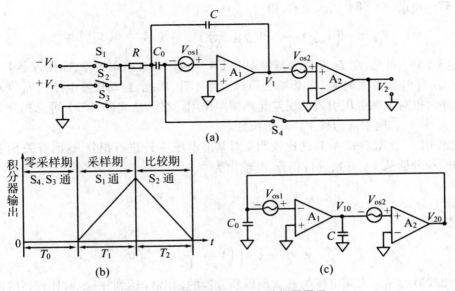

图 3 - 29 双斜式 A/D 自动校零原理

（a）串联式自动校零电路　（b）工作时序　（c）零采样期等效电路

A_2—— 比较放大器的增益；

V_{10}—— 积分放大器在零采样期的输出电压；

V_{20}—— 比较器在零采样期的输出电压。

解式（3-55）和式（3-56）可得 V_{10} 和 V_{20}。

V_{20} 的表示式为

$$V_{20} = V_{co} = \frac{-A_1 A_2}{1 + A_1 A_2} \times V_{os1} + \frac{A_2}{1 + A_1 A_2} \times V_{os2}$$

V_{co} 为电容 C_0 上的电压。通常 $A_1 A_2 \gg 1$，因此

$$V_{20} \approx -V_{os1} + \frac{1}{A_1} \times V_{os2} \qquad\qquad (3-57)$$

同样，V_{10} 的表示式为

$$V_{10} = V_c = \frac{-A_1 A_2}{1 + A_1 A_2} \times V_{os2} - \frac{A_1}{1 + A_1 A_2} \times V_{os1}$$

V_c 为电容 C 上的电压。因为 $A_1 A_2 \gg 1$，故得

$$V_{10} \approx -V_{os2} - \frac{1}{A_2} \times V_{os1} \qquad\qquad (3-58)$$

通常 $A_1 \gg 1$，$A_2 \gg 1$，由式（3-57）和式（3-58）可见在零采样期，积分器和比较器的失调电压 V_{os1}，V_{os2} 分别存储于电容 C_0 和 C 中，即 $V_{co} = V_{20} \approx -V_{os1}$，$V_c = V_{10} \approx -V_{os2}$，以便测量过程中校零之用。

② 采样期　采样期就是双斜式 A/D 的 T_1 期，这时在图 3-29 中开关 S_1 接通，S_2，S_3，S_4 断开，积分器对被测电压 V_i 积分（假设输入电压为负），也对积分器输入端的 V_{co} 和 V_{os1} 进行积分。当 T_1 期结束时积分器的输出电压为

$$V_{01} = V_c - \frac{1}{RC}\int_0^{T_1} (-V_i + V_{co} + V_{os1})\, \mathrm{d}t$$

将式(3-57)和式(3-58)代入上式,得

$$V_{01} = -\left(V_{os2} + \frac{1}{A_2} \times V_{os1}\right) - \frac{1}{RC}\int_0^{T_1}\left(-V_i + \frac{1}{A_1} \times V_{os2}\right)\mathrm{d}t \qquad (3-59)$$

由式(3-59)可见,在 T_1 期积分器失调电压 V_{os1} 的影响已基本消除,而比较器 V_{os2} 的影响也减少 $1/A_1$,当 A_1 足够大时 V_{os2} 的影响也可以忽略不计。因此,自动校零电路在 T_1 期对被测信号积分的同时也对失调电压引入的误差起到抑制作用。此外,从式(3-59)可见积分器的积分起点电压 $V_c \approx V_{os2}$,通常认为从 V_{os2} 开始积分。

③ 比较期   在双斜式 A/D 的比较期是对基准电压 $+V_r$ 进行积分,这时开关 S_2 接通,S_1,S_3,S_4 断开。积分器从 V_{o1} 开始进行积分,其输出为

$$V_1 = V_{o1} - \frac{1}{RC}\int_0^t (V_r + V_{co} + V_{os1})\mathrm{d}t$$

经过化简得

$$V_1 \approx V_{o1} - \frac{1}{RC}\int_0^t \left(V_r + \frac{1}{A_1} \times V_{os2}\right)\mathrm{d}t \qquad (3-60)$$

因为比较器的输入失调电压为 V_{os2},所以积分器的输出 V_1 达到 $-V_{os2}$ 时比较器的输出状态发生变化,T_2 期随之结束。即

$$-V_{os2} = V_{o1} - \frac{1}{RC}\int_0^{T_2} \left(V_r + \frac{1}{A_1} \times V_{os2}\right)\mathrm{d}t$$

在上式中可看出积分器的失调电压 V_{os1} 的影响已被消除。由于在两次积分过程中,积分器的输出电压从 $-V_{os2}$ 开始,最后回到 $-V_{os2}$ 结束,故比较器的 V_{os2} 的影响亦被消除。因此,在具有失调电压影响的双斜式 A/D 中,由于自动校零的作用,仍可得到如下关系式:

$$V_i = \frac{T_2}{T_1} \times V_r$$

或

$$V_i = \frac{N_2}{N_1} \times V_r \qquad (3-61)$$

式(3-61)说明了图 3-29 的双斜式自动校零电路能达到预期自动校零的结果。

2) 软件校零方法

软件校零是借助程序来校正电压测量中的零点偏移。目前大多数 DVM 是内嵌微处理器的,因此能方便地采用软件校零技术。软件校零的思想是将被测量中的零点偏移在程序的运行过程中扣除掉,以得到正确的测量结果,其原理如图 3-30 所示。DVM 的测量分两步进行。第一步,DVM 的输入电路通过开关 S 接地(位置 2),在输入信号为零的条件下 DVM 测得零点偏移量 V_{os};第二步,输入电路接入输入电压(包含零点偏移量在内),得测量值 V_x。因此,被测电压 V_i 为

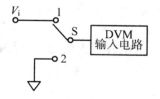

图 3-30   软件校零原理

$$V_i = V_x - V_{os} \qquad (3-62)$$

按照上式可以容易编制自动校零程序,求得 V_i 值。

3.8.2 刻度误差校正

1) 校正原理

一个理想电子测量仪器的测量结果(y)应该真实反映被测量(x),即$y = x$,如图3-31中直线a所示;然而,实际测量结果往往如线段b所示。在实际测量结果中,既有零点偏移又有传递系数误差,后者又称为刻度误差。为了消除这些测量误差,必须对测量结果进行校正,或称刻度校正。

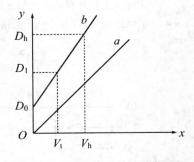

图3-31　测量仪器的校正原理

在数学上,线段b的表达式为

$$y = mx + D_0 \qquad (3-63)$$

或

$$x = (y - D_0)/m$$

式中　y为测量的读数值;x为被测量值;m为斜率;D_0为y轴截距。

其实,式(3-63)也适应于理想直线a,这时$m = 1$,$D_0 = 0$。

对仪器校正就是要确定m及D_0的数值,在图3-31中可以求得

$$m = \frac{D_h - D_l}{V_h - V_l} \qquad (3-64)$$

式中　V_h和V_l为设定的被测量,例如DVM在2 V量程时$V_h = 2\ V$;$V_l = 0.1\ V$。
D_h和D_l是相应于V_h和V_l的读数值。

因为

$$D_l = mV_l + D_0$$

故得

$$D_0 = D_l - mV_l$$

因此,被测量V_x的表达式为

$$V_x = \frac{D_x - D_0}{m} \qquad (3-65)$$

式中　D_0为零输入时的测量值;
D_x为未经校正的测量值。

2) 校正方法

(1) 求取D_0和m　对于每一台测量仪器都应该有相应的D_0和m值。因此,在进行测量之前必须借助标准仪器进行比对或校准,求得它们的具体数值;或者采用已经给出的数值。

(2) 对测量结果进行校正　在微机化仪器中通常采用软件校正方法,即在已知D_0和m的情况下编制校正程序。通常仪器的D_0和m值都存储在内部的固件中,以供校正程序之用。

习　　题

3-1　现用一峰值电压表测量幅度相同的正弦波、方波、三角波,它们的读数相同吗?

3-2　若利用以正弦刻度的均值电压表测量正弦波、方波、三角波,读数均为1 V,试问这三种波形信号的有

效值各为多少?

3-3 若在示波器上分别观察峰值相等的正弦波、方波、三角波,得 $V_p = 5$ V;现在分别采用三种不同检波方式并以正弦波有效值为刻度的电压表进行测量,试求其读数分别为多少?

3-4 试画出积分器(见下图)的输出时间波形图($V_o - t$),假设图中 $C = 1$ μF,$R = 10$ kΩ。

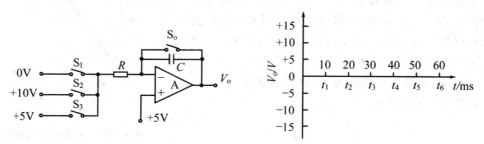

图 3-32 习题 3-4 之图

图中模拟开关的接通时间为:

$0 - t_1$(10 ms)S_0,S_1 接通,S_2,S_3 开关断开;

$t_1 - t_3$(20 ms)S_1 接通,其他开关断开;

$t_3 - t_4$(10 ms)S_2 接通,其他开关断开;

$t_4 - t_5$(10 ms)S_3 接通,其他开关断开;

$t_5 - t_6$(10 ms)S_0,S_3 接通,S_1,S_2 开关断开。

图中假设模拟开关($S_0 \sim S_3$)和运算放大器 A 均是理想器件。

3-5 在双斜式 DVM 中,对基准电压 V_r 的大小有无限制?为什么?

3-6 假设 $4\frac{1}{2}$ 位双斜式 DVM 的时钟频率 $f_0 = 100$ kHz($f_0 = 1/T_0$)以及 $V_i = 10$ V 时为满度测量值,满量程的读数为 10.000。问:

(1) 该 DVM 的基准电压 V_r 应该为多少?

(2) 当 $V_i = 6.5$ V 时,测量结果的单位为伏,这时的数码指示为多少?测量的分辨率为多少?比较器的阈值漂移应该限制在什么范围内?

(3) 试估算该 DVM 的读数速率为多少?

3-7 图 3-33 为某三斜式 A/D 的积分器的输出时间波形,设基准电压 $|V_r| = 10$ V,试求积分器的输入电压大小和极性。题中假设在采样期和比较期内,积分器的时间常数 RC 相等。

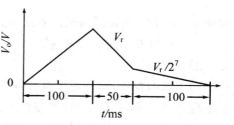

图 3-33 习题 3-7 之图

3-8 某脉冲调宽式 DVM,其节拍波的频率为 25 Hz,幅度为 $V_s = \pm 15$ V,基准电压为 $V_r = \pm 7$ V。假设输入电压 $V_i = +3$ V,试求 T_2 及 T_1 等于多少?

3-9 在余数循环比较式 A/D 中,输入电压为 $V_i = 8.9099$ V,试按表 3-2 的方法说明其转换过程。

3-10 某 DVM 的误差表达式为 $\Delta = (0.003\% V_x + 0.002\% V_m)$,问:

(1) 现用 1.000 000 V 基本量程测量一电压,得 $V_x = 0.799876$ V,求此时测量误差 Δ 为多少?相对误差 γ 为多少?

(2) 如果测量得 $V_x = 0.054876$ V,为了减少测量的相对误差 γ,应该采用什么方法?

3-11 在双斜式 DVM 中,假设采样期 $T_1 = 100$ ms,工频干扰的频率为 49 Hz,幅度 $V_n = 2$ V,初相角 $\varphi = 0°$。试求:

(1) 由此干扰引起的测量误差 $\overline{V}_n$;

（2）该 DVM 的串模抑制比 NMRR ＝？

3－12 一台采用双屏蔽并浮置的 DVM，按下图（a）所示正常使用时，CMRR ＝ 200 dB；若按图（b）、（c）、（d）所示的方法连接时，求其相应的 CMRR 值并进行讨论。

题中假设 $r_1 = r_2 = 1\,\text{k}\Omega$，$r_3 = 10\,\Omega$，接地电阻 $r_{cm} = 0\,\Omega$，隔离阻抗 $Z_1 = Z_2 = Z_3$。

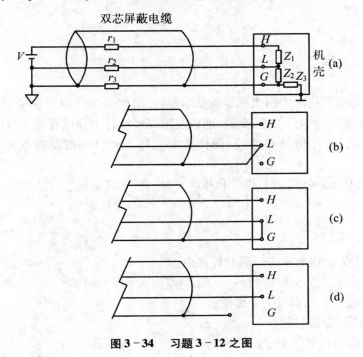

图 3 - 34　习题 3 - 12 之图

4 时间与频率测量

4.1 引　　言

时间与频率是电子技术中两个重要的基本参量,时间是国际单位制中七个基本物理量之一。时间和频率在航天、航海、工业、交通、通信及国民经济各个领域有着十分广泛的应用。我们所熟知的工业控制、信息传输和处理、现代数字化技术和计算机都离不开时频技术和时频测量。

就一个周期现象来说,周期 T(秒)和频率 f(赫[兹])同是描述它的参数,它们之间的关系是

$$f = \frac{1}{T} \tag{4-1}$$

在数学上可用一个周期函数来表示周期性现象,即

$$Y = F(t) = F(t + T) = F(t + nT) \tag{4-2}$$

式中　Y—— 代表一个过程或一个现象;

t—— 描述过程的时间;

T—— 过程的重复周期;

n—— 整数,$n = 0, \pm 1, \pm 2, \cdots$

在电子技术领域内,其他许多电参量的测量方案,测量结果都与频率有着十分密切的关系,因此频率测量就显得更为重要。目前在电子测量中,时间和频率测量精确度是最高的。

4.1.1　时间频率基准

通常所说的时间往往包含时刻和时间(时间间隔)双重概念。严格意义上的时间(时间间隔)是指某个时刻与另一个时刻之间的时间长度,而时刻是指连续时间中一个特定的时点。为了统一计时,要有一个共同的时刻标尺的标度确定出同一时刻,并有固定不变的时间单位来计量时间。用秒作为时间的基本单位是以按规律重复出现的次数为基准而确定的。根据频率的定义,频率的计量是用单位时间内周期性重复出现的现象的次数来实现的。所以标准时间和标准频率互相依存,溯源于同一标准,有了时间标准也就有了频率标准。

目前有三种时间测量尺度:① 世界时(UT),根据地球自转周期确定的时间;② 原子时(AT),是以原子能级跃迁所辐射的电磁振荡周期为基础确定的时间;③ 协调世界时(UTC),它是世界时和原子时协调的产物,作为当今的国际标准时间。

1) 世界时(Universal Time)

以地球自转为基础的时间计量系统称为世界时。为了测量地球自转,把平太阳作为基本参考点确定的时间称为平太阳时。由于地球公转轨道是椭圆的,所以真太阳的视运动是不均匀的,由此制定的真太阳日最长一天与最短一天相差达数十秒,根据真太阳日的

1/86 400定义的时间单位秒,存在着约为10^{-7}量级的误差。为了得到以真太阳周日视运动为基础,同时又与其不均匀性无关的时间计量系统,引入一个假想的参考点——平太阳。它在天球赤道上做匀速运动,其速度与真太阳视运动的平均速度相等。在平太阳时系统中,把平太阳通过观测点午圈的时间叫平正午,通过子圈的时刻叫做平子夜。平太阳连续两次通过子圈的时段叫做平太阳日,并以平子夜作为平太阳日的起算点。以一个平太阳日作为时间的天然单位,产生了时间计算单位的严格定义:一平太阳日等于24个平太阳小时,即86 400平太阳秒。

以平子夜作为0时开始的本初子午线的平太阳时,又称格林威治平太阳时,记作零类世界时UT_0;对地球自转轴微小移动(极移)效应进行修正以后的世界时称为第一类世界时,记为UT_1;再对地球自转速率中小的季节性变化修正后的UT_1称为第二类世界时记为UT_2。此外仍有其他影响地球自转的因素存在。因此,世界时不能作为太阳系天体运动的独立时间变量。经过改进地轴运动的影响和逐年的以及季节性变化影响之后,经过50年的观测,UT_2的稳定度为3×10^{-8}。这样以UT_2为标准计时的准确度很难优于3×10^{-8},即为3 ms/d。

为了得到更准确的均匀不变的时间标准,国际天文学会定义了地球绕太阳公转为标准的计时系统,称为历书时ET。这种计时系统采用1900年1月1日0时(UT)起的回归年长度作为计量时间的单位,定义"秒是按1900年起始时的地球公转平均角速度计算出的一个回归年的1/31 556 925.974 7",称为历书秒。86 400历书秒被规定为1历书日。由于历书时是以特定的1900年的平太阳日来确定的,因此,历书秒是一种完全稳定的计时系统。这是为了避免UT_2的逐年变化和一些不规则变化引起的麻烦,从而方便而准确地推算出天体位置而设立的。历书秒可以认为是"秒"的第二次定义,理论上讲它是不变的,它在1960年的第十一届国际计量大会上得到认可,其准确度可达$\pm 1 \times 10^{-9}$左右。

2)原子时(Atomic Time)

上述基于天体运动确定的标准是宏观的计时标准,需要一整套庞大的设备,操作麻烦,观测周期长,虽然它的准确度已大体满足天体力学的需要,但仍然不能满足物理学上的某些要求。在这种情况下,通常需要提高时间或频率短期测量的相对准确度,要求时间单位直接复制到误差为10^{-11}或更高的量级,因此,天文时间标准具有一定的局限性。为了寻求更加恒定,又能迅速测定的时间标准,人们从宏观世界转向微观世界的研究。近30年来,随着量子电子学的发展,人们发现原子、分子在能级跃迁中所辐射出来的电磁波,其频率稳定度远远超过了天文标准。原子时就是近30年来建立起来的新型计时系统。它是利用原子从某种能量状态转变到另一种能量状态时,辐射或吸收的电磁波频率作为标准频率来计量时间的。由于微观原子、分子本身的结构及其运动的永恒性大大优于宏观的天体运动,它们受宏观世界的影响较小,因此其准确度和稳定度都十分高。

1955年铯原子频标初步实用化,并以原子秒的积累产生了原子时(记为AT)。1964年国际计量委员会用它作为暂定的秒定义和频率标准。1967年10月第十三届国际计量大会正式通过了秒的新定义:"称为Cs^{133}原子基态的两个超精细结构能级之间跃迁频率相应的射线束持续9 192 631 770个周期的时间"。这个定义已为全世界所接受,并且自1972年1月1日零时起,时间单位秒由天文秒改为原子秒,时间标准则转而改由频率标准来定义。这就使时间标准由实物基准转为自然基准,把时间单位建立在更加科学的基础上,其准确度可达$\pm 5 \times 10^{-14}$,是所有其他物理量标准远远不及的。

国际计量局根据上述秒的定义,以世界各地守时实验室运转的200多台原子钟读数为依据,经相对论修正,在海平面上建立时间参考坐标,称为国际原子时(TAI*—International Atomic Time)。国际原子时读数定期公布在国际计量局的月报和年报上。我国的中国计量科学院、陕西天文台、上海天文台都建立了地方原子时,并为 TAI 提供自己的数据,参加 TAI 的计算。

3)协调世界时 UTC(Coordinated Universal Time)

世界时和原子时之间互有联系,可以精确运算,但不能彼此取代,各有各的用处。原子时只能提供准确的时间间隔,而世界时考虑了时刻和时间间隔。目前国际上已应用经过原子标准修正过的时间来发送标准,用原子时来对天文时(UT、ET)进行修正。协调世界时 UTC 是一种采用国际原子时 TAI 的速率(即以原子秒定义为秒长),但通过闰秒方法使其时刻与世界时 UT$_1$ 接近的时间尺度。

具体方法是对 TAI 进行时刻改正后成为 UTC:

(1)选取与 UT$_1$ 相同的时刻起点。

(2)由于 TAI 和 UT$_1$ 的速率不同,在选取相同的时刻起点后,两者累积的时差也会愈来愈大。规定当这种时差接近 1 s 时,让 TAI 人为地增加或减少 1 s,称为闰秒或跳秒调整。

协调世界时是原子时和世界时 UT$_1$ 的一种折中产物。这样定义的协调世界时,自 1972 年 1 月 1 日起在全世界实施。对于时间频率用户来说,使用 UTC 时标,意味着可以得到符合新的原子秒定义的时间间隔,从而得到尽可能均匀的时标;而所得到的时刻,同世界时 UT$_1$ 相校不大于 0.9 s,这种时标满足了大多数用户的需要。

4.1.2　时频测量的特点、方法及主要技术指标

1)时频测量的特点

与长度、质量、温度等物理量的常规量不同,时间频率测量具有动态性质,即时间频率信号总在改变着。用标准尺校准普通尺时,可以把它们靠在一起作任意多次测量,从而得到较高的测量准确度。但在时刻和时间的间隔测量中,时刻是始终在变化的,上一次和下一次所比较的时间间隔已经是不同时刻的时间间隔。频率信号的测量,也有类似的情况。所以在时频测量中,人们必须依靠信号源和钟的稳定性,期望后一个周期是前一个周期的准确的复现。在时频测量中,特别要重视稳定度及其他一些反映频率和相位随时间变化的技术指标。

时频测量的另一个特点是信号可通过电磁波传播,极大地扩大了时间频率的比对和测量范围。人们可以利用相应的接收比对设备接收含标准时频信息的电磁波,改变传统的量值分级传递方法,获得世界上性能最好的标准,并极大地提高了全球范围内时间频率的同步水平。例如 GPS 卫星导航系统,可以实现全球范围最高准确度的时频比对和测量。

时频测量的这两个特点,再加上时频计量中采用了以"原子秒"和"原子时"定义的量子基准,使得频率测量精度远远高于其他物理量的测量精度。

2)时频测量技术分类

由于频率是时间的倒数,时间和频率共用一个标准源,并由频率导出时间,所以在实际中往往更多的讨论频率测量。按工作原理来分类,频率测量技术可以分为如下两大类:

(1)直接利用电路的某种频率响应特性来测量频率,其数学模型为

$$f_x = \varphi(a,b,c,\cdots) \tag{4-3}$$

上式表明,被测频率 f_x 是电路或设备的已知参数 a,b,c 等的函数。进行测量时,仅有一个确切

＊ TAI 及下文的 UTC 等均为法文缩略语。

的函数关系是不够的。为了准确地测量频率,还要有判断这个函数关系存在时的手段,这就是各种有源或无源频率比较设备或指示器。如谐振法测频就是将被测信号加到谐振电路上,根据电路对信号发生谐振时频率与电路的参数关系 $f_x = 1/(2\pi\sqrt{LC})$,由电路参数来确定被测频率。电桥法和谐振法一样,也是这类测量方法的典型代表。

(2) 利用标准频率和被测频率进行比较来测量频率

一般来说,测量时要求标准频率 f_s 连续可调,并能保持其原有准确度,其数学模型为

$$f_x = nf_s \tag{4-4}$$

式中,n 为某个确切的常数。

利用比较法测量频率,其准确度主要取决于标准频率 f_s 的准确度及判断式(4-4)使用中存在的误差。拍频法、外差法以及计数器测频等是这类测量方法的典型代表。

上面所提到的谐振法、电桥法、拍频法、外差法及示波器法等都是模拟式频率测量方法。一般说来,这些方法构成的设备不太复杂,测量精度不高,但它们仍然具有其特点和使用价值。如在测量信号的频率和幅度范围方面,在一些大失真、大噪声情况下的测量中,这些方法常常可以弥补计数式测量仪器的不足。由于数字电路的飞速发展和数字集成电路的普及,利用电子计数器测量时间和频率具有精度高、使用方便、测量迅速以及便于实现测量过程自动化等一系列突出优点,故已发展成为近代频率测量的重要手段。本章将重点放在电子计数器的时频测量方法上。鉴于标准频率源在电子测量中的重要地位,本章还将讨论标准频率源的测量技术。最后还要介绍与频率相位测量有关的调制域测量技术。

3) 电子计数器的主要技术指标

(1) 测量范围及分辨率

测量范围包括测频范围和测时范围。当前通用计数器的测频范围达 $50\,\mu\text{Hz} \sim 3\,\text{GHz}$ 以上,分辨率达 $1\,\text{nHz}$。微波计数器的测频范围达 $50\,\mu\text{Hz} \sim 170\,\text{GHz}$。测时范围达 $0\,\text{ns} \sim 10^7\,\text{s}$。单次测量的最高测时分辨率优于 $20\,\text{ps}$,多次平均测量的测时分辨率达 $0.5\,\text{ps}$。

(2) 灵敏度

指仪器能测量的最小信号幅度,通常以有效值(rms)或峰-峰值(p-p)表示。计数器的灵敏度很少优于 $10\,\text{mV}$(有效值)或 $30\,\text{mV}$(峰-峰值),大多数被测信号的幅度是足够的。

(3) 精度

测量精度取决于分辨率、时基及其他因素。本章将详细讨论电子计数器的测量误差。

(4) 输入特性

① 输入阻抗　　一般为 $50\,\Omega$ 和 $1\,\text{M}\Omega$。

② 斜率　　在测量时间间隔时,需要选择信号边沿的极性。

③ 触发电平　　用来设置计数信号的触发点。

4.2　电子计数器测量频率的方法

现代测量技术及仪器以数字化和智能化为主要发展方向。数字式时频测量仪器很容易符合这样的方向。频率量是几乎不经转换就能得到的数字量,在数字式频率计中,被测信号是以脉冲信号方法来传递、控制和计数的,易于做成智能化设备。数字式测频测时仪器的基本工作原理是以适当的逻辑电路,使电子计数器在预定的标准时间内累计待测输入信号的脉冲个数,就实现频率测量;在待测的时间间隔内累计标准时间脉冲个数,就实现周期或时间间隔测量。

通常又把数字式测频测时仪器称为电子计数器或通用计数器。

4.2.1 电子计数测频原理

频率就是指周期性信号在单位时间内重复出现的次数。若在一定时间间隔 T 内计得这个周期性信号的重复次数 N，则其频率可表达为

$$f = \frac{N}{T} \tag{4-5}$$

由于计数器可以严格按照式(4-5)所表达的频率的定义进行测量，对式(4-5)来说，要测量某个周期现象的频率，就必须解决计数时间标准问题。测量方案至少应包括两个部分，即计数部分和时基选择部分。电子计数器测频的原理框图如图4-1所示，其对应点的工作波形如图4-2所示。从图4-2可看出测量过程。任何输入信号的波形(图4-2①)都要整形成窄脉冲(图4-2②)，以便进行可靠的计数；标准时间 T_s(图4-2③)由高稳定度的晶体振荡器经过分频整形去触发门控双稳取得。门控双稳也可以由手动控制其启闭。仅在由门控双稳输出所决定的开门时间内(图4-2④)，被测频率信号才能通过闸门进入计数器并显示。计数的多少，由闸门开启的标准时间 T_s 和输入信号频率 f_x 决定。即

$$N = T_s / T_x = T_s \cdot f_x$$

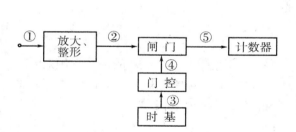

图4-1 电子计数器测频原理

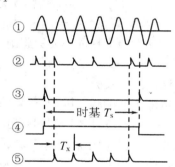

图4-2 工作波形图

反过来，根据计数器显示的计数及所用的闸门时间可知道被测频率 f_x 应为 N/T_s。如所用闸门时间为 1 s，计数器计得 42 468 个数，则被测频率应为 42 468 Hz 或 42.468 kHz；当闸门时间为 0.1 s 时，测同一个频率信号，计数器可能计得 4 247 个数，频率为 42.47 kHz。

门控信号的作用时间 T_s 是作为时间基准的，要求非常准确，通常由标准频率为 5 MHz 或 10 MHz 的高稳定度的石英晶体振荡器和一系列的分频电路组成。为了使电路简单和运算方便，分频后所得时间基准都是 10 的幂次方，如 1 ms，10 ms，0.1 s，1 s，10 s 等，也便于实现改变闸门时间时，显示器上小数点的移位。如在上例中，当用 1 秒闸门时间时，显示为 42.468 kHz，小数点定在第三位，当闸门时间变为 0.1 s，计数值少了 10 倍，而被测频率没有变，所以小数点自动向右移一位，变成 42.47 kHz。通过电路上的配合，实现小数点自动定位。

4.2.2 测频误差分析

根据上面所介绍的测频的原理，其测量误差取决于时基信号所决定的闸门时间的准确性和计数器计数的准确性。根据不确定度的合成方法，从式(4-5)可推导出

$$\frac{\Delta f_x}{f_x} = \frac{\Delta N}{N} - \frac{\Delta T_s}{T_s} \tag{4-6}$$

式中第一项 $\Delta N/N$ 是数字化仪器所特有的计数误差,第二项 $\Delta T_s/T_s$ 是闸门时间的相对误差。具体分析如下:

1) 计数误差或称 ±1 误差

在测频时由于标准闸门时间信号与被测信号脉冲之间没有必然的联系,它们在时间关系上是完全任意的,或者说它们在时间轴上的相对位置是随机的,这就造成在闸门时间相同的情况下,计数器所计得的数却不一定相同。当主闸门开启时间 T_s 接近甚至等于被测信号周期 T_x 的整数倍时,计数误差为最大。如图4-3所示,若闸门开启时刻为 t_0,而第 1 个计数脉冲出现在 t_x。图4-3(a) 表示 $T_x > \Delta t > 0$ 的情况($\Delta t = t_x - t_0$),这时计数器计得 N 个数(图中 N 为 7)。在图4-3(b) 中,$\Delta t \to 0$,就会产生两种计数结果:若第 1 个脉冲和第 8 个脉冲都能通过闸门,则计数结果为 $N + 1 = 8$ 个;也可能由于相位的随机性,这两个脉冲都不能通过闸门,这种情况下计得的结果为 $N - 1 = 6$ 个,即最大计数误差为 $\Delta N = \pm 1$ 个数,根据式(4-5)可写成

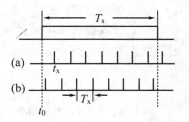

图 4-3　量化误差示意

$$\frac{\Delta N}{N} = \frac{\pm 1}{N} = \pm \frac{1}{T_s f_x} \qquad (4-7)$$

式中　T_s —— 闸门时间;

　　　f_x —— 被测频率。

根据上面分析可知,不管计数值 N 为多少,其最大计数误差不超过 ±1 个计数单位,故又称为"±1 误差"。

从式(4-7)可知,当 f_x 一定时,增大闸门时间 T_s 可减小 ±1 误差对测频误差的影响。

例 4.1　$f_x = 1\,\text{MHz}$,选闸门时间 $T_s = 1\,\text{s}$,则由 ±1 误差产生的测频误差为

$$\frac{\Delta f_x}{f_x} = \frac{\pm 1}{1 \times 1 \times 10^6} = \pm 1 \times 10^{-6}$$

若 T_s 增加为 10 s,则测频误差为 1×10^{-7},即可提高一个量级,但一次测量时间延长 10 倍。

式(4-7)又表示,当 T_s 选定后,f_x 越低,则由 ±1 误差产生的测频误差就越大。

2) 标准频率误差

影响频率测量误差的另一因素,是闸门开启时间的相对误差 $\Delta T_s/T_s$,它决定于晶振的频率稳定度、准确度、分频电路和闸门开关速度及其稳定性等因素。在设计计数器时,若能尽量减小和消除整形、分频电路和闸门开关速度的影响,石英振荡器的频率为 f_c,分频系数为 k(例如,$f_c = 1\,\text{MHz}$,为了得到 $T_s = 1\,\text{s}$ 的时基信号,k 应等于 10^6),则

$$T_s = kT_c = \frac{k}{f_c}, \quad 而 \ \Delta T_s = -\frac{k \Delta f_c}{f_c^2}$$

所以

$$\frac{\Delta T_s}{T_s} = -\frac{\Delta f_c}{f_c} \qquad (4-8)$$

可见,闸门时间的相对误差在数值上等于本机标准频率(亦称时基)的相对误差,式中负号表示由 Δf_c 引起的闸门时间的误差为 $-\Delta T_s$。

通常,对标准频率相对不确定度 $\Delta f_c/f_c$ 的要求是根据所要求的测频相对不确定度提出来的,例如,当测量方案的最小计数单位为 1 Hz,而 $f_x = 10^6$ Hz,在 $T_s = 1$ s 时的测量相对不确定度为 $\pm 1 \times 10^{-6}$(只考虑 ±1 误差)。为了使标准频率误差不对测量结果产生影响,石英振荡器

的输出频率相对不确定度 $\Delta f_c/f_c$ 应优于 1×10^{-7}，即比 ±1 误差引起的测频误差小一个量级。

3）结论

综上所述，可得如下结论：

（1）计数器直接测频的误差主要有两项：即 ±1 误差和标准频率误差。一般，总误差可采用分项误差绝对值合成，即

$$\frac{\Delta f_x}{f_x} = \pm\left(\frac{1}{T_s f_x} + \left|\frac{\Delta f_c}{f_c}\right|\right) \tag{4-9}$$

可把式（4-9）画成如图 4-4 所示的误差曲线，即 $\Delta f_x/f_x$ 与 T_s 、f_x 以及 $\Delta f_c/f_c$ 的关系曲线。从图可见，在 f_x 一定时，闸门时间 T_s 选得越长，测量准确度越高，测量速率也越低。而当 T_s 选定后，f_x 越高，则由于 ±1 误差对测量结果的影响减小，测量准确度越高。但是，随着 ±1 误差影响的减小，闸门时间（即标准时间或内部基准频率）本身所具有的准确度对测量结果的影响不可忽略，这时，$|\Delta f_c/f_c|$ 可以认为是用计数器测频准确度的极限。图 4-4 的点画线表示当内部基准的准确度定为 5×10^{-9} 时，要把误差降至此值以下是不可能的。

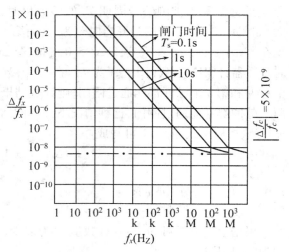

图 4-4　计数器测频时误差曲线

（2）测量低频时，由于 ±1 误差产生的测频误差大得惊人，例如 $f_x = 10$ Hz，$T_s = 1$ s，则由 ±1 误差引起的测频误差可达 10%。所以，测量低频时不宜采用直接测频方法。

4.3　电子计数器测周方法

根据上面的分析可知，当 f_x 较低时，利用计数器直接测频，由 ±1 误差所引起的测频误差将会大到不能允许的程度。所以，为了减小 ±1 误差的影响，提高测量低频时的准确度，可考虑把被测信号的周期 T_x 作为闸门时间，把标准频率作为计数脉冲，先测出 T_x，然后计算 $f_x = 1/T_x$。因为 f_x 越低，则 T_x 作为闸门时间越大，计数器计得的数 N 也越大，±1 误差对测量结果的影响自然减小。

4.3.1　测周的基本原理

计数器测周的原理图见图 4-5。被测信号从 B 输入端输入，经脉冲形成电路变成方波，加到门控电路。若 $T_x = 10$ ms，则主闸门打开 10 ms，在此期间标准脉冲通过主门计数。若选择时标为 $T_0 = 1$ μs，则计数器计得的脉冲数等于 $T_x/T_0 = 10\ 000$ 个，如以 ms 为单位，则从计数器显示器上可读得 10.000（ms）。令时标信号周期为 T_0，计数器读数为 N，则被测周期为

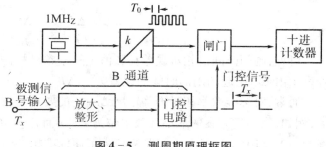

图 4-5　测周期原理框图

94

$$T_x = NT_0 \tag{4-10}$$

通常 T_0 为 10 的负次幂秒,例如为 10^{-3} s(1 ms),10^{-6} s(1 μs),10^{-7} s(0.1 μs),10^{-8} s(0.01 μs) 等。让小数点位置和所选时标信号频率或周期相对应,则可以直接用计数器的读数表示被测周期。

从以上讨论可知,计数器测周的基本原理刚好与测频相反,即由被测信号控制主门打开,而用时标脉冲进行计数,所以实质上也是比较测量方法。

4.3.2 测周误差分析

与分析电子计数器测频时的误差类似,根据误差传递公式,并结合式(4-10),可得

$$\frac{\Delta T_x}{T_x} = \frac{\Delta N}{N} + \frac{\Delta T_0}{T_0} \tag{4-11}$$

根据图 4-5 测周原理,有

$$N = \frac{T_x}{T_0} = \frac{T_x}{kT_c} = \frac{T_x f_c}{k}, \quad 而 \ \Delta N = \pm 1,$$

用不确定度合成方法得

$$\frac{\Delta T_x}{T_x} = \pm \frac{k}{T_x f_c} + \frac{\Delta T_c}{T_c} = \pm \frac{k}{T_x f_c} - \frac{\Delta f_c}{f_c} \tag{4-12}$$

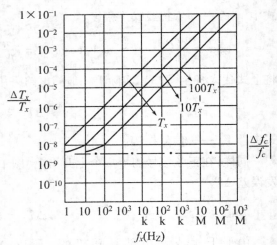

从式(4-12)可见,测周时的误差表达式与测频的表达式相似,但 T_x 愈大(即被测频率愈低),±1 误差对测量误差的影响愈小。须强调的是测周时的 ±1 误差是 f_c 的 ±1 误差。f_c 较高,因而该误差较小,且不随 f_x 降低而增大。

图 4-6 示出了测周时的误差曲线,图中三条曲线,其中 $10T_x$ 和 $100T_x$ 两条曲线是采用多周期测量时的误差曲线。

从信号流通的路径来说,测频与测周是完全不同的。测量频率时,标准时基是由内部原始基准 —— 晶振产生,并且由它来控制,在进行方案和电路设计时,通常必须将其控制在可忽略的范围内(例如,在技术上选用高准确度的晶振,采用防干扰措施及稳定触发器的触发电平

图 4-6 测周时的误差曲线

等)。在测量周期时,信号的流通路径与测频时完全相反,这时内部原始基准信号通过 A 通道进入计数器,固定的计数误差包括量化误差和时基误差。门控信号则由直接送往 B 通道的被测信号所控制。被测信号的直流电平、波形的陡峭程度以及噪声的叠加情况等,在测量过程中是无法事先知道和控制的。因此测周期时,存在着比式(4-12)更多的误差因素。

下面就噪声、信号电平以及波形陡峭程度对测周的影响进行简单的分析。在测周时,门控信号由通过 B 通道的被测信号所控制,即通过施密特电路把被测信号变成方波,并触发门控电路产生控制主门开启的门控信号。当无噪声干扰时,主门开启时间刚好等于一个被测周期 T_x。当被测信号受干扰时,图 4-7 给出了一个简单的情况,即干扰为一尖峰脉冲 V_n,V_B 为施密特电路触发电平。可见,施密特电路原在 A_1 点触发,现提前在 A_1' 点触发,于是形成的方波周期为 T_x',即产生 ΔT_1 的误差,称为"触发误差"。可利用图 4-7(b)来近似分析和计算 ΔT_1。图中直线

ab 为 A_1 点的正弦波切线,即接通电平处正弦曲线的斜率为

$$\text{tg}\,\alpha = \frac{\mathrm{d}v_x}{\mathrm{d}t}\bigg|_{v_x=V_B}$$

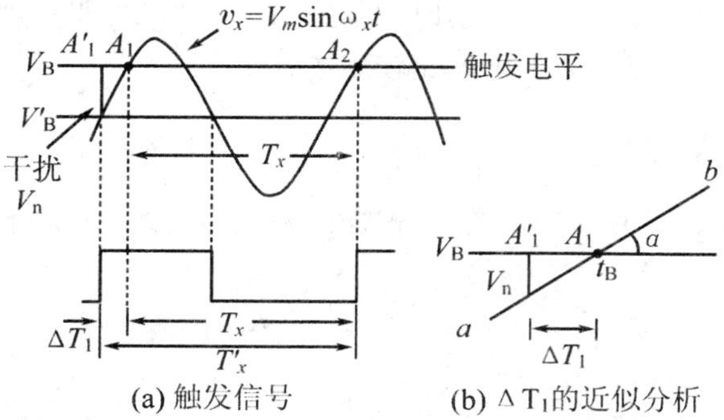

图 4－7　转换误差的产生与计算

从图可得

$$\Delta T_1 = \frac{V_n}{\text{tg}\alpha} \tag{4-13}$$

式中　V_n—— 干扰或噪声幅度。

$$\text{tg}\,\alpha = \frac{\mathrm{d}v_x}{\mathrm{d}t}\bigg|_{v_x=V_B} = \omega_x V_m \cos\omega_x t_B = \frac{2\pi}{T_x}\cdot V_m\sqrt{1-\sin^2\omega_x t_B} = \frac{2\pi V_m}{T_x}\sqrt{1-\left(\frac{V_B}{V_m}\right)^2}$$

将上式代入式(4-13),实际上一般门电路采用过零触发,即 $V_B = 0$,可得

$$\Delta T_1 = \frac{T_x}{2\pi}\times\frac{V_n}{V_m} \tag{4-14}$$

式中　V_m—— 信号振幅。

同样,在正弦信号的下一个上升沿上(图中 A_2 点附近)也可能存在干扰,即也可能产生触发误差 ΔT_2

$$\Delta T_2 = \frac{T_x}{2\pi}\times\frac{V_n}{V_m} \tag{4-15}$$

由于干扰或噪声都是随机的,所以 ΔT_1 和 ΔT_2 都属于随机误差,可按 $\Delta T_n = \sqrt{(\Delta T_1)^2 + (\Delta T_2)^2}$ 来合成,于是可得

$$\frac{\Delta T_n}{T_x} = \frac{\sqrt{(\Delta T_1)^2 + (\Delta T_2)^2}}{T_x} = \pm\frac{1}{\sqrt{2}\pi}\times\frac{V_n}{V_m} \tag{4-16}$$

可见,转换误差与干扰 V_n 成正比,当 $V_n/V_m = 1/10$ 时,$\dfrac{\Delta T_n}{T_x} = \pm 0.023$。

4.3.3　多周期测量法

利用所谓"多周期测量法"可以减小触发误差对测周的影响。这种方法是用计数器测量多个周期值,比如计数器计 10 个被测周期的数,即测得 $10T_x$,然后将计得的数除以 10 就等于一个周期 T_x 的数。

电路上实现多周期测量法,可在 B 通道内脉冲形成电路之后接入一分频器,分频系数由

〈周期倍乘〉选择开关控制，由分频器输出门控信号。

若将〈周期倍乘〉置于"×10"（通常有×1，×10，×10^2，×10^3，×10^4等五种，由〈周期倍乘〉选择开关决定）步位，仪器在改变〈周期倍乘〉步位的同时，相应地将读数向左移动一位小数点，即完成了一次除10运算，这样，从计数器显示器上可直接显示T_x值。

利用多周期测量为什么可以减小触发误差呢?这可以利用图4-8来说明。图中取$10^n = 10$为例，即测10个周期。从图可见，两相邻周期由于触发误差所产生的ΔT是互相抵消的，比如，第一个周期T_{x1}终了，由于干扰V_n使T_{x1}减小ΔT_2，则第二个周期却由于V_n使T_{x2}增加ΔT_2。所以，当测10个周期时，只有第一个周期开始产生的转换误差ΔT_1和第十个周期终了产生的ΔT_2才产生测周误差

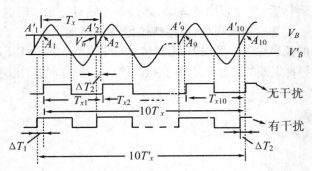

图4-8 多周期测量可减小转换误差

$\sqrt{(\Delta T_1)^2 + (\Delta T_2)^2}$（10个周期引起的总误差），这个误差与测一个周期产生的误差一样，经除10，得一个周期误差为$\sqrt{(\Delta T_1)^2 + (\Delta T_2)^2}/10$，可见减小到原值的1/10。

此外，由于周期倍增后计数器计得的数也增加到10^n倍，这样，由±1误差所引起的测周误差也可减小到原值的$\frac{1}{10^n}$。

综上所述，可得出如下结论：

（1）用计数器直接测周的误差主要有三项，即量化误差、触发误差以及标准频率误差。其合成误差可按下式计算：

$$\frac{\Delta T_x}{T_x} = \pm \left(\frac{k}{10^n \cdot T_x f_c} + \frac{1}{\sqrt{2} \times 10^n \pi} \times \frac{V_n}{V_m} + \left| \frac{\Delta f_c}{f_c} \right| \right) \tag{4-17}$$

（2）采用多周期测量可提高测量准确度，但测量速度下降；

（3）选用小的时标（即k小）可提高测周分辨率；

（4）测量过程中尽可能提高信噪比V_m/V_n；

（5）由式（4-13）可知，为减小触发误差，触发电平应选择在信号沿变化最陡峭处。

4.3.4　中界频率的确定

电子计数器的基本功能是直接测频率和测周期。无论是测频率还是测周期，都存在量化误差。直接测频率和测周期时，其量化误差在形式上相类似，但实质不同，测频时是f_x的±1误差，而测周时是f_c的±1误差。从式（4-7）和式（4-12）可知，测频时，量化误差f_s/f_x随f_x的增加而减小；测周时，量化误差$T_0/T_x = T_0 \cdot f_x$则随f_x的增大而增加，如图4-4和图4-6所示。为了减小测频误差，当被测频率较高时，宜直接测量频率；当被测频率较低时，则可先测量周期，再按式$f_x = 1/T_x$换算出频率。

频率是周期的倒数，其测量误差为

$$\frac{\Delta f_x}{f_x} = -\frac{\Delta T_x}{T_x} \tag{4-18}$$

为简单计,将其写成绝对值的形式,或者写成

$$\frac{\Delta f_x}{f_x} = \frac{\Delta T_x}{T_x} \qquad (4-19)$$

所以,在测量时,无论是测频率还是测周期,哪种准确度高就可选用哪一种方法测量,经过倒数运算后,所得频率或周期,其误差的绝对值是相同的。

在直接测频和直接测周的误差相等时,就确定了一个测频率和测周期的分界点,这个分界点的频率称为中界频率。由式(4-9)和式(4-17)可以决定中界频率的理论值。在不考虑触发误差和频标误差的情况下,即在直接测频和直接测周的量化误差相等的情况下,可以确定中界频率 f_m 为

$$\frac{\Delta f_x}{f_x} = \frac{\Delta T_x}{T_x}$$

$$\frac{f_s}{f_m} = \frac{f_m}{10^n f_c}$$

$$f_m = \sqrt{10^n f_s f_c} \qquad (4-20)$$

式中 f_m —— 中界频率;

f_s —— 测频时选用的频标信号频率,即闸门时间 T_s 的倒数;

f_c —— 测周时选用的频标信号频率,即送去计数的时标信号周期 T_0 的倒数;

10^n —— 多周期测量时的周期倍乘值,单周期测量时为1。

当 $f_x > f_m$ 时,宜测频;当 $f_x < f_m$ 时,宜测周。对于一台电子计数器特定的应用状态,可以在同一坐标图上同时作出直接测频和直接测周时的误差曲线(即重合图4-4和图4-6),两曲线的交点即为中界频率点。如果把各个交界点连接起来,则得到一条中界频率线。由此不难选定某个频率范围应选测频还是测周。

表4-1是时标频率 $f_0 = 10^6$ Hz 时,周期倍乘与闸门时间不同值时的中界频率值。

表4-1   中界频率(Hz)

闸门时间(s)	周　期　倍　乘		
	1	10	100
0.01	10 000	31 400	100 000
0.1	3 140	10 000	31 400
1	1 000	3 140	10 000
10	314	1 000	3 140

4.4   电子计数器功能的扩展

4.4.1   时间间隔的测量

前面所讨论的周期测量,实质上是时间间隔的测量,即一个周期信号波形上,同相位两点之间的时间间隔。也可以把时间间隔的测量扩展到同一信号波形上两个不同点之间的时间间隔的测量,例如,脉冲宽度的测量;或两个信号波形上,两点之间的时间间隔的测量,例如,相位差的测量。

1)测量原理

时间间隔的基本测量原理如图4-9(a)所示,两个独立的输入通道(B和C)可分别设置触发电平和触发极性(触发沿)。输入通道B信号为起始信号,用来开启闸门;而来自输入通道C

的信号为终止信号,用来关闭闸门。工作波形见图4-9(b)。图4-9所示测量模式,有两种工作方式:当跨接于两个输入端的选择开关 S 断开时,两个通道是完全独立的,来自两个信号源的信号控制计数器工作;当 S 闭合时,两个输入端并联,仅一个信号加到计数器,但可独立地选择触发电平和触发极性,以完成起始和终止功能。

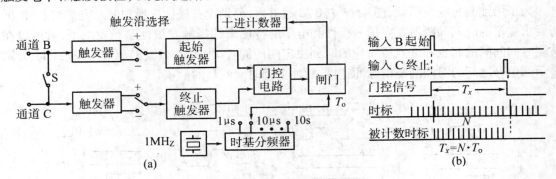

图 4-9　时间间隔测量原理
(a) 组成方框图　　　(b) 工作波形图

时间间隔测量的一个应用例子是相位差的测量(图4-10)。这种测量,实际上是测量两个正弦波形上两个相应点之间的时间间隔。在图4-10中是测量两个波形过零点之间的时间间隔(t_1 或 t_2)。当两个信号幅度有区别时,为使测量误差最小,可将两个通道的触发电平调至零。为了减小系统误差,可利用两个通道的触发沿选择开关,第一次都置于“+”,则测得 t_1;第二次置于“−”,则测得 t_2,取平均可得准确值为

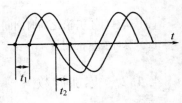

图 4-10　相位差的测量

$$t_\varphi = \frac{t_1 + t_2}{2} \qquad (4-21)$$

于是相位差为

$$\varphi = \frac{t_1 + t_2}{2}\omega \qquad (4-22)$$

式中　ω——信号角频率。

2）脉冲宽度的测量

脉冲宽度测量原理示于图4-11(a)。当触发沿选择置于“+”时,各点波形如图4-11(b)

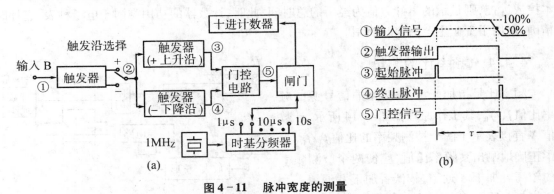

图 4-11　脉冲宽度的测量
(a) 组成方框图　　　(b) 工作波形图

所示。可见,主门的开通时间为脉冲宽度 τ,在 τ 时间内,时标通过主门计数。由于脉冲宽度以 50% 脉冲幅度来定义,为了获得高的测量准确度,触发电平必须准确地设置在 50% 的脉冲幅度。性能优良的计数器具有一个用于校准的电平调整或用于高精度电平调整的校准电平输出,以确保触发电平的准确。

为了增加测量的灵活性,图4-9中B,C通道内,分别设置极性选择和触发电平调节。根据所要求测量的时间间隔所在点信号极性和电平的特征来选择触发极性和触发电平,就可以在被测时间间隔的起点和终点所对应的时刻决定闸门的开关。图4-12(a),(b),(c),(d)分别表示两信号之间的时间间隔以脉冲宽度、脉冲上升时间测量的例子。

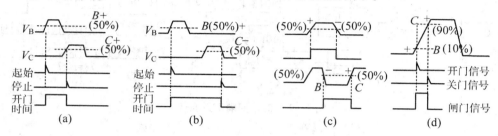

图 4-12 时间间隔测量波形图

(a)两脉冲上升沿之间时间间隔的测量　　　(b)从 V_B 上升沿至 V_C 下降沿之间时间间隔的测量
(c)脉冲宽度的测量　　　　　　　　　　(d)脉冲上升时间的测量

4.4.2　累加计数

累加计数是指在一定的时间间隔内,对某个事件发生的总数进行测量。图4-13是测量方案的一例,图中门控时间为所选定的测量时间。由于在累加计数中,所选的测量时间往往较长,例如几个小时,因此门控时间也较长,对控制门的开、关速度就要求不高。主门的启闭除了本地手控外,也可以远地程控。

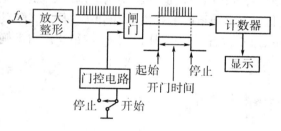

图 4-13 累加计数原理

4.4.3　计时

如果计数器对内部的标准时钟信号 —— 秒信号(或者毫秒、微秒信号)进行计数,主门用本控或远控,则显示的累计数值为经历的总时间。此时,计数器的功用类同于电子秒表,它计时精确,可用于工业生产的定时控制。

4.4.4　频率比的测量

频率比是指加于 A、B 两路的信号源的频率比值 f_A/f_B,其工作原理如图4-14所示。计数值 N 直接表示了两个被测频率的比值 f_A/f_B。为了正确地测出其频率比值,应使两个被测频率的较高者加于 A 通道,较低者加于 B 通道。

与多周期测量一样,为了提高频率比的测

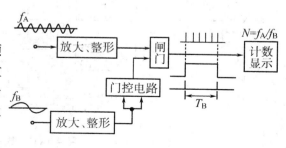

图 4-14 频率比测量原理

量精度,也可扩展被测信号 B 的周期个数。如果周期倍乘放在"$\times 10^n$"挡上,则计数结果 N 为

$$N = 10^n \frac{f_A}{f_B}$$

或

$$\frac{f_A}{f_B} = \frac{N}{10^n} \tag{4-23}$$

应用频率比测量功能,可方便地测得电路的分频或倍频系数。

4.4.5 自校

在用计数器作各种参数的测量之前,为了检验仪器本身逻辑关系是否正常,电子计数器中设置有自检(或称自校)功能,图 4-15 是电子计数器自校方案的一例。自校的实质就是机内时基 f_s 对机内时标 T_0 的控制计数测量。在正常的机内逻辑工作条件下,由于时基、时标都是已知的,因此,由 $N = \frac{1}{f_s T_0}$ 所决定的读数 N 也应已知。如果计数值与此已知值相同,则表明机内工作逻辑正常,反之异常。例如 $f_s = 1$ Hz,$T_0 = 10$ ns,那么显示的数字应是 $N =$

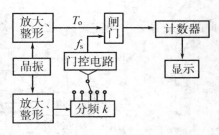

图 4-15　电子计数器自校方案

100 000 000。又因 f_s 和 T_0 均来自同一信号源,故自校时,在理论上不存在 ± 1 个字的量化误差。如果每次测量均稳定地显示 100 000 000,则说明仪器工作正常。

综上所述,在频率测量时,是用计数器内部产生的基准控制信号来开启和关闭闸门电路的,计数器计数并显示来自外部的被测频率数;在测量时间间隔和周期时,闸门电路是由外部被测信号来开启和关闭的,计数器计数其内部基准时间信号的周期数;测频率比时,则门控时间和计数脉冲都来自外部。虽然电子计数器工作时,门电路所加入的信号有内外之别,然而,无论用什么信号启闭门电路,其共同之处都是通过闸门控制计数的脉冲数,因此闸门控制信号的起点和被计数的第一个脉冲出现的时刻,对于测量结果将有很大的影响。

4.5　测量精度的提高

电子计数器测频时,实际上测得的是闸门开启时间内信号的整周期数,其零头可能被凑整数为 1 被计入,也可能被舍去。尾数的极限为一个周期,它相当于进入闸门的一个计数脉冲,这就是 ± 1 字的误差。从周期来考虑,在最坏的情况下,可能多计一个或损失一个被测信号周期。

测时间或测周期则不同,其测时间的损失可以小于一个被测信号周期,例如,可以测到 1/1 000 个被测信号周期或更低。

周期是频率的倒数,且有式(4-19)的关系,所以若能提高测时间的分辨率,则测周和测频的准确度都会提高。下面讨论提高测时间分辨率的方法。

4.5.1 倒数计数器

前已述,在通常的直接计数器中,整个测频范围内的测频精度(相对误差)是不相同的,在被测信号频率变低时,± 1 误差将很大,因而要用测周期的办法来提高测量低频信号的精度,但此时不能直接读出频率,而且对不同频率的信号还必须选择合适的周期倍乘(周期平均),

101

以保证所需的测量精度。

倒数计数器可以在计数器的整个测频范围内基本上获得同样高的测试精度和分辨率。倒数计数器的原理是多周期同步测量法。这种计数器先测量时间,然后进行倒数运算而得到频率。图4-16为倒数计数器的原理方框图。它具有计数器 A 和 B,这两个计数器在同一闸门时间 T 内进行计数。计数器 A 对输入信号进行计数,计数值为 $N_x = f_x T$(f_x 为输入信号频率)。计数器 B 对时钟脉冲进行计数,计数值为 $N_y = f_0 T$(f_0 为时钟脉冲频率)。然后将两个计数器的计数值进行除法运算,并乘以 f_0,则可得被测频率为

$$f_x = \frac{N_x}{N_y} f_0 \qquad (4-24)$$

此除法运算可由硬件完成,也可由软件计算。

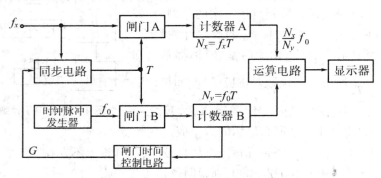

图4-16　倒数计数器原理方框图

同步电路的作用在于保证闸门脉冲信号与被测信号同步,使闸门时间 T 准确地等于被测信号周期的整数倍,故计数器 A 将不存在 ± 1 的计数误差。图4-17表示倒数计数器的波形。由闸门时间控制电路产生的闸门脉冲 G 与被测信号 f_x 是异步的,但经同步电路同步后的控制闸门 A 和 B 的闸门脉冲 T 却与 f_x 是同步的。闸门脉冲 G 正跳变后的一个 f_x 脉冲使 T 产生正跳变;G 负跳变后的 f_x 脉冲使 T 产生负跳变。在时间 T 内计数器 A 和 B 分别对 f_x 和 f_0 进行计数,其计数值为 N_x 和 N_y。由图4-17可见,由于 f_x 与闸门脉冲 T 同步,因而消除了 f_x 的 ± 1 误差;但 f_0 与 T 不同步,因而存在 f_0 的 ± 1 误差。由于时钟频率 f_0 很高,$N_y \gg 1$,所以该误差很小;同时该误差与 f_x 无关,在整个测频范围内倒数计数器有相同的测量精度,因而称为等精度计数器。又由于闸门脉冲 T 与多个被测周期 T_x 相同步,因而称为多周期同步测量。美国 HP5345 是采用这种技术的典型仪器,其测频范围为 50 μHz ~ 500 MHz,测时范围为 2 ns ~ 20 000 s。

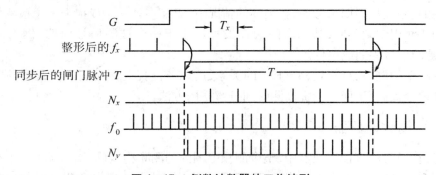

图4-17　倒数计数器的工作波形

4.5.2　游标法

这是一种以时间测量为基础的计数器,关键在于设法测出整周期数外的零头或尾数。如图4-18所示,可知

$$T_x = T_N + T_b - T_s \qquad (4-25)$$

若要测量起始脉冲和终止脉冲之间的时间间隔T_x,一般的方法是由起始脉冲开门,以终止脉冲闭门,被测时间间隔T_x即为闸门开启时间。若时基脉冲周期为T_{01},计数器指示值为N,则$T_x \approx NT_{01}$,这时极限量化误差为± 1量化单位。下面根据图4-19讨论减少测量误差的游标方法。

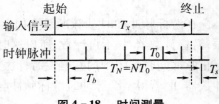

图4-18　时间测量

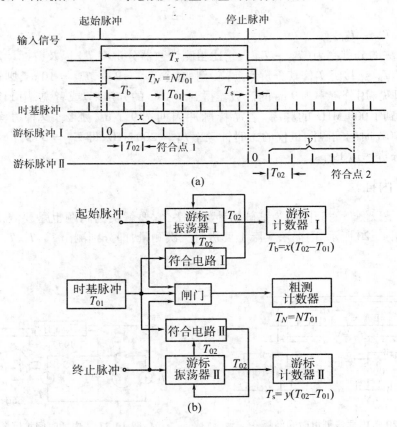

(a)

图4-19　游标法原理图

(a) 工作波形图　　(b) 原理框图

如图4-19(a)所示,用NT_{01}来表示被测时间间隔T_x,从时间上来看,它少计了T_b,多计了T_s。游标法用类似于机械游标卡尺的原理,较为准确地测出尾数T_b和T_s,以提高时间的分辨率和准确度,避免了± 1字误差。下面结合图4-19(a)的时间关系和图4-19(b)的方框图来说明这种测量方案。起始脉冲同时打开闸门和触发游标振荡器 I,这时脉冲间隔为T_{01}的时基脉冲通过闸门进入粗测计数器,其读数为$T_N = NT_{01}$。游标振荡器 I 的频率比时基频率稍低,即T_{02}比T_{01}稍长,周期为T_{02}的游标脉冲在游标计数器 I 计数。若由第一个游标脉冲(0 号脉冲)后算起,经过x个游标脉冲后,游标脉冲恰好和时基脉冲相重合,即时间上第x个游标脉冲和时

基脉冲相重合,时基脉冲赶上了游标脉冲,则零头时间 T_b 为

$$T_b - x(T_{02} - T_{01}) = 0 \tag{4-26}$$

$$T_b = x(T_{02} - T_{01}) \tag{4-27}$$

在游标脉冲和时基脉冲重合时,由符合电路 Ⅰ 产生一个符合信号,使游标振荡器 Ⅰ 停振,游标计数器 Ⅰ 不再计数,所以这时游标计数器 Ⅰ 的读数表示的时间为 $T_b = x(T_{02} - T_{01})$ 。停止脉冲同时关闭闸门并触发游标振荡器 Ⅱ 。类似地,游标振荡器 Ⅱ 振荡周期亦为 T_{02} ,游标计数器 Ⅱ 若得 y 个脉冲时游标脉冲与时基脉冲相重合,则零头时间 T_s 为

$$T_s = y(T_{02} - T_{01}) \tag{4-28}$$

因此,被测的时间间隔 T_x 为

$$
\begin{aligned}
T_x &= (N - x + y)T_{01} + (x - y)T_{02} \\
&= NT_{01} + (x - y)\Delta T_0
\end{aligned} \tag{4-29}
$$

式中　$\Delta T_0 = T_{02} - T_{01}$ 。

这种计数法的分辨率为 $(T_{02} - T_{01})$,它比粗测计数器分辨率 T_{01} 以及游标计数器的分辨率 T_{02} 都高。显然, T_{02} 愈接近 T_{01} ,其分辨率愈高。例如,令 $T_{01} = 9$ ns, $T_{02} = 10$ ns,则这种方案的分辨率为 1 ns。可见,用分辨率为 9 ns 的计数器得到了 1 ns 的分辨率。或者说,用 112 MHz 的计数器就可以测得到 1 000 MHz 的频率。若游标脉冲周期选 9.1 ns,那么,这种方案分辨率可达 10 GHz。HP5370A 时间间隔测量仪的主时钟频率 $f_{01} = 200$ MHz,即 $T_{01} = 5$ ns。由于采用双重游标法,其测时分辨率达 19 ps。

4.5.3　内插法

内插法也是以测量时间间隔为基础的计数方法,它要解决的问题也是要测出量化单位以下的尾数,如图 4-20 所示。内插法实际上要进行三次测量,即分别测出 T_N , T_1 , T_2 , T_1 和 T_2 为零头时间。

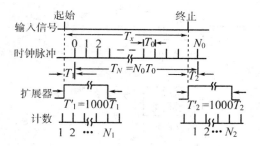

图 4-20　内插法测量时间间隔

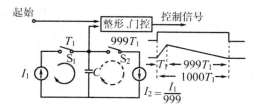

图 4-21　内插时间扩展器原理

时间 T_N 的测量和通用电子计数器测量时间间隔的方法没有区别,都是简单地积累被测时间间隔内计数的 N_0 个时钟脉冲的时间,即 $T_N = N_0 T_0$; T_1 和 T_2 的测量,是首先用内插器(扩展器),将它们扩大 1 000 倍,然后在 $1\,000T_1$ 和 $1\,000T_2$ 时间内对时钟脉冲进行计数,从而减小 ± 误差。图 4-21 表示了时间扩展器的原理。在 T_1 时间内,开关 S_1 闭合, S_2 断开,电流源 I_1 对电容 C 充电。 T_1 后 S_2 闭合, S_1 断开, C 上电荷经电流源 I_2 放电。由于 $I_2 = I_1/999$,因而 C 上电荷放完需 $999T_1$ 时间,整个充放电过程需 $1\,000T_1$ 。在 $1\,000T_1$ 闸门时间内对时钟进行计数得 N_1 ;同样在 $1\,000T_2$ 时间内对时钟脉冲计数得 N_2 ,所以被测时间 T_x 为

$$T_x = T_N + T_1 - T_2$$

得
$$T_x = \left(N_0 + \frac{N_1 - N_2}{1\,000}\right)T_0 \tag{4-30}$$

由此可见,用模拟内插技术,虽然测 T_1, T_2 时 ± 1 字的误差依然存在,但其相对大小可缩小 $1\,000$ 倍,使计数器的分辨率提高了三个量级。例如,$T_0 = 100$ ns,则普通计数器的分辨率不会超过 100 ns,内插后其分辨率提高到 0.1 ns,这相当于普通计数器用 10 GHz 时钟时的分辨率。

利用上述原理,可以测量周期和频率。这时,计数器计得的仍然是时间间隔。在这种情况下,除了测量 T_N, T_1, T_2 之外,还要确定在这个时间间隔内被测信号有多少个周期 N_x。这样,就可以通过如下计算得到周期 T_x 和频率 f_x:

$$T_x = \frac{\left(N_0 + \dfrac{N_1 - N_2}{1\,000}\right)T_0}{N_x} \tag{4-31}$$

$$f_x = \frac{1\,000 N_x}{(1\,000 N_0 + N_1 - N_2)T_0} \tag{4-32}$$

HP5360A 型计算计数器由于采用了内插法,在 10 MHz 钟频下得到了 0.1 ns 分辨率。

4.5.4 平均测量技术

这种测量技术的原理是很简单的。在普通的计数器中,无论是测频率还是测时间,单次测量时,误差绝对值为 ± 1 量化单位。由于闸门开启和被测信号脉冲时间关系的随机性,单次测量结果的相对误差在 $-\dfrac{1}{N} \sim +\dfrac{1}{N}$ 范围内出现,其值可大可小,可正可负,在多次测量的情况下,其平均值必然随着测量次数的无限增多而趋于零,即这种误差的总和具有抵偿性。

考虑到实际测量的困难性,往往进行有限次的测量。由于误差的随机性,按随机误差的积累定律,得平均测量时的误差,即

$$\frac{\Delta T_x}{T_x} = -\frac{\Delta f_x}{f_x} = \pm \frac{\sqrt{\sum\limits_{i=1}^{n}\left(\dfrac{1}{N_i}\right)^2}}{n} \tag{4-33}$$

对于 ± 1 字量化误差而言,有

$$\frac{1}{N_1} = \frac{1}{N_2} = \cdots = \frac{1}{N_n} = \frac{1}{N}$$

故式(4-33)可改写为

$$\frac{\Delta T_x}{T_x} = -\frac{\Delta f_x}{f_x} = \pm \frac{1}{\sqrt{n}} \cdot \frac{1}{N} \tag{4-34}$$

可见,由于测量次数的增加,其误差为单次误差的 $1/\sqrt{n}$。这种方法的实现要求闸门开启时刻与被测信号之间具有真正的随机性。

美国 Stanford 仪器公司推出的 SR620 采用模拟内插技术,单次测量时分辨率为 4 ps,多次测量时分辨率高达 1 ps。

4.6 微波计数器

最高计数频率是计数器的主要技术指标之一。要提高计数器的计数速度,主要考虑下列

因素：

（1）计数器的基本计数单元是双稳态触发器，要提高计数速度，首先必须提高触发器的最高工作频率。对于饱和开关式触发器来说，由于储存效应、电路电容对充放电时间的影响，以及抗干扰性等方面的考虑，其最高工作频率在 100 MHz 左右。计数频率高于 100 MHz 的高速计数器中的触发器，可以用隧道二极管和非饱和型电流开关等组成。晶体管电流开关克服了饱和存储效应所引起的延迟时间，其计数频率可达 1 500 MHz 以上；隧道二极管触发器的工作频率亦可达 1 000 MHz。

（2）计数器由多级触发器组成。根据不同的编码，计数器各级触发器间可能加有反馈，也可能未加反馈。反馈总伴随着延迟。因此，计数器的反馈方案意味着计数速度的降低。为了提高计数速度，应该考虑不加反馈的计数方案，对计数器的前级更应特别注意。

目前，通用计数器能直接计数的频率一般在 1.5 GHz 以下。要对微波波段的信号频率进行数字测量，必须采用频率变换技术，将微波频率变换成 1 GHz 以下的频率，以便直接计数。下面介绍被广泛采用的两种方法。

4.6.1　变频法

变频法（或称外差法）是将被测微波信号经差频变换成频率较低的中频信号，再由电子计数器计数。变频法的方框图如图 4-22 所示。它把电子计数器主机内送出的标准频率 f_s，经过谐波发生器产生高次谐波，再由谐波滤波器选出所需的谐波分量 Nf_s，与被测信号 f_x 混频出差频 f_1。若由电子计数器测出 f_1，则被测频率 f_x 为

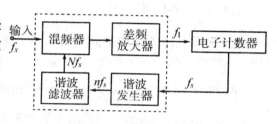

图 4-22　变频法方框图

$$f_x = Nf_s \pm f_1 \qquad\qquad (4-35)$$

式中　f_s——标准频率；

　　　N——选用的谐波次数。

自动变频式微波计数器的原理方框图如图 4-23 所示。谐波发生器采用阶跃恢复二极管，以产生丰富的谐波。谐波选择器采用 YIG（钇铁石榴石，一种单晶铁氧体材料）电调谐滤波器，其谐振频率可在很宽范围实现可调。扫描捕获电路产生的阶梯波电流，控制 YIG 的外加磁场，使 YIG 的谐振频率从低到高步进式地改变，从而可逐次地选出标准频率的各次谐波。当某次谐波 Nf_s 与待测频率 f_x 的差频 $f_1 = (f_x - Nf_s)$ 落在差频放大器的带宽（110 MHz）范围内时，差频信号经放大、

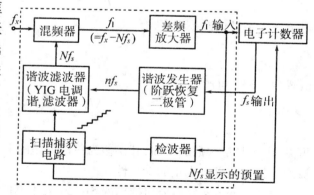

图 4-23　自动变频式微波计数器原理框图

检波后输出一直流电压，使扫描捕获电路自动停止扫描，因而 YIG 固定地调谐在 N 次谐波上。与此同时，通过控制电路将谐波频率 Nf_s 预置在显示器里，而计数器对差频放大器输出的差频信号进行计数，这样，在显示器上就可直接读出被测频率 f_x，即

$$f_x = Nf_s + f_l \tag{4-36}$$

由于是从低到高地选择谐波去与f_x差频,故在式(4-35)中f_l前应取加号,即得上式。

例如,某被测频率$f_x = 6\,980.034\,752$ MHz,设标频$f_s = 100$ MHz,故选择 69 次谐波($N = 69$)去与f_x差频,得差频$f_l = f_x - Nf_s = 80.034\,752$ MHz,它由电子计数器直接测出。最终显示数字

$$f_x = Nf_s + f_l = 6\,900 \text{ MHz} + 80.034\,752 \text{ MHz} = 6\,980.034\,752 \text{ MHz}$$

其中数字 69 被直接预置到显示器,80.034 752 是计数得到的数字。

全自动变频式微波频率计数器的关键部件是电调滤波器、谐波发生器。此外,还包括自动控制、数据处理、数/模转换器等电路。这种方案的优点是分辨率高,在 1 s 的测量时间有 1 Hz 的分辨率。但是由于到达混频器的高次谐波信号Nf_s的幅度较低,因此仪器的灵敏度较低,一般只能到 100 mV 左右。

自动变频式微波计数器的典型产品有 HP5342A 微波计数器,测频范围为 10 Hz ~ 18 GHz。

4.6.2 置换法

置换法的原理,是利用一个频率较低的置换振荡器的 N 次谐波,与被测微波频率f_x进行分频式锁相,从而把f_x转换到较低的频率f_L(通常为 100 MHz 以下)。置换法的简化方框图如图 4-24 所示。当锁相环锁定时,被测频率为

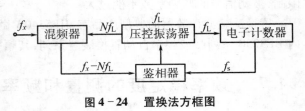

图 4-24 置换法方框图

$$f_x = Nf_L + f_s \tag{4-37}$$

式中　f_L——压控振荡器(即置换振荡器)的频率;
　　　　f_s——计数器的标准频率。

全自动置换法微波计数器的方框图如图 4-25 所示。输入微波信号通过功率分配器分成 A、B 两路进入谐波混频器。A 路为主通道,被测频率f_x与压控的扫频振荡器的频率f_L的谐波Nf_L在混频器 A 中进行混频,其差频输出$f_l = f_x - Nf_L$。当f_l落在差频放大器的通频带内时,它将通过放大器并在鉴相器中与标准频率f_s进行比较。鉴相器的输出电压去控制压控振荡器,使

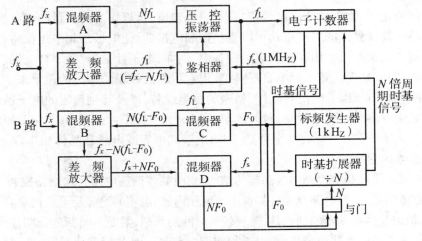

图 4-25 全自动置换式微波计数器框图

它停止扫频,并由锁相环路保证与f_x锁定。当环路锁定时,则得到式(4-37)所示的频率关系式。f_L可由计数器直接计数,故只要确定谐波次数N,就可知被测频率f_x。

为了确定谐波次数N,附加了B路(辅助通道)。在混频器C中,标频发生器产生的标频信号F_0(1 kHz)与f_L进行混频,取出差频分量f_L-F_0;在混频器B中,被测频率f_x与差频(f_L-F_0)的N次谐波混频,其差频输出为

$$f_x - N(f_L - F_0) = f_x - N[(f_x - f_s)/N - F_0]$$
$$= f_s + NF_0$$

在混频器D中,差频放大器输出的$(f_s + NF_0)$与标频f_s(1 MHz)混频,其差频输出为NF_0。将NF_0与F_0加至与门比较,则可确定出谐波次数N。为了做到直读,把电子计数器输出的时基信号相应扩展N倍,因而闸门时间扩大N倍,并在计数器中预置进f_s(1 MHz)的初始值,则计数器显示的读数为$Nf_L + f_s$。

由于置换法应用了锁相电路,其环路增益高,因此整机灵敏度高。但闸门时间需要扩展N倍,因而在同样测量时间的情况下,与变频法相比较,其分辨率较差。此外,由于受锁相环路的限制,被测信号的调频系数不能过大。

置换法微波计数器的典型产品有:HP5340A微波计数器,频率范围为10 Hz ~ 18 GHz;国内EE3250系列微波频率自动置换装置系列,其频率自动覆盖范围为10 Hz ~ 60 GHz。

4.7 频率稳定度的测量和频率比对

4.7.1 时间频率的工作基准

任何测量过程,其测量准确度决定于测量方法和标准本身的准确度。目前,时间和频率的测量之所以在所有物理量的测量中处于领先地位,主要是迄今为止频率是复制得最准确(10^{-13}量级)、保持得最稳定(10^{-14}/星期),而且测量得最准确的物理量。自1967年10月第十三次国际计量大会以来,时间和频率的原始基准,已由铯原子标准来定义。工作基准通常都用与一级标准电波相校准的晶体振荡器来担任。因此,某些特定的晶体振荡器又称为时间、频率的工作基准。

石英晶体的化学、物理性能高度稳定,具有压电效应,可以作为高质量的机电振荡。压电效应使得石英晶体高度稳定的机械振动可以直接控制电振荡,使电振荡频率也保持得非常稳定。石英晶体控制的振荡器已应用在很多电子设备中,例如,电子计数器、频率合成器、发射机等的工作频率基准,即使是现代频率标准,也往往要用它将微波频段的频标传递下来。

由于采用了高质量因数的泛音晶体,精密的恒温设备,以及特别选定的电子器件的工作状态,目前,其老化率不难做到10^{-8}/d,较好的可达(3×10^{-9})/d ~ (5×10^{-10})/d。短期稳定度达(2×10^{-10})/s ~ (5×10^{-11})/s,甚至更高。用一个微调电容或电感和晶体相串联或并联,即可微调晶体振荡器的频率。

图4-26表示了高稳定度晶体振荡器的结构,它由晶体振荡电路自动增益控制(AGC)放大器及温度控制等组成。主要电路及元件都置于恒温箱内。恒温箱的绝缘层可采用聚合泡沫塑料或为真空隔热。恒温晶体振荡器的缺点是,需要较长时间的预热,需要不间断地长期连续运行。这就会引起振荡频率系统的漂移或老化,所以必须定期的与高一级的标准比对、校准。对晶体振荡器校准的次数取决于它们的应用。例如,在建立原子时尺度中定时用的晶振,由于晶体的老化特性,

要每星期定时校准或每天校准一次。其高一级标准可以是国内的,也可以是国外的标准电波。校准可以通过理论计算或频率微调来进行。除了直接用改变回路电抗的办法来实现频率的微调之外,还可以利用电子调谐来实现,这对于深埋于地下的或者密封了的高稳定石英振荡器而言,具有特别重要的意义。微调频率的范围应该大于由老化引起的振荡频率的漂移。

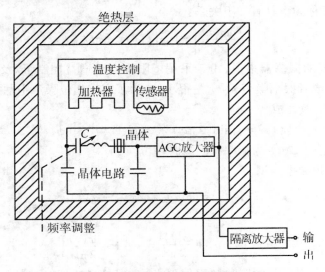

图 4 - 26　高稳定晶体振荡器结构装置

4.7.2　频率稳定度的测量原理

频率源的主要质量指标是准确度和稳定度。一个信号源频率实际值 f_x 与其标准值 f_0 的相对偏差定义为频率准确度,它表明实际产生的频率和标准值的接近程度。频率源的标称值是由 Cs^{133} 频标来定义的。

频率源的频率稳定度是指在一定的时间间隔内,频率准确度的变化情况,亦即频率的稳定情况。频率稳定度有长期稳定度和短期稳定度两种。在晶体振荡器中,长期稳定度是指由于晶体老化而引起的振荡频率的缓慢变化。高稳定度的晶体振荡器经过足够时间加热后,其频率老化漂移呈良好的线性。定义老化率为单位时间内频率变化的相对平均值,常采用日老化率,记为 K:

$$K = \langle (f_2 - f_1)/f_0 \rangle \tag{4-38}$$

式中　$\langle \cdots \rangle$ 表示平均,f_2、f_1 为一天内两次测量的频率,f_0 为频率标称值。

晶体内部的噪声是影响短期频率稳定度的主要因素。因此短期频率稳定度问题,可以按随机过程来处理。高质量频率源中的振荡系统、滤波系统、缓冲放大器、倍频器、限幅系统等都是窄带系统,它们有陡峭的相位频率特性,系统 Q 值很高,整个系统具有非常好的自动增益控制作用,其输出信号幅度和相位的随机起伏都很小,或者说其频谱较为纯净。各种类型的噪声对有用信号的干扰,将会使频率源的输出信号产生幅度和相位调制。在干扰幅度远小于有用信号幅度的条件下,高精度频率源的瞬间电压可表示为

$$V(t) = V_0 [1 + \varepsilon(t)] \sin[2\pi\nu_0 t + \varphi(t)] \tag{4-39}$$

式中　V_0 —— 标称振幅;

ν_0 —— 标称频率,或长期(统计)平均频率,其物理意义是,在无限长时间内频率起伏

的平均值;

$\varepsilon(t)$—— 振幅的相对起伏,在频率源中,$\varepsilon(t) \ll 1$,即噪声干扰的幅度远小于有用信号;

$\varphi(t)$—— 由噪声引起的信号相位随机起伏,在标准频率源中,相位起伏的时间导数与标称频率具有如下关系:

$$\left| \frac{\mathrm{d}\varphi(t)}{\mathrm{d}t} \right| = | \dot{\varphi}(t) | \ll 2\pi\nu_0$$

对于一个高精度的振荡器来说,由于采用了限幅自动增益控制,以及其他稳幅和屏蔽措施,振幅的相对起伏或者振幅噪声 $\varepsilon(t)$ 是很小的,为了突出相位噪声主题的研究,往往忽略其影响,而把式(4-39)改写成

$$V(t) = V_0\sin[2\pi\nu_0 t + \varphi(t)] = V_0\sin\phi(t) \tag{4-40}$$

式中　$\phi(t) = 2\pi\nu_0 t + \varphi(t)$ 为频率源的瞬时相位。

根据定义,瞬时角频率为

$$2\pi\nu(t) = \dot{\phi}(t) = 2\pi\nu_0 + \dot{\varphi}(t) \tag{4-41}$$

瞬时频率为

$$\nu(t) = \nu_0 + \frac{\dot{\varphi}(t)}{2\pi} = \nu_0\left[1 + \frac{\dot{\varphi}(t)}{2\pi\nu_0}\right] \tag{4-42}$$

由此可见,$\dot{\varphi}(t)$ 就是信号瞬时角频率偏离平均角频率的瞬时角频偏;$\dot{\varphi}(t)/2\pi$ 是频率的瞬时起伏,可以用它来量度振荡器频率偏离其平均值的大小。为方便计,对频率的瞬时变动,用长期统计平均频率 ν_0 进行归一化处理,得到频率的相对起伏 $y(t)$:

$$y(t) = \frac{\dot{\varphi}(t)}{2\pi\nu_0} = \frac{\Delta\nu}{\nu_0} \tag{4-43}$$

显然,$y(t)$ 是一个随机变量。式(4-42)可改写为

$$\nu(t) = \nu_0[1 + y(t)] \tag{4-44}$$

根据上述讨论,$\varphi(t)$,$\dot{\varphi}(t)$,$y(t)$ 分别表示相位的随机起伏(或相位噪声)、角频率随机起伏和频率的相对起伏(频率的相对不稳定度)。实质上 $\varphi(t)$,$\dot{\varphi}(t)$,$y(t)$ 是同一回事,它们描述同一随机现象。其差异是,用了不同的数学处理方法,因而有不同的表达形式而已。

频率源的频率稳定度,可以直接测量它的瞬时频率的变化并用统计方差来表示,也可以在频域内用相位或频率起伏的功率谱密度来表示。前者反映了时域内频率的变化,较为直观,容易理解;后者是对频率不稳定根源 —— 噪声的直接描述,是对频率稳定度本质的描述。这里主要介绍频率稳定度(频稳)的时域定义及其测量原理。

1)频稳的时域定义

频率起伏是随机变量,其特点是在某一时刻 t_0 的频率值是随机的,且不能由 t_0 时的值唯一地确定 $t > t_0$ 时刻的值。这个现象在整个时域内是杂乱无章的。在单次测量中,其结果是不确定的,多次测量才可能表现出其平均特性。随机变量 $\nu(t)$ 的方差可表示为

$$\sigma^2(\nu) = E\{\nu(t) - E[\nu(t)]\}^2 \tag{4-45}$$

必须指出,$\nu(t)$ 是指在某个瞬时 t 所对应的频率随机变量之值。理论上的定义,往往使测量带来实际的困难。在实际真方差的测量中,这困难主要表现为:一个测量过程往往需要一定的时间,真正的瞬时值 $\nu(t)$ 不可测得,实际测得的值是在一个有限时段内的平均值。其次是真方差的计算要用到无穷多个数据,实际上测量的次数总是有限的。因此,有实际意义的、可实现

的测量是在有限时间间隔 $t \sim (t + \tau)$ 内测量出随机起伏的平均值 $\bar{\nu}_{t,\tau}$，即

$$\bar{\nu}_{t,\tau} = \frac{1}{\tau} \int_t^{t+\tau} \nu(t) \, dt \qquad (4-46)$$

它仍然是随机变量，可以用来近似地表示 $\nu(t)$。

一个测量过程总是有始有终的，即在不同时刻，在 τ 时段内的测量次数 N 是有限的。在相同的时间间隔 τ 内，这一次测量和下一次测量可以是连续的，也可以相隔一段时间。在进行实际测量时，通常是在有限的时间内对随机变量进行有规律的取样（图 4-27），用电子计数器测频时就是如此。这时，其采样方差与测量次数 N、测量周期 T 及取样时间 τ 有关：

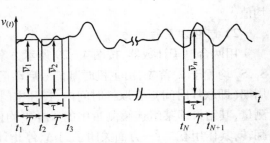

图 4-27　随机变量 $\nu(t)$ 的 N 次取样

$$\sigma^2(N,T,\tau) = \left\langle \left(\bar{\nu}_i - \frac{1}{N} \sum_{i=1}^N \bar{\nu}_i \right)^2 \right\rangle \qquad (4-47)$$

式中　符号 $\langle\ \rangle$ 表示随机变量长时间的统计平均。由于实际测量时 N 不可能为无限大，这时可由贝塞尔公式求得 $\sigma^2(N,T,\tau)$ 的最佳估值：

$$\sigma^2(N,T,\tau) \approx \frac{1}{N-1} \sum_{i=1}^N \left(\bar{\nu}_i - \frac{1}{N} \sum_{i=1}^N \bar{\nu}_i \right)^2 \qquad (4-48)$$

为了减少测量时间和测量次数，在工程上往往用连续取样来代替间隙取样，用有限次测量来代替无限多次测量，如图 4-28 所示。其中，以连续两次无间隙采样结果作一组数据，称为双采样方式，它是采样方式的一种特殊情况。而双采样方差则是采样方差在 $N = 2$，$T = \tau$ 时的一个特例，记为

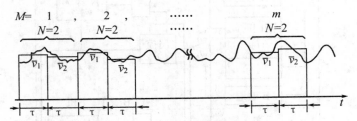

图 4-28　双采样示意图

$$\langle \sigma_\nu^2(\tau) \rangle = \langle \sigma^2(2,T,\tau) \rangle = \left\langle \left(\bar{\nu}_1 - \frac{\bar{\nu}_1 + \bar{\nu}_2}{2} \right)^2 + \left(\bar{\nu}_2 - \frac{\bar{\nu}_1 + \bar{\nu}_2}{2} \right)^2 \right\rangle = \frac{1}{2} \langle (\bar{\nu}_2 - \bar{\nu}_1)^2 \rangle$$

$$(4-49)$$

必须指出，双采样方差要求的是，一组测量中两个数据要连续读数，即 $T = \tau$，但组与组之间可以容许有一定的间隙。由于双采样不是非相关采样（$T = \tau$，而非 $T \gg \tau$），所以双采样方差不是采样方差的无偏估计。但它有下列优点：

（1）由于双采样方差是相邻连续取样，计算 $(\bar{\nu}_2 - \bar{\nu}_1)$ 时，对 $1/f$ 噪声的缓慢变化的影响具有抵消作用，所以，即使随机函数 $\nu(t)$ 中包含有 $1/f$ 噪声，它也是收敛的；

（2）由于每组测量中 $N = 2$，如果是连续取样，则测量的时间和组数都可以大大减少，这对于工程测量具有现实意义。

（3）对于不同的频率源，如果都利用双采样方差来进行比较，可以不加校准。

时域的频率稳定度,可以用双采样方差,习惯上称为阿仑方差来定义,并记为

$$\sigma_y^2(\tau) = \frac{1}{2}\langle(\bar{y}_2 - \bar{y}_1)^2\rangle \tag{4-50}$$

式中 $\bar{y}_1,\bar{y}_2$ 是在取样时间 τ 内,频率相对起伏 $y(t)$ 第一次取样和连续进行的第二次取样的平均值。

2)阿仑方差的测量

用两台电子计数器,按图4-29所示方案可以实现邻频连续取样。在测频率状态下,开关 S_1,S_2 均置于 a。首先,由主机时基信号启动门控(1),其闸门时间开关 S_2 用来选择时基信号的周期(即取样时间)。在取样时间内,打开主门A,这时主机对来自A通道的被测频率进行计数测量,其结果即某组连续测量中的采样平均值 $\bar{y}_1$。主机第二个时基信号到来时,门控双稳(1)翻转,其作用有二:一方面关闭主门A,停止计数并显示结果;另外经连线 ① 输出一个信号启动副机门控(2),打开副机主门B,使得副机可以对来自A通道的被测频率以相同的取样时间进行计数,并显示结果。连线 ② 的作用在于第3个时基脉冲到来时关闭B门。由于副机的开门信号是由主机的关门信号提供的,而且门控双稳的翻转速度可达毫微秒量级,在取样时间不是太短、且大于门控双稳的翻转时间时,两机的计数结果可以看作为组内无间隙采样值,符合阿仑方差组内无间隙采样的条件。因为副机开始测量的时间恰好比主机开始测量的时间延迟了一个采样时间,所以此法又称为延时法,其波形如图4-30所示。在测周期状态下,开关 S_1,S_2 与 b 连接,这时,由主机B通道输入的被测信号是闸门控制信号,计数器计数来自主机的时标信号。这样,由多组测量结果,按式(4-50)来计算被测随机量的阿仑方差。

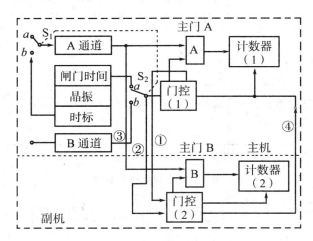

图4-29 延迟法测阿仑方差

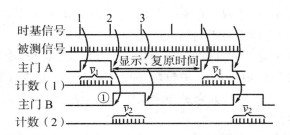

图4-30 延迟法邻频连续取样波形图

4.8 调制域测量

在经典技术中,人们都很熟悉时域测量技术 —— 示波器法和频域测量技术 —— 频谱分析法,它们分别显示了时域中电压与时间的关系和频域中幅度与频率的关系。但是在很多情况下,还需要知道频率动态特性。调制域分析技术可显示出频率或时间间隔与时间的关系曲线,如图 4-31 所示。除了大家所熟悉的 $V-f$、$V-t$ 特性外,还可以清楚地看到频率或时间间隔与时间 t 之间关系,即 $f-t$ 关系。利用调制域测量技术,可测量数字通信系统、磁盘机、磁带机和机械系统的抖动特性,测量从激光器到振荡器各种电子设备的频率漂移现象,还可很方便地测量调制中的峰 – 峰偏移、载频和调制率等。

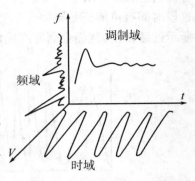

图 4-31 时域、频域和调制域

4.8.1 调制域测量原理

可以用以下简单的对比来说明调制域测量原理:

在时域测量中,电压表加上时间触发就是示波器;在频域测量中,功率计加上频率触发就是频谱分析仪;而通用计数器加上时间门的触发就是调制域分析仪。

在频谱分析仪中允许测量人员定义一个频率窗口以实现测量,而在调制域测量中相当于在频谱分析仪中定义一个时间窗口,这样可以实现以下测量功能:

(1) 测量信号的规定部分的频谱,如一个射频脉冲的中间部分;

(2) 分离和测量在时间上交错的信号,如可以测量一个被多个用户进行时间复用的无线信道的频谱;

(3) 屏蔽在预期时间内出现的干扰信号。

例如,用频谱分析仪测量中心频率为 100 MHz、频谱宽度为 500 kHz、谱线间隔为 50 kHz 的信号。在频谱分析仪测量时会显示出如图 4-32(a) 所示的形式,而在调制域分析仪中显示结果如图 4-32(b) 所示,能很方便地读出该调制信号的中心频率、调制速率及频宽。

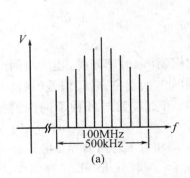
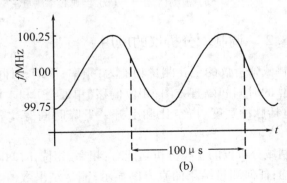

图 4-32 频域与调制域分析对比示例

(a) 频域分析　　　　(b) 调制域分析

传统的频率测量是间隔测量,计算在单位时间内出现的事件 E 的频率,即 $f = \Delta E / \Delta T$。当用这种经典测频率的方法测量如图 4-33(a) 所示的波形时,可能会在计数器计算结果时造成死区,从而遗漏了事件。如图4-33(b)所示,在一个闸门时间内测得4个事件,然后计数器进行计算。在第二个闸门中,重新计数,并进行计算,这样计数结果是在38.3 MHz左右,恰恰在死区这段时间有可能正是频率产生变化的时候,而通用计数器无法反应。所以要实现如图4-33(c)所示连续测量,就能全面而准确地反映频率动态变化的特性。

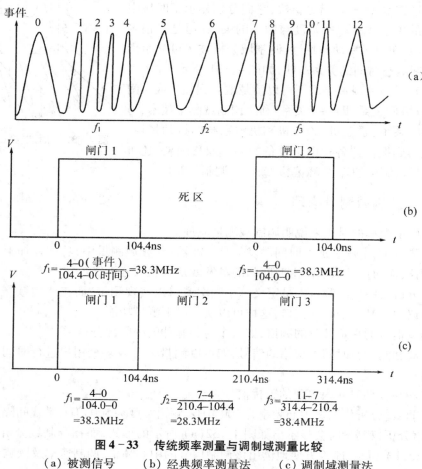

图4-33 传统频率测量与调制域测量比较
(a)被测信号   (b)经典频率测量法   (c)调制域测量法

4.8.2 调制域分析仪的应用

调制域分析仪的主要测量功能为:频率;周期;时间间隔(±时间间隔、连续时间间隔);实时运算的时间间隔直方图;相位偏移(单通道)和A相对B的相位;时间偏差(抖动);专门测量(包括脉冲宽度、占空比和上升/下降时间等)等,可直接通过各种不同的测量获取结果。

调制域分析仪的主要分析功能有:频率、相位、时间间隔相对于时间轴的变化显示;单次或多次平均;任何测量结果的直方图显示;测量结果数值显示;调制分析(峰-峰偏移、中心频率、调制速率);抖动频谱分析;各种参数统计(平均、最大、最小、方差、均方差、有效值、概率);阿仑方差计算等。抖动和调制都可利用机内的分析功能方便地进行定量分析。另外,仪器还具有组合触发和选通功能,用于捕获复杂输入信号的特定部分。下面就仪器某些功能作简要的介绍。

1）直接观测频率变化(调制)

调制域分析仪可连续地对频率进行测量,描绘出各种随时间变化的测量结果。由于它不存在频率计数器或时间间隔分析仪所存在的两次测量之间的空闲时间,因而是一种分析信号的良好方法。这种测量技术保持了两次测量之间的关系,只需进行单次捕获,即可完成所有的测量工作,而不需要频率计数器通常采用的麻烦而费时的包络提取法。图 4－34 示出了某调频信号在调制域分析仪上的图像显示。在该显示图上部可直接读出载波频率、调频速率和峰－峰偏移。

在调制域分析仪中,X 轴表示测量所经历的时间,这与示波器是一样的。但与其不同的是,调制域分析仪的 Y 轴显示的是信号的频率、时间间隔或相位,而非电压的幅值。图 4－34 表明了信号(载波)频率随时间的变化情况。因此,所显示的正弦波揭示了对载波的频率调制情况,正弦波的频率即是调频速率;而该正弦波的幅度则是调频频偏。

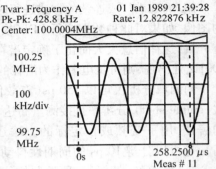

图 4－34　调频信号显示

2）信号抖动测试

图 4－35 所示是调制域分析仪对某一随时间变化的时间偏移的测量结果,进行此种测量的目的是观察时钟信号的抖动,该显示表明了对同一频率的"理想"时钟信号的偏移,在图像的上部给出了抖动的频率和峰－峰偏移量,图中显示的数据 —— 时钟抖动的周期性成分和随机性成分可提供深入了解所需的有用信息。这一功能是测量时钟信号边沿出现的时间,并将其与具有同一频率的"理想"时钟信号边沿出现的时间进行比较,然后将它们的差别随时间的变化关系用图形表示出来。一个理想的时钟信号是没有抖动或调制的,因而不存在时间偏移。对于一个非常稳定的时钟来说,这种变化或偏移可能小至 1 ns 或几百 ps。但

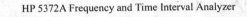

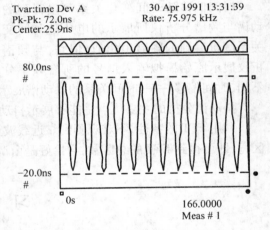

图 4－35　时间抖动测量

是,如果存在着任何抖动或不希望有的调制,则这种偏移可达几十或者几百 ns 的量级。利用这种方法,可以测量小至 200 ps 的偏移。

调制域分析仪显示的数值可根据需要来定度。例如,电信应用中规定用单位间隔(UI)即一个时钟周期来表示抖动。为了将时间偏移变为单位间隔,应该每次测量结果除以信号的周期。利用调制域分析仪内部具有的数学运算能力,很容易做到这一点。

调制域分析仪用记录信号边沿出现时间的方法来测量时间间隔、频率或相位随时间的变化关系。所谓边沿通常定义为正向或负向的电压瞬变。随着每一边沿时间的记录,调制域分析仪连续不断地计算边沿的数量。这就是说,在每一边沿的时间标记之间,不存在时间的盲区。

在达到预定的测量次数之后,即根据所要求的测量处理诸时间标记与边沿。其他的测量,如相位或上升／下降时间的测量,则可通过对时间和事件计数的操作来实现。

3) 对抖动的频谱分析

用"背靠背"或连续的方式进行时间间隔(或频率相位)测量可以获得信号抖动的更完整的图像。如果对此种数据实行 FFT(快速傅立叶变换),则可以抖动谱的形式展示出抖动的所有分量,这种信息大大简化了确定潜在抖动源的过程。如设计人员能够确认抖动主要在 50 或 100Hz 处出现,则可将电源作为潜在的问题来源加以检查。

调制域分析仪可以 150 ps(有效值)的单次(single shot)分辨率直接测量高达 500 MHz 的信号(用下变频或预定标的方法还可以更高),它可以分辨 10 ps 的周期性抖动分量。因此,这一技术可应用于多种类型的信号,任何频率的时钟信号皆可被考察,各种随机信号,像开通中的数字电话信息或者来自磁盘驱动器的数据等,亦易于测量。

为了确定是否有其他调制或抖动频率,可对数据进行 FFT 信号处理以得到抖动的频谱,如图 4-36 所示。

时间偏移随时间变化关系测量得到的抖动谱与频谱分析仪所展示的电压随时间变化关系测量得到的频谱很相似。但是,与频谱分析仪展示原始模拟输入信号的所有频率分量

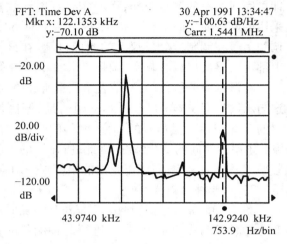

图 4-36　信号 FFT 分析测量

不同,时间偏移 —— 时间关系的抖动谱展示的是输入信号的抖动(调制)的所有频率分量。

抖动谱分析的主要优点是能够展示抖动的所有来源。

利用 FFT 的特性,不难观测到靠近载波达 0.01 Hz 乃至更近的抖动分量。将频率跨度除以区宽,即可得到 FFT 的总区数,它恰好是由调制域分析仪所收集到的测量总数的一半。

习　　题

4-1　用一台 7 位电子计数器测量一个 $f_x = 5$ MHz 的信号频率,试分别计算当"闸门时间"置于 1 s,0.1 s 和 10 ms 时,由 ±1 误差产生的测频误差。

4-2　欲用电子计数器测量一个 $f_x = 200$ Hz 的信号频率,采用测频(选闸门时间为 1 s)和测周(选时标为 0.1 μs)两种方法,试比较这两种方法由 ±1 误差所引起的测量误差。

4-3　欲测量一个标称频率 $f_0 = 1$ MHz 的石英振荡器,要求测量精确度优于 $\pm 1 \times 10^{-6}$,在下列几种方案中,哪一种是正确的?为什么?

(1) 选用 E312 型通用计数器($\Delta f_c/f_c \leq \pm 1 \times 10^{-6}$),"闸门时间"置于 1 s。

(2) 选用 E323 型通用计数器($\Delta f_c/f_c \leq \pm 1 \times 10^{-7}$),"闸门时间"置于 1 s。

(3) 计数器型号同上,"闸门时间"置于 10 s。

4-4　一个 2.5 MHz 标称频率的石英振荡器与一个 2.5 MHz 标准频率用李沙育图形(椭圆法)进行比对,每小时测一次,24 h 的测量数据列于下表,求频率准确度和日波动。

测试时间 t/h	10	11	12	13	14	15	16	17	18
转动一周的时间 t_n/s	+95	+81	+73	+85	+73	+63	+60	+84	+66
$\gamma = \dfrac{\Delta f}{f_0} \times 10^{-9}$									
测试时间 t/h	19	20	21	22	23	24	次日1	2	3
转动一周的时间 t_n/s	+70	+300	+145	+101	+203	+205	+195	+322	+444
$\gamma = \dfrac{\Delta f}{f_0} \times 10^{-9}$									
测试时间 t/h	4	5	6	7	8	9	10		
转动一周的时间 t_n/s	+157	+225	+163	+198	+170	−108	−108		
$\gamma = \dfrac{\Delta f}{f_0} \times 10^{-9}$									

注:表中"+"和"−"表示转动方向

4－5　图4-37是利用示波法测量频率稳定度的另一种方法,称外同步法,试说明其测频原理。

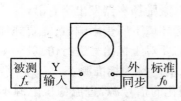

图4-37　习题4-5之图

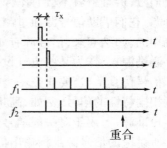

图4-38　习题4-8之图

4－6　用某电子计数器测一个 $f_x = 10\ \mathrm{Hz}$ 的信号频率,当信号的信噪比 $S/N = 20\ \mathrm{dB}$ 时,分别计算当"周期倍乘"置于 ×1 和 ×100 时,由于转换误差所产生的测周误差,并讨论计算结果。

4－7　若电子计数器内晶振频率 $f_0 = 10\ \mathrm{MHz}$,闸门时间为 1 s,试求中界频率。

4－8　用游标法测量 τ_x(见图4-38),设 $f_1 = 5\ \mathrm{MHz}$, $f_2 = 5.01\ \mathrm{MHz}$,求 τ_x 之值。

5 信号源

5.1 引　言

信号源能够产生不同频率、不同幅度的规则或不规则波形的信号,在试验、测量、校准以及维修中得到广泛应用,通常称为信号发生器。

5.1.1　信号源的用途

在电子技术领域中,许多电子系统,甚至电子器件只有在一定的电信号作用下其性能才能显露出来,例如扬声器、电视机等。扬声器如果没有外加音频信号就不能发声;电视机如果没有外加电视信号,屏幕上就不会有图像显示。另一方面,一些电气设备在研究和生产过程中也少不了信号源,它们借助信号源通过测量来鉴定其性能的优劣。因此,信号源在电子测量技术中是极其有用的。归纳起来,信号源有如下三方面的用途:

(1) 激励源　　作为某些电气设备的激励信号。例如,激励扬声器发出声音。

(2) 信号仿真　　当要研究一个电气设备在某种实际环境下所受影响时,需要施加具有与实际环境相同特性的信号。例如,高频干扰信号,这时就需要对干扰信号进行仿真。

(3) 校准源　　用于对一般信号进行校准(或比对),有时称为标准源。

本章所讨论的信号源是指输出信号的幅度随时间变化的信号源,直流稳压电源不属本章讨论内容。

5.1.2　信号源的分类

信号源可分为通用和专用两大类。专用信号源仅适用于某些特殊测量要求,本章只讨论通用信号源。

通用信号源按输出波形分类,主要有正弦信号源、函数(波形)信号源、脉冲信号源和任意波形信号源。

在正弦信号源中又可按频段分为

(1) 超低频信号源　　频率范围为 $(0.000\ 1\ \sim\ 1\ 000)\,Hz$;

(2) 低频信号源　　　频率范围为 $1\,Hz\ \sim\ 20\,kHz(或\,1\,MHz)$;

(3) 视频信号源　　　频率范围为 $20\,Hz\ \sim\ 10\,MHz$;

(4) 高频信号源　　　频率范围为 $200\,kHz\ \sim\ 30\,MHz$;

(5) 甚高频信号源　　频率范围为 $(30\ \sim\ 300)\,MHz$;

(6) 超高频信号源　　频率范围为 $300\,MHz$ 以上。

必须指出,上述频段划分并不十分严格。对于具体的信号源来说,可能占某一频段或相邻的多个频段,也可能只占某频段的部分频率。目前通用信号源所占频段都比较宽,例如,HP8640B 信号发生器的频率范围为 $500\,kHz\ \sim\ 1\ 024\,MHz$。

按调制类型分类,主要有调幅(AM)、调频(FM)及脉冲调制(PM)信号源。

按信号产生的方法分类,有谐振法和合成法等信号源。

5.1.3 信号源的主要技术指标

通常用以下几项技术指标来描述正弦信号源的主要工作特性:

(1)频率范围 如前所述,各类正弦信号源的频率范围已有规定。必须强调,在规定的频段范围内,其他各项技术指标均应得到满足。

(2)频率准确度和稳定度 在谐振法信号源中,低频信号源的准确度约为 ±(1% ~ 3%),稳定度优于 10^{-3}。高频信号源的准确度约为 0.5% ~ 1%,稳定度为 10^{-3} ~ 10^{-4}。

(3)非线性失真和频谱纯度 实际中,信号源不易产生理想的正弦波。通常,用非线性失真来表征低频信号源输出波形的好坏,约为 0.1% ~ 1%;用频谱纯度表征高频信号源输出波形的质量。频谱不纯的主要来源为高次谐波和非谐波。

(4)输出电平调节范围 低频和高频信号源的输出电平通常用电压电平表示,微波信号源则用功率电平表示。电平表示的方法可用绝对电平,也可用相对电平。一般输出电平并不高,但调节范围较宽,可达 10^7。例如,HP8640B 输出电平范围为(+ 19 ~ - 145)dBm。

(5)输出电平准确度 一般在 ±(3% ~ 10%)的范围内。

(6)输出电平稳定度和平坦度 输出电平稳定度是指输出电平随时间变化的情况,而平坦度是指调节频率时输出电平的变化情况。例如 HP8640B 的平坦度为 ± 0.5 dB。

(7)输出阻抗 低频信号源的输出阻抗有 50 Ω,600 Ω,5 000 Ω 三种,高频信号源有 50 Ω 或 75 Ω 两种。

(8)调制类型 通常有如下几种类型:

调幅(AM) 适用于整个射频频段,但主要用于高频段;

调频(FM) 主要用于甚高频或超高频段;

脉冲调制(PM) 主要用于微波波段;

视频调制(VM) 主要用于电视使用的频段,即(30 ~ 1 000)MHz。

(9)调制频率及其范围 调制频率可以是固定的或连续可调的,可以是内调制也可以是外调制(由外部向仪器提供调制信号)。调幅的调制频率通常为 400 Hz,1 000 Hz;而调频的调制频率在 10 Hz ~ 110 kHz 范围内。

(10)调制系数的有效范围 调幅系数的范围为 0 ~ 80%;调频的频偏通常不小于75 kHz。

(11)调制系数的准确度 一般优于 10%。

(12)调制线性度 一般在 1% ~ 5% 的范围内。

(13)寄生调制 寄生调制是指不加调制时,信号载波的残余调幅、残余调频;或调幅时有感生的调频、调频时有感生的调幅。通常寄生调制应低于 - 40 dB。

以上各项技术指标主要是对正弦信号源而言的,至于函数发生器、合成信号发生器、任意波形发生器等还有其他相应的技术指标,以后再予叙述。

5.1.4 信号源的发展过程及现状

从信号源研究和生产的进程来看,射频信号源和低频信号源几乎是同时出现的。电振荡器的早期源于LC振荡电路,例如英国 Marconi 公司曾用火花放电激励 LC 振荡。为了得到音频信号,到了 20 世纪 30 年代人们提出以 RC 构成振荡电路。在同一时期美国于 1928 年生产出第一台射频信号源 —— 调幅信号发生器,而后出现调频信号发生器。在 40 年代国外就开始研究脉冲信号发生器。1962年美国Wavetek公司在RC电路的基础上,又推出了函数发生器产品。在60年代初,起源于通信领域的频率合成技术也引用到信号源中,出现了合成信号发生器。自80年代以来,人们又将微机技术引入信号源,出现了任意波形信号源。

我国在信号源的研究和生产方面也有很长的历史。在20世纪50年代初,就能自行生产电子管信号源。80年代,我国信号源在引进、消化国外合成信号技术的基础上,推出了相应的产品。在80年代后期,内含微机技术的任意波形发生器也相继问世。

5.2 低频及高频信号源

5.2.1 低频信号源

一个信号源至少由主振和输出两部分组成。低频信号源的主振部分为RC振荡器,由文氏电桥(RC网络)和放大器组成,如图5-1所示。

图中A为两级放大器。该电路的振荡频率f_0为

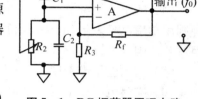

$$f_0 = \frac{1}{2\pi\sqrt{R_1 C_1 R_2 C_2}} \qquad (5-1)$$

图5-1 RC振荡器原理电路

由式(5-1)可见,调节$R(R_1$和$R_2)$的大小可以改变输出信号的频率,调节$C(C_1$和$C_2)$也可以改变频率。通常R用于细调频率,C用于粗调频率范围。输出信号的幅度由输出衰减器控制(图5-1中未画出)。

5.2.2 高频信号源

高频信号源也称为射频信号源,信号的频率范围在30 kHz ~ 1 GHz之间。为了测试通信设备,这种仪器具有一种或一种以上的组合调制功能,包括正弦调幅、正弦调频以及脉冲调制。高频信号源的组成如图5-2所示。图中主振级为LC振荡器,内调制振荡器用于产生调制信号。

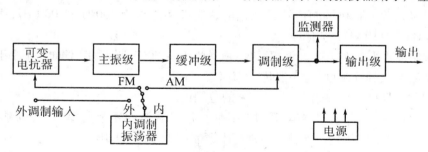

图5-2 高频信号源的原理方框图

在调频(FM)时调制信号用于改变可变电抗器的参量以控制主振级的谐振频率,例如变容二极管就用于改变主振回路的电容量;在调幅(AM)时调制信号在调制级中改变输出信号的幅度。信号源的输出级通常要满足下列三方面的要求:

(1)足够的输出功率 因此,输出级应该包含功率放大级;

(2)输出信号的幅度大小可以任意调节 因此,输出级必须具备输出微调和步进衰减电路;

（3）信号源必须工作在负载匹配的条件下　如果不是这样，不仅要引起衰减系数误差，而且还可能影响前级电路的正常工作，减小信号发生器的输出功率，在输出电缆中出现驻波。因此，必须在信号源输出端与负载之间加入阻抗变换器，进行阻抗匹配。

5.2.3　脉冲信号源

脉冲信号源不仅用于测试脉冲和数字电路，而且也广泛用于电视、雷达定位、自动控制以及多路通信等方面。此外，还可以用于测试宽带放大器的瞬态响应特性。

通用脉冲信号源的输出主要是矩形脉冲。矩形脉冲信号的基本参量是重复频率、脉冲幅度、脉冲宽度，信号源应在较宽的范围内对这些参量能独立进行调节；此外还有上升时间，上冲及下降时间等参量。

通用脉冲信号源的组成如图5-3所示。其中主振级通常采用射极耦合自激多谐振荡器。为了进一步提高频率的稳定度有时采用正弦波同步多谐振荡器；或者直接采用正弦波振荡器、放大限幅器和微分电路组成主振级。为了便于测量，在许多情况下要求脉冲信号源能输出同步脉冲，该同步脉冲要超前主脉冲一段时间，这个时间可以是固定的，也可以是连续可调的，因此在主振级之后设置一个延迟级，使主脉冲产生延迟。图中的形成级是脉宽形成电路，用于调节输出脉冲的宽度，但是脉冲的重复频率由主振级决定。形成级应该具有良好的脉冲宽度调节性能，以便得到较高的脉宽准确性和稳定性。

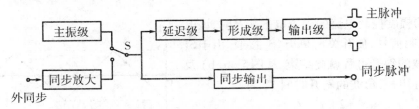

图5-3　脉冲信号源原理框图

5.2.4　函数信号发生器

函数信号发生器实际上是一种多波形信号源，可以输出正弦波、方波、三角波、斜坡、半波正弦波及指数波等信号。函数发生器引入微机后，可以产生的波形种类就更多了。由于其输出波形均可用数字函数描述，故得名函数发生器。目前函数发生器输出信号的重复频率可达50 MHz 以上，而低端可至 μHz 量级。

1）函数信号发生器的工作原理

函数信号发生器以某种波形为第一波形，然后利用第一波形导出其他波形。构成函数发生器的方案很多，早期是先产生方波，经积分作用产生三角波或斜波，再由三角波经过非线性函数变换网络形成正弦波；后来又出现了先产生正弦波，再形成方波、三角波等等。近来较为流行的方案是先产生三角波，然后产生方波、正弦波等，这种方案的框图如图5-4所示。还可以借助计算机技术直接产生各种函数波形，这种信号源不仅使用方便，而且能产生的函数波形更为丰富，这将在任意波形发生器中进行介绍。

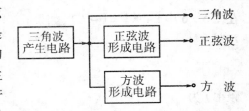

图5-4　函数信号发生器原理框图

2）函数信号发生器的典型电路

这里仅介绍三角波产生电路和正弦波
形成电路,其他电路从略。

（1）三角波产生电路

众所周知,利用电容器的充放电可以
获得线性斜升、斜降电压,三角波的产生就
基于这个原理。在图5-5中电流源 I_1、I_2 和
积分器(包括积分电容器 C 和运算放大器
A)构成三角波电路,其工作过程用图5-6
说明。

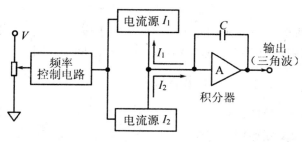

图5-5　三角波产生电器

第一步:假设开始时开关 S_1 接通,电流
源 I_1 向积分电容 C 充电,形成三角波的斜升
过程,积分器输出电压 V_o 为

$$V_o = \frac{1}{C}\int_0^t i\,dt \qquad (5-2)$$

因为充电电流是电流源 I_1,故上式可表示为

$$V_o = \frac{I_1}{C}t \qquad (5-3)$$

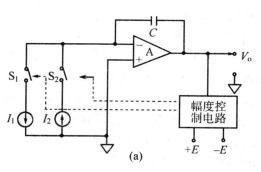

当 V_o 上升到幅度控制电路的限值电平 $+E$ 时,该
电路将发出控制信号,使开关 S_1 断开、S_2 接通。由于 S_1
断开,三角波的斜升过程就此结束。从图5-6(b)及
式(5-3)可知,三角波的斜升时间 T_1 为

$$T_1 = \frac{2|E|C}{I_1} \qquad (5-4)$$

第二步:由于 S_2 接通,电流源 I_2 向电容 C 充电,
且充电方向与第一步时相反,形成三角波的斜降过
程。当下降到限值电平 $-E$ 时,幅度控制电路又使
S_2 断开、S_1 接通,重复第一步的过程。假设斜降时间
为 T_2,则 T_2 为

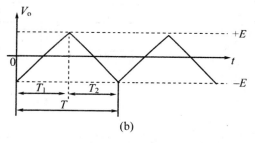

图5-6　三角波产生原理
（a）电路　　　（b）时间波形

$$T_2 = \frac{2|E|C}{I_2} \qquad (5-5)$$

三角波的周期 T 为

$$T = T_1 + T_2 = \frac{2|E|C}{I_1} + \frac{2|E|C}{I_2} \qquad (5-6)$$

在图5-6中 $|+E| = |-E|$,如果 $|I_2| = |I_1| = I$,则 $T_1 = T_2$,可以得到对称三角波,其周期
T 为

$$T = 4\frac{|E|C}{I} \qquad (5-7)$$

频率 f 为

$$f = \frac{1}{T} = \frac{I}{4|E|C} \qquad (5-8)$$

由式(5-6)可以得到如下几点结论：

① 当 $I_1 = I_2$ 时可以得到对称三角波，改变电流源 I 或积分电容 C 就可改变三角波的频率，通常以 C 实现粗调，I 实现细调(图 5-5 中的频率控制电路就是用于实现频率微调的)。

② 在积分电容为定值的情况下，I 越小，输出信号的频率越低。这时降低信号频率已经不像正弦信号发生器那样受调谐元件限制了，只要 I 的量值合适，可以使频率的下限很低，例如 HP8165 函数发生器的频率下限达 mHz 量级。这就是函数发生器能输出很低频率的原因。

③ 当电流源 $I_1 \neq I_2$ 时，三角波的斜升和斜降时间不等，调节 I_1 或(I_2) 就可以改变三角波的不对称度。对这种三角波进行限幅就得到宽度可以调节的脉冲波形。

④ 三角波的幅度取决于上限值 $+E$ 和下限值 $-E$，若 $|+E| = |-E|$，可得正、负幅度对称的波形。

(2) 正弦波形成电路

该电路的作用是从三角波形成正弦波。根据频谱分析的原理，可以利用滤波器滤除三角波中的高次谐波，便得到基波 —— 正弦波。但是，在频率范围很宽的函数发生器中难以实现。实际中，常利用非线性网络将三角波"限幅"为正弦波。非线性网络可以用二极管或三极管及电阻元件组成。

在图 5-7 中用二极管和电阻构成三角波的"限幅"电路，它实际上是一个由输入三角波 V_i 控制的可变分压器。在三角波的正半周，当 V_i 的瞬时值很小时，所有的二极管都被偏置电压 $+E$ 和 $-E$ 截止，输入三角波经过电阻 R 直接输送到输出端作为 V_o。当三角波的瞬时电压 V_i 上升到

$$V_i = +E \frac{R_{1A}}{R_{1A} + R_{2A} + \cdots + R_{5A}}$$

时($+E$ 是直流偏压源)，二极管 D_{1A} 导通，于是由电阻 R_1、R_{1A} 和 R 组成的分压器接通，使三角波通过该分压器输送到输出端，输出电压 V_o 为

$$V_o = +V_i \frac{R_{1A} + R_1}{R_{1A} + R_1 + R}$$

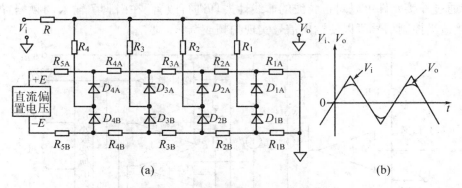

图 5-7 用二极管组成的正弦波形成电路
(a) 原理电路　　　　(b) 时间波形图

随着三角波电压(V_i)瞬时值不断上升，二极管 D_{2A}、D_{3A}、D_{4A} 将依次导通，使分压器的分压比逐渐减小，从而使三角波趋于正弦波。在三角形的正峰过后就是斜降过程，由于瞬时电压逐渐下降，二极管 D_{4A}、D_{3A}、D_{2A}、D_{1A} 又相继截止。进入负半周后二极管 D_{1B}、D_{2B}、D_{3B}、D_{4B} 也按同样的过程相继导通和截止，从而在输出端得正弦波 V_o，见图 5-7(b)。

从图 5 - 7 可知,该波形变换网络实际上是以 16 条线段将三角波转变为正弦波,是对正弦波的逼近。当然,网络的级数越多逼近的程度就越好(图(a)只有4级)。实践证明,如果采用26条段(即用6级网络)逼近正弦波,可以得到正弦波的非线性失真优于 0.25% 。

3) 集成函数信号发生器

这种集成电路能产生方波、三角波、锯齿波及正弦波;除了输出固定频率的信号外,还可以输出调频或扫频信号。典型芯片是5G8038(ICL8038),电路组成如图 5 - 8 所示。三角波由电流源 I_1、I_2 对外接电容器 C_T 充放电实现。开关 S 受 RS 触发器 Q 端控制。当触发器输出 $Q = 0$ 时,S 断开,电流源 I_1 对 C_T 正向充电,充电电流使 C_T 的端电压 V_{cT} 上升。当 V_{cT} 上升到比较器1门限电平时,比较器 I 输出发生变化,使触发器置位($Q = 1$)。由于 $Q = 1$,开关 S 接通,C_T 被电流 $I_2 + I_1$ 充电。调节 R_B 可使 $|I_2| = |2I_1|$,则 C_T 的反向充电电流等于 $|I_1|$(因为 $I_2 + I_1 = -2I_1 + I_1 = -I_1$)。在反向充电的过程中,$C_T$ 上的电压(V_{cT})线性下降。当降至比较器2的门限电平时,触发器复位($Q = 0$),开关 S 再次断开,再由 I_1 向 C_T 正向充电。如此反复进行,C_T 上形成的三角波经过缓冲器1在引脚3输出。假设 $|+E_c| = |-E_c| = |E|$,$I_1 = \dfrac{2|E|}{5R_A}$,$I_2 = \dfrac{4|E|}{5R_B}$,则该电路产生的三角波的频率(f_o)可用下式计算:

$$f_o = \frac{1}{\frac{5}{3}R_A C_T \left(1 + \frac{R_B}{2R_A - R_B}\right)} \tag{5 - 9}$$

如果 $R_A = R_B = R_T$,则

$$f_o = \frac{0.3}{R_T C_T} \tag{5 - 10}$$

5G8038 的输出频率范围为 1 mHz ~ 300 kHz。

如果改变两个电阻 R_A 和 R_B 的比值,则将输出非对称三角波或锯齿波。在 RS 触发器的输出 Q 端后接缓冲器2就可以从引脚9输出方波或脉冲波,这时调节 R_A 和 R_B 的比值可得占空比为 2% ~ 98% 的脉冲波。三角波在缓冲器1后经过正弦波变换电路就在引脚1(或2、12)输出正弦波,通过外接元件可以对正弦波的非线性失真进行改善。在引脚7输入调频偏置电压,引脚8外接适当控制信号可以使输出信号实现扫频或调频。

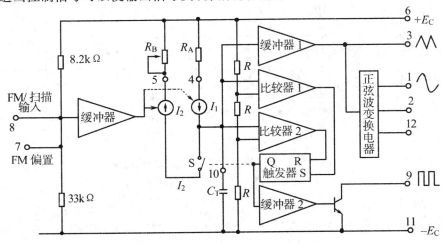

图 5 - 8　集成函数信号发生器芯片(5G8038)原理图

以 5G8038 为核心接入少量外部元件就可以构成一个实用的函数信号发生器，原理电路如图 5-9 所示。图中 5G8038 是该发生器的核心，输出三角波、正弦波和方波，经过 4 选 1 模拟开关可以选择其中一种波形。A_4 为该信号源的输出级，输出具有一定幅度和功率的信号。调节引脚 8 的电位可以改变输出信号的频率，以实现扫频或调频。在图 5-9 中引脚 8 的电位由数/模转换系统提供。当 D/A 输入数据不变时，它输出定值电压，信号源输出点频；当 D/A 输入数据变化时，它输出扫描电压，信号源输出信号的频率随扫描电压的规律变化，从而实现扫频。数/模转换系统包括 D/A 转换器（DAC0832）及运算放大器 A_1 和 A_2。A_3 是跟随器，起缓冲作用。在图 5-9 中 D/A 及 4 选 1 模拟开关所需的数据线（DB）及控制线（CB）均由微机提供。

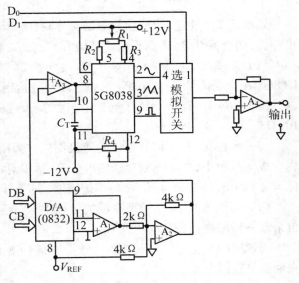

图 5-9　集成函数信号发生器的实现

5.3　合成信号源

合成信号源是将一个（或几个）基准频率通过合成产生一系列频率的信号源。其基准频率信号通常由石英晶体振荡器产生。

5.3.1　现代科学技术对信号源的要求

随着电子科学技术的发展，对信号频率的稳定度和准确度提出了愈来愈高的要求。例如在无线电通信系统中，蜂窝通信频段在 912MHz 并以 30 kHz 步进。为此，信号频率稳定度的要求必须优于 10^{-6}。同样，在电子测量技术中，如果信号源频率的稳定度和准确度不够高，就很难胜任对电子设备进行准确的频率测量。

在以 RC、LC 为主振级的信号源中，频率准确度达 10^{-2} 量级，频率稳定度达 10^{-3} ~ 10^{-4} 量级，远远不能满足现代电子测量和无线电通信等方面的要求。另一方面，以石英晶体组成的振荡器日稳定度优于 10^{-8} 量级，但是它只能产生某些特定的频率。为此需要采用频率合成技术，该技术是对一个或几个高稳定度频率进行加、减、乘、除算术运算，得到一系列所要求的频率。采用频率合成技术做成的频率源称为频率合成器，用于各种专用设备或系统中，例如通信系统中的激励源和本振；或做成通用的电子仪器，称为合成信号发生器（或称合成信号源）。频率的加、减通过混频获得，乘、除通过倍频、分频获得，采用锁相环也可实现加、减、乘、除运算。合成信号源可工作于调制状态，可对输出电平进行调节，也可输出各种波形。它是当前用得最广泛的性能较高的信号源。

5.3.2 合成信号源的主要技术指标

如同 5.1.3 所述,合成信号源的工作特性应该包括如下几个方面:频率特性、频谱纯度、输出特性、调制特性等。下面对频率特性和频谱纯度作进一步叙述。

(1)频率准确度和稳定度 取决于内部基准源,一般能达到 10^{-8}/d 或更好的水平。HP8663A 合成信号发生器的频率稳定度已经达到 5×10^{-10}/d。

(2)频率分辨率 由于合成信号源的频率稳定度较高,所以分辨率也较好,可达(0.01 ~ 10)Hz。

(3)相位噪声 信号相位的随机变化称为相位噪声,相位噪声将引起频率稳定度下降。在合成信号源中,由于其频率稳定度较高,所以对相位噪声有严格限制,通常宽带相位噪声应低于 -60 dB,远端相位噪声(功率谱密度)应低于 -120 dB/Hz。

(4)相位杂散 在频率合成的过程中常常会产生各种寄生频率分量,称为相位杂散。相位杂散一般限制在 -70 dB 以下。

需说明的是:在频域里,相位杂散是在信号谱两旁呈对称的离散谱线分布;而相位噪声则在两旁呈连续分布。

(5)频率转换速度 指信号源的输出从一个频率变换到另一个频率所需要的时间。直接合成信号源的转换时间为微秒量级,而间接合成则需毫秒量级。

5.4 合成信号源的基本原理

本节只叙述合成信号源的主振级。通常实现频率合成的方法有间接合成法和直接合成法两种。间接合成法是基于锁相环原理实现的;直接合成法又分为模拟直接合成法和数字直接合成法两种。实际上,在一个信号源中可能同时采用多种合成方法。下面讨论各种合成方法。

5.4.1 间接合成法

如前所述,间接合成法是基于锁相环(Phase Locked Loop,简写为 PLL)的原理。锁相环可以看作为中心频率能自动跟踪输入基准频率的窄带滤波器。如果在锁相环内加入有关电路就可以对基准频率进行算术运算,产生人们需要的各种频率。由于它不同于模拟直接合成法,不是用电子线路直接对基准频率进行运算,故称为间接合成法。

锁相环的基本组成如图 5 - 10 所示,由鉴相器(PD)、低通滤波器(LPF)以及压控振荡器(VCO)组成。VCO 输出频率 f_o 反馈至鉴相器,在此与基准频率 f_r(由晶体振荡器产生)进行相位比

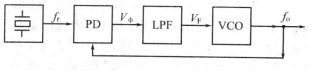

图 5 - 10 锁相环原理框图

较。PD 的输出 V_ϕ 与两个信号(f_r 和 f_o)的相位差成正比。V_ϕ 经过 LPF 之后得到缓慢变化的直流分量 V_F 控制 VCO。当环路稳定时,VCO 的输出频率 f_o 等于 f_r,即

$$f_o = f_r \qquad\qquad (5-11)$$

由式(5-11)可见,锁相环的输出频率(f_o)和基准频率(f_r)具有同等稳定度,或者说合成信号源的频率稳定度可以提高到晶体振荡器的水平,达 10^{-8},这是 RC、LC 振荡器所远远不可及的。

有关锁相环的原理这里不再进一步介绍,下面叙述利用锁相环进行频率运算的问题。在锁相环反馈回路中加入有关电路就可实现对基准频率 f_r 进行各种运算,得到各种所需频率。

图 5-11 为倍频式锁相环,在图(a)中,反馈支路接入 $\div N$ 分频器,因此在环路锁定时 $f_o/N = f_r$,得

$$f_o = Nf_r \qquad\qquad (5-12)$$

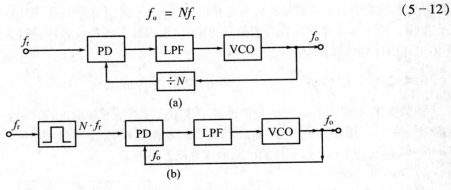

图 5-11 倍频式锁相环

(a) 数字环　　　(b) 脉冲环

由式(5-12)可知,图(a)实现了倍频作用。在图(b)中,基准频率 f_r 首先被形成窄脉冲,再以其 N 次谐波($N \cdot f_r$)作用于锁相环,因此有 $f_o = N \cdot f_r$。倍频式锁相环的符号为 NPLL。

图 5-12 是分频式锁相环,对于图(a)或图(b)均可得到

$$f_o = \frac{1}{N} \times f_r \qquad\qquad (5-13)$$

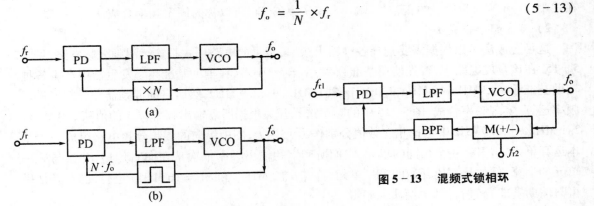

图 5-12　分频式锁相环

(a) 数字环　　　(b) 脉冲环

图 5-13　混频式锁相环

无论倍频环或分频环,所谓数字环是由数字分频器或倍频器实现的,其数值 N 可以为任意值,根据 f_o 的要求而设定;所谓脉冲环是以窄脉冲形成电路产生若干种谐波频率,只取其 N 次谐波作用于鉴相器,因此得名脉冲环。本节讨论目前广泛应用的由数字环构成的合成信号源。

图 5-13 为混频式锁相环,它以压控振荡器(VCO)的输出信号(频率为 f_o)和一个已知频率为 f_{r2} 的信号在混频器 M 进行混频,而后再至鉴相器(PD)与基准频率 f_{r1} 进行比较。在图 5-13 中为了提高合成信号的频谱纯度,在混频器之后加一带通滤波器(BPF)以消除由于混频而引入的组合干扰。在图 5-13 中,当环路稳定时有 $f_o \pm f_{r2} = f_{r1}$,故得

$$f_o = f_{r1} \mp f_{r2} \qquad (5-14)$$

在图中混频器 M 若取"+"为和频混频,相应地"-"为差频混频。

小结:从图 5-11 ~ 图 5-13 可见,由于在锁相环的反馈支路中加入频率运算电路,所以锁相环的输出信号频率 f_o 是基准频率 f_r 经有关的数学表达式(即式(5-12) ~ 式(5-14))的运算结果。表达式中的运算符号正好与运算电路的相反,例如前者为乘(即倍频环),则后者是除(即反馈支路中为分频器)。在合成信号源中,倍频式数字环和混频环获得更多应用。数字环的 N 值可以由计算机程控设定。

5.4.2　直接合成法之一 —— 模拟直接合成法

如前所述,模拟直接合成法是借助电子线路直接对基准频率进行算术运算,输出各种需要的频率。鉴于采用模拟电子技术,所以又称为直接模拟合成法(Direct Analog Frequency Synthesis,简写为 DAFS),常见的电路形式有以下两种。

1)固定频率合成法

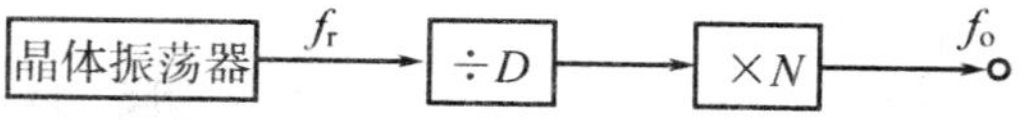

图 5-14 为固定频率合成的原理图。图中石英晶体振荡器提供基准频率 f_r,D 为分频器的分频系数,N 为倍频器的倍频系数。因此,输出频率 f_o 为

图 5-14　固定频率合成原理图

$$f_o = \frac{N}{D} f_r \qquad (5-15)$$

在式中,D 和 N 均为给定的正整数。输出频率 f_o 为定值,所以称为固定频率合成法。

2)可变频率合成法

这种合成法可以根据需要选择各种输出频率,常见的电路形式是连续混频分频电路,见图 5-15。在该合成电路中,首先使用基准频率 f_r(= 5 MHz),在辅助基准频率发生器中产生各种辅助基准频率:2 MHz,16 MHz,2.0 MHz,2.1 MHz,…,2.9 MHz,然后借助混频器和分频器进行频率运算,实现频率合成。图 5-15 中的频率选择开关根据所需输出频率(f_o)的值从 2.0 MHz,2.1 MHz,…,2.9 MHz 中选择相应数值分别作为 f_1 ~ f_4。图中纵向的混频分频电路组成一个基本运算单元,这里有 4 个相同的单元,它们所产生的输出频率依次从左向右传递,并参与后一单元的运算。例如从左边开始的第一单元,首先 f_{i1}(2 MHz)和 F(= 16 MHz)进行混频,其结果再与辅助基准 f_1 进行混频,两次混频得

$$f_{i1} + F + f_1 = [2 + 16 + (2.0 \sim 2.9)] \text{MHz} = (20.0 \sim 20.9) \text{MHz}$$

经 10 分频得(2.00 ~ 2.09)MHz。再以该频率作为第二单元的输入频率 f_{i2} 继续进行运算。从左至右经过 4 次运算,最后得输出信号的频率 f_o 为

$$f_o = (2.000\,00 \sim 2.099\,99) \text{MHz}$$

根据频率选择开关的状态,可以输出 10 000 个频率,频率间隔 $\Delta F = 10$ Hz,即为图 5-15 合成器的频率分辨率。如果串接更多的合成单元,就可以获得更细的频率间隔,以进一步提高频率分辨率。

直接模拟合成技术在 20 世纪 60 年代就已经成熟并付诸实用。它有如下一些特点:其一,从原理来说,频率分辨率几乎是无限的。从图 5-15 可知,增加一级基本运算单元就可以使频率分辨率提高一个量级。其二,合成单元由混频器、分频器及滤波器组成(有时也用倍频器、放大器等电路),其频率转换时间主要由滤波器的响应时间、频率转换开关的响应时间以及信号的传

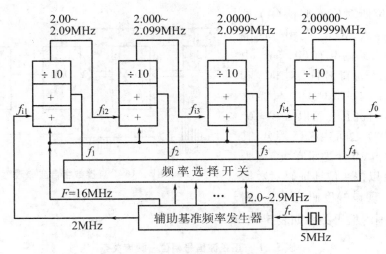

图 5 - 15　10 进连续混频分频电路

输延迟时间等决定。一般来说,转换开关时间在微秒量级,传输延迟时间亦在微秒量级,所以只要输出电路中滤波器的通带不是太窄,就能得到很快地转换速度,通常其转换时间为微秒量级。这比采用锁相环的间接合成法要快得多,间接合成的转换时间为毫秒量级。其三,由于采用混频等电路会引入很多寄生频率分量,带来相位杂散,因此必须采用大量滤波器以改善输出信号的频谱纯度。这些将导致电路庞大、复杂、不易集成,这是直接模拟合成法的一大弱点。相比之下,在间接合成中由于采用锁相环,它本身就相当于一个中心频率能自动跟踪输入基准频率的窄带滤波器,因此具有良好的抑制寄生信号能力。而且锁相环电路便于数字化、集成化,且便于工作在微机控制之下。

5.4.3　直接合成法之二 —— 数字直接合成法

前面两种信号合成方法都是基于频率合成的原理,通过对基准频率 f_r 进行加、减、乘、除算术运算得到所需的输出频率。自 20 世纪 70 年代以来,由于大规模集成电路的发展,开创了另一种信号合成方法 —— 直接数字合成法(Direct Digital Frequency Synthesis,简写为 DDFS 或 DDS)。它突破了前两种频率合成法的原理,从"相位"的概念出发进行频率合成。这种合成方法不仅可以给出不同频率的正弦波,而且还可以给出不同初始相位的正弦波及其他各种各样形状的波形。在前述两种合成方法中,后两个性能是无法实现的。由于 DDS 具有频带宽、频率转换速度快且相位连续、分辨率高、容易实现各种调制及扫频,以及工作稳定等优点,因而近十多年来得到了飞速发展。这里仅讨论正弦波的合成问题,关于任意波形将在后面进行讨论。

1) 直接数字合成基本原理

由图 5 - 16 可见,直接数字合成的过程是在参考时钟 CLK 的作用下,相位累加器输出按一定间隔递增的地址码寻址 ROM(或 RAM),地址递增的间隔取决于频率控制字。在 ROM 内存放波形数据,因而称为正弦查阅表。被寻址的 ROM 单元中的数据被读出,再进行数模转换(D/A),就可以得到一定频率的输出波形。由于输出信号(在 D/A 的输出端)为阶梯状,为了使之成为理想正弦波还必须进行滤波,滤除其中的高频分量,所以在 D/A 之后接一平滑滤波器,最后输出频率为 f_r 的正弦信号波形。

现以正弦波为例进一步叙述如下。在正弦波一周期(360°)内,按相位划分为若干等分

（$\Delta\Phi$），将各相位所对应的幅值（A）按二进制编码并存入 ROM。设相位间隔 $\Delta\Phi = 6°$，则一周期内共有 60 等分。由于正弦波对 180° 为奇对称，对 90° 和 270° 为偶对称，因此 ROM 中只需存 0° ~ 90°（范围的幅值码。若以 $\Delta\Phi = 6°$ 计算，在 0° ~ 90°）之间共有 15 等分，其幅值在 ROM 中占 16 个地址单元。因为 $2^4 = 16$，所以可以按 4 位地址码对数据 ROM 进行寻址。现设幅度码为 5 位，则在 0° ~ 90° 范围内编码关系如表 5-1 所示。

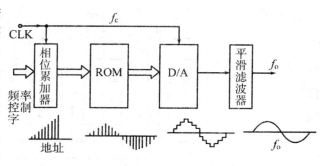

图 5-16　　直接数字合成原理框图

表 5-1　　正弦波信号相位—幅度关系

地址码	相位	幅值（满度值为 1）	幅值编码
0000	0°	0.000	00000
0001	6°	0.105	00011
0010	12°	0.207	00111
0011	18°	0.309	01010
0100	24°	0.406	01101
0101	30°	0.500	10000
0110	36°	0.588	10011
0111	42°	0.669	10101
1000	48°	0.743	11000
1001	54°	0.809	11010
1010	60°	0.866	11100
1011	66°	0.914	11101
1100	72°	0.951	11110
1101	78°	0.978	11111
1110	84°	0.994	11111
1111	90°	1.000	11111

2）信号的频率关系

在图 5-16 中，时钟 CLK 的速率为固定值 f_c。在 CLK 的作用下，如果按照 0000→0001→0010→…→1111 的地址顺序读出 ROM 中的数据，即表 5-1 中的幅值编码，其输出正弦信号频率为 f_{01}；如果每隔一个地址读一次数据（即按 0000→0010→0100→…→1110 次序），其输出信号频率为 f_{02}；f_{02} 将比 f_{01} 提高 1 倍，即 $f_{02} = 2f_{01}$，依此类推。这样，就可以实现直接数字频率合成器的输出频率的调节。

上述过程是由图 5-16 中的相位累加器实现的，由相位累加器的输出决定选择数据 ROM

的地址（即正弦波的相位）。输出信号波形的产生是相位逐渐累加的结果，因而称为相位累加器，如图5-17所示。图中4位寄存器的 $Q_4 \sim Q_1$ 输出作为ROM的当前地址码，同时送到4位加法器的 $B_4 \sim B_1$ 端与 K 值（送至 $A_4 \sim A_1$ 端）相加得 $\Sigma_4 \sim \Sigma_1$。后者送至寄存器的 $D_4 \sim D_1$ 端，在下一个CLK作用下打入寄存器，作为下一地址码。K 为累加值，即相位步进码，又称频率控制字。如果 $K = 1$，每次累加结果的增量为1，则依

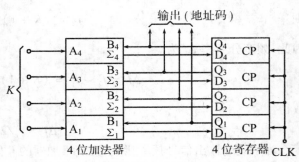

图5-17　相位累加原理

次从每个数据ROM的单元中读取数据。如果 $K = 2$，则每隔一个ROM地址读一次数据，依此类推。因此 K 值越大，相位步进越快，输出信号的频率越高。

在时钟（CLK）频率一定的情况下，输出的最高信号频率为多少？或者说在相应于 n 位地址的ROM范围内，最大的 K 值应为多少？对于 n 位地址来说，共有 2^n 个ROM地址，在一个正弦波中有 2^n 个样点（数据）。如果取 $K = 2^n$，就意味着相位步进为 2^n，一个信号周期中只取一个样点，它不能表示一个正弦波，因此不能取 $K = 2^n$；如果取 $K = 2^{n-1}$，$2^n/2^{n-1} = 2$，则一个正弦波形中只有两个样点，这在理论上满足了取样定理，但实际上是难以实现的。一般限制 K 的最大值为

$$K_{max} = 2^{n-2} \tag{5-16}$$

这样，一个波形中至少有4个样点（$2^n/2^{n-2} = 4$），经过D/A变换，相当于4级阶梯波，即图5-16中的D/A输出波形由4个不同的阶跃电平组成，在后继平滑滤波器的作用下，可以得到较好的正弦波输出。相应地，K 为最小值（$K_{min} = 1$）时，一共有 2^n 个数据组成一个正弦波。

根据以上讨论可以得到如下一些频率关系。假设时钟频率为 f_c，ROM地址码的位数为 n。当 $K = K_{min} = 1$ 时，输出频率 f_o 为

$$f_o = K_{min} \times \frac{f_c}{2^n}$$

故最低输出频率 $f_{o\,min}$ 为

$$f_{o\,min} = f_c/2^n \tag{5-17}$$

当 $K = K_{max} = 2^{n-2}$ 时，输出频率 f_o 为

$$f_o = K_{max} \times \frac{f_c}{2^n}$$

故最高输出频率 $f_{o\,max}$

$$f_{o\,max} = f_c/4 \tag{5-18}$$

在DDS中输出频率点是离散的，当 $f_{o\,max}$ 和 $f_{o\,min}$ 已经设定时，其间可输出的频率个数 M 为

$$M = \frac{f_{o\,max}}{f_{o\,min}} = \frac{f_c/4}{f_c/2^n} = 2^{n-2} \tag{5-19}$$

现在讨论DDS的频率分辨率。如前所述，频率分辨率是两个相邻频率之间的间隔，现在定义 f_1 和 f_2 为两个相邻的频率，若

$$f_1 = K \times \frac{f_c}{2^n}$$

则
$$f_2 = (K+1) \times \frac{f_c}{2^n}$$

因此,频率分辨率 Δf 为

$$\Delta f = f_2 - f_1 = (K+1) \times \frac{f_c}{2^n} - K \times \frac{f_c}{2^n}$$

故得

$$\Delta f = f_c / 2^n \tag{5-20}$$

为了改变输出信号频率,除了调节累加器的 K 值以外还有一种方法,就是调节控制时钟的频率 f_c。由于 f_c 不同读取一轮数据所花时间不同,因此信号频率也不同。用这种方法调节频率,输出信号的阶梯仍取决于 ROM 单元的多少,只要有足够的 ROM 空间都能输出逼近正弦的波形,但调节 f_c 比较麻烦。

3)杂散分量和噪声分析

在 DDS 输出波形中所含的杂散分量和噪声主要有下列几种:(1)镜像频率分量;(2)模拟信号幅度的量化噪声;(3)时间轴量化不均匀导致的相位噪声;(4)D/A 转换器性能误差导致的信号失真。下面分别讨论。

(1)采样信号的镜像频率分量

由图 5-16 可见,DDS 合成的是正弦波的离散采样值的数字量经 D/A 转换成阶梯状的模拟波形,它与我们期望的单频正弦波是有差别的。实际上,DDS 输出的是一个被取样的正弦信号。根据取样理论,未经滤波的 DDS 输出信号的频谱如图 5-18 所示。由图可见,DDS 输出信号中除了要求的 f_o 基频信号外,还有一系列镜像频率信号,其频率为 $(nf_c \pm f_o)$,$n = 1, 2, 3, \cdots$。整个频谱的幅度沿 $\sin(\pi f_o/f_c)/(\pi f_o/f_c)$ 包络滚降。最大的电压杂散信号出现在第一镜像频率 $(f_c - f_o)$ 处。随着 f_o 的增加,杂散信号将逐渐靠近输出频率。当 $f_o = f_c/2$ 时,f_o 将与第一镜像频率 $(f_c - f_o)$ 重合在一起,因而无法用低通滤波器将 $(f_c - f_o)$ 滤掉。为此,虽然在理论上 DDS 最高输出频率可达 $f_c/2$,实际上通常选择 $f_o < f_c/3$;这样能较好地滤除镜像频率,而低通滤波器的设计也不太困难。

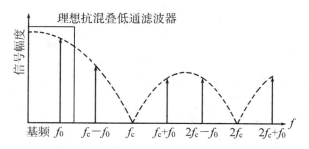

图 5-18   未滤波的 DDS 输出典型频谱

由图 5-18 可见,输出信号 (f_o) 与最大杂散 $(f_c - f_o)$ 的功率比(即信噪比)为

$$SNR_1 = 20 \log \frac{\sin \frac{\pi f_o}{f_c}}{\sin \frac{\pi(f_c - f_o)}{f_c}} \times \frac{(f_c - f_o)}{f_o} \tag{5-21a}$$

$$SNR_1 = 20 \log \frac{f_c - f_o}{f_o} \tag{5-21b}$$

若 $M = f_c/f_o \gg 1$，则

$$SNR_1 = 20 \log M (dB) \tag{5-22}$$

设 $f_c = 100\ MHz$，$f_o = 4\ MHz$，则 $SNR_1 = 27.6\ dB$。

（2）幅度量化噪声

正弦查阅表内存储的波形码是一个模拟信号被均匀量化后的值。如果选用的 DAC 有 D 位，则模拟量在 2^D 个离散区间内进行量化，由此造成的误差均匀地分布在 $-\Delta/2 \sim \Delta/2$ 之间。$\Delta = V_{FS}/2^D$，V_{FS} 是 DAC 转换电压的满度值。因为这种随机误差呈均匀分布，因而其方差（参见式 2-35a）为

$$\sigma_1^2 = \Delta^2/12 \tag{5-23}$$

对应的信噪比 SNR_2 为

$$SNR_2 = 10 \log \frac{P_s}{\sigma_1^2/R} \tag{5-24}$$

式中　　P_s 为满度正弦信号的功率，有

$$P_s = V_{FS}^2/8R \tag{5-25}$$

将式（5-25）、式（5-23）代入式（5-24）得

$$SNR_2 = 6D + 1.76\ (dB) \tag{5-26}$$

设 DAC 有 10 位，则 $SNR_2 > 60\ dB$。

（3）相位噪声

为了得到高的频率分辨率，相位累加器的位数 L 一般取得比较大，例如 $L = 32$，这样，它能访问 $4G(=2^{32})$ 个存储器单元。但实际上 ROM 容量有限，不宜做这样大。因而就要从 L 位相位累加字中，截取高 n 位来寻址 ROM，这就导致相位噪声。因为这时 L 分成两个部分：$L = n + B$，高 n 位寻址 ROM，低 B 位是被截掉的。当相位累加器在累加过程中，低 B 位的值 R_B 小于 2^B（$R_B < 2^B$）时，则低 B 位向高 n 位无进位；当 $R_B \geq 2^B$ 时，就要向高 n 位进 1。若进 1 后的余数不为 0，则下一次进位就会提前到来。经分析表明[31]，这一误差序列是周期序列，其信噪比可用下式近似计算：

$$SNR_3 = 6n(dB) \tag{5-27}$$

式中　　n 为截取的位数，亦即 ROM 的地址码位数。

（4）D/A 转换器非线性引起的杂散分量

D/A 转换器的非线性转换特性会使它的输出电压 V_o 产生失真，从而使 DDS 的输出信号频谱中增加杂散分量，这主要是 f_o 的各次谐波分量。在图 5-19 中，虚线 a 是理想的 D/A 转换特性，是一条直线。曲线 b 是带有 S 形的转换特性，若在 D/A 输入端加正弦波形码，则由于这种非线性在 D/A 输出端将得到尖顶形的正弦波，如图 5-19 中波形 1 所示。这种波形除基波 f_o 外，还包含 3 次谐波（$3f_o$）。曲线 C 是弓形的，具有这种非线性转换特性的 D/A 将输出上粗、下尖的电压，如图中波形 2 所示，该波形含有 2 次谐波。D/A 转换器非线性的形状多种多样，其输出电压中可能包含多种谐波分量。D/A 转换器的交流特性，如输出电压变化时的建立时间、振铃等也可能产生杂散分量。

此外，由于分布电容等的影响，时钟 f_c 亦会泄漏

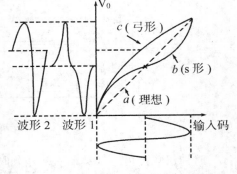

图 5-19　DAC 非线性引起输出电压失真

到 D/A 输出,造成杂散。时钟的相位噪声也会影响输出。

综合上述各种原因,图 5-20 表示了实际的 DDS 输出信号的频谱,其中除 f_0 外,还包括:由幅度及相位量化产生的噪声、镜像频率 $f_c - nf_0$、f_0 的各次谐波泄漏的 f_c 及其他未知的杂散分量。

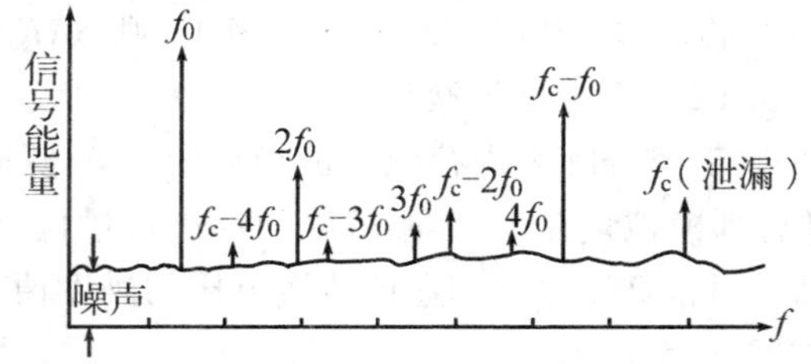

为了减小 DDS 输出电压中的杂散及噪声,应采取下列措施:

① 设计良好的低通滤波器,以滤除各种杂散及带外噪声。

② 选用性能优良的 D/A 转换器。

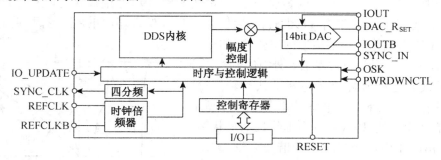

图 5-20   实际的 DDS 输出频谱

③ 减小 f_0/f_c 比例,可改善信号质量,一般选用 $f_0/f_c \leqslant 33\%$。

④ 适当提高 D/A 位数及正弦查询表的长度。从式(5-26)和式(5-27)可见,D/A 位数 D 与查询表 ROM 的地址线数 n 对信噪比的影响是基本相同的,而总的噪声是它们的合成,因此单独增加 D 或 n 没有实际意义,应使 $n = D$ 或 $n = D + 2$,这就是所谓的对称性设计原则。

⑤ 谨慎排版、布线,以减小各种泄漏和干扰。

5.4.4   数字直接合成器芯片

近二十年来,国外厂商推出了多款性能优良的 DDS 芯片,尤其是美国 Analog Devices 公司(简称 AD 公司)推出的 DDS 芯片,品种多,应用广泛。其 DDS 系列芯片主要包括:AD983X 系列低功耗低频率型芯片、AD985X 系列高性能型芯片、针对 AD985X 高功耗特性改良的 AD995X 系列低功耗高性能型芯片以及近年来最新推出的具有更高时钟频率和更好性能的 AD991X 系列芯片。当前性能指标最高的是 AD9914 芯片,其内部时钟频率高达 3.5GHz,具有 32 位频率控制字、16 位相位调谐控制字以及 12 位幅度控制字,能合成输出 1.4 GHz 频率捷变正弦波,芯片本身具有多种工作模式可选。本节主要介绍 AD9951 芯片的功能及应用。

1) AD9951 芯片的内部组成

AD9951 是美国 AD 公司于 2002 年推出的一款高性能低功耗的 DDS 芯片,它内部包含可编程 DDS 内核和 DAC,能实现全数字程控的频率合成器和时钟发生器。

该芯片具有 400 MHz 的内部时钟,集成了 14 位的 DAC,具有 32 位的频率控制字,可以产生最高频率为 200 MHz 的正弦波信号。芯片采用 1.8 V 单电源供电,在 400 MHz 工作时钟下,功耗为 162 mW。其芯片内部组成如图 5-21 所示。

图 5-21   AD9951 的内部组成

时钟倍频器可对外部输入的差分时钟信号进行 4 倍到 20 倍的倍频。倍频器输出的时钟信号为整个芯片提供工作时钟,同时也经过四分频后输出 SYNC_CLK 信号,SYNC_CLK 信号可提供给其他芯片同步用。外部控制器通过 I/O 口与芯片相连,将相关的控制字写入控制寄存器,控制寄存器是一个暂存寄存器,在 IO_UPDATE 的上升沿期间,将其寄存的内容写入 I/O 寄存器中。在时序与控制逻辑单元的作用下,控制 DDS 内核输出相应频率、幅度的正弦信号。通过 14 位的 DAC,输出差分的 $IOUT$ 和 $IOUTB$ 信号。DDS 内核中包括相位累加器和正弦查找表 ROM。对输入的 32 位频率控制字,截取其高 19 位送入正弦查找表中寻址。每次从 ROM 中读出的 14 位数据与幅度信息进行整合后,送入 14 位的 DAC 中,经外接低通滤波器,就可以得到频谱纯净的正弦波信号。

2) $AD9951$ 的引脚功能

$AD9951$ 采用 48 脚 $TQFP$ 封装,其引脚排列如图 5 - 22 所示。各个引脚功能如下:

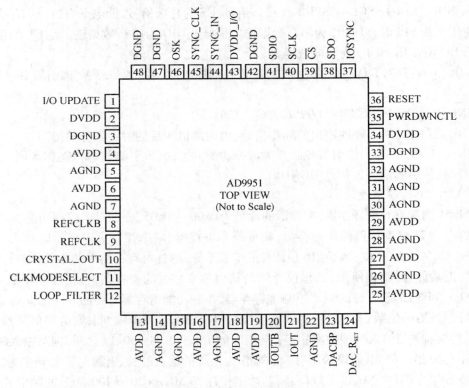

图 5 - 22　AD9951 引脚排列

I/O UPDATE:该引脚输入信号的上升沿将内部缓存器的内容传送至 I/O 寄存器。

DVDD、DGND:分别对应数字电源(1.8 V)与数字地。

AVDD、AGND:分别对应模拟电源(1.8 V)与模拟地。

REFCLK、REFCLKB:外部参考时钟或晶振的输入,支持差分与单端两种输入方式,由编程选择具体方式。采用单端输入时,REFCLKB 必须通过 0.1 μF 电容接到 AVDD 去耦。

CRYSTAL_OUT:振荡器的输出信号。该信号未经内部时钟倍频器倍频。

CLKMODESELECT:振荡器的控制引脚。引脚为高电平时,振荡器使能;为低电平时,振荡器被旁路。

LOOP_FILTER:该引脚提供了外部环路滤波器元件的连接接口,实现对片内 PLL 部分(时钟倍频器)的补偿。

IOUT、IOUTB：DAC 的差分输出信号对。由于输出的是电流信号，需要外接一个电阻连接到 AVDD。需要注意的是，由于芯片内部电路结构不同，部分 DDS 芯片需外接一个电阻连接到 AGND。

DACBP：DAC 带隙去耦引脚，通常通过一个 0.1 μF 电容接到 AGND 去耦。

DAC_R_{SET}：在该引脚与地之间接入 R_{SET} 电阻（通常取 3.92 kΩ），为 DAC 建立参考电流。

PWRDWNCTL：与内部寄存器相配合，用于外部控制掉电。

RESET：高电平有效，硬件复位引脚，强制芯片复位。

IOSYNC：复位串行口控制，当为高时，当前的 I/O 操作立即被终止，一旦该引脚变低，一个新的 I/O 操作将被执行。若未使用，需将引脚接地，不可使引脚浮空。

CS、SDO、SDIO、SCLK：SPI 串行接口信号。CS 为片选信号，低电平有效，SCLK 为串行时钟。当使用三线 SPI 时，SDO 作为串行数据输出引脚，SDIO 为串行数据输入引脚。当使用两线 SPI 时，SDO 不使用，SDIO 为双向数据口。

DVDD_I/O：针对 I/O 端口的电源，为配合外部控制器，通常为 3.3 V。该引脚只对 I/O 部分供电。

SYNC_IN：用于同步多片 AD9951 的输入信号。

SYNC_CLK：对外部硬件输出的同步信号，由内部倍频后的时钟四分频得到。

OSK：当程控应用时，该引脚控制开关键控功能的方向。该引脚与 SYNC_CLK 同步。当 OSK 未被编程时，该引脚应当连接到 DGND。

3）AD9951 的程序控制

AD9951 内部有 6 组寄存器，寄存器的地址为 0x00 ~ 0x05，分别对应控制功能寄存器 1、控制功能寄存器 2、幅度比例因子寄存器、幅度斜率寄存器、频率控制字寄存器以及相位偏移寄存器。每个寄存器由 32 位、24 位、16 位或 8 位组成不等。通过对寄存器中的相关位进行设置，可实现相应的功能。受篇幅所限，这里仅介绍与输出频率相关的寄存器，包括控制功能寄存器 2 中的 bit7 ~ bit3 以及 32 位的频率控制字寄存器。控制功能寄存器 2 中的 bit7 ~ bit3 决定芯片内部时钟倍频器的倍数：若 bit7 ~ bit3 这五位的值在 0x00 ~ 0x03 之间，则旁路倍频器，即工作时钟（采样时钟）与输入时钟频率相等；若这五位值介于 0x04 ~ 0x14 之间，则对输入时钟信号进行 4 倍 ~ 20 倍的倍频。假设采用有源晶振作为系统的输入时钟，有源晶振的频率为 20 MHz，若设置该五位为 0x14（20 倍的倍频），则芯片工作在 20 MHz × 20 = 400 MHz 的频率。频率控制字寄存器决定 DDS 芯片输出信号的频率，频率控制字格式如表 5 - 2 所示。

表 5 - 2　频率控制字格式

寄存器名（串行地址）	位范围	b7	b6	b5	b4	b3	b2	b1	b0	默认值
频率控制字(0x05)	< 7:0 >	频率控制字 < 7:0 >								0x00
	< 15:8 >	频率控制字 < 15:8 >								0x00
	< 23:16 >	频率控制字 < 23:16 >								0x00
	< 31:24 >	频率控制字 < 31:24 >								0x00

频率控制字 K 可由输出目标频率 f_o、采样频率 f_c 以及正弦查找表的地址位数 n 计算出，$K = f_o * 2^n / f_c$。如果计算时出现小数，应进行相应的舍入，并将十进制值转换为二进制，即可得

到要设置的 32 位频率控制字。

AD9951 通过 SPI 串行接口对内部寄存器进行操作。在操作寄存器时,依照 SPI 时序,首先拉低片选信号 CS,选通芯片,然后,在时钟(SCLK)的下降沿写入相应的每一位,先依次写入八位串行地址,再依次写入相应的数据,数据的长度由相应寄存器的位宽决定。完成操作后,将 CS 拉高,结束操作,相应寄存器内的信息即被设置。待每次需要修改的寄存器内容写入完毕后,按照时序要求拉高 I/O UPDATE 引脚的信号,即可完成相应寄存器内容的更新。

4)AD9951 的应用

AD9951 应用广泛,下面给出三个典型应用实例。

图 5-23 中,使用 AD9951 产生同步的本振信号对输入的射频或中频信号进行上混频或下混频,得到相应的调制/解调信号。

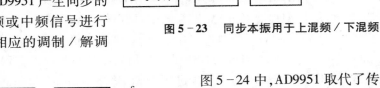

图 5-23 同步本振用于上混频/下混频

图 5-24 中,AD9951 取代了传统 PLL 中的分频器。由于 DDS 有较高的频率分辨率,并且不受分频系数 N 必须为整数的限制,因此,可以在不降低 f_r 的情况下获得较高的分辨率。

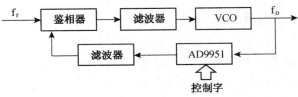

图 5-24 DDS 取代传统 PLL 中的分频器

当使用两片 AD9951 级联时,可以产生两路具有正交调制特性的正弦波。其原理如图 5-25 所示。

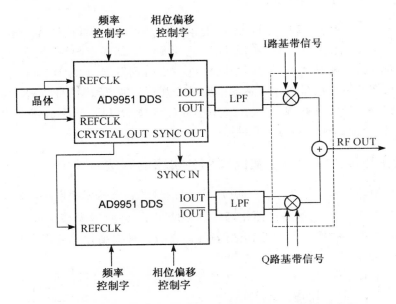

图 5-25 使用两片 AD9951 产生具有正交调制特性的信号

外部晶体为第一片 AD9951 提供时钟信号,其 CRYSTAL_OUT 引脚输出的振荡信号,为第二片 AD9951 提供参考时钟。第一片 AD9951 输出的 SYNC_OUT 为第二片 AD9951 的 SYNC_IN 提供输入的同步信号。在设置时,片 1 和片 2 应设置相同的频率控制字以及内部的倍频系数,使两路信号的输出频率一致,而两片芯片的相位控制字的设置应具有 90° 的相位差,产生两路相互正交的 I/Q 信号对,而后两信号相加输出。这类信号在通信电路中有着广泛的应用。在数字化的幅频特性测试仪中,也需要用到两路正交的 I/Q 信号进行激励。

5) 其他 DDS 芯片

目前市场上使用的 DDS 芯片种类众多,不同型号的 DDS 芯片在采样率、控制字位数、输出信号最高频率、寄存器设置、控制接口与控制时序以及附带的一些功能上有所差异。

不同型号的 DDS 芯片集成了一些不同的功能,供用户选择与使用。如 AD9852、AD9854 内部集成了正交调制器,芯片本身可以输出两路正交信号,同时具有调制输出模式,可以输出 FSK、BPSK、PSK、CHIRP、AM 等调制信号。AD9956 中有相位调制功能。AD9910 中集成有 1 024 字 *32 位的可编程波形 RAM 以及数字斜坡发生器(DRG)。在很多 DDS 芯片中,还集成有高速比较器,将整形后的正弦波进行比较放大,输出边沿抖动很小的脉冲信号,可用于其他数字系统的时钟信号。部分 DDS 芯片提供了与扫频控制相关的寄存器,可设置 DDS 工作在扫频输出模式,并可控制扫频的间隔与步进频率等。此外,Xilinx、Altera 等 FPGA 厂商也提供了可在其 FPGA 中直接调用的 IP(知识产权) 核,实现 DDS 功能。

除了专用的 DDS 芯片以外,还有一些芯片中也集成了 DDS 发生器,用于完成特定的功能。如 AD5933、AD5934 复阻抗测量芯片内部集成了 DDS 发生器作为激励信号,经过片上 DSP 进行 DFT 运算后,将每个频率值对应的实部与虚部数据存入寄存器中,用户通过 I^2C 接口访问数据,实现对复阻抗的测量。

5.5　间接频率合成技术的进展

如前所述,三种合成方法基于不同原理,有不同的特点。模拟直接合成法虽然转换速度快(μs 量级),但是由于电路复杂,难以集成化,因此其发展受到一定限制。数字直接合成法基于大规模集成电路和计算机技术,有许多优点,将进一步得到发展。锁相环频率合成虽然转换速度慢(ms 量级),但其输出信号频率可达超高频频段甚至微波,输出信号频谱纯度高,输出信号的频率分辨率取决于分频系数 N,尤其在采用小数分频技术以后,频率分辨率大为提高,因而仍在发展。本节讨论锁相环频率合成的进展。

5.5.1　在间接频率合成中提高频率分辨率的方法

从倍频式锁相环公式(式(5-12))可知,输出信号的频率分辨率取决于基准频率 f_r。为了提高频率分辨率势必减小 f_r,但是在锁相环中如果降低 f_r,将减慢频率转换速度,这是不希望的。为此,需要寻求提高频率分辨率的其他途径。通常有三种提高频率分辨率的方法。

1) 微差混频法

该方法将两个频率相差甚微的信号源进行差频混频,如图 5-26 所示。混频器的输出频率 f_o 为

$$f_o = N_1 f_{i1} - N_2 f_{i2} \qquad (5-28)$$

如果 $f_{i2} = f_{i1} - \Delta f$,则

$$f_o = (N_1 - N_2) f_{i1} + N_2 \Delta f \qquad (5-29)$$

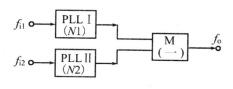

图 5-26　微差混频原理

当 N_1 和 N_2 同步同值调节时,即 $N_1 = N_2$,则

$$f_o = N_2\Delta f \qquad\qquad (5-30)$$

由式(5-30)可见,输出频率的分辨率就是 Δf。在微差混频法中,由于参与混频的两个信号频率十分接近,所以分辨率得到提高。但是当这两个频率很近时,在混频器工作中频率牵引现象也很严重,且很难解决。

2)多环合成法

在混频式锁相环中(见图5-13),如果混频器的输入信号频率 f_2 可变,且变化的增量很小,小于 f_{r1}(即 $\Delta f_{r2} < f_{r1}$),则可以提高频率分辨率。可变的 f_{r2} 是由另一个锁相环产生的,如图5-27所示。该图由锁相环 I 和 II 组成,属于双环频率合成器。由该图可得锁相环 I 的输出信号频率 f_o 为

$$f_o = N_1 f_{r1} + f_{r2} \qquad (5-31)$$

锁相环 II 的输出信号频率 f_{r2} 为

$$f_{r2} = \frac{N_2}{D}f'_{r2} \qquad (5-32)$$

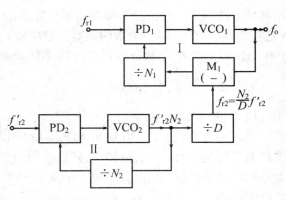

图5-27 双环频率合成器

以式(5-32)代入式(5-31)得

$$f_o = N_1 f_{r1} + \frac{N_2}{D}f'_{r2} \qquad\qquad (5-33)$$

式中 D 为固定分频系数;N_1 和 N_2 为可调量。因此,输出频率 f_o 的变化增量为 f'_{r2}/D,这就是双环混频时能达到的频率分辨率。选择 N_2、D 之值,使 $f_{r2} = N_2 f'_{r2}/D$ 的覆盖范围等于 f_{r1}。为了进一步提高频率分辨率,还可以用三环等多环合成方法。

例5.1 要求锁相环频率合成器输出频率范围为 $0.1\ \text{Hz} \sim 13\ 099\ 999.9\ \text{Hz}$,步进频率为 $0.1\ \text{Hz}$,基准频率 $f_r = 100\ \text{kHz}$。在多环合成法中,一个环控制输出频率的2~3位数字,因此本设计方案至少需要4个倍频环(I、II、III、IV)才能满足不同频率范围的要求(这里频率范围共9位数)。各倍频环对频率的控制分配如下:I 环控制输出频率的第1~3位数字(从左至右);II 环控制第4、5位数字;III 环控制第6、7位数字;IV 环则控制最后两位数,即第8、9位数字。

解 根据题意可设计如图5-28所示的四环频率合成器。其中 I 环控制 f_o 的左起第1~3位数字,输出 $100\ \text{kHz} \times (0 \sim 130)$。II 环控制左起第4、5位数,输出 $100\ \text{kHz} \times (0 \sim 99) \times 10^{-2}$。III 环控制左起第6、7位数,输出 $100\ \text{kHz} \times (0 \sim 99) \times 10^{-4}$。IV 环控制左起第8、9位数,输出 $100\ \text{kHz} \times (0 \sim 99) \times 10^{-6}$。合成器输出 f_o 是上述四环输出之和。

3)小数合成法

小数合成法是用 N 具有小数部分的倍频锁相

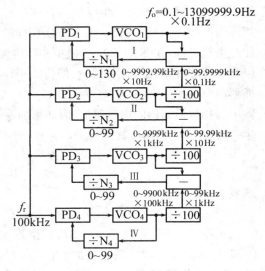

图5-28 四环频率合成器

环实现的,例如 $N = 3.2, N = 25.4$ 等。通常用符号 F – NPLL 表示(即 Fractional – N Phase Locked Loop),或者表示为 N. FPLL。

虽然早在二十多年前人们就在吞脉冲技术基础上研究 F – NPLL,但是只有在大规模集成电路(尤其是混合信号专用集成电路)以及计算机技术发展到今天,才进一步促进 F – NPLL 技术的发展和应用。现在,这种 F – NPLL 技术受到国内外普遍关注。F – NPLL 的最大特点是在不降低基准频率 f_r 的情况下提高频率分辨率,从而解决了转换速率和频率分辨率之间的矛盾,(这在单环(NPLL)频率合成时是难以解决的),而且可以获得比 NPLL 更好的频谱纯度。采用 100 kHz 以上的 f_r,小数合成器可达到 μHz 量级的分辨率,转换速度也达到 ms 量级或更高。

5.5.2 小数分频技术

1)F – NPLL 原理

实现小数分频的 F – NPLL 结构基本与 NPLL(参见图5–11)相同,其组成如图5–29所示。图的右半部是具有 $\div N$ 的锁相环,只是在 VCO 至 $\div N$ 之间插入了一个脉冲删除电路。脉冲删除电路的功能是在适当的时候删掉一个从 VCO 至 $\div N$ 分频器的脉冲,脉冲何时被删除则受左边电路的控制。

在图5–29的左半部,小数值 F 以 BCD(二–十进制数)码写入 F 寄存器,在输入基准频率 f_r 的作用下,F 寄存器的存数与相位累加器的存数在 BCD 全加器中相加。当 BCD 全加器达到满度值时就产生溢出。溢出脉冲加到脉冲删除电路删除一个来自 VCO 的脉冲,使 $\div N$ 电路少计一个脉冲(见右边波形图),相当于分频系数为 $(N+1)$。在溢出的同时,全加器将本次运算的余数存入相位累加器。如果在 f_r 作用下全加器相加的结果达不到满度值,则不会产生溢出,右边锁

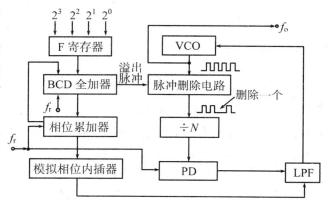

图 5 – 29　F – NPLL 的组成

相环仍按照 $\div N$ 进行分频,并且本次相加的结果存入累加器,作为全加器的基数,等待下次相加,如此重复进行。在图5–29中,模拟相位内插器根据相位累加器存数情况向锁相环的低通滤波器(LPF)提供相应的直流偏移量,使得锁相环在 $\div N$ 或 $\div (N+1)$ 时都能平衡地工作。通常模拟内插器由 D/A 转换器实现。现在假设 $F = 0.1$,那么在第一个 T_r 周期($T_r = 1/f_r$)中就有 0.1 在全加器中与相位累加器的内容累加。假如累加器的起始值为 0,则经过 10 次累加之后,全加器溢出,产生一次 $(N+1)$ 分频,其他 9 次均为 N 分频,因此得 VCO 的输出频率(即锁相环输出) f_o 为

$$f_o = \frac{9N + (N+1)}{10} f_r = (N+0.1)f_r$$

或者

$$f_o = N.1 \times f_r \qquad (5-34)$$

再举一个例子。设 $F = 0.32$,相位累加器的初值为 0。因此,在每一个 T_r 周期全加器将以 0.32 与相位累加器的基数相加。直至第 4 个周期时,全加器溢出使脉冲删除电路消去一个脉冲,而余数为 $0.32 \times 4 - 1 = 0.28$。再经过 3 个 T_r 周期,将会有 $0.28 + 0.32 \times 3 = 1 + 0.24$ 产

生一次溢出……一共经过25个T_r周期，全加器8次溢出，并且累加器存数为零。因此，图5-29的输出频率f_o为

$$f_o = \frac{3N + (N+1) + 2N + (N+1) + \cdots 2N + (N+1)}{25}f_r \qquad (5-35\text{a})$$

故得

$$f_o = (N + 0.32)f_r = N.32 \times f_r \qquad (5-35\text{b})$$

从上述讨论可知，小数分频时小数部分位数取决于 F 寄存器的位数。从原理上来说，小数部分的位数可以任意扩展，位数越多合成器的频率分辨率就越高。例如 HP3325 信号发生器频率分辨率高达 1 μHz，该仪器就是采用小数分频锁相环实现的。

再以 $F = 0.1$ 进一步讨论问题。假设$f_r = 1\text{ MHz}$，$N = 10$。现在 $N.F = 10.1$，那么输出频率 $f_o = N.F \times f_r = 10.1\text{ MHz}$。这就是说，在 F-NPLL 里，当$f_r$变化一周时，VCO 的输出比 NPLL（$N = 10$）的输出频率多变化1/10周，从相位来说多变化36°。经过$10T_r$之后，VCO 的输出相位变化累积为360°，多出一个信号周期。为了实现小数分频，每逢相位累积超过 360° 时，就在 VCO 的输出删除一个信号周期，这时相当于分频系数为$(N+1)$。另外，在 $F = 0.1$ 时，图5-29中 F 寄存器置数为0.1，在f_r作用下全加器每一次增量为0.1，经过 10 次相加将有一个进位信号到脉冲删除电路，控制删除 VCO 输出信号的一个周期，实现$(N+1)$分频。然后全加器再从0.1 开始累加…这就是小数分频的全过程。当 $F = 0.32$ 时，只要4次累加就有一个进位信号，并且余数为 0.28，因此脉冲删除次数比 $F = 0.1$ 时的多，分频系数小数部分的数值也就大（0.32＞0.1）。因此，可以认为 F 寄存器中的置数值就是 $N.F$ 中的 F 部分。

2）F-NPLL 和 NPLL 比较

例5.2 要求一频率合成器，输出频率$f_o = (50 \sim 82)\text{ MHz}$，频率分辨率 $\Delta f = 1\text{ Hz}$。

若用 NPLL，根据频率要求，并且希望有较好的相位噪声特性，一般需要 3 个 NPLL 和 2 个相加环共 5 个环路，如图 5-30 所示。

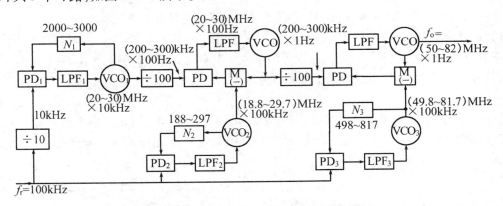

图5-30 NPLL（50 ~ 82）MHz 频率合成器框图

若采用 F-NPLL，对于同样要求，只需要 3 个环路：1 个 F-NPLL、1 个 NPLL 和 1 个相加环，如图 5-31 所示。图中下方 API 即图 5-29 中的模拟相位内插器。F-NPLL 环的倍频系数为200.000 1 ~ 400。

对比以上两种频率合成方案可以看出：在达到同样要求的情况下，用 F-NPLL 要比只用 NPLL 简洁得多，而且 F-NPLL 在频率分辨率、频率范围、噪声性能方面都比较优越。由于 F-NPLL 小数分频部分是由数字电路实现的，可以将小数部分做得很小，以致频率分辨率很高。从

理论上讲,可以做到任意分辨率的要求,这取决于小数部分的位数长度,现在使用的位数长度已达 12 ～ 15 位。采用 F－NPLL 的缺点是环路比较复杂。

3）F－NPLL 技术的发展

如前所述,F－NPLL 能在提高合成信号源频率分辨率的同时有较快的转换速度,信号源的频谱纯度也得到改善。图 5－29 中的模拟相位内插器就是用于改善在小数分频时 VCO 的工作情况,降低输出信号噪声,提高频谱纯度。这种模拟内插称为模拟

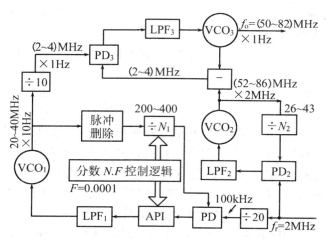

图 5－31　F－NPLL（50 ～ 82）MHz 频率合成器框图

补偿法,其缺点是模拟信号由于温度影响及器件老化等原因,在某种程度上又引入了新的寄生分量。因此,人们又提出采用数字信号处理中的"噪声形成"（Noise-Shaping）方法来改善 F－NPLL 的相位噪声性能。"噪声形成"是将寄生信号的全部能量转换为频率的高端频谱,进而被 F－NPLL 环路滤除,借以提高频谱纯度。现今的仪器设备几乎都倾向于采用这种先进的 F－NPLL 技术。

5.5.3　扩展频率上限的方法

在式（5－12）中 $f_o = Nf_r$,该式说明单环倍频式锁相环在基准频率 f_r 一定的情况下,可以用增加分频系数 N 的方法提高输出频率上限。但是,在信号源中 N 是由程序设定的（该分频器有时称程序分频器或程控分频器）,目前程序分频器的最高工作频率达 1 GHz。为了进一步提高信号源输出频率上限,就必须在锁相环中加入有关电路,通常有如下三种方法。

1）前置分频法

前置分频法是在程序分频器之前设置一个固定分频器,如图 5－32 所示。图中 D 为固定分频器,其分频系数为 D。因此,其输出频率 f_o 为

$$f_o = DNf_r \qquad (5-36)$$

目前固定分频器的工作频率可以高达（6 ～ 8）GHz 以上。因此,采用前置分频法可以提高信号源的输出频率上限,而且电路结构亦很简单;但是这种锁相环的频率分辨率将降低,因为这时 $\Delta f = Df_r$,为 f_r 的 D 倍。

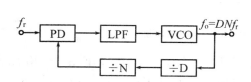

图 5－32　采用固定前置分频器的锁相环

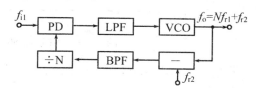

图 5－33　倍频 — 混频环

2）倍频混频法

如图 5－33 所示,压控振荡 VCO 的输出 f_o 在和 f_{r2} 进行差频混频得到较低的频率后,再进行 N 分频,以降低对程序分频器的要求。这时输出频率 f_o 为

$$f_o = Nf_{r1} + f_{r2} \qquad (5-37)$$

由式(5-37)可见,由于f_{r2}的加入提高了输出频率的上限,其提高的多少取决于f_{r2}的大小,而且其频率分辨率仍和单环倍频式锁相环一样$\Delta f = f_{r1}$。但是由于混频器引入寄生信号将要影响频谱纯度;虽然其后接带通滤波器(BPF)对寄生信号有抑制作用,但是滤波器的延迟又将对环路带来不利的影响。

3)吞脉冲分频法

吞脉冲分频法是在锁相环的反馈支路中加入吞脉冲分频器,这时锁相环的组成如图5-34所示。吞脉冲分频器主要由双模分频器和吞食计数器组成。双模分频器作为前置分频器,其分频系数有P和$(P+1)$两种模式。例如$P=10$,则$P+1=11$,因此分频系数的控制十分简单,在该图中当"模式控制"信号为"0"时$P=10$;当其为"1"时,$P+1=11$,比一般程序分频器要简单得多,因而双模分频器的工作频率可做高。

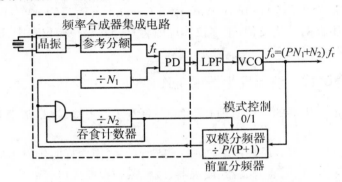

图5-34　采用吞脉冲分频器的频率合成器框图

图5-34的N分频器由N_1和N_2组成。N_2为低位计数单元,N_1为高位计数单元,都是程序分频器。N_2还用于发出"模式控制"信号,例如当N_2进行计数时控制信号为"1",当计数溢出时则控制信号为"0"。因此,吞脉冲分频器的工作过程为:在一次计数循环开始时,计数器开始计数,"模式控制"信号为"1",双模分频器分频系数为11;当N_2计数溢出后"模式控制"信号就为"0",双模分频器分频数为10。例如设$N_2=4$,则双模分频器分频系数有4次为11,而后为10,直至N_1计数结束,控制信号再恢复为"1"。由于在N_2计数期间双模分频器要多计一个脉冲,就认为由于N_2而吞食了一个被计数的脉冲,因此称N_2为吞食计数器。

在一次计数循环中,双模分频器的输入信号的周期数N(即吞脉冲分频器的分频系数)的表示式为

$$N = (P+1)N_2 + (N_1 - N_2)P = PN_1 + N_2$$

即

$$N = PN_1 + N_2 \qquad (5-38)$$

在前述讨论中,$P=10$,因此得

$$N = 10 \times N_1 + N_2$$

通过上述分析,对吞脉冲分频器小结如下:

(1)双模分频器的分频系数为$P/(P+1)$,对于N_1和N_2两个分频器,分频系数的设置必须$N_1 > N_2$,例如,$N_2 = 0 \sim 9$,那么N_1至少为10;

(2)由N_1和N_2可以求得N_{min}和N_{max}的范围。

例1　$P=10$、$N_1=10$、$N_2=0 \sim 9$,则$N_{min}=100$;若设$N_1=10 \sim 19$,则$N_{max}=199$。

例2 $P = 100$、$N_1 = 100 \sim 199$、$N_2 = 0 \sim 99$，则 $N = 10\,000 \sim 19\,999$。

（3）吞脉冲分频器可以提高锁相环的输出频率上限。

5.6　任意函数／波形发生器

包括正弦波、方波、三角波、半正弦波、脉冲波、锯齿波、扫描信号、调制信号等在内的这类常用测试信号，通常可以用数学函数来表示，且选择的波形种类较为丰富，能提供这类信号或其某个子集输出的信号发生器就称为任意函数发生器（Arbitrary Function Generator，简写为 AFG）。而自然界中还有许多无规律的现象，如雷电、地震、心脏跳动等信号，它们难以用一个数学函数来表示，而这些无规律的信号又并非随时可以捕获到（如地震波），因此，需要使用一种信号发生设备对这类无规律的信号进行模拟或回放。能够产生"无规律"任意波形的信号发生设备称为任意波形发生器（Arbitrary Waveform Generator，简写为 AWG）。由于任意函数发生器和任意波形发生器的结构类似，很多仪器厂商将其合并在一台仪器中，即为任意函数／波形发生器（AFG/AWG）。

5.6.1　任意函数／波形发生器的工作原理

任意函数／波形发生器的工作原理有三种，一是基于逐点法，二是基于 DDS 技术，三是基于 Trueform 技术。

基于逐点法的 AFG/AWG 原理框图如图 5-35 所示，它由取样时钟发生器、地址发生器、波形存储器 RAM、高速 D/A、低通滤波器、放大器、编辑器和程控接口等部分组成。其工作原理是通过编辑器或外部计算机将要产生的信号波形数字化后存入波形存储器，然后逐个读取这些点（通过地址发生器改变波形存储器的地址，顺序扫过波形存储器的各地址单元直到波形段的末段），并将它们送到高速 D/A，高速 D/A 的输出波形通过低通滤波器后送到放大器输出。根据 AFG 和 AWG 生成波形的不同，波形存储器一般划分成两部分，其中一部分用于存储如正弦波、方波等波形，实现 AFG 功能。这部分的波形数据通常是不可以被改变的，因此，在有的 AFG 中，采用 ROM 固化存储这一部分波形。而另一部分存储器则用于存储 AWG 的相关波形，这一部分允许通过波形编辑器对其

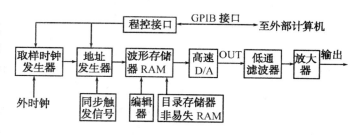

图 5-35　逐点法 AFG/AWG 的原理框图

进行编辑，同时已保存的波形数据掉电后也不消失，因此，一般采用非易失性 RAM 进行波形存储。对于 AWG，波形存储器可以分段工作，便于产生复杂的波形。在实际应用中，遇到的任意波形往往具有重复出现的部分。多数 AWG 还提供了排序功能，对重复的波形仅需编程一次，需要时对其进行调用即可。这样极大地增加了存储器的等效容量，在存储容量不变的情况下，增加了波形的长度。

从理论上讲，逐点法最简单直观，但是，它有两大缺点。首先，要改变输出信号的频率，必须改变采样时钟频率，而设计良好的低噪声变频时钟会大幅增加仪器的成本和复杂性。其次，由于 D/A 输出的波形是阶梯状的，无法直接输出使用，因此需要进行复杂的模拟滤波，以使阶梯

状的波形输出变得平缓。由于复杂性和成本都较高，因此，这种技术主要在高端 AWG 中使用。

基于 DDS 技术的 AFG/AWG 使用固定频率时钟和更简单的滤波机制，可以较低的成本，实现较高的频率分辨率，并可生成定制波形，因此，在过去二十年中，DDS 一直是 AFG 和经济型 AWG 的理想波形生成技术。

基于 DDS 技术的 AFG/AWG 原理框图如图 5 - 36 所示，其结构组成与 DDS 电路类似。与逐点法相比，其工作原理的主要区别在于以下两点：

（1）控制输出频率改变的方法。基于 DDS 技术的 AFG/AWG，其读取波形点的时钟是固定不变的，改变输出信号的频率是通过改变读取波形存储器的地址间隔（即波形点的相位增量）来实现的，相位增量越大，生成一个周期的波形点数就越少，在固定不变的时钟频率下，输出信号的一个周期就越小（即频率就越高），因此，输出信号的频率与相位增量成正比。具体由相位累加器来完成相位的累加，输出波形点的读取地址。

（2）DAC 输出波形的滤波方法。基于 DDS 技术的 AFG/AWG 会根据不同的输出信号类型，设计不同的低通滤波器，对信号进行滤波。对于正弦波，其频谱成分单一，高次谐波及杂散噪声较小，对信号质量影响不大，而 D/A 转换引起的杂散镜像信号及较高理想频率引起的谐波对信号质量影响较大，因此，所设计的滤波器应能滤除各种镜像杂散以及带外噪声。而对于三角波、方波、任意波等，其输出最高频率一般比正弦波低，但其频谱结构丰富，具有较高的谐波分量。尤其是任意波，由于波形不可预估，其谐波分量通常难以估计，且谐波成分往往对应于信号中的关键部分。滤波器的带宽过小会滤除波形中有用的高次谐波分量，滤波器带宽过大则不能滤除波形中周期延拓镜像杂散，通常选用等波纹误差线性相位滤波器加以滤波。一般在 AWG/AFG 中，会根据需求，设计多个滤波器组，对不同的波形进行滤波。通过继电器或高速数据选择器将不同的输出信号送入相应的滤波器中进行滤波。在一些高性能的信号发生器中，用户还可以自行选择相应的滤波方式。滤波后，再经过相应的幅度和直流偏置的调节，输出所需的信号波形。

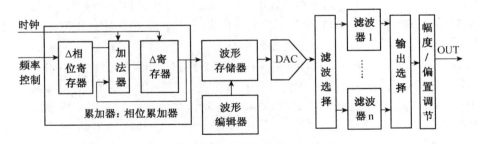

图 5 - 36　基于 DDS 技术的 AFG/AWG 原理框图

Trueform 技术是 Keysight 公司于 2014 年推出的一种最新的波形发生技术。对于传统的逐点产生波形的方式，若要改变输出信号的频率，必须改变时钟频率，而设计良好的低噪声变频时钟会大幅增加仪器成本和复杂性；其次，由于 DAC 输出的波形是阶梯状的，因此需要设计良好的滤波器。在 DDS 中，需要应用比时钟频率高很多的采样率生成波形。另外，DDS 技术采用固定的采样时钟，通过改变相位累加器的增量来改变输出频率，因此无法保证波形中的每个点都能够显示在最终的输出波形中。换句话说，DDS 并没有使用波形存储器中的全部点。DDS 可能会以不可预知的方式，跳过和／或重复波形的某些相位点。在最佳情况下，这可能会增加抖动；在最坏情况下，可能会产生严重的失真。而采用 Trueform 技术，不会跳过任何的波形点，能够提供可预测的低噪声波形。

Trueform 技术结合 DDS 的低成本与逐点法的高性能体系结构的优点,产生频率分辨率更高、谐波失真更低、抖动更小的信号。

Trueform 技术采用虚拟可变时钟技术以及可跟踪波形采样率的滤波技术,比 DDS 技术拥有更低的抖动(比 DDS 脉冲波形抖动改善 10 倍以上)与更小的谐波失真,且可以提供抗混叠滤波输出。

如图 5 - 37 所示,生成的波形为标准方波上方叠加 7 个尖峰脉冲,方波的频率是 200 kHz。上方的波形为采用 Trueform 技术生成的波形,下方的波形为 DDS 生成的波形。由图可见,由于 DDS 的相位累加器跳过了波形中的若干点,对于波形的细节无法良好的还原。叠加于波形上的 7 个尖峰脉冲只能还原出 3 个脉冲,而且脉冲的位置还与实际不符。而 Trueform 技术生成的波形却很好地还原了波形的细节,叠加于波形上的 7 个尖峰脉冲都精确地得到了还原。

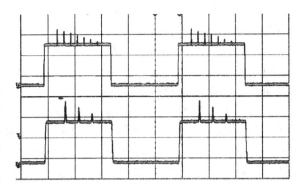

图 5 - 37　Trueform 技术与 DDS 技术生成波形比较

Keysight 公司已将 Trueform 技术成功应用于 33600A 系列等波形发生器中。

5.6.2　任意函数/波形发生器的主要技术指标

(1)存储深度(记录长度):对应于波形存储器的容量,决定可以存储的最大样点数量。存储深度在信号保真度中发挥着重要作用,它决定着可以存储多少个数据点来定义一个波形。提高存储深度可以存储更多周期的波形,存储更多的波形细节,还原复杂的信号。目前,绝大多数 AFG/AWG 的存储深度在 64 K 以上,泰克公司 AWG70000 系列任意波形发生器的存储深度高达 16 G。

(2)最高采样速率:是指 AFG/AWG 输出波形样点的速率,它决定输出波形的最高频率分量。按照采样定理,采样速率应至少比最高频率分量高一倍。如果要求信号频率为 10 MHz,采样率至少为 20 Msps。实际上在 20 Msps 的采样速率下,信号频率不可能达到 10 MHz,要比 10 MHz 低。至于低到什么情况,则取决于信号失真可接受的程度。目前多数 AFG/AWG 的最高采样率在 100 Msps 以上,泰克公司 AWG70000 系列任意波形发生器的最高采样率高达 50 Gsps。

需要指出的是,与数字示波器的狭义采样有所区别的是,AFG/AWG 内部并不一定有 A/D 转换器,AFG/AWG 是一个广义的数字采样系统,使用相关波形编辑功能时,也应遵循采样定理。

输出信号频率与采样率、存储深度的关系可表述为:

$$输出信号频率 = 采样速率/存储深度$$

若信号波形在存储器中按周期存储,即对周期重复的信号仅进行一次存储,那么

$$输出信号频率 = (采样速率/存储深度)*(存储器中波形的周期数量)$$

(3)带宽:是指 AFG/AWG 输出电路的模拟带宽,一般以正弦波的 - 3 dB 点定义其带宽,与输出滤波器的性能相关,但必须满足其最高采样率支持的最大输出频率。由于方波、三角波等信号的高次谐波成分丰富,因此,针对正弦波、方波、三角波、脉冲波等不同信号,一般

AFG/AWG 允许输出信号的最高频率不相同。目前多数 AFG/AWG 的带宽能达到 20 MHz,泰克公司 AWG70000 系列任意波形发生器的带宽高达 14 GHz。

（4）幅度分辨率与输出幅度:幅度分辨率是指输出信号电压幅度的分辨率,决定输出信号波形的幅度精度和失真。幅度分辨率在很大程度上取决于 D/A 转换器的性能。目前,多数 AFG/AWG 采用 12 位或 14 位分辨率的 DAC。输出幅度是指波形在不失真时的输出峰—峰值,可通过后置的放大器或衰减器对 DAC 输出信号的幅度进行调节。根据信号输出幅度的差异,有的信号发生器还提供了对输出阻抗 50 Ω 或 1 MΩ 的选择功能。

（5）输出通道数量与输出信号种类:AFG/AWG 可单通道输出,也可双通道或多通道输出。在多通道输出时,具有通道间的同步功能,可以控制各通道之间输出波形的相位差,以产生特定需求的信号,如 I/Q 信号。一些信号发生器还提供了调制输出的功能,可以产生 AM、FM、PM 等模拟调制信号,以及 ASK、FSK、PSK、PWM 等数字调制信号。有些信号发生器还集成有多个数字输出通道,用于数字系统的测试。

（6）直流偏移:是指在输出幅度不变的情况下,信号基线可移动的情况。通常与仪器输出精度指标相关,一般为 $(0 \sim \pm 5)$ V。

（7）波形纯度:是指在输出正弦波情况下的谐波和杂散信号的情况,应比基波小很多,至少为 $-(20 \sim 40)$ dB。

5.6.3　AWG 的波形编辑功能

AWG 为用户提供了波形编辑功能,主要方法有:

（1）图形编辑法:可直接提供点或一段波形来描述输出波形,信号发生器厂商多数提供了此类工具软件。

（2）方程式编辑法:可直接利用输入的数学公式计算 D/A 转换器的输出数据,还可以借助 matlab 等数学工具软件,产生相对较为复杂的波形的组合。这种波形编辑方法十分灵活,特别适合于时域描述以及能够用数学公式表达的波形。

（3）FFT 编辑法:FFT 编辑器可编辑每个信号的频谱,如频谱的频率值、幅度值和相位值,适用于频域内对波形进行描述。

（4）示波器数据传送法:将示波器采集到的数据存储起来,然后把数据传送到 AWG 中,使 AWG 能够模拟外界的现场环境。在一些集成了 AWG 功能的示波器中,可以将示波器采集到的数据直接写入 AWG 的 RAM 中。

（5）直接内存编辑法:该方法可结合图形编辑法、方程式编辑法以及 FFT 编辑法的优点,并且可对所有的内存进行操作。这是一种更利于产生复杂的多路信号的方法。它利用外部程序对波形数据进行计算,并通过相应的接口写入内部的波形 RAM 中。如 Agilent Intuilink Waveform Editor 软件。随着嵌入式技术的发展,有些信号发生器在内部也集成了此功能。

习　题

5-1　在电子测量中信号源有哪些作用?

5-2　低频信号源的主振级采用 RC 振荡器,为什么不采用 LC 振荡器?试说明原因。

5-3　在高频信号源中,如何实现调频、调幅作用?一个完整的信号源应有几个组成部分?

5-4　在图 5-6 中,假设 $C = 0.5\ \mu F$,$|I_1| = |I_2| = 1\ mA$,$|+E| = |-E| = 5\ V$,

（1）试求三角波的频率。

（2）如果 $|I_1| = |I_2| = 20\ \mu A$，其他条件不变，则三角波的频率为多少？若以此三角波形成脉冲波，并要求输出占空比为 0.1 的脉冲波形（$T/T_o = 0.1, T_o = 1/f_o$）应该调节什么参量？调节量为多少？

5-5 现用集成电路 5G8038 构成方波发生器，要求频率输出范围 $(1 \sim 100)$ kHz。假设 $C_T = 470$ pF

（1）求 R_T 的阻值及其变化范围（设在图 5-8 中 $R_A = R_B = R_T$）；

（2）画出该方波发生器的电路图。

5-6 在合成信号源中采用几种合成方法？试比较它们的优缺点。

5-7 锁相环的输出为什么能跟踪输入信号频率的变化？锁相频率合成法中是如何提高频谱纯度的？

5-8 能否用示波器判断锁相处于锁定状态？若能，请说明操作过程。

5-9 利用锁相环可以实现对基本频率 f_1 分频（f_1/N）、倍频（Nf_1）以及和 f_2 的混频（$f_1 \pm f_2$），试画出实现这些功能的原理方框图，包括必要的滤波器。由此可以得出什么结论？

5-10 计算图 5-38 所示锁相环的输出频率范围及步进频率。

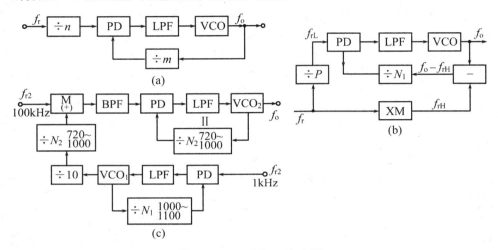

图 5-38　习题 5-10 之图

5-11 已知 $f_{r1} = 100$ kHz，$f_{r2} = 40$ MHz 用于组成混频倍频环，其输出频率 $f_o = (73 \sim 101.1)$ MHz，步进频率 $\Delta f = 100$ kHz，环路形式如图 5-39 所示，求

（1）M 宜取 + 还是 −；

（2）$N = ?$

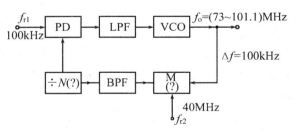

图 5-39　习题 5-11 之图

5-12 在直接数字合成信号源中，如果数据 ROM 的寻址范围为 1 K 字节，时钟频率 $f_c = 1$ MHz，试求

（1）该信号发生器输出的上限频率 $f_{o\ max}$ 和下限频率 $f_{o\ min}$；

（2）可以输出的频率点数及最高频率分辨率。

5-13 请用多环合成法设计一个锁相环频率合成器，要求输出的频率范围为 $(0.01 \sim 13\,000\,999.99)$ Hz，步进频率 Δf_o 为 0.01 Hz，基准频率 f_r 为 100 kHz。

5-14 以 2 片 D/A 转换器和 1 片 RAM 为主要部件，试设计一个任意波形发生器，输出信号幅度范围 -5 V $\sim +5$ V，直流偏移范围 ± 2.5 V，波形点数 512 点（D/A_1：10 位；D/A_2：8 位；RAM：2 K 字节）。

（1）画出电原理图（包括其他必要的硬件电路）及其与微机总线的连接方法；

（2）在现有 RAM 容量下，可以产生几种任意波形？

6 信号的显示和测量

6.1 引　　言

示波器是一种基本的、应用最广泛的时域测量仪器,它将电信号作为时间的函数显示在屏幕上,从而让操作人员观察信号波形的全貌,能测量信号的幅度、频率、周期等基本参量,测量脉冲信号的宽度、占空比、上升(或下降)时间、上冲、振铃等参数,还能测量两个信号的时间和相位关系。在更广泛的意义上,示波器也是一种能够表现两个互相关联的 X - Y 坐标图形的显示仪器。例如,若把两个正弦波分别加到示波器 X 通道和 Y 通道,如果其中一个信号频率是已知的,则可根据显示的图形,知道另一个信号的频率以及相位。

示波器作为信号波形显示的仪器,其发展可从 1878 年英国 W·克鲁克斯发现阴极射线并使之偏转算起,至今已有 100 多年历史。1934 年 B·杜蒙发表了 137 型示波器,堪称现代示波器的雏形。随后,1946 年美国 Tektronix(简写为泰克)公司创立,成为示波器研究和生产的主要厂商。另外,美国安捷伦公司(由惠普公司分立而来)、荷兰 Philips 公司等都对示波器的研究和生产起了很大的推动作用。

通用示波器发展至今,主要经历了三代产品,即第一代模拟实时示波器(ARTO, Analog Real Time Oscilloscopes),第二代数字存储示波器(DSO, Digital Storage Oscilloscopes)和第三代数字荧光示波器(DPO, Digital Phosphor Oscilloscopes)。

第一代示波器 ARTO 开始出现于 20 世纪 40 年代,主要通过电子束在荧光屏上扫出被测信号随时间变化的运行轨迹。ARTO 显示波形的亮度变化,可以反映信号不同部分出现的频度高低,适于观测如视频信号、调制信号等复杂动态信号。除此之外,ARTO 还有以下一些优点:对观测信号的波形显示具有实时性,对信号的变化有直接的视觉效果,波形更新率非常快;没有量化误差和信号混叠等。这也是 ARTO 在 DSO 出现后的相当长一段时间内仍被广泛使用的重要原因之一。但是 ARTO 也有很多明显的缺点,如带宽有限、对低频信号或偶发信号的观测显得无能为力、只能边沿触发、不能观测触发时刻之前的信号波形。另外,不能对被测信号进行存储,继而进行后续各种高级的处理。

由于 ARTO 的这些缺点,随着数字电路技术的发展,在 20 世纪 80 年代研制出了第二代示波器——DSO。DSO 运用采样技术将被测信号转换为采样数据并存储下来,再由微处理器对采集存储的波形数据进行处理与显示。相比于 ARTO,DSO 有很多优点:它能够存储波形数据以供后续观测和分析处理;能够观测触发事件之前的信号波形;具有丰富的触发方式,方便捕获偶发的异常信号;具有参数测量和丰富的数据处理功能等。但是,DSO 也有一些不足之处。DSO 在采集完一帧波形数据之后,要经过一段时间的软件处理来完成屏幕上的波形显示,然后才能开始下一帧波形的采集。在软件进行波形数据处理和显示的这段时间不能采集被测信号,这段时间的波形会漏失掉,这段时间称作"死区时间"。由此也导致 DSO 对被测信号的波形显示是滞后的,不是实时的,也无法达到 ARTO 那样高的波形更新率。DSO 与 ARTO 相比,另一大缺点是其屏幕上显示的波形图像没有不同的亮度等级,不像ARTO具有明暗差异的荧光显示效果,观测视频信号、调制信号等复杂动态信号效果较差。

第三代示波器——DPO是在DSO基础上发展起来的,由美国泰克公司于1998年率先推出。DPO克服了前两代示波器的缺点,结合了它们的优点。DPO不仅继承了DSO的数据存储、波形分析、先进触发功能等诸多优点,同时也具有ARTO的明暗显示和实时显示的优点,能以数字形式产生显示效果优于模拟示波器的亮度渐次变化的化学荧光效果。DPO在技术上进行了重大突破与创新,采用专用波形成像处理器(用ASIC或FPGA实现)对信号的三维信息(振幅、时间、信号在屏幕上各点出现的概率密度)进行高速处理,运用数字技术将屏幕上各点信号出现的概率密度转换为该点显示的亮度值或色彩值(即信号出现概率密度越高的点显示的亮度越亮或色彩越暖,信号出现概率密度越低的点显示的亮度越暗或色彩越冷),这样模拟出荧光显示的视觉效果。DPO这种高超的显示能力加上快速的波形捕获速率,使得DPO具有分析信号任何细节的性能,给观测者带来了极大的方便。

图6-1是这三代示波器产品观测调频波的不同效果。图中可看出,DPO和ARTO的显示效果很相似,信号出现频度高的点显示亮度较亮,信号出现频度低的点显示亮度较暗,可以很清楚地观测出调频波的包络及细节。DSO显示的是由采集的波形数据重建的波形,没有明暗的显示效果,每次显示刷新时都会冲掉上一屏的波形信息,不会有多帧波形累积的效果。所以,整个调频波的包络和细节都难以观测清楚。

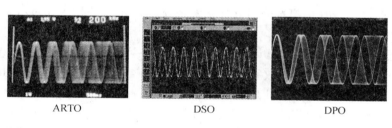

图6-1 ARTO、DSO、DPO观测调频波的效果

近年来,示波器在向多功能集成和多域测量的方向发展。如,泰克公司于2011年推出的混合域示波器(MDO, Mixed Domain Oscilloscopes)。MDO是一款革新性的新类型示波器,它不再像传统示波器一样,仅仅是时域测量仪器,而是集数字荧光示波器、频谱分析仪、逻辑分析仪、总线协议分析仪、调制域分析仪等五种仪器功能于一身的跨域分析示波器。这种多功能跨域示波器不仅可解决同时购置多种仪器花费巨大,同时使用多台仪器摆放、操作不方便的问题。而且,它的多种功能可工作在同一时钟、同一触发机制下,具有创新的时域、频域、调制域时间相关的跨域分析功能,可以发现传统测量手段无法发现的嵌入式系统、无线系统、基带与射频电路的各种硬件、软件与系统问题,大大方便了用户的调试。而泰克公司的MDO3000系列示波器除了集成示波器、频谱分析仪、逻辑分析仪、协议分析仪等功能外,还集成了函数/任意波形发生器和电压表/频率计的功能,不仅测量功能更加齐全,还能产生测试激励信号,而且示波器采集到的数据可直接存储到任意波形发生器的RAM中,实现对采集信号的回放。Keysight公司的Infiniivision 3000T X系列示波器也同样集成了示波器、逻辑分析仪、频谱分析仪、协议分析仪、函数/任意波形发生器和电压表/频率计等多种功能,其高达100万帧波形/秒的波形捕获率和独一无二的区域触摸触发技术可提高捕获偶发异常信号的概率,采用大尺寸电容式触摸屏使得示波器像智能手机、平板电脑一样操作方便、得心应手。

本章在简介模拟示波器的基础上,重点介绍数字示波器(包括数字存储示波器和数字荧光示波器)及其相关技术。

6.2 模拟示波器的工作原理

信号显示是将被测信号以波形方式显示在屏幕上。目前屏幕显示器有阴极射线管和平板显示器两大类。本节主要介绍用示波管构成的模拟示波器的工作原理。

6.2.1 信号显示原理及示波器

1) 信号显示原理

在传统的模拟示波器中屏幕显示器件是示波管,它可以同时接受两个信号的作用。一个是被测信号 V_i,另一个称为线性扫描电压 V_t,是一个随时间线性变化的电压。这两个电压同时作用于示波管,驱动其电子束运动,使之在屏幕上产生二维坐标的显示。一个坐标表示被测信号电压的大小,另一个坐标表示时间,如图 6-2 所示。因此,示波器能显示被测信号随时间变化的波形。通常,Y 坐标表示被测信号幅值(V_i),X 坐标表示时间(t)。示波管以两对偏转板接受这两个信号,一对称为 Y 偏转板(或称为垂直偏转板),另一对称为 X 偏转板(或称为水平偏转板)。

扫描电压是周期线性电压,包括线性斜升过程和下降过程,而理想的下降时间为零。线性斜升电压用于展现被测信号;下降电压使显示光点回到屏幕的起点位置并等待下一次扫描,如此重复进行就可以在屏幕上显示被测信号波形。

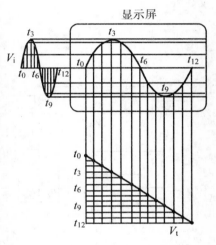

图 6-2 电信号的显示过程

2) 示波器原理

示波器是以示波管为核心的电子仪器,其原理框图如图 6-3 所示。除了示波管之外,还应该有垂直通道(即图中的 Y 放大器电路)和扫描发生器(它相应于水平通道)。示波管中 Y_1、Y_2 为一对 Y 偏转板;X_1、X_2 为 X 偏转板。垂直通道(或称 Y 通道)的电路是对被测信号 V_i 进行处理,以满足 Y 偏转板的需要。扫描发生器则产生能满足 X 偏转板要求的线性扫描电压 V_t。

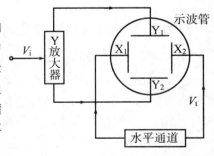

图 6-3 示波器的原理框图

为了使被测信号准确、稳定地显示在荧光屏上,并能进行定量测量,一个较为实用的示波器基本组成如图 6-4(a)所示。垂直输入电路包括输入衰减器和前置放大器,对各种幅度的被测信号进行衰减或放大,垂直末级放大器对信号进一步放大,以满足 Y 偏转板的要求。时基发生器是扫描电路的核心,由它产生线性扫描电压。被测信号经过触发电路产生触发脉冲去启动时基发生器工作;水平末级放大器对扫描电压进行放大以满足 X 偏转板的要求。Z 电路用于控制示波管的 Z 电极,即控制电子束的有无、强弱,也就是控制荧光屏显示的亮暗程度(通常称为示波器的辉度)。图6-4(b)表示电路各点波形。

图6-4(a)中设置延迟级是为了能在屏幕上观测到被测信号的起始部分。在通用示波器中,如果由被测信号产生触发脉冲,启动时基发生器,直至X偏转板得到扫描电压需要一段时间 τ_1;另一方面,被测信号 V_i 经Y通道到达Y偏转板所需时间较少,即水平通道的延迟时间比垂直通道的延迟时间要长,以至于信号的起始部分得不到显示。为了能观测到信号的起始部分,在Y通道加一延迟级以推迟被测信号到达Y偏转板的时间 τ_2,使被测信号的起始部分能够得到显示。延迟级通常由延迟线及有关电路组成,延迟时间约为 $(100 \sim 200)\,ns$。

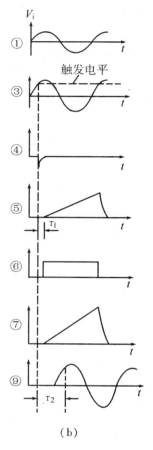

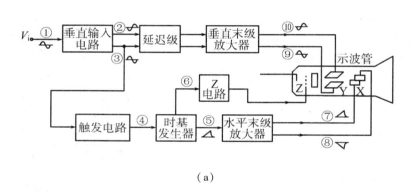

图6-4 示波器的工作原理
(a)框图 (b)工作波形

6.2.2 对扫描电压的要求

为了对被测信号进行准确测量,扫描电压必须满足下列三点要求:

(1)周期性 扫描电压必须是周期性的。在实际测量中,对连续信号而言,被测信号是随时间而连续存在的。若用示波器进行测量势必扫描电压也应该持续线性增长,然而这是不可能的。一是因为任何扫描电压产生电路只能输出有限幅度的电压;二是因为示波管的屏幕只能是一个有限的范围。所以,为了显示连续信号,作用于X偏转板的扫描电压必须是周期性的。由于扫描电压是周期性的,示波器屏幕上显示的波形实际上是按扫描周期重复展示的,从观察者来说,认为被测波形是连续的了。在图6-2中为了说明问题,认为扫描电压下降时间为零,这在电路上是很难实现的。实际的扫描电压波形如图6-5所示。扫描电压周期为 T,扫描上升时间为 t_f(或称为扫描正程时间)、下降时间为 t_b(或称为扫描回程时间),而 t_w 称为等待时间。扫描电压正向斜升过程对应于电子束沿水平坐标从左至右的

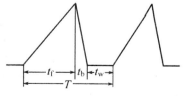

图6-5 扫描电压波形

运动。

（2）线性 扫描电压作用于 X 偏转板使电子束沿水平方向运动，必须是等速的，从而保证时间坐标是等间隔的。所以，扫描电压的正程必须是线性变化的。至于扫描电压在回程和等待时间里的变化一般不作特别规定（这时在屏幕上都没有显示）。由于扫描电压正程所花时间表征被测信号的时间，是测量时间的基准，所以通常称示波器中的扫描（电压正程）为时基。产生扫描电压的电路称为时基电路。

（3）同步性 如前所述，显示连续信号时，示波器的扫描是重复进行的。如果各次扫描起点相对于被测信号的相位不定（即两者不同步），则屏幕上将显示一个晃动而模糊的波形。因此，在测量连续信号时，每次扫描正程的起点必须与被测信号的某一点相同步，在屏幕上就可以显示稳定的波形。然而，扫描电压是由时基发生器（即扫描发生器）产生的，它与被测信号不相关。为此，通常用被测信号产生同步触发信号（称为触发脉冲，见图 6-4(b) 中波形图④）去启动扫描发生器（即图 6-4 中触发电路的功能），这就是示波器的同步。

6.2.3 示波器的主要技术指标

通用示波器的主要技术指标如下。

（1）Y 通道的带宽和上升时间 当屏幕上显示的正弦波幅度相对于基准频率下降 3 dB 时，其高端频率和低端频率之差定义为 Y 通道的带宽（或称示波器的带宽），其表示式为

$$BW = f_h - f_l \tag{6-1}$$

式中　　BW——Y 通道的带宽；

　　　　f_h—— 高端频率；

　　　　f_l—— 低端频率。

现代示波器大多可以从直流信号开始进行测量，这时低端频率为零。所以对于可以测量直流信号的示波器，其带宽为

$$BW = f_h \tag{6-2}$$

另外，通常由于示波器能测量的低端频率相对于高端频率是一个很小的数值，从式(6-1)可见，其带宽主要取决于 Y 通道的高端频率，或者说决定于上限频率。

所谓上升时间是指示波器对理想阶跃信号的响应时间。对理想示波器而言其上升时间为零，相当于示波器具有无限带宽。然而，实际上由于带宽的限制，Y 通道的上升时间不可能为零。对于具有一级 RC 电路的 Y 通道而言，其上升时间 t_r 和带宽 BW 的关系为

$$t_r \times BW = 0.35 \tag{6-3}$$

由式(6-3)可知，示波器 Y 通道的带宽和上升时间是两个相互关联的技术指标。1 GHz 带宽示波器的上升时间 $t_r = 0.35$ ns。

如果被测信号本身的上升时间为 t_s，则示波器屏幕上所显示的波形的上升时间 t_{rd} 由下式近似计算：

$$t_{rd} \approx \sqrt{t_r^2 + t_s^2} \tag{6-4}$$

根据式(6-4)不难求得测量误差与 t_s/t_r 之关系，列于表 6-1。设 $t_r = t_s = 141$ ps，则 $t_{rd} = 200$ ps，显示信号的上升沿误差达 41%。当 $t_s = 707$ ps 时，$t_s/t_r = 5$，误差仅为 2%。换句话说，当

示波器带宽为被测信号频率的 5 倍时,幅度误差为 2%。这个误差通常是可以接受的。

表 6 - 1   上升沿测量误差与 t_s/t_r 之关系

DSO 系统 t_r(ps)	被测信号 t_s(ps)	t_s/t_r 比值	显示信号 t_{rd}(ps)	显示信号相对实际信号百分误差
141	141	1	200	41%
141	283	2	316	12%
141	424	3	447	5%
141	566	4	583	3%
141	707	5	721	2%

（2）偏转灵敏度和偏转因数   示波器的偏转灵敏度定义为:在单位输入信号电压的作用下屏幕上光点在垂直方向的偏转距离,其单位为 cm/V(或 cm/mV)。为了便于计算,有时采用偏转因数,定义为偏转灵敏度的倒数,其单位为 V/cm(或 mV/cm)。偏转灵敏度(或偏转因数)表征 Y 通道对被测信号的响应能力。因为在放大器中带宽和增益是一对互相制约的因素,宽带示波器的偏转灵敏度较低。另外,示波器的灵敏度要受到噪声、漂移等因素限制,目前示波器的最高偏转灵敏度达 10μV/div。这里 div 是指荧光屏坐标的一个分格,通常 1 div = 0.8 cm。通常偏转因数按 1—2—5 进制分档,不少于 9 挡。偏转因数还可连续调节,称为"增益微调"。

（3）输入方式和输入阻抗   输入方式是指被测信号从示波器的输入接线端至 Y 通道输入电路的连接方式,这相当于一般电子线路的输入信号连接方式,大体上分为直流(DC)和交流(AC)两种方式。AC 耦合可以隔掉被测信号中的直流分量,便于测量高频信号或快速瞬变信号,尤其适宜于测量带有很大直流分量的交流小信号,如电源纹波等。输入阻抗是指示波器输入接线端对被测信号源呈现的阻抗,通常等效为输入电阻和电容的并联。输入电阻一般为 1 MΩ,而输入电容的大小直接影响示波器带宽技术指标,它们的关系如表 6 - 2 所示。这种高阻抗输入方式的最大带宽限制在约 500MHz。频率再高时输入电容负载效应太大,为此须采用 50 Ω 输入电阻,在输入端与地间接入 50 Ω 电阻。

表 6 - 2   示波器的带宽与输入阻抗的关系

上限频率 /MHz	1	5	15	30	60	100
输入电阻 /MΩ	1 ± 5%	1 ± 5%	1 ± 5%	1 ± 5%	1 ± 5%	1 ± 5%
输入电容 /pF	≤ 45	≤ 40	≤ 35	≤ 30	≤ 25	≤ 22

（4）扫描速度和时基因数   扫描速度是示波器屏幕上光点在水平方向移动的速度,其单位为 cm/s,或为 div/s。由于示波器的水平扫描作为时间基线,所以定义示波器的时基因数为 s/cm,或 s/div。时基因数和扫描速度互为倒数关系。在示波器中时基因数与带宽这两个指标是有联系的。通常在观测时,一个信号周期在水平坐标上占两格(2 cm 或 2 div)较为适宜。例如,当 f_h = 100 MHz 时,周期为 10 ns,所以时基因数以(5 ~ 10)ns/div 较为适宜。

（5）扫描方式   产生时间基线的各种方式称为扫描方式,通常有正常方式、连续方式、自动方式、单次扫描以及双时基扫描,这些将在有关章节进行介绍。

（6）触发特性   触发特性包括触发源、触发信号耦合方式、触发极性及触发电平等。为了将被测信号稳定地显示在荧光屏上,扫描电压必须在一定的触发脉冲作用下产生。示波器的触发脉冲的取得方式,通常有如下几种:由被测信号产生的内触发方式;由与被测信号相关的外信号产生的外触发方式;由交流电(50 Hz)产生的电源触发方式等等。

触发信号送入触发电路有不同的耦合方式。首先有 AC 耦合和 DC 耦合之分。在 AC 方式中,又有高频抑制和低频抑制两种方式。高频抑制方式抑制触发信号中的高频分量,因而可以抑制高频噪声对触发的影响。低频抑制方式抑制触发信号中的低频分量,因此可以削弱低频干扰信号对触发的影响。当然,频率高低是相对的,在不同带宽的示波器中,高频和低频抑制的频率范围也是不同的。

触发极性是指触发点位于触发信号的上升沿或下降沿,前者为正极性触发,后者为负极性触发。触发电平是指触发点位于触发信号的什么电平上。触发极性和触发电平的选择确定了触发点的位置,亦即决定了扫描的起点。

(7)示波管性能   示波管的性能直接影响示波器的技术指标,这些性能包括频带宽度,X、Y 偏转灵敏度,屏幕形状、尺寸以及坐标刻度形式等等。示波管的频带宽度达几千兆赫,偏转角度约 30°。

6.2.4   扫描电压的产生

1)扫描电压的产生

扫描电压由扫描发生器环产生。图6-6表示扫描发生器环的电路框图,它是一个具有反馈的闭环系统,由时基闸门、扫描发生器、电压比较器及释抑电路等组成,输出线性扫描电压 V_o。

环路中时基闸门电路为施密特触发器,它是电平触发器,只有当其输入电平(图6-6中 a 点电位)低于下触发电平时,输出(在 b 点位置)为低态;或者当输入电平高于上触发电平时其输出为高态(见图6-7波形 V_a 和 V_b)。若输入在上、下触发电平之间,其输出状态不会发生变化,所以上、下触发电平之间的范围称为滞后区。

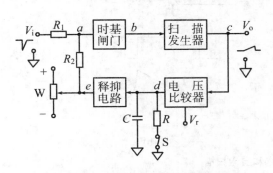

图6-6   扫描发生器环原理电路

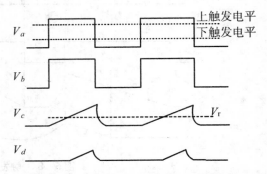

图6-7   扫描发生器环的时间波形图

扫描发生器是该环路中的关键电路,实际上是一个锯齿波发生器,它在时基闸门的控制下产生扫描的正程(及回程)。在图6-6的扫描发生器中只有当其输入(V_b)为高电平时,才输出斜升的锯齿波电压 V_c(即 V_o 的正程);当输入为低电平时,立即停止斜升过程进入扫描的回程,输出电压一直下降到原来的起点电平,而后进入等待期(见图6-7中波形 V_c)。扫描发生器通常采用密勒积分器或用恒流源对电容器的充电电路,产生线性优良的锯齿波。

电压比较器将扫描发生器的输出电压与基准电压V_r进行比较,当V_c超过V_r时比较器就有变化的输出,其变化规律和扫描发生器输出的完全相同(见图6-7中V_d)。

释抑电路的作用见后面讨论。

2)扫描控制

在示波器中有下列控制扫描的方式。

(1)正常方式

正常方式是在触发信号的作用下产生扫描电压,故又称触发扫描方式。在图6-6中,假设在扫描环路的输入端加负触发脉冲,并且时基闸门输入端的起始电平V_1介于上、下触发电平之间。当第一个触发脉冲到达时,时基闸门的输入端达到下触发电平(见图6-8(a)波形V_a),其输出转变为高态(图中波形V_b);从此扫描发生器开始正程输出(波形V_c);同时扫描电压经过电压比较器、释抑电路反馈至时基闸门的输入端(波形V_e)。随着锯齿波电压的增高,时基闸门的输入端达到上触发电平,使时基闸门的输出状态再次发生变化(转入低态),从此开始扫描电压的回程;虽然锯齿波的回程时间极短,但是由于释抑电路RC的作用时基闸门的输入端要经过较长时间才能恢复到起始电平V_1,以便进行下一次扫描。从上述工作过程可见,如果没有触发脉冲,时基闸门的输出端永远处于低态,扫描环路就不可能输出锯齿波;只有在触发脉冲的作用下才能输出锯齿波,这就是所谓触发扫描。如果时基闸门的起始电平V_1不够低,或者负向触发脉冲的幅度不够大,不能到达时基闸门的下触发电平,则扫描发生器环不能工作,不能输出扫描电压。如果对图6-6中的电位器W进行调节,使a点电位接近下触发电平,扫描发生器环将恢复正常工作。

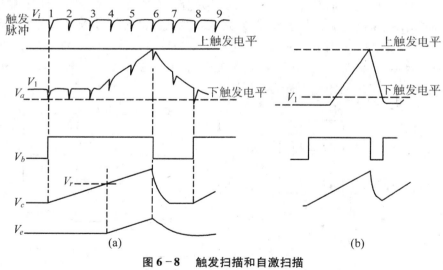

图6-8 触发扫描和自激扫描

(a)触发扫描时间波形图   (b)自激扫描时间波形图

(2)连续方式

连续方式又称自激扫描方式,是指扫描发生器环在没有触发脉冲的情况下也能自行输出扫描电压,其关键在于设置时基闸门的起始电平。如果将此电平置于施密特触发器的上、下触发电平之外,例如在图6-6的电路中,将V_1置于下触发电平之下,扫描发生器就有扫描电压输出,并且重复进行(见图6-8(b))。

不管是正常方式还是连续方式,大多用于显示连续信号波形,它们的扫描电压应该与被测信号同步。通常正常方式由被测信号产生触发脉冲。连续方式虽然扫描发生器环自身产生扫描电压，但是为了使时基与被测信号之间保持同步，往往将被测信号经过整形之后作为扫描环的同步脉冲，以便得到稳定的显示；否则就要使扫描周期与被测信号周期保持整数倍的关系才能得到稳定显示，这难以调节。

（3）自动触发

在正常触发方式，一旦触发信号消失或幅度过小，扫描就停止，屏上没有任何光迹，这给使用带来不便。为此，现代示波器若在规定的时间内找不到触发信号，就强制进入自动触发状态产生扫描。当触发信号到来时，示波器又自动转换到正常触发方式。等待触发的时限可设在25 ms左右。这种触发方式称为自动触发。

（4）单次扫描

前面已经讨论了连续信号的显示，但是有许多信号是不连续的单次波形。对于单次信号采用重复扫描是没有意义的，甚至产生错误的显示。单次信号必须采用单次扫描，而且扫描必须由单次信号本身，或者由与单次信号有关的事件触发产生，每次观测只进行一次扫描过程。通常的方法是断开图6-6中释抑电阻 R 上的开关S，在扫描回程时释抑电容 C 无放电通路，使整个扫描环路处于抑制状态，不再重复产生扫描电压。只有再次接通开关S，使释抑电路解除抑制状态，才可以重新产生扫描输出。

3）释抑时间

所谓释抑（Holdoff），就是抑制触发脉冲产生触发，从而停止扫描；在释抑时间 t_h 过后，自动释放抑制，恢复扫描。

首先看看在模拟示波器中释抑功能的必要性。在图6-9中，触发脉冲④出现在回扫期 t_b，此时扫描电压尚未回到起始电平 V_1。如果触发脉冲④的负峰值已达到或超出下触发电平而引起触发，则触发产生的扫描电压的起始电压不是 V_1，而高于 V_1 某个随机的值。对应在屏幕上扫描线的起点位置发生无规则的右移。但是扫描起点（即触发脉冲）对应于被测信号的同一点，因而在屏幕上将看到一个左右晃动的画花了的波形。为了避免

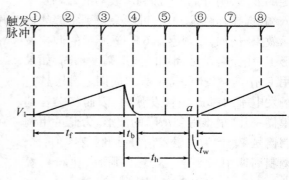

图6-9　释抑时间的作用

这种情况发生，在正扫结束后设立一段时间 t_h，在 t_h 内就是有触发脉冲，也不产生扫描。t_h 称为释抑时间。显然，t_h 应大于回扫时间 t_b。在图6-9中，在瞬时 a，释抑时间结束。触发脉冲⑥再次产生触发扫描，确保起始电平为 V_1。

调节释抑时间还有助于观察一些复杂的信号。在图6-10中，被测信号是由三个不同宽度脉冲组成的周期序列，现在欲详细分析脉冲1的 AB 段波形。为此，调节释抑时间，抑制触发脉冲2、3、5、6、8、9、…产生触发，同时适当调节扫描速度使 AB 段波形清楚地展示在屏幕上。在图6-11中，抑制了触发脉冲6，且调节扫描速度，使在屏幕上观看5个脉冲。

在模拟示波器和数字示波器中都有调节释抑时间的功能，用来阻止脉冲序列中除第一个脉冲之外的其他脉冲产生的触发。这种调节有时称为"高频稳定"调节，因为在观测高频信号时更为有效。

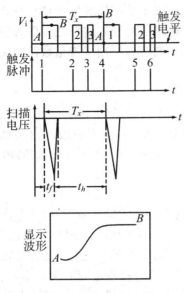

图 6-10　调节释抑时间抑制无用
的触发同步脉冲

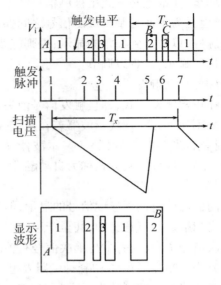

图 6-11　调节释抑时间观察周期
脉冲序列信号

4）外触发的应用

如果某信号 V_{ex} 与被测信号 V_i 有严格的时间关系，而用 V_i 产生内触发又难以得到清晰、稳定的显示，则可把 V_{ex} 加到示波器的外触发输入端，选择外触发方式，可能会得到希望的显示效果。例如，要观察图 6-12 所示的调幅波形 V_i，由于各载波周期的波形幅度不同，如果用 V_i 作内触发时，每个载波周期上升段越过触发电平时都产生触发脉冲，因而将会看到模糊一片，很难得到清晰的波形。为此可用调制信号 V_{ex} 作为外触发信号。调制信号在一个调制周期中只产生一个触发脉冲，进行一次扫描，因而能清楚展示如图 6-12 所示的调幅波形。

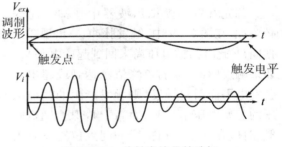

图 6-12　外触发信号的选择

6.2.5　示波器的带宽

1）示波器带宽指标的选择依据

示波器的带宽(BW)是按照 -3 dB 定义的，即当被测信号的频率到其带宽的上限时测量误差接近 30%。因此，为了减少测量误差应该选择示波器的带宽高于被测量信号的频率范围。前已述，若选择示波器的带宽为被测信号最高频率分量的 5 倍，则测量误差优于 2%（见表 6-1），这就是所谓"5 倍"带宽法则。上述误差是对正弦信号而言的，如果是非正弦信号，例如方波，由于其陡峭前后沿具有丰富的高次谐波分量，如果示波器的带宽选择不恰当，就有可能得到错误的测量结果。图 6-13 表示 33 MHz 时钟信号分别用 100 MHz 和 500 MHz 带宽示波器测量时得到的不同结果。图中波形 a 是 100 MHz 示波器的测量结果；而波形 b 是 500 MHz 示波器的测量结果。相比之下，500 MHz 示波器更能表现被测信号的真实情况。那么，是否选择示波器的带宽越宽越好?在现有的技术条件下示波器的带宽还是有限的,而且宽带示波器的价格十分昂贵。因此,在实际测量工作中,应该合理选择示波器的带宽。

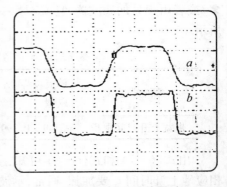

图 6-13　用不同带宽的示波器对33 MHz时钟信号的测量结果

2)宽带示波器的实现方法

现代的宽带示波器带宽(BW)范围大多数是从直流开始直至其频率上限(f_h),即 $BW = f_h$。通常认为带宽在 100 MHz 以上的示波器为宽带示波器。在宽带示波器中,首先 Y 通道的带宽必须能让被测信号带宽范围内的各种频率分量都不失真地通过并到达示波管的 Y 偏转板,同时示波器的 X 通道以及示波管等部件也应该符合宽带的要求。

(1)影响垂直通道带宽的因素

由图 6-4 可知示波器垂直通道的主要电路是放大器。为了能准确显示被测信号,Y 通道中的放大器不仅要求具有足够的带宽、足够的增益,而且不产生失真。下面讨论这些问题。

① 垂直通道的增益　Y 通道的增益 A 定义为示波管的 Y 偏转因数 D_{fy} 对示波器偏转因数 D_y 的比值:

$$A = \frac{D_{fy}}{D_y} \tag{6-5}$$

假设:$D_{fy} = 8$ V/cm,$D_y = 10$ mV/cm,则 $A = 800$,这是一个相当大的数值。为此,示波器的 Y 通道必须由多级放大器组成,在图 6-4 中就包括前置放大器和末级放大器。而前置或末级放大器又是由多级放大器组成的。

② 多级小信号放大器的带宽和增益　对于一级小信号放大器而言,其带宽和增益的乘积为常数,它们是相互制约的。为了实现宽带就不得不降低增益。为了满足一定的增益要求,Y 通道必须由多级放大器组成,Y 通道的总增益 A 为

$$A = A_1 \times A_2 \times \cdots \times A_n \tag{6-6}$$

式中　$A_1, A_2, \cdots, A_n$ 为各级放大器的增益。

示波器垂直通道的带宽取决于各组成级的带宽,其关系为

$$BW = \frac{1}{\sqrt{\left(\frac{1}{BW_1}\right)^2 + \left(\frac{1}{BW_2}\right)^2 + \cdots + \left(\frac{1}{BW_n}\right)^2}} \tag{6-7}$$

式中　BW——Y 通道的实际带宽;

$BW_1, BW_2, \cdots, BW_n$——各级放大器的带宽。

由式(6-7)可见,示波器的带宽 BW 小于 Y 通道中任何一级放大器的带宽 BW_n,即 $BW < BW_1, BW_2, \cdots, BW_n$,或者说 Y 通道中每一级放大器的带宽($BW_n$)都要大于示波器所要求的带宽 BW。所以,示波器 Y 通道放大器必须兼顾带宽和增益的要求,为此必须进行精心设计。

上面分析了 Y 通道放大器对示波器带宽指标的影响,实际上还应该考虑衰减器、延迟线、示波管 Y 偏转板等部件对带宽的影响。

前已叙,示波器的上升时间 t_r 与带宽 BW 有下列关系:

$$t_r \times BW = 0.35 \tag{6-8}$$

上式认为 Y 通道的频响等效为一阶 RC 特性(单极点)。其实,由于 Y 通道放大器的级数较

多,或者由于另加滤波器,它就不为一阶 RC 特性,其乘积也就不是 0.35 了,具体数值如表 6-3 所示。

表 6-3　Y 通道不同频率响应时带宽和上升时间的乘积

频响类型	单极点型	高斯型	sin/x 型	巴特沃兹型			贝塞尔型 2 阶	椭圆型 3 阶
				2 阶	3 阶	5 阶		
带宽上升时间乘积	0.349	0.399	0.354	0.342	0.364	0.488	0.342	0.370

由式(6-7)和式(6-8)可知,示波器的带宽指标随着 Y 通道放大器级数的增多而变窄,相应地上升时间 t_r 要加长。通常,示波器是通过探头连接被测信号的,探头在提高示波器输入阻抗的同时也有分压作用。探头可以等效为 RC 电路,因此它要影响示波器测量的带宽和上升时间,这时示波器的上升时间 t_r 为

$$t_r = \sqrt{t_{r\Sigma}^2 - t_{rp}^2} \tag{6-9}$$

式中　t_{rp}——探头的上升时间;

　　　$t_{r\Sigma}$——示波器包括探头在内的总的上升时间。

（2）对扫描速度的要求

在宽带示波器中,由于被测信号的频率较高,或者被测信号中含有很高频率的分量,为了能将被测信号准确地显示在荧光屏上,不仅要求扫描电压有良好的线性,而且还要求有很高的扫描速度。例如,带宽为 500 MHz 的示波器,要求在测量 100 MHz 信号时水平坐标每两分格（2 div）显示一个信号周期。如果水平方向有 10 div,这时相应的扫描速度计算如下:

被测信号的周期（T）为

$$T = 1/(100 \times 10^6) = 10 \text{ ns}$$

因为一个周期显示两格,故示波器的扫描速度为

$$2 \text{ div}/T = 2 \text{ div}/10 \text{ ns} = 0.2 \text{ div/ns}$$

则扫描的正程时间为

$$\frac{10 \text{ div}}{0.2 \text{ div/ns}} = 50 \text{ ns}$$

由此可见,在宽带示波器中,为了满意地显示波形,必须有与之相应的扫描速度。

3）示波器探头

为了便于直接探测被测信号,提高输入阻抗,减少波形失真及扩展频带,测量时往往使用示波器探头。简单的无源探头是一个衰减器,基本电路是 RC 补偿电路,如图 6-14(a) 所示。图中 R_1、C_1 是探头内的阻容元件,R_2、C_2 是示波器的输入阻抗。如在探头输入端加一个阶跃电压

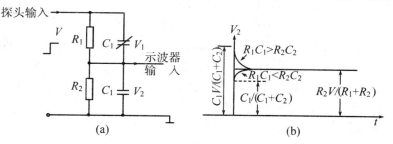

图 6-14　示波器探头电路

（a）电路结构　　（b）工作波形

V,且调节探头内的微调电容 C_1,使 $R_1C_1 = R_2C_2$,则经脉冲分压器分压后送到示波器输入端的阶跃电压 V_2 波形不会失真,其阶跃幅度为:$R_2V/(R_1 + R_2)$。如果 C_1 调得太大,使 $R_1C_1 > R_2C_2$,则 V_2 将产生上冲,称为过补偿。如果 C_1 过小,则 V_2 先产生一段突跳后再按指数规律充电至稳态值,使边沿不再陡峭,如图 6-14(b) 所示,这称为欠补偿。

探头衰减比一般为 10:1,也有 50:1 或 100:1。

被测信号较小时可以使用有源探头,可在无衰减的情况下得到较好的高频特性。

6.3 取样技术

在数字示波器中,输入的模拟信号首先要经过取样、量化变成数字量,然后进行存储、处理并显示。其中取样技术是数字示波器的关键技术,它直接关系到示波器显示波形的质量及正确性,因而我们首先进行讨论。

取样技术可分为实时取样和等效时间取样两类。

6.3.1 实时取样

实时取样是在一次触发后采集一个记录的所有样点,如图 6-15 所示,类似于模拟示波器一次触发后产生一次扫描并显示一个波形。实时取样主要的优点是能采集非重复的单次波形。这是数字示波器相对于模拟示波器及等效取样示波器的重要优点。

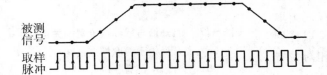

图 6-15 实时取样

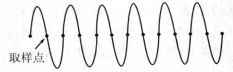

图 6-16 $f_s/f_h = 2$,采到全零样点

1) 取样率的选择

根据奈奎斯特取样定理,为了精确地重现被观测的信号,取样频率 f_s 必须至少是信号中最高频率分量 f_h 的 2 倍,即 $f_s \geq 2f_h$。这在理论上是正确的,但实际上是不够的,因为奈奎斯特定理假设有无限的记录长度,实际上这是做不到的。表 6-4 列举了实时取样在采用线性内插和 $\sin(x)/x$ 内插(对应于不同的 f_s/f_h 比值)时产生的幅值误差。当 $f_s/f_h = 2$ 时幅度误差将达 100%。这种情况可用图 6-16 来说明,此时采到全零的样点,误差达 100%。由表 6-4 可见,当 $f_s/f_h = 4$ 或 5 时,采用 $\sin(x)/x$ 内插的正弦波形的幅度误差分别为 4% 和 3%。一般情况下这样的误差是可以接受的。因此,最高取样速率为 100 MSa/s(MSample/s,即兆次/秒)的数字示波器,被测信号的最高频率限制在(20 ~ 25)MHz。对于线性内插的正弦波形,为了得到相等的精度,f_s/f_h 应达 6 ~ 8。

对于基频为 f_0 的方波脉冲信号,除 f_0 外还包含 $3f_0$、$5f_0$、$7f_0$… 奇次谐波。通常可忽略 7 次及以上的谐波,因而最高频率分量 $f_h \approx 5f_0$,而 $f_s/f_h = 5$,所以 $f_s = 25f_0$。换句话说,取样率至少是方波基频的 25 倍。若 $f_s = 100$ MHz,则被观察的保真度较高的方波信号基频约为 4 MHz。

表 6-4　有限取样率对正弦波取样、内插引入的误差

每周期的取样点数	使用线性内插的幅度误差	使用 sin(x)/x 内插的幅度误差
2	100%	100%
2.5	40%	29%
3	24%	14%
4	14%	4%
5	6%	3%
6	4%	2%
10	2%	< 1%

2）数字示波器中的上升时间

在模拟示波器中，上升（或下降）时间是一项重要的指标，但在数字示波器中，上升时间甚至都不作为一项指标明确给出。数字示波器自动测出的上升时间不仅与取样点的位置有关，而且与扫描速度有关。在图6-17(a) 中，上升沿恰好落在两取样点中间，测出的上升时间是取样周期的 0.8 倍。在图6-17(b) 中，在上升沿的中部有一个取样点，因而对同一波形，测得的上升时间是取样周期的 1.6 倍。可见，随着边沿与取样点的相对位置不同，测得的上升时间相差很大。

90% 幅值
10% 幅值
取样点
0.8
(a)
90% 幅值
10% 幅值
取样点
1.6
(b)

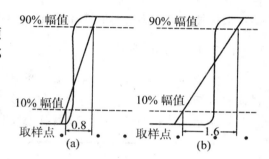

图 6-17　上升沿与取样点位置的关系

（a）上升沿处于两取样点之间

（b）上升沿中部有一取样点

因为数字示波器的实际取样率随扫描速度下降而下降（见后述），因此测上升沿的误差也随扫描速度下降而增加。表 6-5 表示了用 TDS520B 数字示波器在改变时基因数时测量某波形的上升时间值。由表可见，在不同时基因数时，测得的上升时间值相差甚远。因此，使用数字示波器时，不能像用模拟示波器那样，根据测出的时间来反推信号的上升时间。

表 6-5　时间因数与上升时间的关系

t/div(ms)	50	20	10	5	2	1
t_r/μs	800	320	160	80	32	16

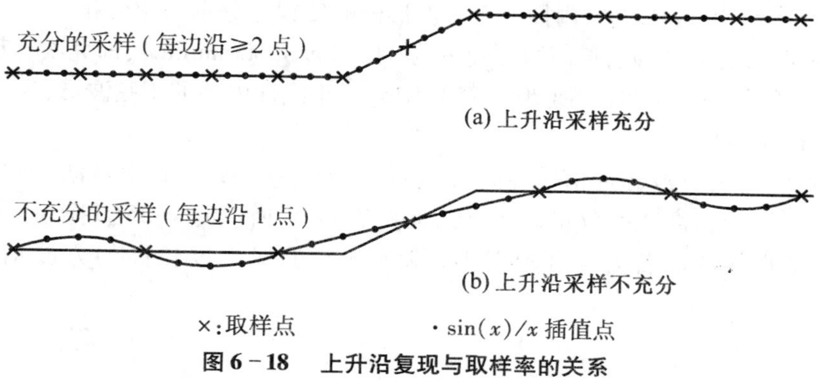

充分的采样（每边沿≥2 点）
(a) 上升沿采样充分
不充分的采样（每边沿 1 点）
(b) 上升沿采样不充分
×:取样点
· sin(x)/x 插值点

图 6-18　上升沿复现与取样率的关系

那么为使数字示波器较好地复现信号的边沿,应选择多高的取样率?在图 6-18 的波形(a)中,在上升沿上有不少于 2 个取样点,经 $\sin(x)/x$ 插值后复现的波形与原波形相当吻合;但在波形(b)的上升沿上仅有一个取样点,经 $\sin(x)/x$ 插值后的波形有振铃及纹波,波形质量明显变差。因此为获得较好的显示波形,在边沿上应至少有 2 个甚至 3 个取样点,即 $\Delta T \geq 2T$,式中 ΔT 为上升或下降沿宽度,T 为取样周期。稍加变换,有

$$f_s \geq 2/\Delta T \qquad\qquad (6-10)$$

设上升时间为 10 ns,则取样速率应不低于 200 MHz,保证上升沿上有 2 ~ 3 个取样点,经 $\sin(x)/x$ 插值后能较好地复现原波形。

3)要注意实际的取样率多高

通常在数字示波器产品手册或前面板上标明的实时取样率是该示波器能达到的最高取样率。当扫描速度下降时,因为取样点数不变,因而取样率必然要相应下降,存在下列关系:

$$f_s = N \times \text{div}/t \qquad\qquad (6-11)$$

式中 N 为每格的取样点数,即点数/div;div/t 为扫描速度。例如,设时基因数为200 ns/div,每格有 50 点($N = 50$),因而$f_s = 250$ MHz。表 6-6 列出了 TDS520B 型数字示波器在不同时基因数时的实际取样率。

表 6-6 扫描与取样速率

t/div(ns)	1	2	5	25	50	100	200
f_s(GSa/s)	50	25	10	2	1	0.5	0.25

4)防止混叠

当取样率下降到不满足取样定理时就会发生混叠失真,此时示波器屏幕上显示的图形难以捉摸,可能是一片漂浮不定而乱七八糟的图形;但也可能是一个不很稳定、频率不同于原信号的正弦波,如图 6-19 所示。前者容易识别,后者则会产生误导,使用户误认为看到的是真正的信号波形。为避免出现这种错误,可采取下列措施:

(1)调整扫描速度。先用较快的扫描速度在屏幕上调出少数几个周期的波形,然后连续减慢扫描速度,显示波形的周期数应按比例逐渐增多。若发现周期数突然无规律变化,或显示杂乱不定的波形,则可能发生混叠,应该提高扫描速度,提高取样率,再观察。

(2)采用数字示波器的"自动设置"功能,由仪器自己设置最佳扫描速度。

(3)采用数字示波器的"峰值检测"功能,当产生混叠时屏幕上将显示模糊图形或一个光亮带,但不显示伪正弦波形(见下节讨论)。

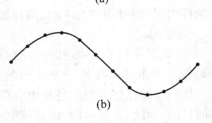

(a)

(b)

图 6-19 信号混叠
(a)原信号波形 (b)混叠后的伪波形

6.3.2 等效时间取样

实时取样的最大缺点是取样率要比被测信号的带宽高(4 ~ 5)倍。随着取样率的提高,

A/D 和存储器件的价格非常昂贵,限制了数字示波器带宽的进一步提高。为此可采用等效时间取样,此时带宽不受实时取样率的限制,但被测信号必须是周期信号。

等效时间取样分为顺序取样和随机采样两类。

1) 顺序等效取样

图 6-20 表示了顺序等效取样的原理。这种方法要进行多次触发,对被测信号进行多轮实时取样,每轮采一个点。每触发一次,往后延迟 Δt,使整个波形全部被取样。最后把各轮采样的点按时间顺序组合在一起构成一个等效的被测信号波形。

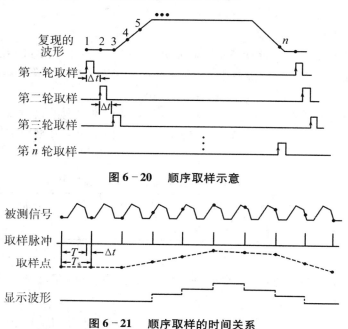

图 6-20 顺序取样示意

图 6-21 顺序取样的时间关系

图 6-21 表示了顺序取样的时间关系。取样脉冲对被测信号进行取样,这些样点应该均匀分布于信号波形的各个部位,以便真实地显示被测信号的波形。如果要求在每一个信号波形上取一个样点,当信号周期为 T 时,取样脉冲的周期 T_s 应该为

$$T_s = T + \Delta t \tag{6-12}$$

式中 Δt 为取样脉冲的步进时间,称为等效取样时间。

Δt 决定了取样点在各个波形上的位置,并使本次取样点的位置比上一次取样点的位置推迟 Δt 时间,以便在整个取样过程中取样点可以遍布于信号波形的整个周期,达到显示原信号波形的目的。因此,步进时间 Δt 必须很小,应该满足如下关系:

$$\Delta t \leqslant \frac{1}{2f_h} \tag{6-13}$$

式中 f_h 为被测信号中的最高频率分量。

由于在取样过程中一个信号波形上只取一个样点,因此屏幕上显示的一个波形周期就相当于被测信号经历了若干个周期,屏幕上显示的波形比实际的被测信号要慢得多。当信号周期为 T 时,定义波形减慢因子 N 为

$$N = \frac{T}{\Delta t} + 1 \tag{6-14}$$

如果每隔 m 个波形取一个样点,则减慢因子 N_m 为

$$N_m = \frac{mT}{\Delta t} + 1 \qquad\qquad (6-15)$$

假设被测信号频率为 F，每隔 m 个周期采一个样点，则取样后的信号频率 f 为

$$f = \frac{F}{N_m} = \frac{F}{\dfrac{mT}{\Delta t} + 1} \qquad\qquad (6-16)$$

为了保证顺序取样后复现波形的质量，触发点及 Δt 时间必须稳定。采用顺序取样技术，可用很低的实际取样率得到很高的带宽，例如有的数字示波器的带宽为 50 GHz，但 A/D 转换器的取样率仅为 10 kSa/s。顺序取样的缺点是不能实现预触发，不能获得触发前的数据，因为 Δt 不能为负值，所以在现代数字示波器中大多采用随机取样，仅在微波带宽示波器中尚用顺序取样。

2）随机等效取样

（1）随机取样原理

随机取样技术与顺序取样一样，也是通过多次采集得到的采样点来重组恢复出原始的信号波形，但与顺序取样不同的是，随机取样的采样时钟频率是固定的，而每次采样时触发时刻与其后第一个采样点之间的时间间隔 Δt 不是固定的，是随机变化的，如图 6-22 所示。由于每次采样时 Δt 的值是随机变化的，因此，需要精确地测量 Δt 值，并根据测量出的 Δt 值将每次采集的数据存入存储器的相应位置。根据所需的等效采样率，此采集过程需重复多次，才能由这些多次采样的数据最终重组出原始信号的波形。例如：ADC 采样率为 f_0，而所需的等效采样率为 $M*f_0$，将每个采样周期（$T_0 = 1/f_0$）等分为 M 份间隔区间，当 Δt 覆盖了这 M 个间隔区间的所有值时（0，Δt，$2\Delta t$，$3\Delta t$，…，$(M-1)\Delta t$，T_0），一轮随机采样过程结束，根据这 M 个不同 Δt 值存储的采样数据最终重组出原始信号的波形。在图 6-22 中，$M=4$，进行四轮取样，四轮采样的 Δt 值大小关系为：$\Delta t_1 < \Delta t_3 < \Delta t_4 < \Delta t_2$，根据 Δt 值大小重组波形时每次取样点存储的位置关系为 1-3-4-2，如图所示。

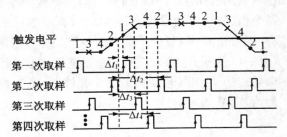

图 6-22　随机取样原理示意图

随机取样技术的关键是如何精确地测量触发时刻与其后第一个采样点之间的时间间隔 Δt，测量结果的精度决定了最终重组波形的效果。常用的随机取样时间间隔的测量方法有时间电压转换法和双斜坡脉冲扩展法。

时间电压转换法的原理：在时间间隔 Δt 内对电容进行充电，由于 Δt 的宽度很小，电容充电过程近似是线性的，因此，对 Δt 的测量就转化为电容电压的测量。在电容充电结束后，将电容电压进行线性放大，送至模数转换器进行转换，再将转换结果送给处理器，处理器根据电压的大小就可以判断出当前这次采集的采样点在重组波形上的相对位置。

由于 Δt 值为 0 或很小时，无法对电容充电，因此，时间电压转换法在实际应用时一般会将电容充电时间扩展为 $(T + \Delta t)$ 或 $(2T + \Delta t)$，T 为 ADC 的采样间隔。

双斜坡脉冲扩展法是将时间间隔 Δt 扩展数倍（如 1 000 倍），变为 $N*\Delta t$，扩展后的 $N*\Delta t$ 的时间间隔就可以通过计数器计数的方法来测量，根据最终计数结果判断时间间隔 Δt 的大小，从而决定当前这次采集的采样点在重组波形上的相对位置。

双斜坡脉冲扩展法的时间扩展原理如图6-23所示,通过恒流源对电容进行快速放电慢速
充电的方法来实现时间间隔的扩展。在时间间隔
Δt 内对电容进行快速放电,在触发时刻后第一个
采样时钟到来时开始对电容进行慢速充电,在放
电与充电的时间内形成计数闸门,就可以通过计
数器计数的方法来测量扩展后的时间间隔。

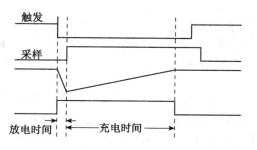

图6-23　双斜坡脉冲扩展法的时间扩展原理图

（2）随机取样电路实例

图6-24为一个含有随机取样电路的数字荧
光示波器系统的电路框图。被测信号经模拟通道
调理后,由快速模数转换器（FADC）进行采样,
将采样后的数据送至现场可编辑门阵列（FPGA）并缓存在先入先出存储器（FIFO）中。同时被
测信号经触发电路后产生触发信号,经随机采样时间测量电路产生触发点与其后第一个采样
脉冲之间的时间差 Δt,并转换为电容充电后的电压。慢速模数转换器（SADC）把电容电压转换
为数字量,送至FPGA。FPGA是电路的控制核心,根据ARM处理器发送的控制命令,对电路工
作进行控制,并完成波形数据的数字荧光处理（DPX处理）。随机采样时,FPGA内部的控制模
块根据ARM发来的控制命令对外部随机采样时间测量电路的工作进行控制。波形重建模块根
据测量的 Δt 值排序判断得到当前采样数据在重组波形中对应的位置值 I,I 为 $0 \sim (M-1)$ 间
某个值,M 为等效采样率与ADC采样率的比值。再根据 I 值计算出各组采样数据对应的RAM
存储地址,并将FIFO中缓存的各组采样数据按计算的地址存入RAM中。当位置值 I 遍布 $0 \sim$
$(M-1)$ 间所有值时,说明一个完整的波形已经被重建好,波形重建模块将RAM中重组好的波
形数据送至DPX模块做数字荧光处理。DPX模块会定时（一般为几十毫秒）将波形图像数据
传给ARM去显示。

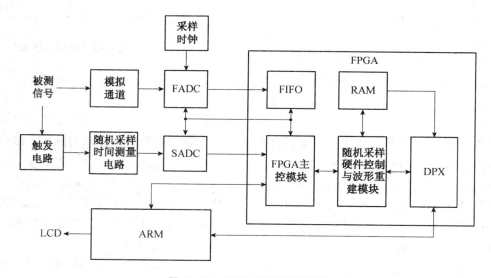

图6-24　DPO系统电路框图

（3）随机取样算法的实现

对应于不同的实时采样率和等效采样率,采样轮数及每轮采样和利用的点数是不同的。表
6-7列举了实时采样率为125 Msps时的各时基挡位的采样参数。表中采样组数 M 是等效采样

率与实时采样率之比;每轮采样长度 L 是每一轮采集的数据个数。每次采样结束后,FPGA 从 SADC 接收到测量并转换好的 Δt 值,Δt 值的范围为 $0 \sim T$,将 T 分成等长的 M 段,每段分别映射一个 $0 \sim (M-1)$ 间的整数值 I。然后通过排序判断得出 Δt 对应的 I 值。有了 I、M 和 L 这三个值,波形重建模块就可以从 FIFO 中读取有效数据,进行等效算法排序,然后将排序结果写入 RAM。在本例中,示波器水平方向是每格 50 点,整个屏幕水平方向为 500 点。40 ns/div、20 ns/div 和 4 ns/div 这三个挡位 M 与 L 之积刚好为 500 点,10 ns/div、2 ns/div 和 1 ns/div 这三个挡位取重组后数据的前 500 点。

表 6-7 随机等效采样参数表

时基挡位	40 ns/div	20 ns/div	10 ns/div	4 ns/div	2 ns/div	1 ns/div
实时采样率	125 MHz	125 MHz	125 MHz	125 MHz	125 MHz	125 MHz
等效采样率	1.25 GHz	2.5 GHz	5G Hz	12.5 GHz	25 GHz	50 GHz
采样组数 M	10	20	40	100	200	400
每轮采样数据长度 L	50	25	13	5	3	2

FADC 一直以 125 Msps 的速率进行取样,把取样数据存入 FIFO,存满数量为预触发值的数据后就按"先进先出"的原则把最后进来的数据覆盖最早进来的数据。一旦收到触发信号后,停止对 FIFO 的读操作,FADC 继续采集数据直到 FIFO 存满。FIFO 存满后,一轮采集停止,这样即可实现预触发。FPGA 从 SADC 中读到 Δt 所对应的数字量,并根据此数字量排序得出 I 值,然后逐个从 FIFO 中读取数据,按照等效排序算法对数据重新排序后写入相应的 RAM 的单元。这仅是一轮取样。至少经 M 次触发、执行 M 轮取样并处理后才完成对一个完整波形的取样和处理过程。要注意的是并不是每轮取样都有效,只有那些 I 值不重复的取样才有效。

等效排序算法就是将顺序从 FIFO 中读取的 L 个有效数据,以 I 为地址偏移量,以 M 为地址步长,写入 RAM,其算法公式为

$$J = I + k * M \tag{6-17}$$

式中:J 为某个数据写入 RAM 中对应单元的地址;I 为根据测量的 Δt 值排序得到的采样数据在重组波形中的位置值,I 取值范围为 $0 \sim (M-1)$;k 为从 FIFO 中顺序读取的采样数据的次序值,k 取值范围为 0 到 $(L-1)$;M 为等效采样率与实时采样率之比,也是随机采样重组波形所需要的采样数据组数。

6.3.3 数字示波器的采集模式

数字示波器中,为了更方便地观测信号特性,设置了普通采集、高分辨率、峰值检测、包络、平均等多种采集模式,由用户根据需要来选择。

图 6-25 为数字示波器采集波形的示意图,图中虚线框表示屏幕显示范围,空心点表示显示在屏幕上的波形取样点,两个空心点之间的时间间隔被称为取样间隔。为了充分采样信号波形的细节,数字示波器一般在各时基挡位都尽可能保持最高的采样率,因此,在一些低时基挡位,在屏幕显示取样点的取样间隔内,ADC 可能会有多倍的采样点,但并不是所有的采样点都被显示

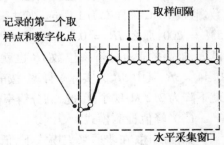

图 6-25 数字示波器采集波形的示意图

在屏幕上,而是将这多倍的采样点经过处理,变为与屏幕显示相对应的点,再存储并显示。不同的采集模式,其处理方式与处理后显示的波形效果都不一样,下面将作具体介绍。

（1）普通采集模式

普通采集模式是最简单也是最常用的波形捕获方式,它以均匀的间隔抽取采样点,如图6-26所示。普通采集模式保留每个取样间隔中第一个采样点作为波形取样点,剩余的采样点直接被抛弃。图6-26中每个取样间隔中有4个采样点,后三个采样点直接被抛弃。示波器在不同时基挡位下的取样间隔不同,取样间隔内的采样点数量也不相同,因此不同时基挡位下抽点的方式也不相同。

图6-26　普通采样模式波形取样点获取方式

（2）高分辨率模式

垂直分辨率也是示波器的一项重要指标。垂直分辨率越高,从示波器显示的波形中可以看到的信号细节越精细。垂直分辨率主要和 ADC 的分辨率有关,数字示波器 ADC 的分辨率一般为 8 bit,在普通采样模式下垂直分辨率即为 8 bit。

图6-27　高分辨率模式下波形取样点获取方式

提高垂直分辨率有两种方法,一种是直接提高 ADC 的分辨率,另外一种就是采用过采样技术等效提高 ADC 的分辨率。所谓过采样技术是指对波形进行多次采样,然后对取样值累计求和并对这些样本进行均值滤波、减小噪声的而得到一个采样点。对于示波器来讲,在低时基挡位时,ADC 的采样快于时基的设置要求,普通采集模式是直接将多余的采样点抛弃,而高分辨率模式如图6-27所示,它计算每个取样间隔内所有采样点的平均值,将该平均值作为波形取样点。采用这种处理方式提高的垂直分辨率位数 IB 可由公式6-18计算得到:

$$IB = 0.5 \log_2 D \tag{6-18}$$

公式(6-18)中的 D 是压缩比率(最大采样率/实际采样率),也就是用于求平均值的采样点数。假设 ADC 采样率为 1 Gsps,当时基下降到某个挡位时,实际采样率只需 5 Msps,即 $D = 1G/5M = 200$,那么,$IB = 0.5 * \log_2 200 = 3.8$,即可将垂直分辨率提高3.8 bit。时基挡位越低,D 值越大,提高的垂直分辨率位数 IB 也就越大。但是求均值之后得到的 -3 dB 带宽却下降了,为 $0.44 \times SR$,其中 SR 为实际采样率。按前面的举例,实际采样率 SR 只有 5Msps,那么,-3 dB 带宽就下降为 2.2 MHz 了。因此,高分辨率模式能够提高等效垂直分辨率,但是牺牲了带宽。

（3）峰值检测模式

如前所述,在普通采集模式下,低时基挡位的实际采样率较低,虽然这时候 ADC 还是保持最高采样率,但是大多数采样点都被直接抛弃了,很有可能会将两个波形取样点之间的重要信息丢失,比如偶发的毛刺和窄脉冲等。峰值模式也是一种常用的采集模式,该模式下波形取样点的获取如图 6 - 28 所示。它并不是直接将多余的采样点抛弃,而是选取取样间隔内所有采样点的最大值和最小值作为波形取样点。为了与普通采集模式在相同时基挡位下的数据存储量相同,峰值模式在两个连续取样间隔内选取一对最大、最小值,用这种方式能够有效地捕捉到低频信号中的毛刺等快速变化的信号,在捕获高频率的偶发脉冲方面也非常有用。

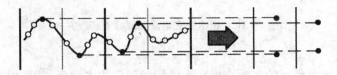

图 6 - 28　峰值检测模式下波形取样点获取方式

　　图 6 - 29 是峰值检测模式捕获毛刺信号的示意图。其中,(a) 是带有毛刺的被测信号;(b) 是高速采集时得到的样点,此时能捕获到毛刺,但需要存储的数据量很大;(c) 是低速采集时得到的样点,此时毛刺宽度比采样周期小,因而毛刺被漏掉了;(d) 是采用峰值检测模式捕捉到了毛刺,成对的最大值与最小值之间连了线。

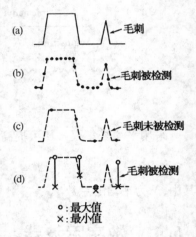

　　峰值检测也可用于检测混叠。假设被测信号为 10.1 MHz,时基挡位调到 5 μs/div,示波器水平轴上每格 (div) 有 50 个样点,对应的采样率为 10 Msps,结果在屏幕上会看到一个摇晃的 100 kHz 拍频波形,如图 6 - 30(a) 所示。这是产生混叠后的伪波形,但操作者可能误认为是一个没有同步好的输入波形。此时如果采用峰值检测技术,把实际采样率提高到 1 Gsps,则在每 100 ns 周期内采到 100 个点,因而被测信号的所有峰谷值都能采到,在低扫描速度时屏幕上就显示成一个光亮带,如图 6 - 30(b) 所示。这是 10.1 MHz 信号在 5 μs/div 时基因数时显示的真实图形。操作者看到这种图形后,应该提高扫描速度,把波形"拉开来"。

图 6 - 29　峰值检测模式
捕获毛刺信号

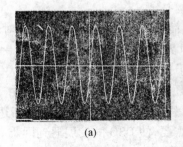

(a)

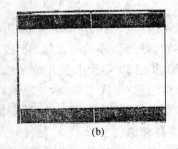

(b)

图 6 - 30　10.1 MHz 信号在 5 μs/div 时基挡位时的显示

(a) 普通采集模式,显示 100 kHz 的不稳定的混叠波形
(b) 峰值检测模式,显示一片光亮带

　　(4) 包络模式
　　包络模式下,每一帧波形数据都是采用峰值检测模式获取的,但它要累积、选取多次采集中成对的最大值和最小值采样点,形成一个波形,显示测量期间的最小值／最大值的累积结

果,即得到一段时间内波形变化的包络范围,如图6-31所示。包络模式能够观测波形最大值和最小值随时间变化的规律,显示信号包络线,可以用来观测信号最差的情况,以及噪声对信号的影响,还可以检测波形抖动、信号漂移等现象。

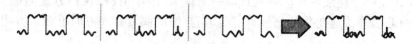

图6-31　包络模式下波形取样点获取方式

（5）平均模式

平均模式通过对采集到的多帧波形数据进行帧间平均来实现,即采集多帧波形,对各帧波形同一时间点的采样数据求平均来得到最终存储、显示的平均值取样点。如图6-32所示。平均模式下每帧的采集都采用普通采集模式,平均的帧数可由用户设定,一般为2的幂次方。使用平均模式可以减少随机噪声,改善信噪比。

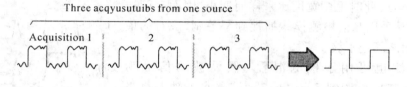

图6-32　平均模式下波形取样点获取方式

采用平均采集模式还可提高信号的垂直分辨率,增加的垂直分辨率位数 IB 如下式所示:

$$IB = 0.5 \log_2 N \qquad (6-19)$$

其中,N 为平均的总数。

6.4　数字示波器

6.4.1　数字存储示波器简介

数字存储示波器(Digital Storage Osilloscope,简称 DSO)是采用数字技术对输入波形进行取样、量化、存储、处理和显示的仪器。自1973年世界上第一台 DSO 诞生后的一段较长时间内发展很缓慢。20世纪80年代中期开始,由于微电子技术和计算机技术的发展大大加速了 DSO 的发展。在20世纪80年代中期,示波器取样速率还只有(200 ~ 250)MSa/s。由于 A/D 转换速度的提高,到20世纪80年代末期,示波器的取样率提高到1 GSa/s,但功耗高达4 W,价格也贵,且由于高速存储器(达1 ns)的发展也跟不上需要,使 DSO 的发展遇到困难。这时100 MHz以上的实时取样 DSO 普遍采用双通道、四通道交替取样来增加取样点数以提高带宽。到20世纪90年代初高速 A/D 转换器有了突破性的进展,使 DSO 的实时取样速率提高到4 GSa/s、8 GSa/s 甚至20 GSa/s 以上。泰克公司推出的 TDS6604 型 DSO 取样速率为20 GSa/s,带宽6 GHz,4通道。目前几百兆带宽以上的模拟示波器基本上已让给了 DSO;只有在100 MHz 以下,模拟示波器还占有部分市场份额。

DSO 相比于模拟示波器,主要具有下列优点:

（1）实时 DSO 能观测单次信号。

（2）能观测触发前和触发后的信号,触发点的位置可以移动;而模拟示波器只能观测触发后的信号,触发点在扫描线的最左端。

（3）波形数据能存储,方便用户进行仔细分析,并能进行波形比较,把当前采的与存储的参考波形进行比较。

（4）有丰富的触发功能,除了模拟示波器中的边沿、TV(电视)、电源等触发类型外,还有脉冲宽度触发、欠幅脉冲触发、上升/下降时间触发、建立/保持时间违例触发、逻辑触发等高级触发类型。

（5）具有测量功能,能精确测量信号有效值、峰-峰值、平均值、频率、周期、脉冲宽度及边沿时间等参数。这种测量可由 DSO 自动进行,或用户设置游标后进行。图6-33 和图6-34 表示设置游标测信号的峰-峰值和周期。有的还能进行 FFT 及直方图等分析和处理。

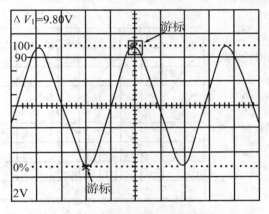

图6-33　交流峰-峰电压测量

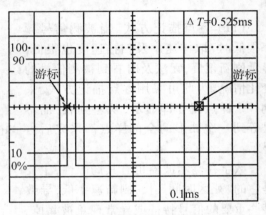

图6-34　重复脉冲间之周期测量

（6）操作方便。现代 DSO 大多具有"自动设置"功能,就是初次使用 DSO 的人员,只要按一下"自动设置"键,仪器就能自动设定最佳偏转因数和扫描速度,以最佳方式把输入信号显示在屏幕上。当掉电时,DSO 自动把当前的各种设置保存下来,再次加电时恢复保存的设置。DSO 还提供操作菜单,清晰明了,方便使用。

（7）许多 DSO 具有峰值检测功能,能捕捉毛刺等窄脉冲干扰信号。

（8）累计峰值检测功能　　在触发点固定的情况下,将每轮扫描在每个取样窗口得到的每组最大值、最小值与上一次扫描对应的取样窗口得到的最大值、最小值分别进行比较,保留最大值与最小值,再供下一次比较。累计峰值检测功能是通过软件来实现的。

图6-35 示出用累计峰值检测来测量 Y 轴的漂移。图6-36 示出用累计峰值检测来测量水平晃动。

（9）利用平均和平滑功能削弱噪声干扰,使显示的波形更为清晰,甚至把埋在噪声中的波形检测出来。平均是采集多个波形,对各波形同一时间点的值进行平均。平滑又名移动平均,只采一个波形,把某点 i 的值与该点左右各 m 点的值取平均作为 i 点的平均值。图6-37中曲线 A 为正常取样方式得到的曲线,不能捕捉毛刺;曲线 B 是采用峰值检测得到的曲线,能捕捉毛刺,但有噪声而不光滑;曲线 C 是峰值检测后又进行平滑,因而既能看到毛刺又光滑。

（10）利用包络采集方式观测调幅波的包络。包络采集是示波器采集多个波形,存储并显示各波形在同一时间点的最大值和最小值,就能显示波形的包络。

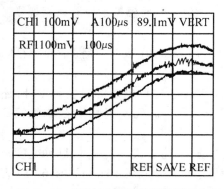

图6-35　用累计峰值检测测量漂移

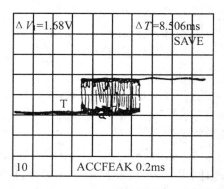

图6-36　用累计峰值检测测量水平晃动

（11）逐点描记方式。当被测信号频率很低时,取样速率及扫描速度也很低,显示刷新很慢,无法及时看到被测信号的变化情况。为此可采用逐点描记方式,采到一个样点就立即显示,从左到右,而不是等到一个波形的全部样点都采完后再显示。

数字存储示波器也有其局限性,主要是它的"死区时间"长,刷新速率低,导致某些重要的信号特征或异常现象被漏掉。所谓"死区时间",就是在两轮取样之间停

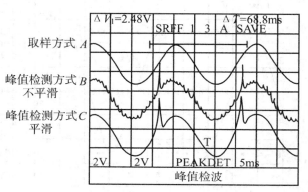

图6-37　峰值检测及平滑后得到的波形图

止取样的时间。DSO在一个波形采集完后要进行存储、读出、处理及显示等操作,耗费很多时间,而此时无法进行新一轮的采集,因此,在高时基挡位DSO真正用于捕获波形的时间不多。例如,某DSO观测10 MHz信号,屏幕上显示5个周期,共500 ns,显示刷新速率设为每秒60次,意味着每秒中捕获波形时间仅为30 μs,仅占百万分之三十!目前DSO的刷新速率一般为每秒几十至几百次。DSO刷新速率低还会造成操作滞后,例如当改变示波器的时基挡位、通道增益时,或者当输入信号的幅度、电平、频率等发生变化时,显示的波形"缓慢地"跟着变化,反应迟钝。这会给电路调试带来麻烦,例如调节电位器时,DSO不能立即跟着显示结果,操作者认为调得太小;当再次调整时,却又发现调得太大了。

模拟示波器的刷新速率仅受回扫和释抑时间的限制,可达每秒几十万次;只是由于荧光屏的余辉问题有时也会丢失高速信号中的突发事件,其弥补方法是采用具有微通道板的示波器。泰克公司已经成功地将这种示波管用于7104型示波器,它可以在很高的扫描速率下捕获单次事件,并显示出来。

模拟示波器的另一个优点是对输入信号的测量在时间上是连续的,即在时间上有无限的分辨率;而数字示波器无论采样率多高,样点之间的时间间隔多小,其时间分辨率总是不连续的。

6.4.2 数字存储示波器的构成

图 6-38 表示双通道输入的数字存储示波器的典型构成。各部分的功能讨论如下：

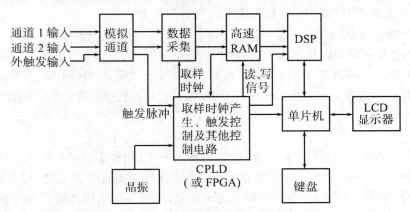

图 6-38 数字存储示波器的典型构成

1）模拟通道

模拟通道包括垂直放大器、输入耦合、触发脉冲产生及带宽限制等电路。

垂直放大器对输入信号进行放大、衰减及上、下移动电平等操作,使信号波形能以最佳方式显示在屏幕上。输入耦合有 DC 和 AC 耦合两种,AC 耦合时在输入端应接入隔直流电容。触发脉冲产生器对输入信号或外触发信号与触发电平进行比较,当信号跨越触发电平时输出触发脉冲。带宽限制器是一低通滤波器,滤掉在 DSO 模拟带宽之外的高频噪声和干扰。

数据采集电路是 DSO 的关键电路,它包括取样电路和 A/D 转换器,两者集成在一个芯片内。量化后的数据存入快速 RAM 中。快速 RAM 接成"先进先出"(即 FIFO)形式的循环队列结构。图 6-39 表示 4 K 字长的循环队列。每存入一个数据字,地址增 1。当存满 4 K(地址为 FFF)后,地址变为 0。下一个数据字存入地址 0 单元,该单元内的原数据字被覆盖掉。在识别触发之前,采集电

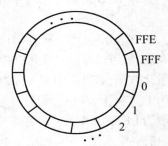

图 6-39 4 K 字长的存储器循环队列

路一直采集数据并存入存储器,最新进来的数据覆盖掉最早进来的数据,故称为"先进先出"。

为了加快工作速度,提高显示刷新速率,系统中用了两个(也可用三个)处理器。DSP(数字信号处理器)主要进行数据处理工作,包括：

（1）重建波形,将采集的数据进行描点连线处理后,供显示模块读取并显示。

（2）对采集数据进行处理,如数学加减、反相、平均、平滑及频域分析等。

（3）对波形进行测量,获取其参数如频率、周期、电压峰-峰值、平均值及均方根值等。

（4）进行正弦内插及线性内插等。

单片微机用于管理键盘和 LCD(液晶显示器),把处理好的测量结果送显示器显示,根据面板按键和菜单选择执行相应的管理程序。

在 CPLD(复杂可编程逻辑器件)内有取样时钟发生器、触发控制电路及存储器读／写控制等电路。

6.4.3 DSO 的主要技术性能

1）取样率

关于 DSO 的取样率已在上节讨论，这里再归纳几点如下：

（1）DSO 的取样率随扫描速度下降而下降；

（2）当取样率不满足取样定理时会发生混叠；

（3）当采用 $\sin(x)/x$ 插值时，为使误差不大于 3% ~ 4%，取样率应是被测正弦信号频率的（4 ~ 5）倍，是方波信号基频的（20 ~ 25）倍。为了较好地复现脉冲边沿，在边沿上的取样点应不少于（2 ~ 3）个。

2）带宽

不管是模拟示波器还是数字示波器，带宽均指 −3 dB（信号下降至 0.707）带宽。在模拟示波器中带宽是固定的，但在数字示波器中有模拟带宽和数字实时带宽之分，后者低于前者。模拟带宽是 DSO 制造厂商在用户手册中提供的带宽值，最高实时取样率必须高于模拟带宽的 4 倍。数字实时带宽是 DSO 实时取样时的带宽，它与取样率有下列关系：

$$BW = f_s/K \qquad\qquad (6-20)$$

式中，BW 是数字实时带宽，K 称为带宽因子。当采用 $\sin(x)/x$ 插值时，$K = 2.5$；线性插值时，$K = 10$；直接用点显示时，$K = 25$。需注意的是，当扫描速度降低时，取样率 f_s 也降低，因而实时带宽也减小。

当 DSO 对重复信号用等效取样时，其带宽达到其模拟带宽。

3）存储长度

它表示一次取样、存储过程中获取被测信号长度的能力。在 DSO 中，A/D 转换所得数据写入存储器，所以存储长度是以存储器中存储字的最大数量表示的。一个存储字相应于一个取样点的量化数据，如果 A/D 是 8 位的则一个字为 8 位二进制数码，占 8 位存储器的一个单元，即存储长度为 1。实际上，在一次测量中为了获取更多的信息，希望具有较长的存储长度，DSO 的存储长度一般为 1 K 字、2 K 字、4 K 字甚至 2 M（兆）字以上。为了有较长的存储长度，在多通道示波器中，有时只有一个通道工作，将原属于各个通道的存储器叠加使用。例如，LeCroy 公司的 9374L 型 4 通道示波器，每通道的存储长度为 2 M 字，当只使用一个通道时其存储长度达 8 M 字。

在 DSO 的时基因数确定后，要提高取样率，就必须增加存储器长度。

4）测量分辨率和测量精度

数字存储示波器由于采用了 A/D 转换器，与模拟示波器相比，其测量分辨率既高而且又便于读出。分辨率有垂直分辨率和水平分辨率。

（1）垂直分辨率

或称电压分辨率，主要取决于量化器（A/D）的位数，通常以量化结果最低有效位（1 LSB）所对应的电压表示其分辨率的高低。例如，当测量的满度值为 10 V 时，8 位 A/D 测量分辨率 ΔV 为

$$\Delta V = V_f/2^8 = 10/256 \approx 40 \text{ mV}$$

式中　V_f——被测电压的满度值。

如果 A/D 是 10 位，则分辨率为 10 mV。显然，A/D 的位数越多，DSO 的分辨率越高；分辨率越高，测量精度也相对提高（A/D 的量化误差为 $\frac{1}{2}$ LSB）。

分辨率也与 Y 通道的偏转因数 D_y 有关。例如，A/D 为 10 位，当 D_y 为 1 V/div 时，电压分辨

率 ΔV 为

$$\Delta V = (1\ \text{V/div})/(2^{10}/10\ \text{div}) \approx 0.01\ \text{V}$$

如果 D_y 为 0.1 V/div，这时的分辨率为 $\Delta V = 0.001\ \text{V} = 1\ \text{mV}$。在模拟示波器中要从 0.1 V/div 的偏转因数中辨认出 1 mV 的电压差异是困难的，而在 DSO 中则可以方便地实现。

实际上，DSO 的测量精度不只取决于 A/D 的量化误差，还与其他条件有关。在低频应用时 DSO 的系统噪声增加了测量误差；在高频应用时除了噪声以外 A/D 的孔径时间也会导致测量误差。所以，为了估计 DSO 的幅度测量误差，上述各种误差因素都要考虑。为了提高垂直分辨率，可采用平均平滑技术来消除噪声。

（2）水平分辨率

或称时间分辨率，是指示波器 X 坐标上相邻两样点之间的时间间隔 Δt 的大小。

在 DSO 中，时间测量的分辨率与时基因数 D_x 有关，例如当 D_x 为 10 ms/div 时，每格 100 点，则时间分辨率 $\Delta t = 10\ \text{ms}/100 = 0.1\ \text{ms}$；如果 D_x 为 0.1 ms/div，则 $\Delta t = 1\ \mu\text{s}$。所以 DSO 的扫描速度越高则测量的时间分辨率就越高。

DSO 与模拟示波器相同的一些指标在此不再重复。

6.4.4 数字荧光示波器

数字荧光示波器（DPO）是在数字存储示波器（DSO）的基础上发展起来的，它采用专门的数字荧光处理硬件电路（高速 FPGA 或 ASIC）来产生类似于模拟实时示波器（ARTO）的亮度渐次变化的荧光显示效果，故称之为数字荧光示波器。

DPO 结合了 ARTO 和 DSO 的优点，不仅具有 DSO 的波形存储、波形分析、高级触发等各种优点，同时还具有 ARTO 的实时显示和亮度渐次变化的荧光显示的特性。

DSO 的出现曾让许多工程师兴奋不已，并迅速取代了 ARTO，成为工程师首选的测量仪器之一。然而，在许多工程师的工作台上仍然会出现 DSO 和 ARTO 共用的场面。之所以出现这种现象，主要是由于这两种示波器各有彼此不具备的特长。

DSO 可提供波形存储、波形分析、自动测量以及高级触发等功能，但是不具备 ARTO 那种高速的波形捕获能力和亮度渐次变化的荧光显示效果；另一方面，ARTO 也缺乏 DSO 的波形存储、分析运算和高级触发等功能。

正是基于这种原因，DPO 在 DSO 的基础上进行了以下两方面的技术突破：（1）快速的波形捕获速率；（2）数字荧光显示技术。这些技术的突破使得 DPO 不仅兼有模拟和数字存储两种示波器的优点，而且在性能上更优于这两种示波器。

（1）快速的波形捕获速率

波形捕获速率是指示波器每秒采集、显示的波形帧数。波形捕获率是选择数字示波器时一个非常重要的评估指标。示波器采集波形和更新显示的速率确定了捕获到随机和偶发事件（如毛刺、亚稳态等）的概率。波形捕获率高，对观测复杂动态信号和捕获隐藏在正常信号下的异常波形，十分重要。

DSO 的自动测量、波形存储和分析功能，受到了很多工程师的青睐。然而由于 DSO 波形捕获速率低下，导致出现无法克服的混叠失真的问题，这让工程师不得不同时使用 ARTO，这就是出现模拟和数字存储示波器共用现象的主要原因。

DSO 波形捕获率低下，是由其架构决定的。传统的 DSO 为串行处理的架构，如图 6-40 所示。信号经过调理、采样、存储之后，再由微处理器进行后续的波形数据处理和波形显示。DSO

采集、处理、显示过程是串行进行的,DSO 在进行数据处理和显示期间不再进行任何数据的采集,必须等待当前的波形数据处理和显示完成之后才能开始新一轮的采集。DSO 在两次采集之间存在着因处理数据而无法采集的等待时间,这段时间就是信号采集的死区时间(Dead time),如果在这段时间内有异常信号(如毛刺、噪声等),示波器根本无法检测到,如图 6 - 41 所示。虽然实际波形中含有两个毛刺信号,但毛刺出现时,DSO 正忙于对波形数据的处理和显示,没能采集存储下毛刺信号,所以,最终显示的波形中是观测不到这些异常信号的。

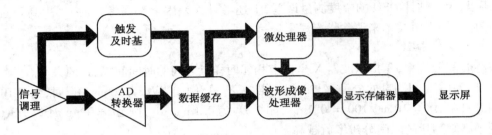

图 6 - 40　DSO 的串行处理结构

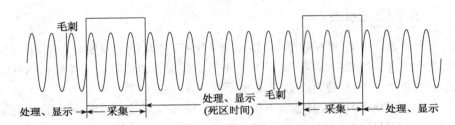

图 6 - 41　DSO 采集-处理-显示过程

　　DSO 的微处理器是通过软件的方式实现波形数据的处理和显示的,而且微处理器同时还要进行键盘命令的扫描处理、数据的运算分析、外围接口控制等其他工作。因此,传统 DSO 处理一帧波形数据的时间较长,这就导致了其低下的波形捕获率。传统 DSO 的波形捕获率最高为每秒几百个到上千个波形。

　　要提高波形捕获率,只有减少波形处理、显示的时间(即死区时间)。为此,DPO 在结构上进行了重大改进:采用了一种并行的处理架构,加入专用的波形成像处理器(用 ASIC 或 FPGA 实现)进行数据的处理和显示。在数据采集的同时,波形成像处理器将采集数据快速转换为具有荧光效果的波形图像;而微处理器仅需与波形成像处理器并行完成显示控制、绘制菜单界面等工作。DPO 结构框图如图 6 - 42 所示。

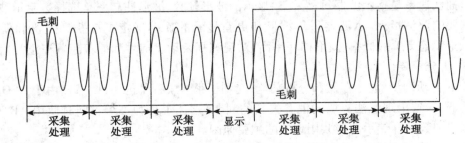

图 6 - 42　DPO 的并行处理结构框图

从图6-42可以看出,DPO将显示单元(波形成像处理器)和数据处理单元(微处理器)形成并行的结构。采用完全由硬件电路实现的(高速FPGA或ASIC)波形成像处理器专职负责将采集数据"高速"处理为具有荧光效果的波形图像,不再受限于微处理器对数据的"低速"处理,从而显著缩短了系统的死区时间,使得波形的捕获率有了质的提高。目前,一些中、高档数字荧光示波器的波形捕获率高达几十万帧/秒、甚至上百万帧/秒。DPO的快速波形捕获速率使得用户能够最大限度地洞察信号活动,提高了发现瞬态信号问题的概率,如毛刺、欠幅脉冲和跳变错误等。如图6-43所示,信号中出现的两个毛刺信号都被采集到了,从最终显示的波形图像中就能观测到这些异常信号。DPO的并行处理结构使其可以连续进行多次采集处理,波形捕获速率极大提高,因此,可以捕获到DSO无法捕获的偶发异常信号。

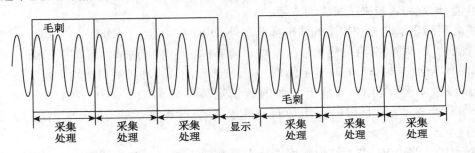

图6-43　DPO采集-处理-显示过程

另一个方面,微处理器从显示管理任务中解放出来,仅需与波形成像处理器并行完成显示控制、键盘命令的扫描和波形数据分析处理等工作,从而也显著提高了DPO对波形数据的分析处理能力。

(2)数字荧光显示技术

DPO在技术上另一个重大的突破体现在波形显示技术上。

图6-44、图6-45、图6-46分别给出了ARTO、DSO和DPO显示视频信号的波形图。

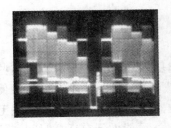 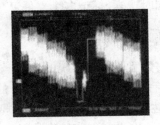 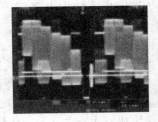

图6-44　ARTO显示的视频信号　　图6-45　DSO显示的视频信号　　图6-46　DPO显示的视频信号

视频信号是那种具有较多分量、大周期(场)中又包含不同小周期(行)的复杂的周期信号。捕获这种信号需要设定慢时基(能观测到一场信号)才能获得整个信号包络的特性。

从图6-44中可以很清晰地观测到视频信号的整个包络。ARTO除了显示信号幅度与时间的关系外,还通过各显示点的亮度反映信号在该点的能量,即信号能量较大的点显示亮度较亮,信号能量较小的点显示亮度较暗,从而很明显地观测出波形的包络及细节。

与ARTO不同,DSO显示的是由采集的波形数据重建的波形,没有明暗的显示效果,每次显示刷新时都会冲掉上一屏的波形信息,不会有多帧波形累积的效果。而且由于DSO设定为慢时基后,其较慢的采样率和较低的波形捕获率导致采到的波形信息较少而出现显示波形的混叠失真现象,如图 6-45 所示。

从图 6-46 可以看出,DPO 显示的效果十分类似于 ARTO。DPO 采用数字技术将屏幕上各点信号出现的概率密度转换为该点显示的亮度值(即信号出现概率密度越高的点显示的亮度越亮,信号出现概率密度越低的点显示的亮度越暗),这样模拟出荧光显示的视觉效果。同时,DPO 还能以数字技术模拟荧光屏显示的余辉效果,即显示的波形发生变化时,前面的波形并不是马上消失,而是有一个逐渐消隐的过程,这样方便观测到信号的变化过程。DPO 比 ARTO 更进一步,可以控制波形余辉在屏幕上停留的时间,还可以实现波形余辉的永不消隐,这样更方便观测小概率的偶发事件。

DPO 这种高超的显示能力加上快速的波形捕获速率,使得 DPO 具有捕获并显示信号任何细节的性能,给观测者带来了极大的方便。

除了高超的显示能力和快速的波形捕获率外,DPO 在功能上比 DSO 也有所增强,比如:

1)视窗扩展功能。能将被测信号的全貌和局部扩展的波形细节在屏幕上用两个窗口(主时基窗口和扩展时基窗口)同时显示出来,扩展波形段的位置和扩展倍数均可调节。

2)高级数学运算功能。双通道波形的数学运算不再局限于 DSO 的加、减、乘、除、微分、积分等简单运算,而是可以由用户自己定义数学运算表达式,实现更高级、更复杂的数学运算。

3)统计直方图功能。能对波形数据进行水平和垂直方向分布的频度统计,并显示相应的直方图。

4)极限/模板测试功能。该功能可以运用选择、设置的模板快速测试被测信号是否合格。模板可以是从"标准"波形生成的极限模板,也可以是用户自定义模板,或者是标准通信模板、标准计算机模板。

5)总线协议分析功能。该功能可对一些常用的串行总线信号(如 RS232/422/485、I2C、SPI、I2S、CAN、LIN、USB、以太网等)进行解码,在此基础上,可将解码得到的各种帧信息以事件列表的形式显示出来供用户分析,还可以将用户感兴趣的帧信息作为事件进行搜索,并在显示的波形中标记出来。一次可同时搜索、标记多个事件。

6.4.5 数字示波器中的触发功能

随着微电子技术的飞跃发展,数字器件和系统的功能越来越复杂,速度越来越快。在这些系统的工作中会产生各种各样的毛刺和干扰。例如,10 PF 的负载电容在 50 Ω 传输线上可使 1 ns 边沿的阶跃脉冲产生反射量达信号幅度的 25%。用常规示波器的触发功能来查找这些毛刺和干扰是无能为力的,因为由单一电平和斜率确定的触发点触发,不能做到在任意时间和信号事件上触发。为此,在数字示波器中开发了功能强大的触发功能,使用户能方便地观察复杂数字信号中各种快速的信号或干扰。

1)触发点的位置

在模拟示波器中,触发点始终位于屏幕左侧,显示触发点后的波形。在 DSO 中,调节"水平位置"旋钮,触发点的位置在屏幕上可左右移动。DSO 中的 A/D 转换器一直在采集数据并填入存储器。在图 6-47(a)中的波形表示当 DSO 一旦识别触发,就立即停止采集,触发标记位于屏幕的右端;(b)波形表示当 DSO 识别触发后再采半个记录的数据,触发标记位于屏幕中间,这是通常的情况;(c)波形表示,当 DSO 识别触发后再采一个记录,触发标记位于屏幕左端;(d)波形表示在识别触发且经 t_d 延迟后再采一个记录数据并显示,触发标记已移出屏幕左端。

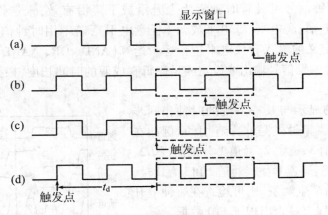

图 6-47   触发点的位置

2）触发类型

在 DSO 中除了模拟示波器中的边沿、视频及电源等常规触发类型外，还有多种高级触发功能。

（1）脉冲宽度触发

如图 6-48 所示的脉冲序列有三种宽度不同的脉冲组成，因而若设置上升沿（或下降沿）触发，则显示的波形将不稳定。为此可设置脉冲宽度触发。若要求最宽的脉冲 1 产生触发，则可设置触发脉冲宽度大于 t_1。若要求最窄的脉冲 2 产生触发，则可设置触发脉冲宽度小于 t_2。如果设置触发脉冲的宽度大于 t_3 而小于 t_4，则由脉冲 3 产生触发。这样，不同宽度的脉冲中只有一个产生触发，就能得到稳定显示。如果设置 DSO 比预期看到的最窄的脉冲（本例中为脉冲 2）更窄的毛刺产生触发，则将捕获并显示毛刺波形。

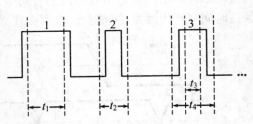

图 6-48   脉冲宽度触发

（2）欠幅脉冲触发

在脉冲串中由那些幅度低于设定门限值的欠幅脉冲产生触发。例如图 6-49 中正脉冲 2 幅度未达高门限、负脉冲 4 幅度未达低门限，均属欠幅脉冲。这种幅度异常、或高或低的脉冲往往就是毛刺和干扰。产生触发的条件除了可选择"正欠幅脉冲""负欠幅脉冲"外，还可类似脉冲宽度触发，设置欠幅脉冲的宽度"大于""小于""等于""不等于"设定的时间产生触发。

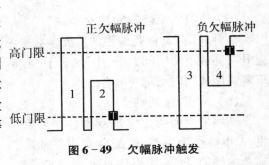

图 6-49   欠幅脉冲触发

（3）逻辑触发

逻辑触发主要用于数字信号，是由示波器四个通道信号的逻辑状态组合产生触发，即各通道的逻辑组合值由假变为真或由真变为假时产生触发信号，其输入信号、阈值、逻辑运算等触发条件均可设定。

使用逻辑触发时,可从四个通道中任选一路做时钟信号,也可以不用时钟信号。若使用时钟信号,选定的时钟信号可设置时钟沿为上升沿或下降沿有效,未选作时钟的通道信号需设定有效的逻辑电平:高电平、低电平或×(任意电平);若不用时钟信号,则将四路信号根据设定的逻辑和定义的输入有效电平进行逻辑运算(AND、OR、NAND、NOR),直接将逻辑运算后的信号作为触发信号输出或设定满足逻辑真或假的时间长度,根据比较结果产生触发信号。

当需要示波器的显示与某一系统的时钟相同步以检测系统状态时,逻辑触发是非常有用的。例如在图 6-50 中,若用通道 3、通道 2、通道 1 分别监视 $D2$、$D1$、$D0$ 数据线,设置当通道 1 为 L、通道 2 和 3 为 H 时,通道 4 的时钟上升沿产生触发。则可检查在时钟上升沿时刻 D2、D1、D0 线上是否出现了 110 数据。

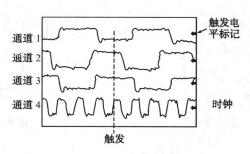

图 6-50　逻辑触发

(4)建立／保持时间违例触发

建立时间和保持时间是数字设计中重要的两个参数,数字电路中一旦出现建立时间或保持时间违例,输出将可能变得不稳定。建立时间是在时钟沿出现之前数据稳定且保持不变的时间长度,保持时间是在时钟沿出现后数据稳定且保持不变的时间长度,如图 6-51 所示。建立与保持时间违例触发是指当输入信号的建立时间小于预先设定的建立时间或保持时间小于用户设定的保持时间时产生触发,可捕获到数据在建立和保持时间内的违例情况。

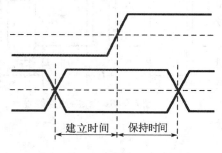

图 6-51　建立与保持时间

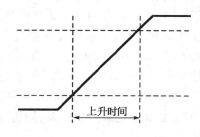

图 6-52　波形的上升时间

(5)上升／下降时间触发

上升／下降时间是波形的重要参数之一,如图 6-52 所示。上升／下降时间触发是指波形的上升时间或下降时间大于、小于、等于、不等于用户设定的时间时触发,可以指定为上升时间或下降时间或同时指定为两者。

(6)A-B 序列触发

该触发类型可以实现双事件序列触发,A 事件作为主触发,配合 B 事件捕获复杂的波形。即当 A 事件发生后,经过特定延时(如图 6-53 所示)或对 B 事件计数后,检测 B 事件边沿(如图 6-54 所示)产生触发。

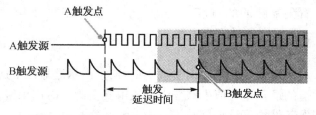

图 6-53　A-B 触发中的延时后的 B 触发示意图

（7）串行总线触发

近年来，随着串行总线应用的日益广泛，对示波器的触发功能提出了更高的要求。传统的触发类型往往很难采集到稳定的串行总线波形，因此，近年来各大示波器厂商新推出的数字示波器中都专门增加了各种常用的串行总线触发功能，例如：RS232/422/485、I2C、SPI、I2S、CAN、LIN、USB、以太网等。串行总线的触发条件一般根据总线协议的数据帧格式设置：帧开始、帧结束、标识符、地址、数据等，方便用户调试串行总线电路时捕获所需的波形。图6-55是I2C总线触发的示例，触发类型是"重复开始"，屏幕上同时显示有模拟波形、数字波形和数字标签，数字标签是对串行总线解码后的各种信息，包括帧开始、写地址、数据、重复开始、读地址、数据、丢失确认位、停止位等。示波器中的串行总线触发电路一般都通过硬件电路实现实时解码，再根据实时解码的信息进行触发条件的实时比较判别，产生触发信号。运用串行总线触发捕获到的串行总线数据还可以进一步对总线信号中的各种事件作列表分析，对用户感兴趣的帧信息进行事件搜索。

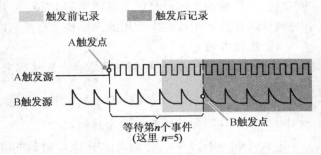

图6-54　A-B触发中的B项计数触发示意图

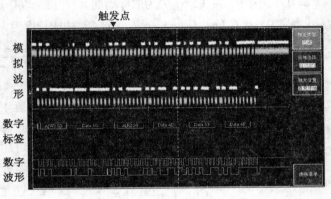

图6-55　I2C总线触发示例

3）触发点内插

在实时数字示波器中，取样脉冲是由机内产生的；而触发脉冲取决于被测信号、触发电平及触发极性等因素，与取样脉冲是异步的。因此从触发点到随后第一个取样脉冲间的延迟时间 t_d（见图6-56）是随机的。t_d 值在 $0 \sim T$ 之间，T 是取样周期。这样，如果简单地把邻近的一个取样点作为触发点，将使显示的波形左右跳动；而且被测信号每周期的取样点数越少，这种跳动越厉害。为了克服这种跳动，必须精确测出 t_d 的值以便准确地知道触发点时间。减小这种误差的一种方法是进行内插，增加数据点数，再根据触发电平找出与触发电平值最接近的数据点作为触发点。

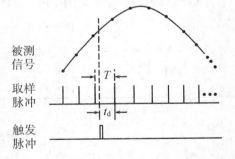

图6-56　触发脉冲与下一个取样脉冲的时间关系

6.4.5　内插技术

数字示波器的理论带宽是取样速率的1/2，但这是不可能达到的。如果把取样点直接送到示波器屏幕显示，则为了得到较满意的波形，在正弦波的每个周期内至少要有25个取样点，这就是说，示波器的实际带宽仅为取样率的1/25。为了使实际带宽尽量接近理论带宽，必须采用内插技术。在数字示波器中常用的内插技术有正弦内插和线性内插两种。

1）线性内插

线性内插是用直线把相邻的两取样点连接起来，插入点的数值 $y(t)$ 可用下式计算：

$$y(t) = \frac{t_2 - t}{t_2 - t_1} \times y(t_1) + \frac{t - t_1}{t_2 - t_1} \times y(t_2) \tag{6-21}$$

式中　t_1、t_2——相邻两取样点的时刻；

　　　　$y(t_1)$、$y(t_2)$——分别对应于 t_1、t_2 时刻的取样值；

　　　　t——t_1、t_2 之间的插值时刻，通常取 t 为 t_1 和 t_2 的中间值。

2）正弦（$\sin x/x$）内插

图6-57是正弦内插示意图。图中 $y(0)$、$y(1)$、$\cdots$，$y(n)$、$y(n+1)$ 是取样序列，写成 $y(kt)$，$k = 0, 1, \cdots, n, n+1, \cdots$。$T$ 为取样周期。设在每个取样周期内插入 M 个点，如图中 $C_1(0)$、$C_2(0)$、$\cdots$，$C_M(0)$ 及 $C_1(n)$、$C_2(n)$、$\cdots$、$C_M(n)$ 等，构成长度为 M 的序列，则正弦内插计算公式为[49]

$$C\left(n + \frac{m}{M+1}T\right) = \sum_{K=-\infty}^{\infty} y(kT) \frac{\sin\left[(n + m/(M+1) - k)T\pi\right]}{(n + m/(M+1) - k)T\pi} \tag{6-22}$$

式中　$m = 1, 2, \cdots, M$。

由式（6-22）可见，计算每个插值点的值，需要用到无穷多个取样点，把每个取样点值乘以一个权值，然后求和。因而这是一个理论上的公式。实际上对远离插值点的取样点来说，其权值是很小的，可被逐渐忽略。在保证精度的情况下可用 N 个取样点参与计算，即 k 取值为 $0, 1, \cdots, (N-1)$。另外，取样周期 T 可视为1，则式（6-22）变为

$$C\left(n + \frac{m}{M+1}\right) = \sum_{K=0}^{N-1} y(k) \frac{\sin\left[(n + m/(M+1) - k)\pi\right]}{[n + m/(M+1) - k]\pi} \tag{6-23}$$

式中　N 值取得越大，正弦内插后误差越小，但计算时间越长，通常 N 取 $10 \sim 80$ 之间。图6-58（a）是未经插值的每周期采三个点的正弦信号；图6-58（b）是 $N = 10$（取插值点前后各5个取样点），每个取样周期内插入25个点后的良好的波形。

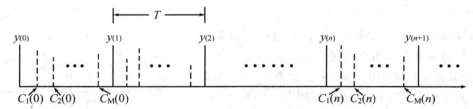

图6-57　正弦内插示意图

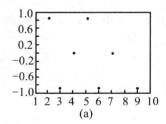
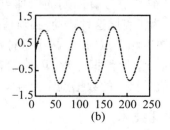

（a）　　　　　　　　　　（b）

图6-58　正弦内插前后波形

（a）插值前的波形图　　（b）插值后的波形图

3）两种内插法的比较

图6-59是线性内插图形,图6-60是正弦内插图形。被测信号频率为1 MHz,有正弦波、三角波和方波三种信号。取样速率分别为2.5 MSa/s((a)图)和5 MSa/s((b)图)。结合这四个图,讨论如下:

(1)不管采用哪种插值方法,f_s/f_i(取样率／信号频率)比越高,效果越好。

(2)比较图6-59、图6-60可见,不同波形适宜采用不同的插值方法。图6-60(b)中的正弦波显著优于图6-59(b)中的正弦波,因而对正弦波形宜采用正弦内插;但图6-59(b)中的三角波和方波显著优于图6-60(b)中的三角波和方波,因而对三角波、方波和脉冲信号适宜采用线性内插。

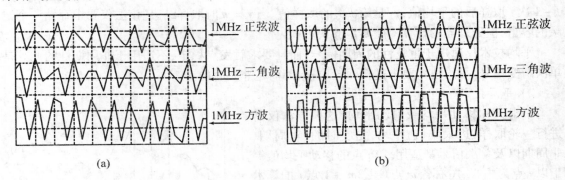

图6-59　线性内插波形

（a）线性内插(信号1 MHz、取样速率2.5 MSa/s)

（b）线性内插(信号1 MHz、取样速率5 MSa/s)

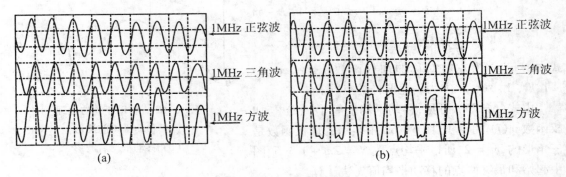

图6-60　正弦内插波形

（a）正弦内插(信号1 MHz、取样速率2.5 MSa/s)

（b）正弦内插(信号1 MHz、取样速率5 MSa/s)

6.4.6　平均和平滑技术

平均和平滑技术是降低噪声、改善扫描线质量的有效手段,在数字存储示波器中常被采用。

1）平均技术

平均技术要在相同的条件下采集多个波形,然后求各个波形在同一时间点的算术平均值。若采集n个波形,则平均后的信噪比将提高$\sqrt{n}$倍。图6-61表示不同n值时扫描线的显示情况。

该例中当 $n = 20$ 时,显示效果已得到显著改善。

实现平均的简单方法是把采到的 n 个波形数据全部存在存储器中,n 个波形采完后计算其算术平均值并进行显示。这个方法的缺点是要求存储器容量很大。

为此可采用边采集边平均的递归方法。在每个时间点上,目前的取样值要平均后再加到先前已经平均的数据上,从而得到新的平均值。设正在进行第 J 次取样,则

$$y_{avg} = [(J-1)/J]y_{J-1} + (1/J)y_J \quad (6-24)$$

式中 y_{avg} 为第 J 次取样后的平均值,y_{J-1} 是上一次(第 $J-1$ 次)取样后的平均值,y_J 是第 J 次的取样值。当 $y = n$ 时取样结束。该法仅要求存储一个记录的容量,但处理器的计算速度要足够快。

平均技术仅适用于重复性的周期信号,而且要求触发点稳定,不适用于非周期性的尤其是单次瞬变信号。平均技术要求进行 n 轮取样,因而是非实时的。

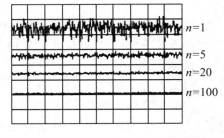

图 6-61　不同平均次数时的扫描线

2)平滑技术

平滑又称移动平均或滑动平均。这种方法仅需进行一轮取样,边采集、边平均,是实时的,对周期、非周期以及单次信号都适用。第 i 点的移动平均值等于以 i 点为中心、左右各 m 点(共 $2m+1$ 点)的算术平均或加权算术平均值 $y(i)$:

$$y(i) = \frac{1}{W}\sum_{j=-m}^{m} x(i+j) \cdot w(j),$$
$$i = m+1, m+2, \cdots, L-m$$
$$W = \sum_{j=-m}^{m} w(j) \quad (6-25)$$

式中 $w(j)$ 为左右对称的加权函数,$j = -m, \cdots -1, 0, 1, \cdots, m$。$L$ 为一轮取样的点数。

由式(6-25)可见,移动平均值等于 $x(i)$ 与加权函数 $w(j)$ 的卷积。图 6-62 中表示的加权函数是三角形的,$m = 2$,所以平均点数 $N = 2m+1 = 5$。图中起始和最终两点的移动平均值无法计算。

移动平均法的关键是选择加权函数,图 6-63 表示了常用的矩形和 2 次多项式加权函数。

(1)单纯移动平均法

单纯移动平均法采用矩形加权函数。设 $w(j) = 1$,矩形的宽度 $N = 2m+1$,则式(6-25)成为

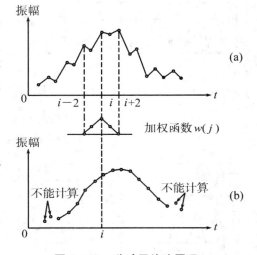

图 6-62　移动平均法原理

(a)移动平均前波形

(b)移动平均后波形

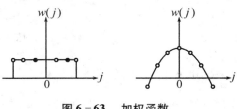

图 6-63　加权函数

$$\left. \begin{array}{l} y(i) = \frac{1}{N}\sum_{j=-m}^{m} x(i+j) \\ i = m+1, \cdots, L-m \end{array} \right\} \quad (6-26)$$

采用单纯移动平均后,信噪比将提高 $\sqrt{n}$ 倍,n 为平均点数。

单纯移动平均法的缺点是：为了提高噪音抑制效果，必须增大平均范围 n；但增大 n 将会引起有用信号的失真，特别是引起有用信号中高频分量丰富的峰值部位的失真。图 6-64 表示平均后噪音幅度、峰值失真与平均点数 n 的关系。

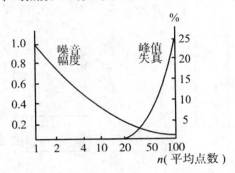

图 6-64　噪音振幅、峰值失真与 n 的关系

（2）多项式加权移动平均法

为减小平均所引起的信号失真，可采用多项式加权函数，常用 2 次和 3 次多项式。运用最小二乘法可计算加权系数，如表 6-8 所示。表中归一化常数是各加权系数之和。

多项式加权移动平均的噪音抑制效果比单纯移动法要差（见表 6-9），但信号失真小。

表 6-8　2 次、3 次多项式加权移动平均的加权系数

离散点序号	9	7	5
−4	−21		
−3	14	−2	
−2	39	3	−3
−1	54	6	12
00	59	7	17
01	54	6	12
02	39	3	−3
03	14	−2	
04	−21		
归一化常数	231	21	35

表 6-9　平均前后噪音方差比

平均点数	单纯移动	2 次、3 次
7	7	3
11	11	4.8
15	15	6.6
19	19	8.4
25	25	11.1

当平均点数 n 较大时，计算时间较长。为此，可利用递归法进行计算。这个方法是根据前一点的平均值 y_{i-1} 计算下一点的平均值 y_i。对于单纯移动平均法，递归计算式为

$$y_i = y_{i-1} + \frac{x_i + m - x_{i-m-1}}{2m + 1} \qquad (6-27)$$

习　题

6-1　如果被测正弦信号的周期为 T（加到示波器的 Y 输入端）；扫描锯齿波的正程时间为 $T/4$，回程时间可以忽略不计。连续扫描。试用作图法说明信号的显示过程。

6-2　现用示波器观测一正弦信号。假设扫描周期（T_x）为信号周期的 2 倍，扫描电压的幅度 $V_x = V_m$ 时为屏幕 X 方向满偏转值。当扫描电压的波形如图 6-65 的 a、b、c、d 所示时，试画出屏幕上相应的显示图形。

6-3 一示波器的荧光屏的水平长度为 10 div，现要求在上面显示 10 MHz 正弦信号两个周期（幅度适当），问该示波器的扫描速度为多少？

6-4 现用一台单踪示波器观察一双脉冲发生器输出两路脉冲信号 t_1 和 t_2 之间的时间间隔（见图6-66），试拟定测量方案。

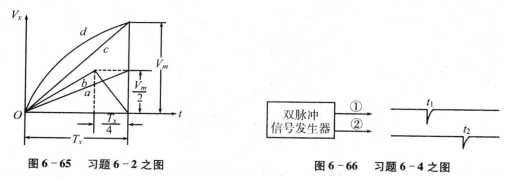

图 6-65 习题 6-2 之图   图 6-66 习题 6-4 之图

6-5 如果液晶显示屏幕的 X×Y 为（128×64）像素点。现在要求显示速率为 50 帧/s，试求 X 驱动的时钟速率。

6-6 欲观察上升时间 t_R 为 50 ns 的脉冲波形，现有下列四种技术指标的示波器，试问选择哪一种示波器最好？为什么？

(1) $f_{3dB} = 10$ MHz，$t_r \leqslant 40$ ns   (2) $f_{3dB} = 30$ MHz，$t_r \leqslant 12$ ns

(3) $f_{3dB} = 15$ MHz，$t_r \leqslant 24$ ns   (4) $f_{3dB} = 100$ MHz，$t_r \leqslant 3.5$ ns

6-7 利用带宽为 DC ~ 30 MHz 的示波器观察上升时间为 $t_r = 10$ ns 的脉冲波形，荧光屏上显示波形的上升时间为多少？若要求测量误差限制在 10% 的范围内，问：该示波器 Y 通道的带宽应为多少？

6-8 某示波器的带宽为 120 MHz，探头的衰减系数为 10:1，上升时间为 $t_1 = 3.5$ ns。用该示波器（包括探头）测量一方波发生器输出波形的上升时间 t_2；从荧光屏上观察到的上升时间 t_3 为 11 ns。问该方波的实际上升时间 t_2 为多少？

6-9 某示波管的 Y 偏转因数为 $D_f = 8$ V/div，用其构成一示波器。要求该示波器的最小偏转因数 $D_{ymin} = 50$ mV/div，试估算 Y 通道放大器的放大倍数。假如荧光屏的有效高度为 8 div，则 Y 通道末级放大器的输出电压幅度为多少？

6-10 某示波器的带宽为 DC ~ 15 MHz，示波管 X 方向的偏转因数 $D_f = (12 ~ 14)$ V/div、屏幕长度为 10 div，X 通道末级放大器的单边放大系数为 $A_x = 5$。试估算该示波器的扫描发生器输出幅度及扫描时基范围。

6-11 已知示波器的偏转因数 $D_y = 0.2$ V/div，屏幕的水平有效长度为 10 div。

(1) 若时基因数为 0.05 ms/div，所观察的波形如图 6-67 所示。求被测信号的峰-峰值及频率。

(2) 若要在屏幕上显示该信号的 10 个周期波形，时基因数应该取多大？

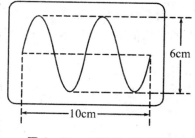

图 6-67 习题 6-11 之图

6-12 某示波器 X 通道的工作特性为：时基因数范围 0.2 μs/div ~ 1 s/div；扫描扩展 ×10；荧光屏水平方向满偏转距离为 10 div。试估算该示波器能观测正弦信号的频率上限并写出计算步骤，这时 Y 通道的频响特性应该具备什么要求？

6-13 某周期信号 $X(t)$ 的上限频率为 f_h，试计算对信号 $X(2t)$、$2X(2t)$ 的取样速率。

6-14 采用非实时等效取样技术的示波器能不能观察下列两种信号？为何？

(1) 非周期性重复信号；

（2）单次信号。

6-15 用 8 位 A/D（转换时间 100 μs、输入电压范围（0～5）V）作为数字存储示波器 Y 通道的模数转换器。试问：

（1）示波器能达到的实时带宽是多少（设不插值）？

（2）信号幅度的测量分辨率是多少？

6-16 一数字存储示波器 Y 通道的 A/D 为 10 位；RAM 为 2 Kbyte。现以 256 个样点存储一个信号波形。问该示波器可以存储几个信号波形？

6-17 在示波器上用李沙育图形观测被测网络的输入电压和输出电压之间的相移（绝对值），试回答：

（1）利用图 6-68 画出测量方案；

（2）如何检验示波器的 X、Y 通道间是否存在固有相位差？

（3）若发现 X、Y 通道间存在固有相位差，采用什么方法使（1）的测量不受其影响？

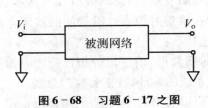

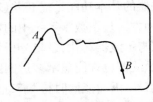

图 6-68　习题 6-17 之图　　　　图 6-69　习题 6-18 之图

6-18 一数字存储示波器，其时基因数为 5 μs/div；偏转因数为 0.1 V/div，图 6-69 中测量光标的位置（X，Y）分别为：A 点（3EH，72H）；B 点（6DH，23H），试计算被测的时间和电压大小（说明：X = 10 div，Y = 5 div；X，Y 的量化满度值为 FFH）。

6-19 假设 DSO 最快的时基挡位为 5 ns/div，显示波形的液晶屏水平方向为 500 点，共 10 格。问：

（1）此 DSO 的最高采样速率为多少？

（2）分别采用点显示和正弦插值方式，此 DSO 的数字化实时带宽分别为多少？

（3）用此 DSO 观测正弦波信号，采用正弦插值方式，如果要求显示波形的幅度误差不超过 3%，则此 DSO 能观测的最高信号频率为多高？

（4）如果观测方波信号，采用线性插值方式，要求显示波形的幅度误差不超过 6%，那么此 DSO 能观测的最高方波信号频率为多高？

7 逻辑分析仪

7.1 逻辑分析仪的基本工作原理

7.1.1 概述

逻辑分析仪是基本的数据域测试仪器,是调试和开发数字系统、特别是微机化系统的有力工具。示波器的基本功能是捕获并显示被测信号的波形,而逻辑分析仪的基本功能是采集、存储并以多种方式显示数字系统中的数据流,即在采集时钟有效沿瞬间的被测电路节点的二进制状态值。与示波器相比,逻辑分析仪具有下述特点:

(1) 示波器也许能显示多达四路信号的时间波形,而逻辑分析仪能同时检查 32、64 路甚至更多路信号,因而能同时检测 32、64 位微机系统的地址、数据和控制总线。

(2) 有多种显示方式。采集进来的数据可以以表格的形式显示,可以反汇编成汇编语言源程序显示,也可以以各种数据图形显示,或用高、低电平表示的定时图进行显示。

(3) 有多种触发方式。数字系统中的数据流往往是很复杂的,例如计算机执行的程序可以多次循环、分支转移或嵌套调用。为了更有效、方便地用逻辑分析仪监测、分析复杂数据流中感兴趣的片段,仪器设有多种触发方式。

(4) 普通模拟示波器只能观察触发之后的信号波形,而在逻辑分析仪中由于利用存储器存储信息,因而能观察触发信号前的状态信息。

(5) 能有效地检测数字电路中的毛刺。

逻辑分析仪可分为两大类:逻辑状态分析仪(Logic State Analyzer,简称 LSA)和逻辑定时分析仪(Logic Timer Analyzer,简称 LTA)。这两类分析仪的基本结构是相同的,但显示方式和定时方式不同。逻辑状态分析仪用状态表(图 7 – 1)、汇编语言源程序或映射图等形式显示数据流,而逻辑定时分析仪用定时图方式显示状态信息,如图 7 – 2 所示。

1111	0000
0001	1111
1010	1010
0101	0101

图 7 – 1　状态表显示方式　　　　　　图 7 – 2　定时图显示方式

图 7 – 3 表示了逻辑分析仪的基本工作原理。在仪器内部或外部时钟的作用下,被测系统的信息经采集电路存入存储器,存储器采用"先进先出"存储方式的循环队列结构。存储器内的信息经显示电路送到显示器进行显示。逻辑状态分析仪的数据采集时钟由被测系统提供。例如在微机系统中可用读、写信号作为采集时钟,当被测系统中的微处理器执行读、写操作时,LSA 就采集数据。因此,LSA 的数据采集与被测系统的工作是同步的。逻辑定时分析仪的采集

时钟由仪器内部提供,它与被测系统的工作是异步的。状态分析仪主要用于软件开发,而定时分析仪主要用于硬件开发。逻辑分析仪大都同时具有状态分析和定时分析功能。

最高时钟频率、存储器容量及输入通道数是逻辑分析仪的三个主要指标。美国泰克公司的 DAS9200 数字分析系统的时钟频率达 2 000 MHz。存储器的容量当然要大,以便存储更多的信息,但从性能／价格比的角度来看,也并不是越大越好。一般情况下,每通道 2 000 位对大多数调试已足够了。随着逻辑系统复杂性的增加,特别是随着新型高性能微处理器的出现,要求增加逻辑分析仪的输入通道数。HP64000 逻辑开发系统有 120 个通道,

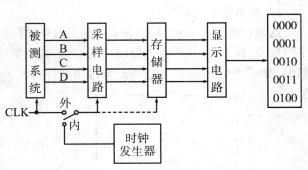

图 7 - 3　逻辑分析仪的工作原理

HP16500A 逻辑分析系统有(16 ~ 80) 个高速通道,(80 ~ 140) 个低速通道。

个人仪器形式的逻辑分析仪由于具有很高的性能／价格比,受到用户欢迎。逻辑分析仪的另一个发展方向是单片逻辑分析仪。美国 HP 公司于 1987 年研制成功了集成 14 万个器件的单片逻辑分析仪,每片有 16 个通道,采样频率为 100 MHz。HP1651A 采用两片这样的单片逻辑分析仪,构成 32 通道、100 MHz 的逻辑分析仪。若使用 5 片,则可构成 80 通道、100 MHz 的逻辑分析仪。

当前较高级的逻辑分析仪还能对系统的性能进行分析,从功能和性能两方面对被测系统的质量进行评价。在软件性能分析方面,从存储器空间利用率和程序执行时间两方面来评价软件的质量,对性能差的软件还应指出问题的关键所在,以便进行改进。在硬件性能分析方面,测量在程序执行某一功能时硬件的响应时间,据此可改进响应慢的硬件设计。对系统性能分析常采用直方图显示方式。

7.1.2　逻辑分析仪的显示方式

逻辑状态分析仪常采用各种状态表及图形显示,而逻辑定时分析仪则采用定时图显示。

1) 状态表显示

状态表显示是采用各种数制以表格形式显示状态信息。通常用 16 进制数显示地址和数据总线上的信息,用二进制数显示控制总线和其他电路节点上的信息,如图 7 - 4 所示。

地址 (HEX)	数据 (HEX)	状态 (BIN)
2 850	34	11 010
2 851	7F	01 011
2 852	9D	11 000
2 853	AC	00 111
⋮	⋮	⋮

图 7 - 4　状态表显示

地址 (HEX)	数据 (HEX)	操作码	操作数 (HEX)
2 000	214 200	LD	HL,2 042H
2 003	0 604	LD	B,04H
2 005	97	SUB	A
2 006	23	INC	HL
⋮	⋮	⋮	⋮

图 7 - 5　反汇编显示

2）反汇编显示

多数逻辑分析仪都具有反汇编功能,把采集到的信息翻译成各种微处理器汇编语言源程序,如图7-5所示。

3）数据序列图形显示

这是一种坐标显示,X轴表示数据出现的实际顺序,Y轴表示由各输入通道所组成的数据字的数值。在图7-3中有四路输入通道,若被测系统是一个十进制计数器,则在屏幕上显示的图形如图7-6所示。纵坐标的刻度可由软件指定。

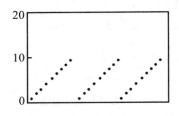

图7-6 数据序列的图形显示举例

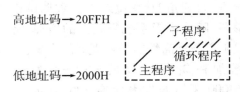

图7-7 显示程序的执行情况

如果被监视的是微机系统的地址总线,则这种方式显示了程序的运行情况,如图7-7所示。横坐标是程序的执行顺序,纵坐标是呈现在地址总线上的地址码。纵坐标所表示的地址范围及刻度是用户键入的。通过这种图形可容易地确定程序执行是否正确。

4）映射图形显示

映射图显示把每个数据与屏幕上的每个光点联系起来。如果数据是8位,则可把屏幕左上角的光点表示00,右下角的光点表示FFH,依此类推,如图7-8所示。这种显示方式可将存储在分析仪存储器内的数据一次显示出来,并且根据数据出现的顺序,用矢量线连接起来组成一幅图形。如果某数据发生差错,则图形发生改变。这种显示方式的优点是用户能快速地确定数据的正确性。

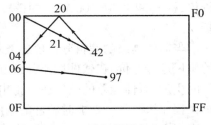

图7-8 映射图显示之一

如果被测数据有16位,则可让屏幕左上角光点表示数据0000,屏幕右下角光点表示FFFFH,左下角光点表示FF00H,右上角光点表示00FFH。

如果用逻辑分析仪观察微机的地址总线,则每个光点是程序运行中一个地址的映射。图7-9表示程序存储与运行映射图间的对照。

0000 ~ 007F	堆　　栈
2800 ~ 28FF	主程序
4004 ~ 4009	输入／输出
FFF8 ~ FFFF	向　　量

（a）程序的地址范围

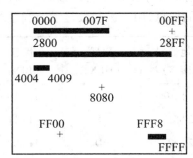

（b）映射图

图7-9 程序运行映射图之二

5）直方图显示

常见的直方图有时间直方图和标号直方图两种。时间直方图显示各程序执行时间的分布情况,用以确定各程序模块及整个程序的最小、最大和平均执行时间,据此就可找出花费 CPU 时间过长及效率低、质量不高的程序模块。这是一种很有价值的测量和分析方法,其主要优点是能进行实时测试分析。图 7-10 表示了某个由 M1 240,CLEAR,DASH 和 DELAY 程序模块组成的软件的运行情况。由图可见,执行 DELAY,DASH 程序几乎花了 CPU 的全部时间。

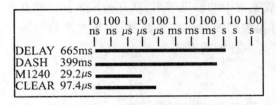

		PERCENTAGE 1
RANCE	NUMBER OF	% 1 2 3 4 5 6 7 8 9 0
NAME	OCCURRENCES	
1240	0	0%
CLEAR	0	0%
DASH	4617	30%
DELAY	10773	70%

图 7-10　时间直方图　　　　　　　　　图 7-11　标号直方图

标号直方图亦称地址直方图。逻辑分析仪反复测量并累计在各个地址范围内事件出现的次数,最后以直方图形式显示测量结果。图 7-11 表示了上例程序的标号直方图,它与时间直方图的结果是一致的。

6）定时图与源程序同时显示

如图 7-12 所示,一个屏幕分成两个窗口显示。下面窗口显示经反汇编后的某微处理器的汇编语言源程序,上面窗口显示该微处理器在同一时刻的高分辨率定时图。由于上、下两个窗口的图形在时间上是相关的,因而对电路的定时和程序的执行可同时进行考察,硬件和软件可同时进行调试。

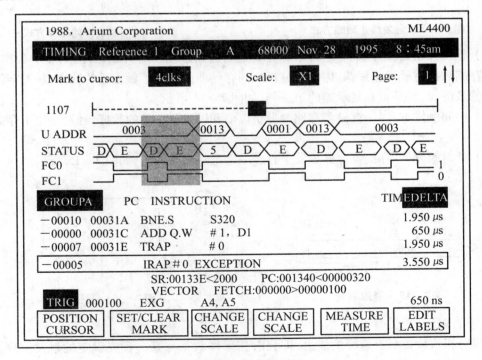

图 7-12　分窗口显示

7.1.3 逻辑分析仪的触发方式

通常被测数据流是很长的,而逻辑分析仪内存储器的深度是有限制的,而且用户有时仅对长数据流中的某个片段感兴趣。这个"感兴趣的数据片段"称为观察窗口。在模拟示波器中,通过选择触发信号的某个跳变沿,使被测信号的某个片段得到最佳显示以供分析研究。类似地,在逻辑分析仪中通过设定一个或一组数据字或事件来获得观察窗口。这种用于设定观察窗口的数据字称为触发字。当逻辑分析仪识别出被测数据流中的触发字后,就开始采集并存储在观察窗口内的数据,这称为跟踪。识别出触发字而引起跟踪的动作称为触发。由于被测数据流往往是很复杂的、多种多样的,因而在逻辑分析仪中有多种触发方式。

1) 基本触发

逻辑分析仪都应具有下列的基本触发功能。

(1) 触发终止跟踪方式　　这种跟踪方式是一旦遇到触发字就停止跟踪,在逻辑分析仪的存储器内存储了触发前的数据,触发字位于存储器队列的最后面,并显示在显示器的最后一行,如图7-13所示。

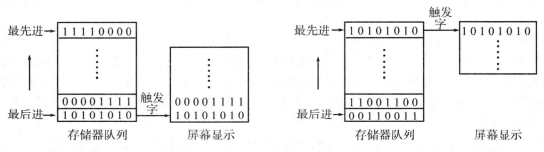

图7-13　触发终止跟踪方式　　　　　　图7-14　触发开始跟踪方式

(2) 触发开始跟踪方式　　这种跟踪方式是当遇到触发字时开始跟踪(存储)数据流;当存储器存满数据时就停止跟踪。因而在分析仪的存储器内存储了触发后的数据,触发字位于存储队列的最前面,它显示在显示器的第一列,如图7-14所示。

(3) 中间触发方式　　存储器存储触发字以前和以后各一半的数据,触发字位于存储器的中间。

(4) 延迟触发　　存储器存储触发字且经一定延迟后的数据,如图7-15所示。

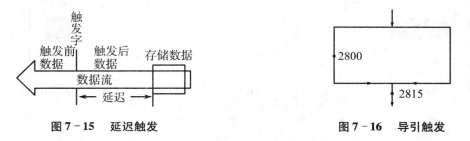

图7-15　延迟触发　　　　　　　　图7-16　导引触发

2) 序列触发

逻辑分析仪应该具有这样的能力,即只有当采样数据与某一预先设定的触发字序列(而不是一个触发字)相符合才触发跟踪。例如,在图7-16中,假设希望在执行左路程序后分析仪跟踪数据流,这时可让分析仪在状态2 800时处于使能状态,到状态2 815后就触发跟踪数据。

若执行右路程序,则由于分析仪预先没有使能,因而在状态 2815 时不能触发。这种两级的序列触发通常称为使能触发或导引触发。

把两级序列触发与延迟触发结合起来,就构成多种触发方式。例如,从识别触发字 1 开始,延迟 n 个时钟后识别触发字 2,便开始(或终止)跟踪;在识别触发字 1 达 n 次后识别触发字 2 便开始(或终止)跟踪等。

对于复杂的软件,须使用多级序列触发。例如,图 7-17 表示了一个多分支程序。假设要求仅当执行通路 2 程序后才触发跟踪,这时只有当分析仪在识别触发字 2849、284A、284C 和 284E 序列后,才从 286F 开始跟踪数据流。这就是多级序列触发。

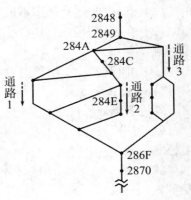

图 7-17　多级序列触发

3) 计数触发

在软件中经常遇到如图 7-18 所示的循环程序。例如,在图 7-18 中,如要求检查在第 9 次 I 循环、第 8 次 J 循环后的第 7 次 K 循环时的状态 2841 后的程序执行情况,则分析仪应先识别下列触发字序列:

	2830	1 次
然后	28AE	9 次
然后	28A5	8 次
然后	2841	7 次

后开始跟踪数据流,即在 2840 状态出现 1398(= 9 × 11 × 13 + 8 × 13 + 7) 次后跟踪数据流。

4) 跟踪触发

这种触发方式把被测系统的地址码指定为触发字,逻辑分析仪仅采集并存储对应于这些指定地址的数据。例如,若设置触发字为 28A0H,则在这种方式中,仅当地址总线上出现 28A0H 时,才获取数据总线上的数据。有时为了扩大跟踪范围,可把触发字中的某些位设置为任意状态(X)。例如,把 28X0H 确定为触发字,则分析仪将跟踪 2800H,2810H,2820H,…,28F0H 触发字。逻辑分析仪还可设定为仅采集某指定范围内的地址、或采集执行某程序模块时的数据。

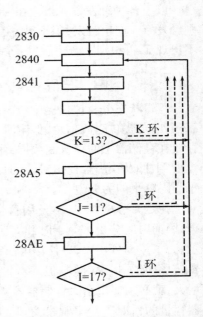

图 7-18　计数触发示意图

5) 触发限定

触发限定是给触发字施加一定的限定条件,只有当限定条件为"真"时,才能识别触发字,产生触发。如果限定条件为"假",则即使出现触发字,也不产生触发。逻辑分析仪通常设立一些限定通道,进行限定触发时,用户可把限定通道连接到提供限定条件的电路节点。

6) 交互触发

交互触发是指在定时分析通道与状态分析通道之间的相互触发。常有下列三种方式:

(1) 由状态通道或定时通道识别触发字,两种通道同时产生触发。例如,要求监视微机系统中某外设接口的工作及其控制程序的执行情况,则可把状态通道连接到微机系统的地址总线,定时通道连接到接口电路,把控制程序的入口地址设定为触发字。当执行控制程序时,状态通道识别触发字产生触发,定时通道也同时被触发,两者分别采集控制程序的执行情况及接口的工作状态。这时定时通道不识别触发字。

（2）在一种通道识别触发字 1 后,另一种通道识别触发字 2 时引起触发。这时两种通道都识别触发字。

（3）并行触发　两种通道各自的触发字都满足后产生触发。

7）其他触发方式

现代逻辑分析仪还有其他一些触发方式。例如:

（1）"非"触发　若在识别触发字 1、并延迟 n 个时钟或事件后不出现触发字 2,则产生触发。

（2）"或"触发　只要识别几个触发字中的任意一个,就产生触发,表示成（触发字 1 + 触发字 2 + …）。

（3）间隔时间太长触发　如果两个脉冲的间隔时间超过预定的时间,则在识别第二个脉冲时产生触发。

以上各种触发方式组合在一起,就可产生更多的触发方式。例如:识别触发字 1 或 2 后,识别触发字 3 产生触发;识别触发字 1,然后识别 2 或 3,再识别 4 产生触发;识别触发字 1 或 2 后不出现 3,再识别 4 产生触发,等等。

7.1.4　定时方式

逻辑状态分析仪仅提供状态和状态序列信息,不提供时间信息。逻辑定时分析仪不分辨状态序列,却提供时间信息。但定时分析仪与普通示波器亦不同,它所显示的定时波形是事先已存放在存储器中的二进制数据,而不是真正的被测信号的波形,因而不反映被测信号的幅度、边沿、上冲及噪声等模拟量值,而仅显示逻辑状态随时间的变化:超过门限电平的为高电平,低于门限电平的为低电平。

在定时分析仪中,由于用仪器内部时钟采样数据,因而时间分辨率等于时钟周期 T_p,如图 7-19 所示。为了提高分辨率,以便尽可能得到正确的待测逻辑波形,必须提高钟频。但随着钟频的提高,数据量增大,就必须要求增大存储器容量,或者在给定存储器容量的情况下变窄观察窗口。为了合理满足分辨率和足够长的观察时间这两个要求,通常选择采样时钟频率为被测系统数据速率的(5 ~ 10)倍。

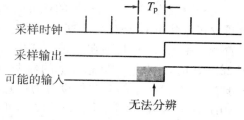

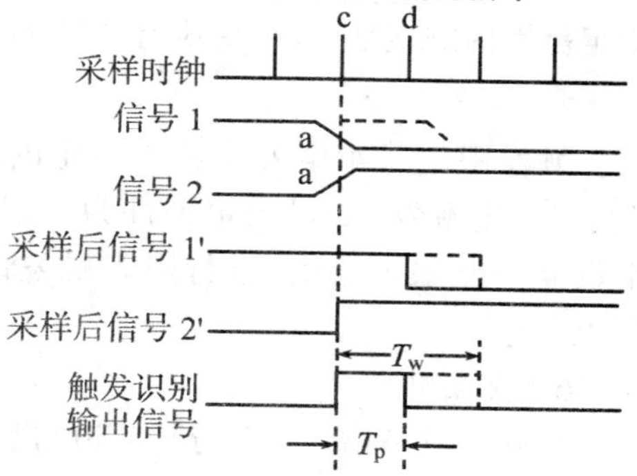

图 7-19　异步采样时的分辨率

由于定时分析仪的内部采集时钟与被测系统的工作是异步的,因而采集时钟很有可能在输入信号发生跳变时刻进行采样,从而采样到不确定的状态。一旦采样后,所得到的状态要保持到下一个采样时钟脉冲。例如在图 7-20 中,时钟 c 对输入信号 1 和 2 的跳变沿(a 点)进行采样,两者采样到的状态若均为"1",经采样后的信号分别为 1′和 2′,在时钟 c 和 d 之间的一个周期内,输出信号 1′和 2′均为高电平,而在此周期

图 7-20　在输入信号跳变时刻进行采样

内实际输入信号 1 处于低电平。假设定时分析仪产生触发的条件是两种输入信号同时为高电平，则将产生宽度为一个时钟周期(T_p)的触发识别信号，但实际上这时不应该产生触发，因而这是一种误触发。为避免这种误触发，在定时分析仪中采用触发滤波，对触发识别信号进行时间滤波。适当预置时间滤波器的时间，使持续时间小于该设定时间的触发识别信号不产生触发。例如，在图 7 - 20 中，若触发滤波器的滤波时间设置为一个采样周期，则上述虚假触发信号经滤波后变为无效，只有持续时间大于一个采样周期的触发信号(如图 7 - 20 中的 T_w)才认为是有效触发信号。因为触发识别输出信号的持续时间是采样周期的整数倍，因而滤波时间也只能设置为采样周期的整数倍。

定时分析仪的一个重要功能是检测毛刺。所谓毛刺，是指在一个采样周期内出现的极窄的尖峰脉冲。检测毛刺的一种方法是提高采样频率。但如上所述，为了观察同样的内容，提高采样频率就要求增加存储容量和提高存储器的工作速度。为避免使用大容量的高速存储器，大多数定时分析仪都在信号线上装一个特殊的毛刺检测电路。最简单的毛刺检测器是一个脉冲展宽器或锁存电路，把窄脉冲展宽到能检测的最小宽度。

7.2　泰克 TLA7000 系列逻辑分析仪

TLA7000 是美国泰克公司推出的模块化高性能逻辑分析仪系列，提供高性能和灵活的配置，用于实时数字系统的分析。

TLA7000 系列模块化高性能逻辑分析仪系统为当今最快的微处理器和内存设计提供了捕获逻辑细节所需的速度和灵活性。通过大显示器和快速系统数据吞吐量提供了用户想要的查看能力。同时，它能兼容所有 TLA 系列模块。

7.2.1　TLA7000 系列概述

作为模块化逻辑分析仪，TLA7000 系列逻辑分析仪主要由主机、模块和探头组成。用户可以选择不同的组合，以获得最佳的解决方案。下面分别对主机、模块和探头作简要介绍。

1）逻辑分析仪主机

逻辑分析仪主机，需配合逻辑分析仪或码型发生器模块使用。主机可支持所有泰克的逻辑分析仪模块，包括一些已经停产的型号。

TLA7000 系列有两种主机：TLA7012 便携式主机和 TLA7016 台式主机。TLA7012 便携式主机支持 2 个 TLA 模块，单机最大通道数为 272。TLA7016 台式主机支持 6 个 TLA 模块，单机最大通道数为 816。TLA7012 和 TLA7016 均支持多机箱扩展，为满足大量的总线和高通道数量要求提供解决方案。

配有 TLA7PC1 台式机控制器的 TLA7016 台式主机和基于 Microsoft Windows XP Professional PC 平台的 TLA7012 便携式主机，为 TLA 应用软件提供了用户熟悉的工作环境，提供了多部显示器功能，扩大了桌面查看能力。另外还提供了内置 DVD - RW、硬驱和多个 USB2.0 端口，可以扩容。触发输入／输出连接为其他外部仪器提供了一个接口，如数字荧光示波器，以关联测量结果。表 7 - 1 为两种主机基本情况的对比。

表7-1　TLA7012 与 TLA7016 对比

型号	TLA7012	TLA7016
插槽数量	2	6
单机最大通道数	272	816
多机箱扩展	均支持。可以使用最多8台主机(使用 TekLink 电缆连接 3 ~ 8 台主机,要求 TL708EX 8 端口仪器集线器和扩展器)	
系统最大通道数	2 176	6 528
支持独立总线数	16	48
支持外接显示器数目	2 个,通过 DIV 接口	4 个,通过 TLA7PC1 最大 8 个,通过用户主控机
PCI 扩展接口	N/A	3 个,通过 TLA7PC1
计算机系统	PentiumM 2 GHz、1 G DDRII 内存、80 G 硬盘、DVD - R/W、1000/100/10 LAN、USB 2.0 端口共 7 个	TLA7PC1: P3 3 GHz、1 G DDRII(PC800 MHz)(可扩展至 4 G)、80 G SATA 硬盘、DVD - R/W、1000/100/10LAN、USB 2.0 端口共 6 个、PS2 接口 3 个、PCI 扩展槽 3 个、串口、并口

2)逻辑分析仪模块

逻辑分析仪模块,需配合逻辑分析仪主机箱使用。TLA7000 系列逻辑分析仪模块主要有 TLA7ACx,TLA7BBx 和 TLA7SAxx 三种。

TLA7ACx 和 TLA7BBx 系列逻辑分析仪模块提供了快速监测、捕获和实时分析数字系统运行的能力,以便调试、检验、优化和验证数字系统。TLA7SAxx 系列逻辑协议分析仪模块提供了一种创新的 PCI Express 验证方法,从物理层到事务层,涵盖了协议的所有层。每个模块系列提供了不同的型号选择,不同型号模块的区别在于通道数,表 7-2 显示了各模块型号的通道数目。

表7-2　各模块型号的通道数

模块名	通道数
TLA7ACx	
TLA7AC2	68 条通道(其中 4 条是时钟通道)
TLA7AC3	102 条通道(其中 4 条是时钟通道,2 条是选通通道)
TLA7AC4	136 条通道(其中 4 条是时钟通道,4 条是选通通道)
TLA7BBx	
TLA7BB2	68 通道(其中 4 条是时钟通道)
TLA7BB3	102 通道(其中 4 条是时钟通道,2 条是判定器通道)
TLA7BB4	136 通道(其中 4 条是时钟通道,4 条是判定器通道)
TLA7SAxx	
TLA7SA08	8 条差分输入,X4
TLA7SA16	16 条差分输入,X8

（1）TLA7BBx

TLA7BBx 系列逻辑分析仪模块采用泰克突破性的 MagniVu 技术，实现了高速采样（采样率高达 50 Gsps），明显改变了逻辑分析仪的工作方式，使其能够提供全新的测量功能。TLA7BBx 模块通过同一套探头提供了高速状态同步捕获、高速定时捕获和模拟捕获功能。它们利用 MagniVu 技术，在所有通道上提供了高达 20 ps 的定时、毛刺和建立时间／保持时间违规触发及分辨率一直高达 20 ps 的显示和时间标记。

TLA7BBx 有以下主要优点：

高达 64 Mb 深度；MagniVu 采集技术，提供了高达 20 ps（50 GHz）的定时分辨率，迅速找到和测量难检定时问题；高达 156 ps（6.4 GHz）/256 Mb 的深存储定时分析；高达 1.4 GHz 的时钟及高达 3.0 Gbs 数据，180 ps 数据有效窗口，对高性能同步总线进行状态采集分析；通过同一只探头同时进行状态分析、高速定时分析和模拟分析，找到难检问题；毛刺和建立时间／保持时间触发和显示，找到和显示难检硬件问题；跳变存储器，对偶发跳变的信号，延长信号分析捕获时间；以各种显示格式查看时间相关数据，在多个模块中实时追踪问题；兼容各类 P6800/P6900 系列探头，适用于单端信号和差分信号，电容负荷低达 0.5 pF；广泛的处理器和总线支持。

（2）TLA7ACx

为配合高性能的逻辑分析仪模块，TLA7ACx 系列逻辑分析仪模块提供所有相同的调试与验证功能，但性能水平更适合于嵌入式应用设计。TLA7ACx 模块提供了通过同一套探头进行高速状态同步捕获、高速定时捕获和模拟捕获的功能。通过 MagniVu 模式的技术，提供对每通道高达 125 ps 的时间分辨率，毛刺和建立／保持时间违规触发及分辨率一直高达 125 ps 的显示和时间标记。TLA7ACx 与 TLA7BBx 的比较如表 7－3 所示。

表 7－3　TLA7ACx 和 TLA7BBx 的比较

模块	定时分辨率	状态速度	存储长度
TLA7ACx	125 ps(8 GHz)	最高 800 MHz	最高 128 Mb
TLA7BBx	20 ps(50 GHz)	最高 1.4 GHz	最高 64 Mb

（3）TLA7SAxx

PCI Express 3.0 给工程师带来了新的挑战，产品开发周期压力要求能够迅速确定问题的解决方案。TLA7SAxx 系列逻辑协议分析仪模块可以验证 PCI Express 从物理层到事务层的所有协议层。下面对 TLA7SAxx 进行简要介绍。

泰克的硬件加速技术实现了快速显示更新功能，可以在短短几秒钟内查看和搜索高达 16 GB 的深存储器，缩短获得信息所需的时间。

通过自动培训、自动追踪、前面板 LED 通路状态、单击校准等功能，逻辑协议分析仪可以自动自行"连线"，缩短用户对测试系统建立信心所需的时间。

强大的触发功能涵盖所有协议层，迅速触发关心的码型。实时过滤功能可以滤掉不想要的数据，只存储关心的事务，提高采集内存利用率。

创新数据显示，加快获得信息所需的时间：新的 PCI Express 软件帮助以丰富的分层格式查看信息。协议信息可以扩展和折叠，根据需求迅速显示或隐藏信息。通过使用 Summary Profile 窗口，可以利用统计摘要和数据图表迅速确认系统的健康状况，识别关心的码型（错误、特定事务、有序集合等等）。摘要统计包括平均事务时延、发送的总字节数、总线利用率等实用信息。用户可以在一个创新的 Transaction 窗口中，与物理层活动交错观看数据包级和事务级协议特点。Transaction Stitching 功能在图形表示中,作为错误显示参与已完成事务的数据包或未完成事务的数据包。其他功能有数据包颜色编码、跨越多个数据窗口锁定光标、与 Transaction 窗口整合的独特的鸟瞰图,俯瞰涉及流量控制的系统问题。独特的 Listing 窗口按通路显示符号级数据包细节,使用户能够进一步了解物理层细节,并在 Waveform 窗口中观察与高带宽示波器提供的模拟波形相关的各路活动。硬件开发人员、硬件/软件集成人员以及嵌入式系统设计人员非常青睐这些模块与泰克逻辑协议分析仪的紧密集成能力。用户可以在显示画面上,观察完整的系统交互,并实现时间相关多总线分析。交叉触发和公共全局时间标记可以显示一条总线在任意时点上相对于另一条总线发生的具体情况,准确高效地进行调试。

TLA7SAxx 有以下主要优点:PCI Express Gen1、Gen2 和 Gen3 从协议层到物理层分析,支持 x1 – x16 链路宽度及高达 8.0 GT/s 的采集速率;完善的 PCI Express 探测解决方案,包括中间总线、插槽内插器和焊接探头;缩短对测试系统设置建立信心所需的时间;强大的触发状态机涵盖了协议的所有层;每个模块 8 GB 存储器(16 GB 存储器,x16 链路宽度),提高捕获错误及导致错误的问题的概率;硬件加速搜索和数据显示,立即查看数据,而不管记录长度是多少;提高了信息密度,迅速分析数据;查看中间总线,进行系统级调试。

3) 探头

与 TLA7000 系列逻辑分析仪配合使用的探头系列主要有三种:P6800,P6900 以及 P6700。

(1) P6800 和 P6900 系列逻辑分析仪探头提供业内最低电容负载,保护被测信号的完整性,这对于像 DDR2、DDR3 这类要求低侵入式设计很严格的总线是非常关键的。该系列探头提供了单端、差分探头和各种附件连接方式的选择,包括"connectorless"压缩连接,无需板级内建连接器插座。应用电路板的空间变得越来越珍贵,采用了 D – Max 技术的高密度 P6900 系列提供了业界最小的可用封装。对于调试高速总线上的信号完整性故障,P6900 系列探头与 TLA7BBx 和 TLA7ACx 模块的 iLink 工具集一起提供 iCapture 同步数字模拟采集。这样,用户就可以清楚地看到时间相关的数字和模拟行为的设计,而无需考虑用两个探头探测所带来的额外的电容负载和安装时间。

(2) P6700 系列探头为验证工程师提供了一套完善的 PCI Express 探测解决方案,包括中间总线、插槽内插器和焊接式连接器。这些探头使用两个连接器,支持长达 24 英寸的 PCI ExpressGen3 通道,提供了最小的电气负荷及最高的信号保真度和有源均衡技术,保证准确恢复关闭的眼图数据。

7.2.2　TLA7000 系列逻辑分析仪特点与功能

1) 跳变存储(Transitional Storage) 为低占空比信号扩展捕获分析的时间长度

有时被测设备会生成由偶尔的事件群组成的信号,中间有很长时间不活动。例如,某些类型的雷达系统使用时间上相隔很远的突发数据驱动内部数模转换器。

在使用传统逻辑分析仪采集和存储这种含有突发数据的信号时,那些长时间没有变化的数据会填满采集存储器,占用采集存储实际感兴趣数据(突发的活动信号)所需的宝贵存储空间。

一种称为"跳变存储器"的方法解决了这个问题,其只在跳变发生时存储数据,图 7 – 21 说明了这个概念。逻辑分析仪在且只在数据变化

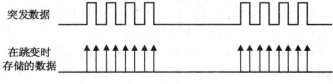

图 7 – 21　跳变存储

时采样。可以以逻辑分析仪主采样存储器的全部分辨率捕获相距几秒、几分钟、几小时或几天的突发。仪器等待很长的静止周期。注意,并不是"忽略"这些不活动的长跨度,而是一直监测这些跨度,但不记录这些跨度。

强大的通用 IF/THEN 触发算法能简单地控制仪器辨别特定的事件,是设置跳变存储以采集突发脉冲的最优秀的工具。

2)模拟数字集成调试工具

试图追踪数字错误的设计人员还必须考虑模拟域。在当前系统中,由于快速边沿和数据速率,数字信号底层的模拟特点对系统行为的影响正越来越高,特别是可靠性和可重复性。

信号畸变可能源自模拟域问题,如阻抗不匹配、传输线效应等等。类似的,信号畸变可能是数字问题的副产品,如建立时间和保持时间违规。数字信号效应和模拟信号效应之间的相互影响非常大。

通常会首先使用逻辑分析仪检测异常事件及其在数字域中的影响。这种工具可以在长时间跨度中,一次捕获数十条、甚至数百条通道;因此,它是最可能在适当的时间连接到适当信号的采集仪器。在发现异常信号后,检定异常信号的任务则由实时示波器来完成。它可以详细采集每个毛刺和跳变,并提供精确的幅度和定时信息。追踪这些异常信号的模拟特点通常是解决数字问题最快捷的途径。

高效调试要求能够同时处理数字域和模拟域的工具和方法。捕获这两个域之间的交互,并以模拟形式和数字形式进行显示,是高效调试的关键。

泰克 TLA7000 系列逻辑分析仪和 DPO 系列示波器,包括了能够把这两种平台集成在一起的功能。泰克 iLink 系列工具使得逻辑分析仪和示波器能够"协作",共享触发和时间相关显示。

iLink 系列工具由专门设计的多个单元组成,以加快问题检测和调试速度:

iCapture 复用技术,通过一只逻辑分析仪探头同时提供数字采集和模拟采集;

iView 显示技术,在逻辑分析仪显示屏上提供时间相关的逻辑分析仪和示波器集成测量;

iVerify 分析技术,使用示波器生成的眼图,提供多通道总线分析和验证测试。

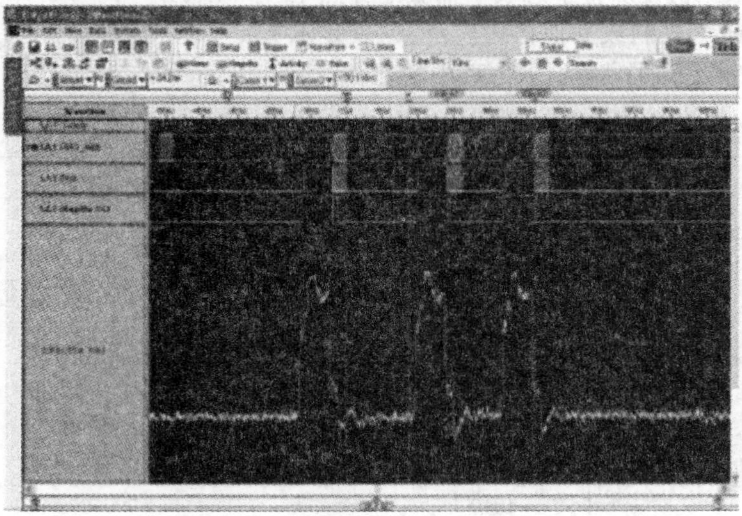

图 7 - 22　异常事件的时间相关模拟数字视图

图7-22是TLA系列逻辑分析仪上的iView屏幕画面。由于TLA逻辑分析仪与集成的DPO示波器曲线实现了时间相关,因此信号同时以模拟形式和数字形式出现。

3）通道数量和模块化

逻辑分析仪的通道数量是其为整个系统中宽总线和/或多个测试点提供支持的基础。在配置仪器记录长度时,通道数量也非常重要:为使记录长度提高2倍或4倍,分别要求两条通道和四条通道。

高速串行总线是当前的发展趋势,在这种趋势下,通道数量问题变得非常关键。例如,32位串行数据包必须分布到32条逻辑分析仪通道中,而不是一条逻辑分析仪通道中。换句话说,从并行结构转向串行结构并没有影响对通道数量的需求。

模块化TLA7000系列逻辑分析仪可以容纳各种采集模块,它们可以连接在一起,实现更高的通道数量。最终,系统可以容纳数千条采集通道。模块化的主机结构,提供最大的灵活性和可扩展性。TLA7000系列逻辑分析仪提供68/102/136通道逻辑分析仪模块的选择,最高纪录长度每通道512 Mb。TLA7000系列逻辑分析仪最多支持6528条逻辑分析通道,48条独立总线。模块化TLA7000系列结构具有独特的能力,可以保持模块间同步和低时延,即使这些模块位于不同的主机中。

4）通过丰富的数据显示格式,从问题症状追踪到问题产生的根源

TLA7000系列逻辑分析仪可以在各种显示模式下使用实时采集存储器中存储的数据。当信息存储在系统内部后,可以使用不同格式查看这些信息,如从定时波形直到与源代码相关的指令助记符。

波形显示是一种多通道详细视图,允许用户查看捕获的所有信号的时间关系,其在很大程度上与示波器的显示画面类似。图7-23是简化的波形显示画面。在这个图示中,已经增加了采样时钟标记,以显示采样的点。波形显示通常用于定时分析中。

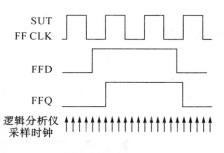

图7-23　逻辑分析仪波形显示(简化形式)

列表显示以用户选择的字母数字形式提供状态信息。列表中的数据值是从整个总线中捕获的样点中累积的,可以用十六进制或其他格式表示。列表显示的目的是显示被测系列的状态。图7-24中的列表显示允许查看信息流程,与待测系统看到的一模一样,即数据字流。

Sample	Counter	Counter	Timestamp
0	0111	7	0ps
1	1111	F	114.000 ns
2	0000	0	228.000 ns
3	1000	8	342.000 ns
4	0100	4	457.000 ns
5	1100	C	570.000 ns
6	0010	2	685.000 ns
7	1010	A	799.000 ns

图7-24　列表显示

状态数据以多种格式显示。实时指令追踪功能反汇编每个总线事务,确定在总线中读取哪些指令。它与相关地址一起,在逻辑分析仪显示画面上放上相应的指令助记符。另一个显示画面 — 源代码调试显示画面,通过把源代码与指令追踪历史关联起来,使用户的调试工作更加高效。它可以立即查看指令执行时实际发生的情况。

在特定处理器支持套件的帮助下,可以以助记符形式显示状态分析数据,它可以更简便地调试被测系列中的软件问题。在获得了这些知识后,用户可以进入级别较低的状态显示画面(如十六进制显示画面),或进入定时图显示画面,追踪错误来源。

5) 丰富灵活的触发设置

触发灵活性是快速高效地检测没有看到的问题的关键。在逻辑分析仪中,触发是指设置条件,在满足这些条件时将捕获采集,显示结果。采集停止可以证明发生了触发条件(除非指定异常超时)。

TLA7000 系列拖放式触发功能简化了触发设置,可以更简便地设置常用触发类型,用户不必再为日常定时问题去精心设置触发配置。逻辑分析仪还可以提供更有力的触发,满足更加复杂问题的检测需求。

TLA7000 系列逻辑分析仪还提供了多个触发状态、字识别器、边沿／跳变识别器、范围识别器、定时器／计数器和快照识别器及毛刺和建立时间／保持时间触发。

6) 丰富全面的微处理器和总线解码解释

支持的处理器主要有:Intel Pentium/PII/PIII/P4; Intel 80x86; Motorola PPC 7xx/MPC82xx; IBM PPC 7xx; Texas Instruments 320Cxx/320C54x/320C62xx。支持的总线主要有:PC100/PC133; DDRI/DDRII up to 1067; FBD; PCI/PCI – x; PCI Express; USB。

7) 同时采集定时和状态数据

在硬件和软件调试(系统集成)过程中,最好拥有相关的状态和定时信息。如果逻辑分析仪不能同时捕获定时数据和状态数据,那么隔离问题将变得很难,而且会耗费很长时间。

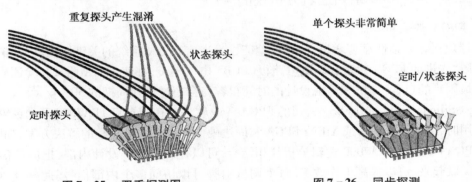

图 7 - 25　双重探测图　　　　　图 7 - 26　同步探测

某些逻辑分析仪要求一次在待测系统上连接两只探头,如图 7 - 25 所示。一只探头把待测系统连接到定时模块上,第二只探头把相同的测试点连接到状态模块上。这称为"双重探测"。这种配置可能会损害信号的阻抗环境。一次使用两只探头会加重信号负担,劣化待测系统的上升时间和下降时间、幅度和噪声性能。注意图 7 - 25 是只显示了部分代表性的连接的简化示意图。在实际测量中,可能会连接四条、八条或更多的多导线电缆。

最好通过同一只探头同时采集定时数据和状态数据,如图7-26所示。一条连接、一个设置和一个采集同时提供定时和状态数据,可以简化到探头的机械连接,减少问题。在同时采集定时和状态时,逻辑分析仪会捕获同时支持定时分析和状态分析所需的全部信息,而不需要第二步,进而会减少重复探测时可能发生的出错机会和机械损坏。一只探头对电路的影响较低,保证了更准确的测量及对电路操作影响更小。

8) MagniVu 高精度采集技术

MagniVu 采集适用于定时采集模式或状态采集模式。通过在触发点周围累积额外的样点,MagniVu 采集在所有通道上提供了更高的采样分辨率,可以更简便地找到棘手的问题。其他功能包括可以调节的 MagniVu 采样率、可以移动的触发位置及可以独立于主触发进行触发的单独 MagniVu 触发操作。

MagniVu 采集技术通过同一个探头同时提供了 125 ps 高分辨率定时数据和状态数据。逻辑分析仪从所有通道中快速采集所有信号。250 ps 毛刺检测功能在发生毛刺时会在数据画面上作出标记。另外,可以使用逻辑分析仪确定建立时间和保持时间极限,使用 MagniVu 高分辨率定时检查建立时间和保持时间的违例情况。此外,MagniVu 采集可以以 125 ps 的分辨率在所有数据中打上时间标记,不管其是状态采集还是定时采集。

9) 完善的 PCI Express 探测解决方案,包括中间总线、插槽内插器和焊接式连接器

TLA7000 系列逻辑分析仪能够对 PCI Express Gen1 - Gen3,包括 Gen3 协议,进行物理层分析,支持 x1 - x16 的链路宽度,采集速率高达 8.0 GT/s,高达 16 GB 的深存储(适用于 x16 链路)。

TLA7000 系列的非插入型探测,采用 OpenEYE 技术,拥有自动调谐均衡电路,高达 24 英寸的通道长度及两个连接器,允许探测通道上任何地方,保证在 PCI Express 系统中准确地捕获数据。单击校准过程根据目标 BER 校准分析仪和探头,从一个会话到另一个会话记住分析仪/探头设置校准结果。ScopePHY 能够把任何 PCI Express 中间总线、插槽内插器或焊接探头连接到高性能示波器上,更详细地了解物理层的模拟特点。

7.2.3 TLA7000 系列逻辑分析仪的应用

1) FPGA 调试和验证

设计规格和复杂性显著增长,使设计验证成为当前 FPGA 系统的关键瓶颈。内部信号访问能力有限、先进的 FPGA 封装和印刷电路板(PCB)电气噪声,都使 FPGA 调试和验证成为设计周期中最困难的过程。调试和验证设计的时间很容易会超过设计周期的 50%。

First Silicon Solution(FSS)公司的 FPGAView 软件包在与泰克 TLA7000 系列逻辑分析仪结合使用时,为调试 Altera 或 Xilinx FPGA 和周边硬件提供了一个完整的解决方案,如图 7-27 所示。FPGAView 和 TLA7000 逻辑分析仪相结合,可以查看 FPGA 设计内部,把内部信号与外部信号关联起来。可以提高工作效率,每个调试引脚可以访问多个内部信号。此外,FPGAView 可以在一台设备中处理多个测试核心。这适用于需要监测 FPGA 内部不同时钟域的情况。它还可以处理 JTAG 链中的多个 FPGA。

FPGAView 和 TLA7000 系列逻辑分析仪相结合,可以简化与 FPGA 有关的许多调试任务。这套工具允许查看 FPGA 设计内部,把内部信号与外部信号关联起来。可以提高工作效率,因为它消除了耗时的重新编译设计的过程,每个调试引脚可以访问多个内部信号。

2) 存储器调试和验证

在更快、更大、能耗更低的存储器要求和更小的物理尺寸推动下,动态 RAM 的技术也在不断演进:第一步是转向同步动态 RAM,它提供了一个时钟边沿,把操作与存储器控制器同步;

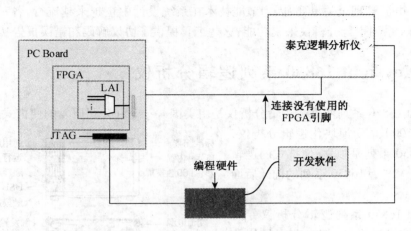

图 7 – 27　典型的 **FPGA View** 实现方案

第二步是使用双倍数据速率（DDR）提高了数据速率；第三步为克服信号完整性问题，DDR2 SDRAM 和 DDR3 SDRAM 的速度进一步提高。

随着动态 RAM 技术的不断演进，其设计和验证也更为复杂。为跟上更加复杂、更短设计周期的发展步伐，存储器设计人员需要各种不同的测试设备，检查设计。如果要查看命令和协议，那么需要使用逻辑分析仪，检验存储器系统操作。

逻辑分析仪存储器支持通过配置逻辑分析仪设置，为存储器采集提供自定义时钟、存储器数据分析软件和助记符列表，并可以包括探测硬件，增强了逻辑分析仪操作。

3）信号完整性分析

直接观察和测量信号是发现信号完整性相关问题的唯一途径。大部分信号完整性测量可由逻辑分析仪、示波器这些实验室常见的仪器来完成，再辅以探头和应用软件，构成基本工具箱。此外，可以使用信号源，提供失真信号，进行极限测试，评估新的器件和系统。在调试数字信号完整性问题时，特别是在拥有大量总线、输入和输出的复杂系统中，逻辑分析仪构成了第一道防线。

逻辑分析仪拥有高通道数量、深存储器和高级触发功能，可以从多个测试点采集数字信息，然后以相干方式显示信息。由于是一种真正的数字仪器，因此逻辑分析仪可以检测其监测的信号越过门限的情况，然后显示逻辑 IC 看到的逻辑信号。得到的定时波形清楚易懂，并可以简便地与预计数据比较，确定设备工作是否正常。这些定时波形通常是搜索影响信号完整性的信号问题的起点。在反汇编程序和处理器支持套件的帮助下，可以进一步理解这些结果，反汇编程序和处理器支持套件允许逻辑分析仪把实时软件轨迹（与源代码相关）与低级硬件活动关联起来。

4）串行总线

多种新型串行数据总线结构提供的数据吞吐量较前几年提高了一个量级，包括 PCI - Express、XAUI、RapidIO、HDMI 和 SATA。

TLA7000 系列逻辑分析仪提供了完整的串行数据测试解决方案，保证满足最新的串行数据测试要求。例如，TLA 系列串行分析仪模块为 PCI Express 验证提供了一种创新方法，从物理层到事务层，涵盖了所有协议层。此外，TLA 系列串行分析仪模块拥有无可比拟的物理层事件捕获和触发能力，不管是问题存在于链路培训过程中，还是链路进出电源管理状态。全面支持L0s和L1电源管理至关重要,因为节能技术在系统设计中正越来越流行。各种分析工具完善了TLA7Sxx系列串行分析仪采集功能,这些工具提供了协议解码和错误报告功能。

7.3　Keysight 16850 系列逻辑分析仪

　　Keysight 16850系列便携式逻辑分析仪是由美国Keysight公司研发的便携式逻辑分析仪。
不同于TLA7000系列模块化逻辑分析仪,Keysight 16850系列是独立、便携式的逻辑分析仪。图7-28为16850系列的前/后面板示意图。

　　Keysight 16850系列逻辑分析仪专为快速数字系统调试设计,拥有业界最快的定时捕获速度和最深的存储深度,并提供开发所需的各种应用软件和出色的易用性。

　　Keysight 16850系列有4种型号可供选择,如表7-4所示。并可配备多种选件来

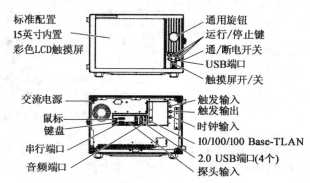

图7-28　Keysight 16850 系列的前/后面板

升级存储深度和状态速度,使用户选择到拥有与需求相匹配测量能力的逻辑分析仪。

表7-4　16850 系列逻辑分析仪型号

	16851A	16852A	16853A	16854A
通道数	34(1个时钟,1时钟限定输入通道)	68(1个时钟,3个时钟限定输入通道)	102(1个时钟,3个时钟定输入通道)	136(1个时钟,3个时钟限定输入通道)

　　1)Keysight 16850系列逻辑分析仪的定时和状态捕获有如下功能:

　　使用2.5 GHz(400 ps)/5 GHz(200 ps)全/半通道定时和高达128 M的采样,可以查看远离触发点的定时关系;

　　使用12.5 GHz(80 ps)定时缩放功能(256 K采样)测量触发点附近更精确的定时关系;

　　利用可升级到128 M的存储深度发现多个时间分离的异常现象;

　　使用具有最高信号完整度的单端和差分连接选件探测各种总线或者技术;

　　配有独立的状态速度和存储深度升级选件;

　　最高支持数据速率高达1400 Mbps的同步总线,可精确地使用眼图扫描(EyeScan)功能自动调整阈值和建立/保持窗口;

　　通过以波形/图表、列表、反汇编、源代码等多种形式比较时间关联数据,轻松地跨越多种测量模式,对问题进行全程(从发现问题迹象到分析问题根本原因)跟踪;

　　使用逻辑分析仪"眼图扫描"(Eye Scan)功能查看所有输入通道的模拟视图,从而发现高数据速率信号上可能存在的信号完整性问题;

　　通过直观、简单、快速和高级的触发选项,快速可靠地进行触发设置;

　　对示波器的波形进行时间关联并导入到逻辑分析仪"波形"窗口中,进行更深入的系统分析。

2）Keysight 16850 特点与功能：

（1）自动捕获 FPGA 内部信号

16850 系列逻辑分析仪与 FPGA 动态探头配合使用，使用户能够通过自动化流程利用逻辑分析仪的深存储器探测 Xilinx 和 Altera 器件上的 FPGA 内部网络或节点信号。

捕获 FPGA 内部信号时，无需块 RAM（Block RAM）；无需停止 FPGA 或改变设计时序即可改变探测点；从 FPGA 设计自动导入信号名称；自动将 FPGA 引脚信号名映射到逻辑分析仪输入通道（Xilinx）。

（2）解码 DDR2/3 存储器地址／命令总线，执行一致性和性能分析

（3）自动执行测量设置和快速获得诊断线索

16850 系列逻辑分析仪能够自动完成测量设置过程，使用户可以非常轻松地快速启动并运行测量。此外，逻辑分析仪的建立／保持窗口（或采样位置）和阈值电压的设置可以自动确定，因此，能够以最高精度捕获高速总线上的数据。自动阈值和采样位置设定模式使用户可以：获得精确和可靠的测量结果；节省测量设置时间；快速获得诊断线索和识别问题信号；同时扫描所有信号和总线，也可以只扫描一部分信号和总线；查看合成或单独的信号结果；查看信号与总线之间的时间偏差；发现和修正不适合的时钟阈值；测量数据有效窗口；识别与上升时间、下降时间、数据有效窗口宽度有关的信号完整性问题。

（4）同时在 100 个通道上发现问题信号

随着定时窗口和电压裕量不断减小，确保信号的完整性在设计验证过程中变得越来越关键。眼图扫描（Eye Scan）功能使用户可以在各种工作条件下，获得设计中的所有总线的信号完整性信息，全部操作只需几分钟。快速发现问题信号之后，用户就可以使用示波器进行更深入的研究。用户可以观测单个信号的研究结果，也可以观测多个信号组合或总线信号的研究结果。

（5）充分发挥逻辑分析仪和示波器的互补功能

View Scope 功能将示波器与逻辑分析仪完美结合在一起。时间相关的逻辑分析仪波形和示波器波形可合并在单一的逻辑分析仪屏幕上进行显示，便于工程师查看和分析。用户也可以使用逻辑分析仪来触发示波器（反之亦然），并自动校正偏移波形，保持两台仪器之间的游标跟踪。View Scope 使用户可以更高效地执行以下操作：验证信号完整性；跟踪信号完整性导致的问题；验证 A/D 和 D/A 转换器的校正操作；针对设计中的模拟部分和数字部分进行逻辑与定时关系的验证。

Keysight 的逻辑分析仪和示波器可以通过标准配置的 BNC 和 LAN 接口进行连接。两条 BNC 电缆支持两台仪器进行交叉触发，LAN 连接可用于在两台仪器之间传输数据。View Scope 连接软件是 3.50 或更高版本的逻辑分析仪应用软件的标准配置。View Scope 软件包括：能够导入示波器捕获的部分或全部波形；自动缩放示波器波形，以最佳比例在逻辑分析仪显示屏上进行显示。

（6）即时洞察你的设计，并有多个视图和分析工具

当用户希望知道目标设计的当前行为和原因时，采集和分析工具可快速整合数据，使用户对系统特性了如指掌。

（7）编程功能

用户可以通过编写程序，使用 COM 或 ASCII 从局域网上的远程计算机来控制逻辑分析仪的应用软件。COM 自动化服务器是逻辑分析仪应用软件的一个组成部分。该软件使用户可

以编写程序来控制逻辑分析仪,通过 COM 接口控制全部测量功能,如图 7 - 29 所示。

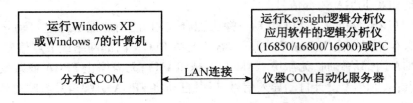

图 7 - 29　16850 系列编程功能示意图

习　　题

7 - 1　逻辑分析仪的功能与示波器有什么不同?

7 - 2　逻辑状态分析仪与逻辑定时分析仪的主要差别是什么?

7 - 3　逻辑分析仪有哪些显示方式?

7 - 4　逻辑分析仪有哪些触发方式?

8 信号分析

8.1 引 言

　　信号分析技术有着广泛的应用。信号分析与测量可在时域、频域及调制域等多种域内进行，其中在频域的分析和测量在无线电技术中尤为重要。

　　在频域进行分析和测量的电子仪器有很多种类。其中，频谱分析仪是采用滤波或傅立叶变换的方法，分析信号中所含的各个频率分量的幅值、功率、能量和相位关系。选频电压表采用调谐滤波的方法，选出并测量信号中感兴趣的频率分量。失真度测量仪则与之相反，采用陷波的方法将信号中基频滤去，测量剩下的各次谐波分量和噪声的大小，以及它们与基频的比值。调制度分析测量是对各种频带的射频信号进行解调，恢复调制信号，测量调制度。调制域分析仪测量信号的频率、相位和信号出现的时间间隔随时间的变化规律。振荡信号源的相位噪声特性用谱密度来表征，因而相位噪声的分析也要用到频谱分析。对网络的分析也是通过信号分析来进行的，因而与信号的频率分析技术密切相关。数字信号处理机是新发展起来的一类分析仪，它采用 FFT 和数字滤波等数字信号处理技术，对信号进行包括频谱分析在内的多种分析。

　　本章介绍与信号分析测试有关的仪器，包括频谱分析仪、失真度测量仪、调制度测量仪和相位噪声分析仪等。

8.2 频谱分析仪

8.2.1 概 述

　　频谱是对信号及其特性的频率域描述。一个在时域看来是复杂波形的信号，它的频谱可能是简单的，如图 8 - 1 所示。

　　对不同类型的信号进行频谱分析时，在理论上和工程上采用不同的频谱概念和频谱形式，在分析方法上也有很大的差别。因而在进行频谱分析之前，应对信号的类型和

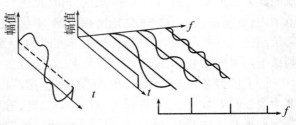

图 8 - 1　　信号的时域波形及频域频谱

性质有所了解。一般说来，确定信号存在着傅立叶变换，由它可获得确定的频谱。随机信号只能就某些样本函数的统计特征值作出估算，如均值、方差等。这类信号不存在傅立叶变换，对它们的频谱分析指的是它的功率谱分析。

　　对任何一个信号，既可在时域进行分析来获得其各种特征，又可在频域进行分析并获取各种特征。时域分析主要采用电子示波器，频域分析主要采用频谱分析仪。时域分析和频域分析各具特点，各自适用于不同场合，两者互为补充。实际的频谱分析仪通常只给出幅度谱和功率谱，不直接给出相位信息。因此，如果两个信号内的基波幅度相等，二次谐波幅度也相等，但基

波与二次谐波的相位差不等,则用频谱仪测量这两个信号所显示的频谱图没有什么区别,但用示波器观察这两个信号的波形却有明显不同。然而,频谱仪也有它的特点。例如,一个失真很小的正弦波信号利用示波器观察就很难看出来,一个复杂波形内各频率分量的大小就更难以确定,而用频谱仪就能定量测出哪怕是很小的频率分量。

HP 公司在 1964 年推出了第一代半自动的频谱分析仪 ——8551/851 微波频谱分析仪以来,该公司一直处于频谱分析仪技术的前列。1977 年,HP 推出了内含微处理器的频谱分析仪 HP8568A。1989 年高性能的 HP8560A 频谱分析仪投放市场。除 HP 公司外,Marconi、泰克等公司对频谱分析仪的发展也都作出了贡献。20 世纪 90 年代,频谱分析仪向小型、轻便、宽带方向发展。采用 YIG 的小型调谐振荡器或 VCO,配合 DDS,无需更换射频单元,使频率范围提高到 40 GHz。

8.2.2 频谱分析仪的种类

频谱分析仪种类繁多,可以从多种角度对它们进行分类。例如,可分为模拟式、数字式、模拟数字混合式;实时型、非实时型;恒带宽分析、恒百分比带宽分析;单通道型、多通道型。按工作频带,还可以分为高频、低频等等。按工作原理,大致可以归为滤波法和计算法两大类。

现就上述几种分类,对各类仪器的特点和应用对象,作一简要说明。

（1）模拟式频谱仪以模拟滤波器为基础构成,用滤波器来实现信号中各频率成分的分离。所有的早期频谱仪,几乎都离不开模拟滤波器。至今,这种方法还在各种频段的频谱仪中广泛使用。数字式频谱仪是以数字滤波器或快速傅立叶变换为基础而构成。特别是 FFT 算法的问世,大大改变了频谱分析技术。数字式仪器由于受到数字系统工作速度的限制,多为数百千赫以下的低频频谱仪,如声频带或振动频带的仪器所采用。它们具有精度高、性能灵活,能满足声频带与振动信号分析中的多功能要求。

（2）实时和非实时的分类方法主要是针对低频频谱仪而言,如语言信号的分析处理,系统的实时控制等,都要求对信号进行实时分析。"实时"并非纯粹指快,实时分析所达到的速度与信号的带宽和要求的频率分辨率有关。一般认为,所谓实时分析,是指在长度为 T 的时间内完成的频率分辨率达到 $1/T$ Hz 的频谱分析。当然只能在一定的频率范围内进行实时分析;在该范围内,分析速度与数据采集速度相匹配,不会发生数据"积压"的现象。如果要求分析的信号频带超过这一频率范围,则分析成为非实时的。无线电领域中的高频信号,大多为周期信号,其频谱不随时间而变化,属于平稳信号,无需进行实时分析。

（3）恒带宽分析与恒百分比带宽分析。这两种分析的一个重要区别,在于频谱的频率轴刻度为线性和对数。恒带宽分析为线性频率刻度,适用于周期信号的分析和波形失真分析。这时基频分量和各次谐波分量在频谱图上呈等间隔排列,很利于表征信号的特性。而恒百分比带宽分析所得频谱的频率轴采用对数刻度,具有较宽的频率覆盖,能兼顾低频与高频频段的频率分辨率。恒百分比带宽又称等相对带宽,随着中心频率的变化,其绝对带宽相应改变,但带宽与中心频率的比值为常数,故用百分比值来表示带宽。它们常用于声和振动分析领域的低频频谱分析仪中,适用于对噪声、结构谐振信号和机械阻抗特性等的分析。在一些频率连续调谐的扫描式频率分析仪、挡级滤波器式频率分析仪以及由并行滤波器组成的实时频谱分析仪中,大都采用恒百分比带宽分析。等绝对带宽与百分比带宽频谱的区别如图 8-2 所示。

（4）单通道与多通道频谱仪。单通道频谱仪只能对一路信号进行分析,双通道或多通道分析仪除了用于信号分析外,还可用于系统分析。例如,声强分析和互功率谱分析需对两个信号同时进行分析处理。在网络分析和一些机电系统的分析中,需对它们的输入输出信号或多个测点的信号进行分析计算。

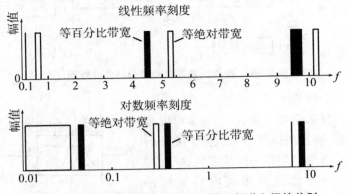

图 8-2 等绝对带宽与等百分比带宽频谱之间的差别

8.2.3 频谱分析仪的原理和组成

通常的频谱仪,无论是对确定信号还是周期信号,所分析的大多是功率谱。有两种分析功率谱的方案,它们是滤波法和傅立叶变换法。

1)滤波式频谱分析

图 8-3 表示用滤波器分析频谱的过程。随着滤波器频率 f 的改变,完成了谱分析。图 8-4 表示了滤波式频谱仪的基本结构。输入信号经过一组中心频率不同的滤波器或经过一个扫描调谐式滤波器,选出各个频率分量,经检波后进行显示或记录。因此,在这种频谱仪中,滤波器和检波器是两个重要的电路。

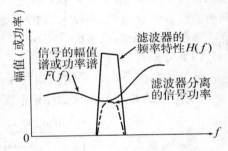

图 8-3 滤波器分析频谱过程

图 8-4 滤波式频谱仪的基本组成

滤波式频谱分析仪有下列类型:

(1)挡级滤波器式频谱分析仪

这种频谱分析仪的框图见图 8-5。它由多个通带互相衔接的带通滤波器和一个共用的检波器组成,其原理十分简明。由于滤波器的个数不能做得太多,因而不宜用这种方法制作窄带分析仪,常用于等百分比带宽分析的低频频谱仪中。通常每倍频程配置 3 个滤波器,即每 10 倍频配置 10 个滤波器,因此整个声频段(20 Hz ~ 20 kHz)需配置 30 个滤波器。由于每倍频程配置的滤波器数目相等,因此频率坐标是对数刻度的。

由于信号同时被送到各个滤波器,在对各通道进行扫描测量时,不必考虑因切换而带来的每个滤波器所需的建立时间,但由于共用一个检波和记录设备,应考虑检波器的时间常数和记录仪的动态特性。

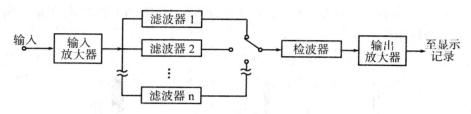

图 8-5 挡级滤波器式频谱分析仪方框图

（2）扫描式频谱分析仪

扫描式频谱分析仪采用单一的、中心频率可以电控调谐的带通滤波器，通过扫描调谐完成整个频带的频谱分析，见图8-6。所得结果是一连续曲线，线上每一点表示一个在相当于滤波器带宽内真实频谱的积分。

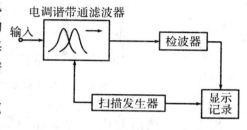

图 8-6 扫描式频谱分析仪方程图

这种直接扫描调谐滤波器的带宽可做成恒带宽或恒百分比带宽。这类频谱仪的结构简单，但由于电调谐滤波器的 Q 值低、损耗大、频率特性不均匀、调谐范围窄等原因，现在已很少采用。

（3）外差式频谱分析仪

外差式频谱分析仪采用扫描技术进行频率调谐。其核心部分如同一台外差式接收机。图8-7，为外差式频谱分析仪的原理框图。

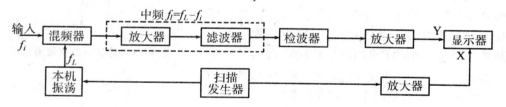

图 8-7 外差式频谱分析仪方框图

输入信号中的频率分量 f_i 与本振频率 f_L 相混频后，产生差频分量，其幅度与输入信号中的 f_i 频率分量成正比。经过中心频率为 $f_I = f_L - f_i$ 的中频滤波器滤波后，进行检波测量，即测得信号中 f_i 频率分量的幅度。当本振进行扫频时，信号中的各频率分量依次被顺序测量，获得频率—幅度曲线，即频谱。

由于进行扫描分析，信号中的各频率分量不是同时被测量的，因而不能提供相位频谱，不能作实时分析，只适用于周期信号或平稳噪声的分析。外差式频谱分析仪具有频率范围宽、灵敏度高、频率分辨率可变等优点，并且还具有除频谱之外的多种功能，是频谱仪中数量最多的一种，在几十 Hz 到 325 GHz 范围内都有产品，高频频谱仪几乎全部为外差式。

为了改变频谱的频率分辨率，可改变中频滤波器的带宽。为了获得很窄的通带，中心频率不可能太高。因而，对混频后的滤波输出信号往往还要进行2～3次变频，以逐步降低被分析信号的中频频率。因此在一个实用的频谱仪中，往往有几个混频和中频滤波环节。

目前常用的外差扫描式频谱分析仪有全景式和扫中频式两种。前者可在一次扫描过程中观察信号整个频率范围的频谱。而后者一次扫描分析过程只能观察某一较窄频段的频谱，例如 NW4021 高频频谱仪即为扫中频式，它的分析频率范围为（0～40）MHz。由于每次分析只扫描一个较窄的频带,因而可实现较高分辨率分析。

（4）并行滤波式实时频谱仪

在这种频谱仪中,信号同时加到多个滤波器上,各个频率被同时测量。它与档级滤波式频谱仪的区别在于:在每个滤波器之后都带有自己的检波器,这样就省去了在切换滤波通道后都要等待检波部分重新建立的时间,以满足实时分析的需要。配上一个电子扫描开关,对每一通道的检波结果进行一次巡检,即可获得一张频谱。这样可以以非常快的速度在 CRT 上刷新频谱,其方框图见图 8－8。

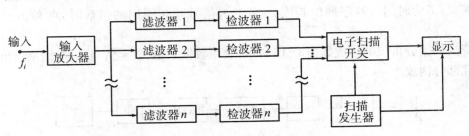

图 8－8　并行滤波式实时频谱仪方框图

这种方案由于通道数不可能做得太多,不宜用于窄带分析,常用于低频领域的噪声分析仪中,且多为等百分比带宽分析。例如用作 1/3 倍频程频谱分析时,在 20 Hz ～ 20 kHz 声频频带内需要 31 个滤波通道。采用大量模拟滤波器使仪器的稳定性和各通道之间的一致性都带来问题。

（5）数字滤波式实时频谱仪

利用数字滤波器可以实现频分和时分复用,因而仅用一个数字滤波器,即可构成一个与并行滤波法等效的实时频谱分析仪。方案如图 8－9 所示。

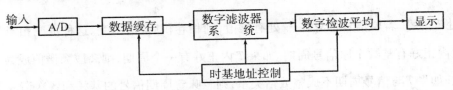

图 8－9　数字滤波式实时频谱仪方框图

数字滤波器的中心频率、带宽等决定于描述它的差分方程中的系数。只要改变系数,即可改变滤波器的频率特性。因而,用它制成的频谱仪的频率分辨率可实现程控。这对模拟并行通道来说是很困难的。数字滤波器本身性能优越,稳定可靠,由于只用了一套滤波器,也就不存在各通道不一致的问题。

2）计算法频谱分析

直接计算有限离散傅立叶变换 DFT,即可获得信号序列的离散频谱。只是在 FFT 算法问世后,计算法才被广泛用于频谱分析。

有限离散序列 x_n 和它的频谱 X_m 之间的 DFT 对可表示如下:

$$\left. \begin{array}{l} X_m = \sum_{n=0}^{N-1} x_n \cdot W_N^{nm} \\ x_n = \frac{1}{N} \sum_{m=0}^{N-1} X_m \cdot W_N^{-nm} \end{array} \right\} \tag{8－1}$$

式中 $W_N = C^{-j\frac{2\pi}{N}}$; $n, m = 0, 1, \cdots, N-1$。

X_m 有 N 个复数值,由它可获得振幅和相位谱 $\mid X_m \mid$, φ_m。由振幅谱的平方可直接得到功率谱 $\mid X_m \mid^2$,这就是求功率谱的直接傅立叶变换法。由于时间信号 x_n 总是实函数,X_m 的 N 个值的前后半部分共轭对称,因而只有 $m = 0, 1, \cdots, \frac{N}{2} - 1$ 根功率谱线。

为了计算方便,常取 $N = 2^K$。经 DFT 得到离散的栅状频谱。它与周期信号的线状频谱形状相似,但意义不同。后者的每一谱线代表相应的一个谐波分量,而离散变换所得的谱线出现在频率 n/T 处(T 为时间信号序列的长度)。当 T 为信号基频周期的倍数时,两种谱有相同的意义。

计算法频谱分析仪的构成如图 8-10 所示。它由数据采集、数字信号处理、结果读出显示与记录等几部分构成。

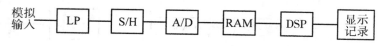

图 8-10   计算法频谱分析仪构成方框图

数据采集部分由抗混低通滤波(LP)、采样保持(S/H)和模数转换(A/D)几个部分组成。如果被采样的模拟信号中所含最高频率为 F_{max},根据采样定理,应使采样频率 F_S 满足

$$F_S > 2F_{max}$$

在采样之前,应先用低通滤波器滤去被采信号中高于 $F_S/2$ 的频率。否则,可能会产生频谱混叠误差。

(1)**数据采集**   要考虑的另一个问题是采用同步采集以防止泄漏现象。对被截取的一段信号作频谱分析时,其谱将是原信号的谱与矩形窗函数的谱的卷积。窗函数的谱在 $\pm \frac{n}{T}(n \neq 0)$ 频率处皆为零。若原信号也只在 $\frac{n}{T}$ 处有谱值,则相卷积后,谱不变。这种情况相当于在 T 的截取长度内正好有整数个原信号周期。如果 T 内正好有一个周期,则离散频谱值成为傅立叶级数的系数。如果 T 与信号周期不成整数倍关系,则意味着周期信号的基频和各次谐波不在 $\frac{n}{T}$ 频率上,卷积之后,各频率分量将泄漏到其他谱线位置上,造成所谓泄漏误差,见图 8-11。因此,对机械旋转信号、音乐信号等周期信号作采样时,应使一个样本长度内含有整数倍个信号周期,这需要选择一定的采样间隔 Δt。有些仪器能通过微调 Δt 自动进行同步采集。对于非周期信号,它的频谱在频率轴上连续取值,因截断而带来的泄漏现象不可避免,只能在进行频谱计算之前对采样序列进行窗函数加权,使泄漏现象得到改善。

(2)**数字信号处理(DSP)部分**的核心是 FFT 运算。通过它进行包括频谱分析在内的各种运算,获得由实部 R 和虚部 I 构成的复数谱,它包含了振幅谱和相位谱信息。

通过平滑与平均,可以提高谱的质量,频率轴方向的平滑可减少频谱中的干扰成分,多张谱作总体平均用于减少平衡随机过程信号频谱的统计误差。图 8-12 表示噪声信号经单次分析与 64 次分析求平均所得频谱,平均的结果使谱质量大为提高。通常,FFT 分析仪在给定指标时,也指明是对多少次的平均而言。

FFT 频谱仪除了能提供幅、相、功率谱之外,还有许多运算分析功能,因而显示内容丰富。图 8-13 表示常见的频谱显示图形。图(a)为功率谱(频谱)图,图(b)、(c)为实频、虚频、幅频、相频谱图。

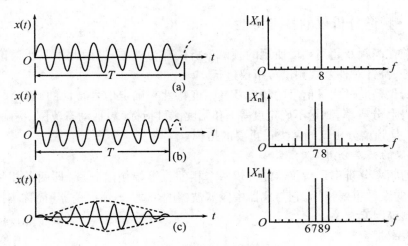

图 8 - 11　泄漏现象及其改善

（a）整周期数采样,获得准确频谱　　（b）非整周期采样,形成频谱泄漏现象

（c）加海宁窗后,边缘泄漏减少,频谱顶部增宽

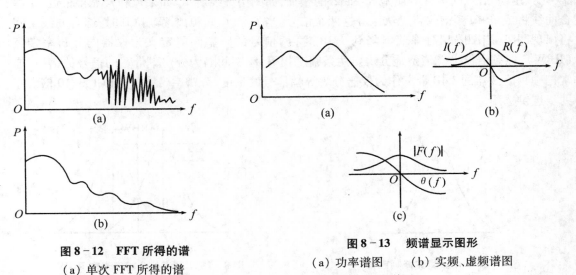

图 8 - 12　FFT 所得的谱

（a）单次 FFT 所得的谱

（b）64 次 FFT 平均的谱

图 8 - 13　频谱显示图形

（a）功率谱图　　　（b）实频、虚频谱图

（c）幅频、相频谱图

计算法谱分析的基本步骤如下:

（1）选定频率范围,并由此设定抗混低通滤波器的带宽。若仪器内不含抗混滤波器,则需外接抗混滤波器。

（2）选择采样频率 $f_S > 2.56f_{max}$。如果抗混低通滤波器的截止特性不好,则应适当提高采样频率以补偿。

（3）根据频率分辨率的要求,选定点数 N,使在被分析信号序列的长度内含有两个以上的基频周期。

（4）设定平均方式和平均参数。

（5）选择时窗函数类型。

最后,对于所得到的离散谱应作正确的解释。

8.2.4 频谱分析仪的技术特性

鉴于目前在高频及超高频段所用的频谱分析仪都为外差式,因此本节所讨论的技术特性除特别说明外,都针对外差式频谱分析仪进行。

频谱分析仪是通过测量信号的频谱及其幅度特性来确定信号特性的,因此频率测量指标(包括频率范围、分辨率、测量不确定度等)和幅度测量指标(包括动态范围、不确定度、灵敏度及分辨率等)是频谱分析仪的两类最重要的指标。

1)频谱仪的频率分辨率

频谱仪的频率分辨率是指仪器能分辨两个相邻且等幅频谱分量(即两条相邻谱线)的能力,是频谱仪的一项重要指标。它与仪器中频滤波器的带宽、本地振荡器(简称本振)的相位噪声及剩余调频等因素有关。

(1)分辨率带宽

外差式频谱仪中频滤波器的频率特性如图 8-14 所示。现将两个幅度相等而频率分别为 f_1 和 f_2 的信号加到仪器输入端,在外差扫频过程中两个信号各自的响应如图 8-15 中曲线 ① 和 ② 所示,两个信号的综合响应是 ① 和 ② 的叠加,如图中虚线所示。如果 f_1 和 f_2 靠得很近,则综合曲线将成单峰,频谱仪将无法区分这两个信号。当 f_1 和 f_2 间距离逐渐拉开时,综合曲线中间将出现凹陷。当凹陷相对峰值下降到 3 dB 时,两信号的频率间隔定义为仪器的分辨率带宽(RBW)。在频谱仪上能清楚地分辨出两条幅度相等、频率间隔为分辨率带宽的信号的谱线。通常把中频滤波器的 3 dB 带宽作为仪器分辨等幅信号的量度。分辨率带宽一般以 1、3、10 倍的序列步进供选用。

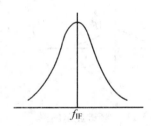

图 8-14　中频滤波器频率特性

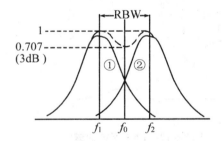

图 8-15　频谱仪分辨率带宽 RBW

为了提高频谱分析仪的频率分辨率,首要的问题是减小中频滤波器的带宽。目前,先进的频谱分析仪都在其中频部分的后级插入数字滤波器,从而使频谱仪的分辨率带宽可以达到 1 Hz 甚至更窄。

这里附带讨论一下用计算法来估算信号的离散谱时的频率分辨率问题。

在理论上,确定性信号(包括周期信号)的时域、频域间存在傅立叶变换对,因而不存在频谱的频率分辨率问题。但对随机信号作功率谱估算时,对频谱的频率分辨率的解释应该细心对待。图 8-16 表示了频率为 f_1 和 f_2 的两个等幅正弦信号输入时所算得的三个频谱。图 8-16(a)为两个峰处在 f_1、f_2 频率处,其谷点比峰值下降 3 dB。图 8-16(b)表示谷点的值为 f_1 和 f_2 幅值之和的一半,这时,两个峰值点已不在 f_1 和 f_2 处。图 8-16(c)表示当 f_1 与 f_2 进一步靠近时,所得频谱已是单峰,完全不能分辨两个信号。这种情况在滤波法中也相类似。由于离散谱线是对连续频谱函数的抽样,存在着“栅栏效应”,峰值点可能被挡住而未在栅状谱中出现,因而不能

简单地用下降 3 dB 的办法来描述。设采样频率为 f_s，理论上有极限分辨率 Δf 为

$$\Delta f = \frac{1}{N \times \Delta t} = \frac{1}{T} = \frac{f_s}{N} \qquad (8-2)$$

它即为离散谱线之间的频率间隔。如果将图 8-16(b) 中所示的情况认为 f_1 与 f_2 正好被分辨，用此时的 $\Delta f = |f_1 - f_2|$ 作为频率分辨率值，则对直接傅立叶变换法，分辨率可近似为

$$\Delta f \approx 0.86 \frac{f_s}{N}$$

从式(8-2)可看出，此时提高频率分辨率的途径为：(1) 增加样点数 N，以增加数据的时间长度；(2) 增加样点间的时间间隔，在 N 不变的情况下，增加信号的时间长度。

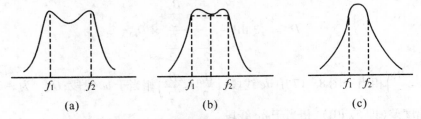

图 8-16　f_1 与 f_2 靠近时频谱的分辨率变化

（a）两个峰在 f_1、f_2 处　　（b）谷点值为 f_1、f_2 幅值和的一半　　（c）频谱已为单峰

（2）选择性、波形因子

在实际的频谱测量中，往往需要区分两个频率相近、而幅度不等的信号。当两个正弦信号的幅度相差较大时，小信号会隐藏在大信号响应曲线的包络内而无法分辨。因此仅仅给出分辨率带宽是不够的。为了确定频谱分析仪对幅度相差较大的两正弦信号的频率分辨率，须定义带宽选择性（简称选择性）指标。

如图 8-17 所示，通常把 60 dB 带宽（B_{60}）与 3 dB 带宽（B_3）之比定义为选择性，或称波形因子，表示为

$$S_F = \frac{B_{60}}{B_3} \qquad (8-3)$$

由图 18-18 可见，在同样的分辨率带宽条件下，选择性值越小，测量小信号的频率分辨能力越强，当然还与邻近频率大信号的幅度有关。以前频谱分析仪的 $S_F = 25$，而较新的产品 $S_F = 11$，甚至更小。

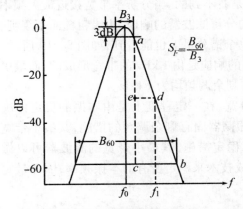

图 8-17　滤波器的波形因子

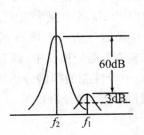

图 8-18　频谱仪选择性带宽

（3）分辨率带宽和选择性指标的选择

这里讨论如何根据两被测信号的频率差和幅度差来选择频谱分析仪的分辨率带宽和选择性指标。首先取最常用的显示方式，即纵坐标（幅度）为对数坐标（单位为 dB 或 dB_m，0 dB_m 相当于 1 mW），横坐标为线性坐标（Hz、kHz 或 MHz），并假定仪器响应曲线在 -3 dB 和 -60 dB 之间（图 8-17 中的 ab 段）为直线，则图中线段长度存在简单的比例关系：

$$ae = \frac{de}{bc}ac$$

因此，当输入信号频率 f_1 距滤波器中心频率 f_0 的偏移量为 $\Delta f(=f_1-f_0)$ 时的衰减量 D 可用下式计算：

$$D = -3 \text{ dB} - \frac{\Delta f - \dfrac{B_3}{2}}{\dfrac{B_{60}}{2} - \dfrac{B_3}{2}} \times D_{60,3} \qquad (8-4)$$

式中 $\left(\Delta f - \dfrac{B_3}{2}\right)$ 相当于图 8-17 中 de 线段；$\left(\dfrac{B_{60}}{2} - \dfrac{B_3}{2}\right)$ 相当于 bc 线段；$D_{60,3}$ 为 -3 dB 与 -60 dB 之间的幅度差（即 57 dB），相当于 ac 线段。

例 8.1 假设两信号频率差为 5 kHz，幅度差为 40 dB，滤波器形状因子 $S_F = 11$，问需选用何种分辨率带宽的滤波器才能满足测试要求？

解析 先选择分辨率带宽（B_3）为 3 kHz。因为 $S_F = 11$，所以 $B_{60} = 33$kHz。根据式（8-4），有

$$D(5 \text{ kHz}) = -3 \text{ dB} - \frac{5 - 3/2}{33/2 - 3/2} \times 57 \text{ dB} = -16.3 \text{ dB}$$

可见，大信号在偏离中心频率 5 kHz 时仅衰减 16.3 dB，无法看到此处比大信号低 40 dB 的小信号，因此必须选择更窄分辨率带宽的滤波器。现选择分辨率带宽为 1 kHz，代入式（8-4）：

$$D(5 \text{ kHz}) = -3 \text{ dB} - \frac{5 - 1/2}{11/2 - 1/2} \times 57 \text{ dB} = -54.3 \text{ dB}$$

此时已能清楚分辨出小信号频谱线，因而选择 1 kHz 分辨率带宽滤波器。

（4）本振的剩余调频

所谓本振的剩余调频，就是本机振荡器信号的寄生频率调制。这种频率变化在显示器上将直接表现为信号的频率变化，用户无法确定是由输入信号频率变化还是本振信号频率变化引起的。当频谱分析仪的中频滤波器带宽设置为宽带时，由于本振剩余调频引起的响应曲线变化都隐藏在中频滤波器的带宽之内，所以在显示器上是看不到的。当分辨率带宽接近最大频率偏移时其影响变得明显，这时，我们在显示屏上看到的分辨滤波器的响应，边缘粗糙而不规则。如果滤波器再变窄，就会出现许多的尖峰，即使是在单个谱分量上也能看到，如图 8-19 所示，图中，上方最宽的响应是由 3 kHz 的带宽形成的，中间的响应是由 1 kHz 的带宽形成的，而最里边的响应是由 100 Hz 的带宽形成的，这三种情况下的剩余调频均为 1 kHz。

因此，在频谱分析仪上所看到的最小分辨率带宽，在一定程度上是由本振的稳定性决定的。在低成本的频谱分析仪中，没有采取改善 YIG 振荡器固有剩余调频的措施，其最小带宽一般为 1 kHz。中等性能的频谱分析仪，第一级本振有稳定措施，其最小带宽的滤波器可以做到 100 Hz。高性能的频谱分析仪采用了完善的频率合成技术来稳定所有的本振频率，因此带宽可以做到 10 Hz 甚至更低。

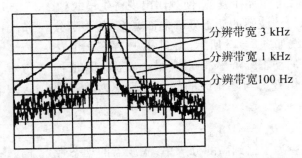

图 8 - 19   只有分辨带宽小于最大频率偏移时才能看到本振的剩余调频

（5）本振的相位噪声

频谱分析仪的本振信号频率不可能绝对稳定，总是有一定的频率抖动，这种随机噪声调制引起的随机的频率变化称为相位噪声，或称边带噪声。任何的频率变化都可能引起混频器的输出，并且越接近载波信号频率，其相位噪声信号越大，如图 8 - 20 所示。相位噪声是由本振频率不稳定引起的，因此本振频率越稳定，相位噪声就越小。

相位噪声一般用 dB$_c$ 来表示。所谓 dB$_c$，就是在某频率点的相位噪声幅度与载波信号幅度之差（用 dB 来表示）。在给出相位噪声的同时，还应给出偏离载波频率的频率间隔。该幅度之差还与分辨率带宽有关，分辨率带宽缩小到原值的 1/10，则相位噪声电平减少 10 dB。

相位噪声是限制频谱分析仪分辨不等幅信号的因素之一，如图 8 - 21 所示。前面我们已经根据分辨率带宽和选择性，说明了分辨两个频率接近的信号的方法，但前提条件是相位噪声不能掩盖小信号。

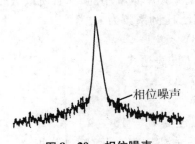

图 8 - 20   相位噪声

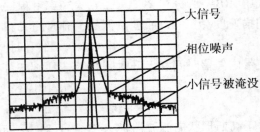

图 8 - 21   相位噪声使不等幅信号无法区分

（6）滤波器的动态特性及扫描时间选择

由于外差扫描式频谱仪工作时总是处于扫描过程中，输入至滤波器的信号是一个动态信号，滤波器不断处于新信号的建立过程中，因而出现动态频率特性曲线，且随着扫描速度变化而变化，如图 8-22 所示。其中 Ⅰ 为静态特性曲线，Ⅱ、Ⅲ 为依次提高扫描速度时的动态特性曲线。滤波器的这一特性对频谱分析仪的影响为：

① 滤波器的分辨率带宽增加（平顶展宽），使频率分辨率下降；

② 顶部最大值下降，使仪器灵敏度下降；

③ 谱线的位置偏移，出现频率误差；

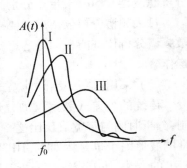

图 8 - 22   滤波器动态特性示意图

④ 因动态特性曲线可能存在波动,使频谱出现寄生谱线。

当扫描速度一定时,滤波器的动态分辨率带宽 B_d 与静态分辨率带宽 B_s 的关系曲线如图 8-23 所示。由图可见,存在一个 B_s 值,对应该扫描速度下的动态分辨率带宽 B_d 最小。这一 B_d 值称为最佳动态分辨率,记作 B_{od},与之相应的静态分辨率为 B_{oS}。理论上,两者之间关系为

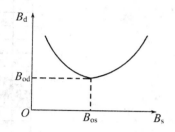

图 8-23 动态分辨率与静态分辨率的关系

$$B_{od} = \sqrt{2} B_{oS}$$

由此得出重要结论:为了得到高的分辨率,滤波器的动态带宽应尽量窄,但这并不意味着要求静态带宽越窄越好,而是有某个最佳值;并且静态带宽的选择与扫描时间(或扫描速度)密切相关。

频谱分析仪的扫描时间是指扫描一次整个频率量程并完成测量所需的时间,也称分析时间。一般希望测量速度越快越好,因此频谱分析仪的扫描时间越短越好。但是,频谱分析仪的扫描时间不可能任意地缩短,在某些情况下,扫描时间必须足够长,才能准确地显示出测量结果。

扫描时间的选择与频率量程及分辨率带宽等有关。因为中频滤波器是带宽有限的电路,它需要有一定的时间来充电和放电。如上所述,如果混频后的信号分量扫描太快,则如上所述显示出来的幅度就会减少,频率也会发生偏移。混频后的信号分量在扫过中频滤波器时,在通带内停留的时间 ΔT 和带宽成正比,和单位时间内扫过的 Hz 数(即扫描速度)成反比,有

$$\Delta T = \frac{RBW}{\Delta F / \Delta T} = RBW \cdot \Delta T / \Delta F$$

式中,RBW 为分辨率带宽,ΔF 为频率量程,ΔT 为扫描整个频率量程用的时间,所以 $\Delta F / \Delta T$ 为扫描速度。另一方面,滤波器的上升时间又和带宽成反比,比例系数为 K,

$$上升时间 = K / RBW$$

使带内停留时间和上升时间相等,即可得出扫描时间 ΔT 的表达式:

$$K / RBW = RBW \cdot \Delta T / \Delta F$$
$$\Delta T = K \cdot \Delta F / RBW^2 \tag{8-5}$$

对于高斯形状的滤波器,$K = 2 \sim 3$;对于接近矩形的滤波器,$K = 10 \sim 15$。

从 ΔT 的表示式可以看出,改变分辨率会使扫描时间发生明显变化,频谱分析仪一般都提供若干个分辨滤波器,各有不同的带宽,可以根据需要进行选择。例如,有的频谱分析仪提供的分辨滤波器有 56 个,带宽分别为 10 Hz,100 Hz,1 kHz,10 kHz,100 kHz,1 MHz,变比为 10。

过去频谱分析仪使用者要人工调节 ΔT、ΔF 和 RBW 使之满足式(8-5)的要求。目前,大多数频谱分析仪都能自动地选定扫描时间,来适应频率范围和分辨率带宽的不同设置,简化了操作。

(7)采用数字中频的外差式频谱仪

传统的外差式频谱仪的分辨率和分析速度受到中频分析滤波器的带宽和动态特性的限制,分析时间与带宽成反比这一固有矛盾难以克服。要制成高分辨率的窄带滤波器,并具有优良的波形因子也是困难的。HP3588A 频谱仪的中频部分,采用全数字技术,通过数字滤波和 FFT 的方法,使分辨率和分析速度都大为提高。图 8-24 为它的中频部分的方框示意图。

数字中频由如下两部分组成:

① 采用数字带通滤波器取代传统的模拟中频滤波器。数字滤波器可做成很窄的分辨率带

宽和很优良的波形因子。传统的模拟滤波器的波形因子为 11∶1，而数字滤波器的滤形因子为 4∶1，这就从根本上改善了频谱分析仪的质量。

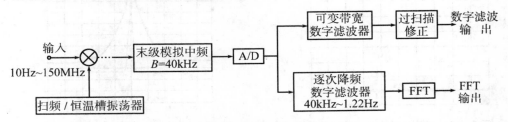

图 8-24　外差式频谱分析仪的数字中频部分方框图

采用数字滤波器使扫描速度提高的机理可从两方面说明：① 数字滤波器的响应输出对于一定类型的输入信号而言，是可预测的。周期信号(各种调制信号)的各谱线分量随着扫频分析过程的进行而脉冲性地出现，对处于末级中频的数字滤波器而言，类同于冲激激励。随着扫描速度的变化，滤波器呈现为动态特性，表现为带宽增加，响应幅值下降和中心频率偏移，如图 8-22 所示。这些因扫描速度带来的影响，对数字滤波器而言，也是可预测的，因而可以通过"过扫描"(oversweep) 修正来实现准确的测量，而无需等它达到稳态，因而大大提高了扫描分析速度。② 数字滤波器有优良的波形因子，在达到同等选择性(60 dB 带宽) 的条件下，数字滤波器有比模拟滤波器宽得多的 3 dB 宽度，而扫描速度与带宽的平方成反比，从而可以大大提高扫描速度。

采用数字滤波器后，扫描速度提高了(4 ~ 40) 倍。

② 采用 FFT 实时分析技术，大大提高了分辨率和分析速度。这时，仪器的前端外差调谐部分工作于点频状态，末级模拟中频为 40 kHz 带宽，其输出经 A/D 后，由数字滤波器按 $1/2^N$ 逐级完成 40 kHz ~ 1.22 Hz 频带的滤波(见图 8-24)。经过数字滤波器选出的窄带信号再由 FFT 完成谱分析。采用 512 点 FFT，可达到 200 线的分辨率，窄至 0.004 5 Hz。FFT 过程可视为一组滤波器(512 点 FFT 时等效为 200 多个滤波器) 同时工作，这是一种实时分析技术，速度比单个滤波器进行扫描式分析快了数百倍。为了获得与 0.004 5 Hz 分辨率相应的总体精度，仪器前端的变频本振采用恒温槽参考振荡源。

2) 灵敏度

灵敏度表示频谱仪测量最小信号的能力，一般定义为信噪比为 1 时的输入信号功率，所以，它取决于内部噪声的大小，其中主要取决于有增益的第一级放大器噪声。

确定灵敏度高低的简单方法是输入端不加信号，观察显示屏上所指示的噪声电平。这个电平是频谱分析仪本身的噪声门限，称为显示平均噪声电平(DANL)，比这个电平低的信号都会被噪声掩盖而无法看到。如果输入信号的功率与 DANL 相等，则将显示近似高出 DANL 3dB 的凸包，如图 8-25 所示，通常认为这是可测的最小信号电平。

分辨率带宽会影响信号噪声比，即灵敏度。在频谱分析仪内噪声是随机的，在很宽的频率范围内其幅度是常数，因此通过滤波器的总噪声功率取决于滤波器的带宽，显示噪声电平按下式变化

$$A_2 - A_1 = 10 \lg (\mathrm{RBW}_2/\mathrm{RBW}_1)\ \mathrm{dB} \tag{8-6}$$

式中　A_1、A_2 分别为分辨率带宽 RBW_1、RBW_2 时的电平读数。因此，RBW 变化 10 倍，显示噪声电平将变化 10 dB。图 8-26 中上面曲线比下面曲线的噪声电平高 10 dB，因此前者的 RBW 是后者 RBW 的 10 倍。

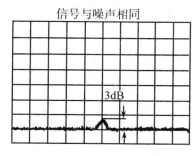

信号与噪声相同

图 8－25　信噪比为 1 时，信号在噪
声中凸起 3 dB 的峰

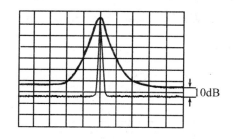

图 8－26　噪声电平与 RBW 的关系

频谱分析仪的灵敏度还与输入衰减量有关。显然，当衰减量增大时，灵敏度将下降。在实际应用中都选用最小输入衰减量（0 dB 衰减）和最小分辨率带宽来测量灵敏度，这反映了仪器测量最小信号的能力。

3）动态范围

动态范围是指仪器在不更换量程的一次测量中，能同时测量信号中最大与最小谱值的差，以 dBc 表示。这一指标表征频谱仪同时测量并显示大信号和小信号频谱的能力。频谱仪必须有宽的动态范围。一般在 40 dB 以上，有的达 90 dB。

在频谱分析仪中，测量大信号的主要限制是由于仪器的非线性而产生二次、三次等的谐波失真，测量小信号的主要限制是仪器的噪声电平。

（1）分析仪的内部失真

用频谱分析仪测量信号时，仪器的内部电路会产生谐波失真；而且当输入信号幅度增大时，这种失真急速增加。如果仪器内部造成的失真达到或超过被测信号中的失真，则将对被测信号的谱分析带来困难。因而频谱分析仪的内部失真限制了它测量大信号的能力，亦即影响了仪器的动态范围。

在频谱分析仪中许多电路都存在非线性，其中尤以第一级混频器对频谱仪内部失真影响最大。在许多频谱分析仪中采用二极管混频器，假设输入信号为周期信号，则混频器的输出电压与输入电压间的关系可展开成幂级数

$$V_0 = K_1 V_i + K_2 V_i^2 + K_3 V_i^3 + \cdots \tag{8-7}$$

式中　K_1, K_2, K_3 为常数。

式（8-7）表明，二次谐波失真与输入电压的平方成正比，当输入电压增大 2 倍时，其二次谐波失真将增大 4 倍；或者说，当输入信号功率增加 1 dB 时，二次谐波失真功率将增加 2 dB，二次谐波失真功率相对于信号功率增加了 1 dB，因而动态范围减小了 1 dB。同样，三次谐波失真与输入电压的立方成正比。当 V_i 增加 1 dB 时，三次谐波失真功率将增加 3 dB，后者相对于前者增加了 2 dB，动态范围却减小了 2 dB。

通常仪器厂商给出内部失真与混频器输入信号的关系，如图 8-27 所示。图中横坐标为频谱仪混频器的输入功率，用 dBm 表示；纵坐标为内部失真与被测信号功率之差，用 dBc 表示。二次谐波曲线的斜率为 1，三次谐波曲线的斜率为 2。因此只要给出一个起始点，例如混频器输入信号为 -40 dBm 时，二次谐波失真为 -70 dB，就能根据已知斜率画出整条曲线。该起始点表明：当混频器输入 -40 dBm 的信号时，内部产生的二次谐波失真比基波低 70 dB，因而此时仪器能测的最小的频谱成分比基波低 70 dB。换言之，动态范围为 70 dB。由图 8-27 可见，当混频器

输入的基波功率降为 – 50 dB$_m$ 时,二次谐波失真比基波低 80 dB,因而动态范围增为 80 dB。

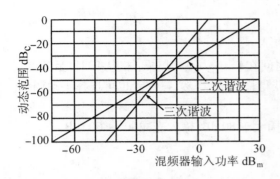

图 8 – 27　动态范围与混频器输入功率的关系

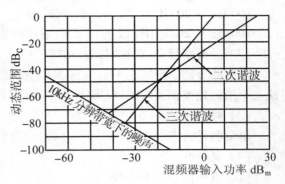

图 8 – 28　频谱分析仪的动态范围

（2）动态范围与噪音电平

频谱分析仪测量小信号的能力总是受到其内部噪声的限制。于是动态范围与噪声的关系就成为信号与噪声的比值问题。当信号减小时,信号噪声比减小,动态范围也将减小。

如何在动态范围图上画噪声曲线呢?假设已知某仪器在分辨率带宽为 10 kHz 时平均噪声电平为 – 110 dB。如果此时混频器输入的信号基波电平为 – 40 dB$_m$,则比平均噪声电平高 70 dB,信号噪声比为 70 dB。因为混频器输入信号电平每减少 1 dB,信噪比也减少 1 dB,所以噪声曲线是一条斜率为 – 1 的直线。知道线上一点（如 – 40 dB$_m$, – 75 dB$_c$）及其斜率后,就可画出噪声曲线,如图 8 – 28 所示。

最佳的动态范围发生在内部失真与噪声曲线的交点处。在图 8 – 28 中,二次谐波失真的最大动态范围约 72 dB,三次谐波失真的最大动态范围约 80 dB。当分辨率变窄时,噪声电平会降低,因而动态范围将得到改善。

（3）动态范围与相位噪声

动态范围的定义是频谱仪在大信号出现的情况下能同时测量小信号（如谐波失真）的能力。当小信号（如图 8 – 29 中信号①）相隔基波较远时,如上所述,对小信号的测量主要受仪器内部显示平均噪声电平 DANL 的限制。但当小信号（如图中信号②）距离大信号很近（ < 100 kHz）时,对小信号的测量主要受相位噪声的限制。换言之,当测量两个紧靠在一起的频率时,相位噪声限制了动态范围。

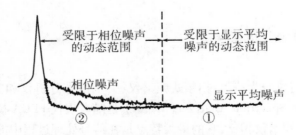

图 8 – 29　限制动态范围的因素

4）频谱分析仪的主要性能及发展趋势

常见频谱分析仪的主要性能如下:

（1）频率范围

大部分频谱分析仪以频段或用途来划分,典型的有:

100 Hz ～ 3 GHz   供通信、雷达、广播、移动电话等测试用；

100 Hz ～ 20 GHz   供微波低段使用；

100 Hz ～ 26.5 GHz 以上   供微波高段使用。

（2）分辨率带宽、扫描时间及扫幅／格

典型的分辨率带宽在 3 Hz ～ 30 MHz，扫描时间在 1 ms ～ 10 s，扫幅／格从 10 Hz 至满带宽。这三个指标是互相关联的，仪器能自动设置，以获得最佳值。当然，操作者也可选择手动调节。

（3）幅值测量

幅值测量的准确度在（±2 ～ 4）dB。动态范围大于 80 dB。输入衰减（0 ～ 60）dB。

（4）灵敏度

典型值不低于 −107 dB$_m$。

（5）频率准确度

在 10 GHz 时测频准确度在 200 Hz ～ 20kHz。

频谱分析仪的发展趋势如下：

① 高频频谱仪的发展

高频频谱仪的工作频率已达数十 GHz。通过外置混频，分析频率上限已扩展到数百 GHz 到 1 200 GHz。普遍采用频率合成器作为调谐本振，频率稳定度达到 10^{-9}／日。采用数字技术，使幅度分辨率达 0.01 dB，动态达 125 dB，灵敏度达 −150 dB$_m$。利用数字滤波器和 FFT 取代模拟中频滤波器，使带宽分析时的频率分辨率大为提高，可达 0.004 5 Hz。

② 低频频谱分析仪的发展

低频频谱分析仪中，除了外差扫描式分析仪外，还有一类是实时频谱分析仪。现在的低频频谱仪已很少采用扫描式的非实时分析。传统的实时频谱分析仪采用并行滤波器法或时间压缩法，而现在实时频谱分析仪趋向数字化。用数字滤波器代替模拟滤波器，使滤波器特性实现程控，从而使频谱仪的重要指标（频率分辨率、灵敏度）可变。有的频谱仪中用 FFT 计算代替滤波法作频谱分析。用数字计算代替各种形式的检波，提高了精度，扩大了动态范围，并实现了真有效值检波，因而波形适用性强。由于在现代频谱仪中采用高性能的 DSP（数字信号处理）芯片，使分析速度、精度和分辨率等指标不断提高。如采用32位DSP芯片，配上16位A/D，很容易使频谱分析动态范围超过 100 dB。在速度方面，采用单个 FFT 芯片 1 024 点复数变换时间可达数百微秒以下；采用 VSLI、DSP 的高速流水并行处理实时系统，可在数十微秒内完成这一运算。

8.2.5　实时频谱分析仪

1）定义

传统上一般将频谱仪分为三类：扫频式频谱仪、矢量信号分析仪和实时频谱分析仪。实时频谱分析仪（Real Time Spectrum Analyzer, RTSA）是随着现代 FPGA 技术发展起来的一种新式频谱分析仪，与传统频谱仪相比，它的最大特点是在信号处理过程中能够完全利用所采集的时域采样点，从而实现无缝的频谱测量及触发。由于实时频谱仪具备无缝处理能力，使得它在频谱监测、研发诊断以及雷达系统设计中有着广泛的应用。

实时触发、无缝捕获和多域分析是实时频谱分析仪的几个主要特点，也是其实现的关键技术。利用实时频谱仪独创的频率模板触发技术设定频率和功率两维信息，可将感兴趣的脉冲信号捕获下来。实时频谱仪独有的数字荧光显示技术（DPX），可以让你在复杂的环境中发现感兴趣的信号，即使是同频干扰的信号也可以轻松地分辨出来。实时频谱仪还可以在时域、频域、调制域进行相关的多域分析和时间关联分析。

2）结构

图8-30是实时频谱仪的简化结构框图。实时频谱仪可在仪器的整个频率范围内调谐RF前端，把输入信号下变频到固定IF，固定IF与实时频谱仪的最大实时带宽有关。ADC对信号进行滤波、数字化，然后传到DSP引擎上，DSP引擎负责管理仪器的触发、存储和分析功能。实时频谱仪把良好的动态范围和高实时捕获带宽合理结合起来，增加了频域事件触发电路，提供了独一无二的频率模板触发、无缝信号捕获和时间相关多域分析功能。此外，ADC的技术进步可以实现高动态范围和低噪声转换，使实时频谱仪的性能相当于或超过许多扫频频谱分析仪的性能。

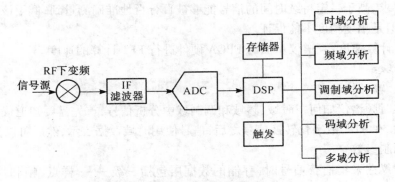

图8-30 实时频谱仪简化结构框图

3）特性

实时频谱仪普遍采用快速傅里叶变换（FFT）来实现频谱测量。FFT技术并不是实时频谱仪的专利，其在传统的扫频式频谱仪上亦有所应用。但是实时频谱仪所采用的FFT技术与扫频式频谱仪相比有着许多不同之处，其测量方式和显示结果也有所不同。

（1）高速测量：频谱仪分析仪的信号处理过程主要包括两步，即数据采样和信号处理。实时频谱仪为了保证信号不丢失，其信号处理速度需要高于采样速度。

（2）恒定的处理速度：为了保证信号处理的连续性和实时性，实时频谱仪的处理速度必须保持恒定。传统频谱仪的FFT计算在CPU中进行，容易受到计算机中其他程序和任务的干扰。实时频谱仪普遍采用专用FPGA进行FFT计算，这样的硬件实现既可以保证高速性，又可以保证速度的稳定性。

（3）频率模板触发（Frequency Mask Trigger, FMT）：FMT是实时频谱仪的主要特性之一。它能够根据特定频谱分量大小设置触发条件，从而帮助工程师捕获特定时刻的信号。而传统的扫频式频谱仪和矢量信号分析仪一般只具备功率或者电平触发，不能根据特定频谱的出现情况触发测量，因此对转瞬即逝的偶发信号无能为力。

（4）丰富的显示功能：传统频谱仪的显示专注在频率和幅度的二维显示，只能观察到测量时刻的频谱曲线。而实时频谱仪普遍具备时间、频率、幅度的三维显示，甚至支持数字余辉和频谱密度显示，从而帮助测试者观测到信号的前后变化及长时间统计结果。

4）关键指标

实时频谱仪和传统频谱仪有共同的指标，例如频率、分析带宽、动态范围等；同时也有自己

独特的指标,例如 FFT 速度,最短截获时间等。其关键指标包含:

(1) 频率:频谱仪分析仪能检测的最高频率值,一般无线通信要求的频率上限在十几个 GHz,军用、航天类型的应用要求在 50 GHz 以上,甚至达到 100 GHz 以上。

(2) 分析带宽:频谱仪能够同时分析的最大信号频率范围,一般取决于其中频 ADC 的最高带宽。随着微电子技术的发展,现在频谱仪的分析带宽已经从最初的几十 MHz 增加到几百 MHz。对于实时频谱仪而言,分析带宽越宽,其 ADC 的采样率就越高,实时 FFT 计算的要求也越高。

(3) 无杂散动态范围(SFDR):衡量频谱仪同时观测大小信号的能力,该参数一般取决于频谱仪的本底噪声、ADC 位数等。

(4) 100% 截获信号持续时间:实时频谱仪虽然适合观测瞬态信号,但是对信号的持续时间也有特定要求。高于一定持续时间的信号能够被百分百地准确测量到;低于该时间的信号可能会被捕获,但是幅度精度不能保证。

(5) FFT 计算速度:频谱仪里面的 FPGA 硬件进行 FFT 计算的速度。

5) 主要概念

(1) 样点、帧和块

要了解实时频谱仪如何在时域、频域和调制域中分析信号,首先需要知道仪器是怎样采集和存储信号的。在 ADC 数字化转换信号之后,信号使用时域数据表示,然后可以使用 DSP 计算所有频率和调制参数。

实时频谱仪在采集捕获信号时,存储的数据层包括三级 —— 样点、帧和块,如图 8 - 31 所示。

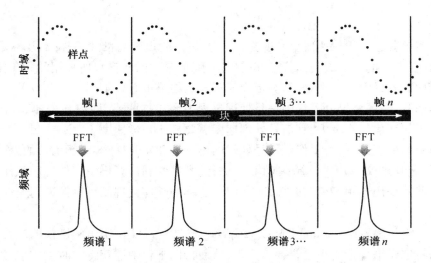

图 8 - 31　实时频谱仪的数据层级:样点、帧、块结构

数据层级的最底层是样点,它代表着离散的时域数据点。这种结构在其他数字取样应用中也很常见,如实时示波器和基于 PC 的数字转换器。决定相邻样点之间时间间隔的有效取样速率取决于选择的跨度。在实时频谱分析仪中,每个样点作为包含幅度和相位信息的 I/Q 都存储在内存中。

上一层是帧,帧由整数个连续样点组成,是可以应用快速傅立叶变换(FFT)把时域数据转换到频域中的基本单位。在这一过程中,每个帧产生一个频域频谱。

采集层级的最高层是块,它由不同时间内无缝捕获的许多相邻帧组成。块长度(也称为采集长度)是一个连续采集的总时间。

在实时频谱仪实时测量模式下,它无缝捕获每个块并存储在内存中,然后使用 DSP 技术进行后期处理,分析信号的频率、时间和调制特点。

图 8-32 是块采集模式,可以实现实时无缝捕获。对块内部的所有帧,每个采集在时间上都是无缝的,但是在块与块之间不是无缝的。在一个采集块中的信号处理完成后,才开始采集下一个块。一旦块存储在内存中,就可以应用任何实时测量。例如,实时频谱模式下捕获的信号可以在解调模式和时间模式下分析。

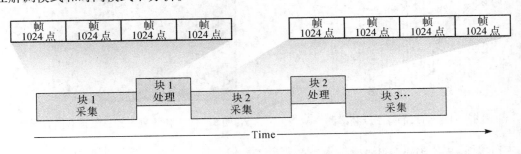

图 8-32 块采集模式

(2)频率模板触发

有效触发一直是大多数频谱分析工具中所缺乏的。实时频谱分析仪除了简单的 IF 电平和外部触发功能外,还提供了实时频域触发模式。传统的扫频频谱分析仪不太适合实时触发,其原因在于它的触发方式只是一维的电平触发,而实时频谱仪则提供给用户功率与频率的两维触发定义信息,也就是说它能够在频谱图上按照不同的频率与功率"任意"画出模板,并以信号超过或退出模板作为触发条件。如图 8-33 所示,实时频谱分析仪画出一个模板,当频谱中某段频率的功率超过了模板,就产生了触发。

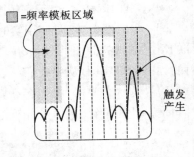

图 8-33 采用频率模板的实时频域触发

频率模板触发为检测和分析动态射频信号提供了一个强大的工具。它可以用来进行传统频谱分析仪不可能完成的测量,如:捕获强大的射频信号下面的小电平瞬时事件;在拥挤的频谱范围内检测特定频率上的间歇性信号。

(3)无缝捕获和三维频谱图

定义了触发条件后,实时频谱分析仪会连续检查输入信号,考察指定的触发事件。在等待这个事件发生时,信号会不断数字化,时域数据循环通过先进先出捕获缓冲器,累积新数据时不断丢弃最老的数据。这一过程可以无缝采集指定的块,其中信号用连续的时域样点表示。一旦这些数据存储在内存中,它可以使用不同的显示画面进行处理和分析,如功率与频率关系、频谱图和多域图。

三维频谱图是一个重要的测量项目,它直观地显示了频率和幅度怎样随时间变化。横轴表示传统频谱分析仪在功率与频率关系图上显示的相同的频率范围,竖轴表示时间,幅度则用轨迹颜色表示。每"片"频谱图与从一个时域数据帧中计算得出的一个频谱相对应。图 8-34 就是动态信号三维频谱图。

图8-35同时显示了功率与频率关系的传统频谱与图8-34中所示信号的三维频谱图。在三维频谱图上,最老的帧显示在图的顶部,最新的帧显示在图的底部。这一测量显示了频率随时间变化的射频信号,由于数据存储在内存中,可以使用标尺在三维频谱图的时间轴上向回滚动,以进行存储频谱信息的逐帧回放。

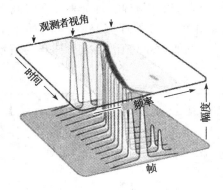

图8-34　动态信号三维频谱图

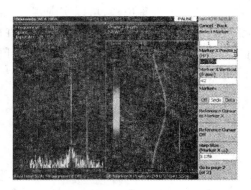

图8-35　传统频谱和三维频谱同时显示

（4）时间相关多域分析

对于存储在内存中的信号,实时频谱分析仪提供了各种时间相关的信号分析,这对设备调试和信号检定特别有用。与传统射频仪表不同的是,所有这些测量都基于同一底层的时域样点数据,突出表现为两大结构优势:

- 在频域、时域和调制域中,通过一次采集进行全方位信号分析;
- 多域时间相关,可了解频域、时域和调制域中的特定事件怎样在公共时间参考点上相关。

图8-36、图8-37是使用实时频谱分析仪的时间相关多域分析功能,对蓝牙干扰WLAN信号的情况测试的截图。图8-36是正常的WLAN信号频谱和星座图,图8-37为蓝牙信号出现时的频谱和星座图。从中我们可以看到"时间相关"的重要性,如果使用矢量信号分析仪分析瞬时信号的状态改变,由于它不能提供统一的时间参考点,频谱测试图与调制域分析图的测试时间是错开的,当矢量信号分析仪进行调制域分析时,蓝牙干扰可能已经消失。

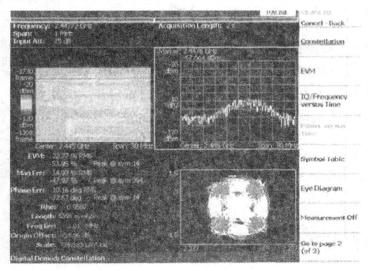

图8-36　正常的WLAN信号频谱和星座图

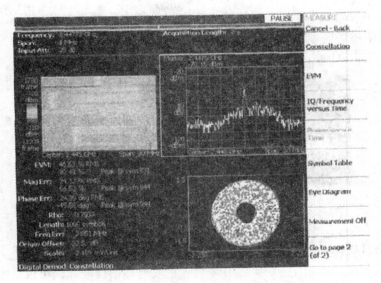

图 8－37 蓝牙信号出现时的 WLAN 频谱和星座图

（5）DPX 数字荧光技术

DPX 是指泰克用于实时频谱仪的并行处理和显示压缩技术。传统扫频分析仪每秒最多可以处理 50 个频谱，采用 DPX 技术的实时频谱分析仪的测量速率提高了上千倍，大大增强了查看频域中发生瞬变的能力。DPX 技术通过把时域信号连续转换到频域中，以远远高于人眼能够感受到的帧速率提取和实时计算离散傅立叶变换（DFT），并把它们转换成直观的活动的画面。DPX 采用"色温"显示，用颜色的深浅表示信号发生的概率。使用可变颜色等级余辉来保持异常信号并不断累计，直到能够看到这些信号。在每次更新时，都将记录捕获带宽中每个频率上的功率电平值，并通过在显示屏上改变颜色，来显示每个频率上入射功率随时间变化的情况。因此，DPX 技术可以显示以前看不到的射频信号实况，有助于揭示毛刺和其他瞬时事件。

6）实时频谱分析仪的应用

实时频谱仪由于其技术上的优势，在无线电监测等领域里有一些独到的应用。

（1）发现同频干扰

如何有效发现同频信号或干扰一直是困扰 RF 测试领域的难题，目前所有的手段只能显示两个或多个同频或相近频率信号的功率叠加包络，这对分辨同频干扰毫无意义。

如图 8－38 所示，实时频谱仪独有的 DPX 数字荧光技术将同频的 WLAN 和蓝牙信号按照出现的概率"实时"显示出来，就可以实时发现同频干扰。

（2）发现大信号下面的小信号

与同频干扰类似，发现"淹没"在宽带大信号包络下面的微小信号对于扫频仪来说如同大海捞针。而实时频谱仪具有较宽的实时分析带宽和 DPX 数字荧光技术，同样的宽带雷达信号下淹没的微小扫频信号在实时频谱仪上显

传统的扫频议　　　　　　　实时频谱仪

长时间峰值保持　　　　　　实时显示

图 8－38 2.4 G 内的 WLAN 和蓝牙信号

示无遗。DPX 数字荧光技术能把不同的信号按出现的频次分别独立显示出来,而不是传统扫频仪的"同频功率累加"显示(见图 8 - 39)。

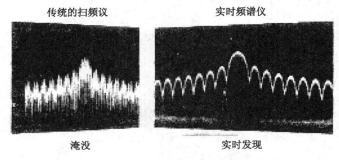

图 8 - 39　发现大信号下面的小信号

(3)发现微秒级甚至纳秒级瞬态信号

与传统射频测试仪器相比,采用了 DPX 技术的实时频谱仪使我们可以清晰明确地发现跳频信号的变化规律,甚至可以看到微秒级、纳秒级瞬态信号的变化(见图 8 - 40)。

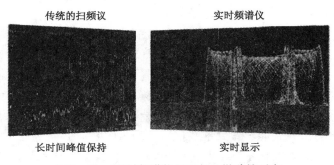

图 8 - 40　实时频谱仪显示 100 微秒的瞬变

(4)捕获瞬态干扰信号

捕获瞬态信号的一个重要手段是实时频率模板触发,它超越了传统射频测试工具单一的功率触发模式,允许用户根据频域中的特定事件自定义模板触发采集(具有定频率、定功率、定时间的特点),是触发干扰信号(小于正常信号电平)的唯一手段,克服了传统扫频仪和矢量分析仪无法有效触发的弱点。

8.3　失真度测量

信号的失真可在时域或频域进行测量。脉冲或方波的失真通常用示波器在时域观察,而正弦波的微小失真无法从波形上进行准确的观察,必须用失真度测量仪进行测量。

失真度 K_0 的定义为

$$K_0 = \frac{\sqrt{\sum_{m=2}^{M} v_m^2}}{v_1} \times 100\% \tag{8-8}$$

式中　v_1 和 $v_2, v_3, \cdots, v_m$ 分别为基频和各次谐波的有效值电压。

当失真度较小时,可用下式来近似:

$$K \approx \frac{\sqrt{\sum_{m=2}^{M} v_m^2}}{\sqrt{\sum_{m=1}^{M} v_m^2}} \times 100\% \qquad (8-9)$$

按照式(8-9)来计算失真度,可以简化仪器的设计。这时,只需要将被测信号的基频分量滤去后的量值作分子,而将原信号作为分母,求出比率即可。当失真度小于 10% 时,可用 K 代替 K_0;超过 10% 时,需对 K 值进行换算或查表修正,才能代替 K_0。换算的公式为

$$K_0 = \frac{K}{\sqrt{1 - K^2}} \qquad (8-10)$$

按上式定义设计成的失真度测量仪方框图如图 8-41 所示。

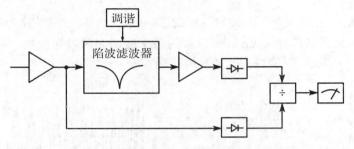

图 8-41　总谐波和噪声失真测量仪方框图

音响设备和电子线路除了使信号产生谐波失真分量外,还会产生噪声和电源纹波而带来的其他成分,上述滤去基频的方法所测得的实际上是总谐波加噪声失真,定义为

$$K = THD + N = \frac{\sqrt{\sum_{m=2}^{M} v_m^2 + v_N^2}}{\sqrt{\sum_{m=1}^{M} v_m^2 + v_N^2}} \qquad (8-11)$$

式中　v_N 为噪声电压有效值。

失真度测量结果以百分比(%)或分贝值(dB)表示。

测量信号源的失真度时,直接将信号源输入失真度仪进行测量。但测量电路和设备的失真时,需采用一个低失真的正弦信号源作为输入信号,对电路的输出进行失真度测量,如图 8-42 所示。

图 8-42　失真测量装置

有些新的失真度测量仪本身能产生供测试用的低失真正弦信号。

在实际测量过程中,各个环节都将产生失真分量,如图 8-43 所示。

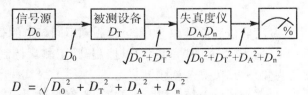

$$D = \sqrt{D_0^2 + D_T^2 + D_A^2 + D_n^2}$$

图 8-43　测量系统中失真系数的分布

在一个合理的测试系统中,应该可以忽略 D_0、D_A、D_n 等谐波分量,使它们比被测设备引起

的失真要小 10 dB(1/3)

除了总谐波失真 $THD + N$ 外,有时还用 SINAD 来表示失真情况,定义为

$$\text{SINAD} = 20\log\frac{S + D + N}{D + N}(\text{dB}) \qquad (8-12)$$

式中 S 为信号基频分量;D 为谐波失真分量;N 为噪声失真分量。

SINAD 与 $THD + N$ 在以 dB 为单位表示时,其数值相同而符号相反。它常用于移动电台的灵敏度测量。

一般失真度分析仪还可用于信号电压测量。

8.4 调制度测量

用需传送的信号(调制信号)去控制高频信号(载波)的某一参数,称为调制。使载波的振幅随调制信号而变化,称为调幅(AM);使载波的频率随调制信号而变化,称为调频(FM)。图 8-44 和图 8-45 分别表示调幅波和调频波的波形。

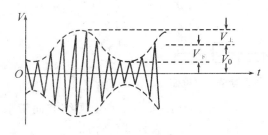

图 8-44 调幅度的测量波形   图 8-45 调频波形

振幅和频率被调制的程度称为调制度,或称为调幅系数和调频系数。

调幅系数的定义为(参见图 8-44)

$$m_{上} = \frac{V_{上}}{V_0} \times 100\% \qquad (8-13)$$

$$m_{下} = \frac{V_{上}}{V_0} \times 100\% \qquad (8-14)$$

式中 $m_{上}$ 和 $m_{下}$ 分别称为上调幅系数和下调幅系数,有时也用 m_+ 和 m_- 表示;V_0 为载波振幅;$V_{上}$ 和 $V_{下}$ 分别为调制信号的正半周和负半周振幅大小。

对调幅信号进行正、负峰值检波(解调),即可根据式(8-13)、式(8-14)算出调幅系数。

调频系数是指最大频偏与调制信号频率之比。当已知调频信号频率时,只要测得频偏大小,即可按定义计算调频系数。对调频信号进行鉴频,获得与频偏成正比的低频信号的电压,即可测出最大频偏。

调制度测量仪用来测量发射机和信号源等。信号调制到不同频道的载频上被发射传送,为使各频道之间干扰最小,应对载波信号的调制度加以控制。除了测量调制度外,调制度测量仪还具有多种功能,如测量调幅平坦度、剩余调频等。

调制度测量仪如同一台宽带超外差接收机。不同的是它每次只用于一个频道的信号测试,且被测信号幅度较大,因而不需要调谐滤波和射频放大。它解调出的结果也不送到音频放大器或扬声器,而是对其大小进行测量和指示。图 8-46 表示了调制度测量仪的原理框图。

由图可见仪器分为高频部分、中频部分、解调部分和低频部分。分别介绍如下。

（1）高频部分　　包括输入衰减器、本机振荡器和混频器。

（2）中频部分　　从混频器的输出中，取出固定的中频信号并放大。为了把高频被测信号转换成一个固定的中频，需对本振信号频率进行调节。老式的仪器需人工手动调谐，而新的仪器大多可以自动调谐。

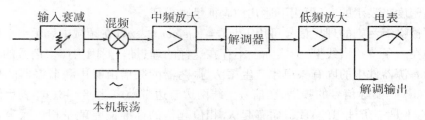

图 8－46　调制度测量仪的原理框图

（3）解调器部分　　对调幅信号和调频信号进行幅度检波和鉴频，完成解调。

（4）低频部分　　对解调后的低频信号的幅值进行放大、测量和指示，并同时输出该信号。

下面介绍 QF4131 型调制度测量仪中的解调器。

调幅信号的解调由幅度检波器完成。它是一个带有深反馈的运放检波器，具有较大的线性动态范畴。检波后的信号经过截止频率为 15 kHz 的音频滤波器滤去中频，即可获得调制信号。

调频信号的解调电路由限幅器、鉴频器、音频滤波器及量程开关组成。解调过程的工作波形，如图 8－47 所示。

限幅器用于削去中频载波信号中的幅度畸变，限幅后的方波信号送至脉冲计数式鉴频器。在送来的方波触发下形成一列等宽度的窄脉冲，再经过带宽为 15 kHz 的低通滤波器平均处理，所得音频信号的交流成分，即为解调结果。音频信号的最大值正比于最大频偏，从而完成了频偏的测量。解调结果再经倒相放大，以使电压的正负值与表头检波电路的 ＋／－ 极性选择相一致。此后，再经频偏倍乘开关，根据频偏大小，选择相应的电表刻度读数。解调结果同时也送至面板上的解调输出插座。音频滤波之后的直流成分，作为自动频率控制 AFC 信号，用来对本机振荡频率作微调控制。

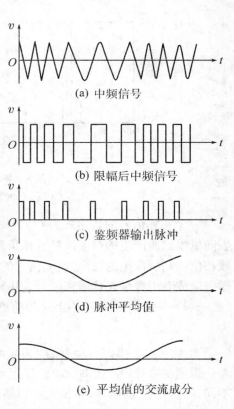

(a) 中频信号

(b) 限幅后中频信号

(c) 鉴频器输出脉冲

(d) 脉冲平均值

(e) 平均值的交流成分

图 8－47　鉴频器的工作波形

8.5　相位噪声测量

8.5.1　概　述

信号源的频率变化包含着非随机性的（或称确定性的）和随机性的两部分。前者具有确定性质的频率变化,后者的相位不稳定度在性质上是随机的,故称为相位噪声。在频域中,实际信号的相位噪声反映一个无限靠近的相位调制边带的连续频谱。

信号源的频率稳定度在时域和频域采用不同形式的表述和量度方法,但两种表述可以通过傅立叶变换相关联。

在频域中,频率稳定度是用由于信号的频率或相位随机起伏在载频两旁产生的噪声边带中的功率谱密度来表示的,又可用下述几种表征量来表征。

一个不被噪声污染的理想信号可用 $V(t) = A_0\sin\omega_0 t$ 表示。在频域中表示一个信号的全部能量都集中在一条单一谱线上。但实际上不存在这样的理想信号,因为产生信号的正反馈放大器正是由于有源器件中的固有噪声才产生振荡。振荡器的频谱由噪声和谐振器的传递函数产生。图8-48(a)是实际信号的频谱,在信号谱线两边有边带噪声。图8-48(b)表示信号相位—时间曲线,它不是一条理想的直线,而有起伏。相位起伏的标准偏差就是相位噪声。该值越小,则信号质量越好。

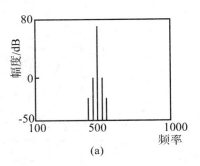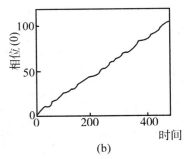

图 8-48　信号的频谱和相位示意图

（a）信号的频谱　　（b）相位 — 时间关系

一个实际信号的表达式为 $V(t) = [A_0 + \varepsilon(t)]\sin[\omega_0 t + \varphi(t)]$,式中 $\varepsilon(t)$ 和 $\varphi(t)$ 分别代表随机因素所产生的幅度调制和相角调制。幅度调制不影响频率稳定度,所产生的噪声一般远较相位调制所产生的噪声为小。信号的噪声边带主要由相位调制引起,故可用边带的相位起伏谱密度或者用频率起伏谱密度来表述频率稳定度。

$\varphi(t)$ 一般包括恒定初相 φ_0 和随机起伏 $\Delta\varphi(t)$,当 $\Delta\varphi(t)$ 由单一调制频率 f_m 产生时,可写为

$$\Delta\varphi(t) = m_\varphi \times \sin 2\pi f_m t, \quad \Delta\varphi_{max} = m_\varphi, \quad \Delta\varphi_{rms} = m_\varphi/\sqrt{2}$$

当调制由噪声产生时,$\Delta\varphi_{rms}$ 决定于噪声电压有效值,其值可能随偏离载频的频率不同而不同,即它是 f_m 的函数。相位噪声功率谱密度定义为

$$S_{\varphi(f_m)} = \frac{\Delta\varphi_{rms}^2(f_m)}{B}(\text{rad}^2/\text{Hz}) = \frac{m_\varphi^2}{2B} \tag{8-15}$$

式中　B 为测量噪声的等效带宽;f_m 为调制信号中的各个傅氏分量的频率;$S_{\varphi(f_m)}$ 是频域中用来表述信号源的短期稳定度和噪声性能的最基本表征量。图8-38表示频率源 $S_{\varphi(f_m)}$ 分布。由图可见,$S_{\varphi(f_m)}$ 一般愈靠近载频愈大,随 f_m 增大而减小,最后变成恒定不变的白色相位噪声。还应注意到:$S_{\varphi(f_m)}$ 中包括了上、下两个边带的噪声贡献。

在实际上,只测量单边带谱。在图8-49中,取 $f_m = f - f_0$,得图8-50所示单边带谱密度曲线。通常用 $\zeta(f_m)$ 代表单边带相位噪声对于载波电平的大小,它表示单个边带中距离载频 f_m 处

1 Hz 带宽内所包含的噪声功率 $\dfrac{P_{sb}}{B}$ 对载波功率 P_C 之比,即

$$\zeta(f_m) = \frac{P_{sb}(f_m)}{P_C \times B} \tag{8-16}$$

用分贝为单位可表示为

$$\zeta_{(f_m)} = 10\lg\zeta(f_m) \; (\text{dBc/Hz}) \tag{8-17}$$

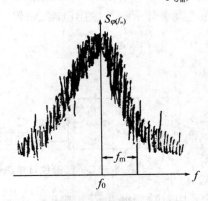

图 8-49　相位噪声功率谱密度分布

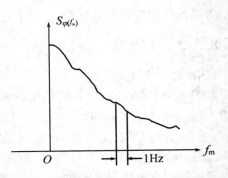

图 8-50　单边带相位噪声功率谱密度曲线

根据调角波理论可知,当以单一频率 f_m 进行小角度调制时(即 $\Delta\varphi_{max} \ll 1$ rad 时),$\Delta\varphi_{rms}^2 = \dfrac{2P_{sb}}{P_C}$,故

$$\zeta(f_m) = \frac{1}{2}S_{\varphi(f_m)} = \frac{m_\varphi^2}{4B} \tag{8-18}$$

因此,边带的总能量具有相对功率 $m_\varphi^2/4$,而总的功率为 $m_\varphi^2/2$。

在少数信号源的近载频噪声超过 $\Delta\varphi_{max} \leqslant 0.2$ rad 条件时,应直接用 $S_{\varphi(f_m)}$ 来表述,而不能用上式 $\zeta(f_m)$ 表示。

由前面可以看到,在相角调制下,信号瞬时频率为:$f(t) = f_0 + \dfrac{1}{2\pi}\dfrac{d\varphi(t)}{dt}$

瞬时频率偏差为

$$\Delta f(t) = f(t) - f_0 = \frac{1}{2\pi}\frac{d\varphi(t)}{dt} \tag{8-19}$$

在单一 f_m 调制时,$\varphi(t) = \varphi_0 + \Delta\varphi(t) = \varphi_0 + m_\varphi\sin 2\pi f_m t$,微分后代入上式得 $\Delta f(t) = m_\varphi \times f_m \times \cos 2\pi f_m t$,从而知 $\Delta f_{max} = m_\varphi \times f_m$ 和 $\Delta f_{rms} = m_\varphi \times f_m/\sqrt{2}$。与前面 $\Delta\varphi$ rms $= m_\varphi/\sqrt{2}$ 相比较,可得 $\Delta f_{rms} = f_m \times \Delta\varphi_{rms}$。

定义频率起伏功率谱密度为

$$S_{\Delta f(f_m)} = \frac{\Delta f_{rms}^2}{B} \; \text{Hz}^2/\text{Hz} \tag{8-20}$$

比较 $S_{\Delta f(f_m)}$ 和 $S_{\varphi(f_m)}$ 定义可知

$$S_{\Delta f(f_m)} = f_m^2 \times S_{\varphi(f_m)} \tag{8-21}$$

此外,还可定义相对频率起伏 $y(t) = \dfrac{\Delta f(t)}{f_0}$ 的功率谱密度为

$$S_{y(f_m)} = \frac{\Delta y_{rms}^2}{B} \text{ Hz}^{-1} \tag{8-22}$$

显然有如下关系式：

$$S_{y(f_m)} = \frac{1}{f_0^2} S_{\Delta f(f_m)} = \frac{f_m^2}{f_0^2} S_{\varphi(f_m)} \tag{8-23}$$

以上三种调角噪声谱密度之间有确定关系，可以任意选用。$S_{\Delta f(f_m)}$ 适于在高频系统中定量说明相位噪声的影响；$S_{\varphi(f_m)}$ 通常是待测的基本量，特别适宜于分析相位敏感电路，如数字调频通信等系统中相位噪声的影响。

8.5.2 相位噪声测量方法

1）频谱仪直接测量法

如图 8-51 所示，将被测信号加到相应频带的频谱分析仪的输入端，显示出该信号的频谱，找出信号的中心频率的功率幅度，适当选择扫频宽度，使能显现出所需宽度的两个或一个噪声边带；分辨率带宽宜尽量取小，以减小载波谱线宽度和边

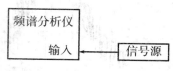

图 8-51 频谱仪直接测量

带中噪声的高度而又不感到载波谱线有明显晃动；纵轴采用对数刻度并调参考电平，将谱线顶端调到刻度的顶部基线。这样利用可移动的光标读出谱线顶端电平 $C\text{dB}_m$ 和一个边带中指定偏移频率 f_m 处噪声的平均高度的电平 $N\text{dB}_m$，求出其差值 $(N-C)$ dB，再加上必要的修正，便可得出 $\zeta_{(f_m)}$ 的测量结果。

首先要修正的是，这里读出的噪声电平 N 是等效带宽 B 内通过的总噪声电平，折合成每 1 Hz 带宽应加修正项 $(-10\lg B)$；其次是，频谱仪的纵轴刻度读数是按测正弦信号校准的，测噪声时频谱仪的峰值检波器和对数放大器将使噪声电压有效值和功率电平读数偏低约 2.5 dB，故应加"频谱仪效应"修正项 $(+2.5$ dB$)$，总计得

$$\zeta_{(f_m)} = (N-C) \text{ dB} - 10\lg B + 2.5 (\text{dBc/Hz}) \tag{8-24}$$

采用这种方法测量简单、快捷，但有几点限制需加注意：

（1）此方法不能从相位噪声中排除调幅噪声，故调幅噪声必须小于 $\zeta_{(f_m)}$ 10 dB 以上，才能正确应用。

（2）能测量 $(C-N)$ 的范围受频谱仪动态范围限制，即频谱仪本振的噪声电平必须比被测信号源的噪声低得多。

（3）测量近载频噪声受频谱仪带宽限制。

所以，此法最适于测量漂移较小但相位噪声相对较高的信号源。

2）鉴相器法

鉴相器法亦称相位检波法。此法是将一只双平衡混频器用作鉴相器，将被测信号与一个同频率高稳定度的参考信号相位正交地加于鉴相器两输入端上，检出与被测信号的相位起伏成比例的低频噪声电压，经过低通滤波器和低噪声放大器加于频谱仪上，测出不同 f_m 处的噪声电平，经校准后便可得出被测信号源的 $\zeta_{(f_m)}$。这种方法可测载频范围广，测量相位噪声灵敏度和准确度高。

在图 8-52 所示的方框图中可以看到，在低噪声放大器之前还接有一个直流耦合示波器或电压表作为正交指示器。

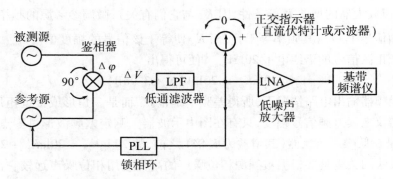

图 8-52　正交鉴相相位噪声测试方框图

当含有噪声调制的被测信号 $v(t) = V_o\cos[\omega_0 t + \varphi(t)]$ 与基本上不含噪声的参考信号 $v_r(t) = V_r\cos\omega_r t$ 在混频器中实现相乘,得到以下两项输出:

$$V_o V_r\cos[(\omega_r + \omega_0)t + \varphi(t)] + V_o V_r\cos[(\omega_r - \omega_0)t + \varphi(t)]$$

其中第一项为高频成分,经过低通滤波器后,只剩下第二项差额输出:

$$V_b(t) = V_o V_r\cos[(\omega_r - \omega_0)t + \varphi(t)]$$

当参考信号频率调到与被测信号相等时,$\omega_r = \omega_0$,输出变成

$$V_b(t) = V_o V_r\cos\varphi(t) = V_o V_r\cos[\varphi_0 + \Delta\varphi(t)] \tag{8-25}$$

即 $V_b(t)$ 由差额正弦变成一个大小由两信号初始相位差 φ_0 决定的直流成分加上相位起伏 $\Delta\varphi(t)$ 造成的噪声。只有当两信号的相位差被调到 $\varphi_0 = 90°$,即相位正交关系时,直流成分变为零而只余下在零值上下起伏不定的低频噪声电压:

$$\Delta V(t) = V_r V_o\sin\Delta\varphi(t) = K_\varphi\sin\Delta\varphi(t) \tag{8-26}$$

当 $\Delta\varphi_{max} < 1\ \text{rad}$ 时

$$\Delta V(t) \approx K_\varphi \cdot \Delta\varphi(t) \tag{8-27}$$

这就把被测信号的相位随机起伏 $\Delta\varphi(t)$ 变成相应的电压起伏 $\Delta V(t)$,以便由频谱仪测量。比例常数 K_φ 称为检相常数,其数值等于差额电压幅度的 $\sqrt{2} V_{b\ rms}$,也等于差额正弦波形过零点的斜率(V/rad)。

但实际上由于频率的不稳定,不可能将两信号频率调到相等并保持相位正交关系不变。为此,采用锁相电路,使参考信号锁定到被测信号上,保证两信号保持相位正交。

由于电压起伏谱密度　　　　$S_{V(f_m)} = \Delta V_{rms(f_m)}^2 / B\ (\text{dB}_m/\text{Hz})$

相位起伏谱密度　　　　　　$S_{\varphi(f_m)} = \Delta\varphi_{rms(f_m)}^2 / B\ (\text{rad}^2/\text{Hz})$

而　　　　　　　　　　　　$\Delta\varphi_{rms}^2 = \dfrac{\Delta V_{rms}^2}{K_\varphi^2}$

所以　　　　$\zeta_{(f_m)} = \dfrac{1}{2}S_{\varphi(f_m)} = S_{v(f_m)} - 20\lg K_\varphi - 3\ (\text{dB}_c/\text{Hz}) \tag{8-28}$

电压起伏谱密度 $S_{V(f_m)}$ 在频谱分析仪指定偏移 f_m 点上由刻度直接读出的噪声电平值 N_{dB_m} 加上测量带宽可以计算出,即

$$S_V = N_{dB_m} - 10\lg B$$

由此得

$$\zeta_{(f_m)} = N_{dB_m} - 10\lg B - 20\lg K_\varphi - 3\ (\text{dB}_c/\text{Hz}) \tag{8-29}$$

为了获得 K_φ 的准确值,可在测量之前或之后暂将锁相环打开(但注意不要改变两信号源

的幅度、低噪声放大器的增益 K 等条件,因 K_φ 与它们有关),微调参考源的频率使示波器上看出正弦形差额信号 $V_b(t)$,其频率等于 f_m,而 K_φ 便等于该信号的幅度值 $\sqrt{2}V_{brms}$,这时从频谱仪上读出该低频正弦信号的谱线电平 $20\lg V_{brms}$,便可得出

$$20\lg K_\varphi = 20\lg V_{brms} + 3 \quad (dB)$$

在某些混频器输出电路情况下,所得差频不是正弦、而是三角形或接近矩形等波形,这时便不能从频谱仪上读差频信号幅度,只有在图中示波器上测定差频波形过零点的斜率值作为 K'_φ,但因 K'_φ 是在低噪声放大器(其增益为 K 倍)之前,故 $20\lg K_\varphi = 20\lg K'_\varphi + 20\lg K$。

相位检波法的关键是要根据被测源相位噪声的高低选用相位噪声远较它低的参考源,否则测量结果将代表两个信号源噪声的综合。一般只要在所有需测的 f_m 范围内,参考源的相位噪声都比被测源的低 10 dB 以上便可工作。如果参考源与被测源相位噪声水平相当,则在测量结果中减去 3 dB 便可作为被测源的相位噪声数据。

在正交鉴相测相位噪声的系统中,还要考虑到混频器和低噪声放大器引入的噪声,这些噪声称为系统噪声本底或门限,是该系统所能测量噪声的最低限度。例如 HP3048A 相位噪声测试仪的本底在 $f_m = 10$ kHz 时 $\zeta_{(f_m)}$ 优于 -170 dB$_c$/Hz。

正交鉴相测量相位噪声的典型仪器有美国的 HP3047A,换代型 HP3048A 自动相位噪声分析仪。

3)鉴频器法

鉴频器法亦称单源法。这种方法是将被测信号源的频率起伏 Δf 由某种微波鉴频器变为电压起伏 ΔV,然后采用基带频谱仪测量,从而直接测得 $S_{V(f_m)}$,并可求出 $S_{\varphi(f_m)}$ 或 $\zeta_{(f_m)}$。

一种常用的延迟线式鉴频器电路组成如图 8-53 所示。

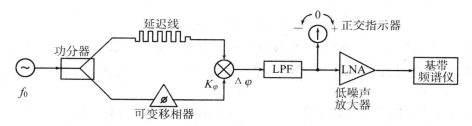

图 8-53　延迟式鉴频器电路框图

被测源经功率分配器分为两路加于混频器。一路加入足够长的延迟线(其延迟时间 τ_d 大于 100 个载频信号周期),使到达鉴相器的两路信号失去相关性,并使信号源的频率起伏 Δf 经延迟线转变成足够大的相位起伏 $\Delta\varphi$,再用鉴相器把 $\Delta\varphi$ 变成 ΔV 而由频谱仪测量。为了测量 $\Delta\varphi$,测量前可以通过微调信号源频率 f_0,微调延迟线长度以改变 τ_d 或借助于另一路可变移相器将两路调到相位正交关系。为校准本系统的鉴频常数 $K_d = \dfrac{\Delta V}{\Delta f}$,亦可利用鉴相器的校准常数 K_φ 和 τ_d 的已知值算出:$K_d \approx K_\varphi \cdot 2\pi\tau_d \ (V/Hz)$,但最直接可靠的校准方法是将信号源用一已知 f_m 的低频正弦信号进行调频,使之产生一个已知的峰值频偏 Δf_{max} 或已知调制系数 $m_f = \dfrac{\Delta f_{max}}{f_m}$ 的信号。这时在频谱仪上出现一根频率为 f_m 的谱线,读出该谱线顶端的电平即 $20\lg V_{rms}$,便可求得

$$K_{\mathrm{d}} = \frac{\sqrt{2}V_{\mathrm{rms}}}{\Delta f_{\mathrm{max}}} = \frac{\sqrt{2}V_{\mathrm{rms}}}{m_f \cdot f_{\mathrm{m}}} \quad (\mathrm{V/Hz})$$

即
$$20\lg K_{\mathrm{d}} = 20\lg V_{\mathrm{rms}} + 3\mathrm{dB} - 20\lg\Delta f_{\mathrm{max}}$$

校准后,撤除信号源的正弦调制,重调至正交后,在频谱仪上显示出全部基带噪声谱。设在偏移频率 f_{m} 处读出噪声电平为 $N_{\mathrm{dB_m}}(20\lg\Delta V_{\mathrm{rms}})$,便可得电压起伏谱密度 $S_{V(f_{\mathrm{m}})}\left(= \dfrac{\Delta V_{\mathrm{rms}f(m)}^2}{B} \right)$,

以 dB 表示为 $S_{V(f_{\mathrm{m}})} = N_{\mathrm{dB_m}} - 10\lg B$。

由于 $\Delta f_{\mathrm{rms}}^2 = \dfrac{\Delta V_{\mathrm{rms}}^2}{K_{\mathrm{d}}^2}$,可得 $S_{\Delta f(f_{\mathrm{m}})} = \dfrac{S_{V(f_{\mathrm{m}})}}{K_{\mathrm{d}}^2} = \dfrac{\Delta V_{\mathrm{rms}}^2}{BK_{\mathrm{d}}^2}$

或者
$$S_{\Delta f(f_{\mathrm{m}})\mathrm{dB}} = N_{\mathrm{dB_m}} - 10\lg B - 20\lg K_{\mathrm{d}}$$

从而亦可得

$$S_{\varphi(f_{\mathrm{m}})} = \frac{S_{\Delta f(f_{\mathrm{m}})}}{f_{\mathrm{m}}^2} = \frac{S_{V(f_{\mathrm{m}})}}{K_{\mathrm{d}}^2 \times f_{\mathrm{m}}^2} \tag{8-30}$$

$$\zeta_{(f)\mathrm{dB}} = N_{\mathrm{dB_m}} - 10\lg B - 20\lg K_{\mathrm{d}} - 20\lg f_{\mathrm{m}} - 3 \quad (\mathrm{dB_c/Hz}) \tag{8-31}$$

延迟线式鉴频器的测量灵敏度随 τ_{d} 愈大愈好。在超高频时,通常用同轴电缆作为延迟线,其 τ_{d} 增大,损耗亦随之增大,因而受到限制。微波时用空气线亦不宜过长,故有时不用延迟线而改用高 Q 谐振腔作为微波鉴频元件,可得较好结果。

由于 $S_{\varphi(f_{\mathrm{m}})} = \dfrac{S_{V(f_{\mathrm{m}})}}{K_{\mathrm{d}}^2 \times f_{\mathrm{m}}^2}$ 中有 $1/f_{\mathrm{m}}^2$ 因子,鉴频器式相位噪声测量系统的相位噪声本底随 f_{m} 愈小而愈增大,故只宜于测量近载频噪声电平较高(即频率随机漂移较大)的自由振荡器或 YIG 调谐振荡器等使用。

4) 时域转换法

这种方法的基本原理是:利用计数器对被测信号的频率或周期进行测量,测得的数据携带有相位噪声的信息,测量要反复连续进行。由此获得一系列数据,构成一个时域的离散序列。将这一序列送入计算机进行处理,即可得到 $\sigma_{y(t)}$,通过修正哈达方差转换来估计 $\zeta_{(f_{\mathrm{m}})}$。美国 HP 公司的早期产品 HP5390A 正是基于这一原理设计的。

习　题

8-1 什么是频谱仪的频率分辨率?试说明在各种频谱仪中,频率分辨率与哪些因素有关?

8-2 设滤波式频谱仪中,扫频宽度为 15 kHz,扫描时间为 30 ms,试计算此时频谱仪能达到的最高频率分辨率。

8-3 用并行滤波式频谱仪(图 8-8)分析从 100 kHz 至 30 MHz 的信号,要求分辨带宽为 30 kHz,问要用多少个滤波器?

8-4 在外差式频谱仪中,用 100 Hz 分辨率分析 20 Hz ~ 20 kHz 频率的信号,问需多长分析时间(设采用高斯状滤波器)?

8-5 用频谱仪测量调幅波,设测得边带幅度相对于载波幅度的幅度差为 $A(\mathrm{dB})$,试证明该调幅波的调幅系数 m 为

$$m = 10^{\frac{6-A}{20}}$$

8-6 在上题中,设调幅边频$(f_c \pm f_m)$相对于载频f_c的幅度差$A = 26\,\text{dB}$,求$m = ?$

8-7 用频谱仪测量某信号的失真系数D,测得二次谐波、三次谐波相对于基波的幅度差分别为$A_2(\text{dB})$、$A_3(\text{dB})$,试证明该信号的非线性失真系数为

$$k = \frac{1}{2}\sqrt{10^{\frac{6-A_2}{10}} + 10^{\frac{6-A_3}{10}}}$$

8-8 已知两个信号幅度相差$30\,\text{dB}$,频率相差$4\,\text{kHz}$,$S_F = 11$,问频谱仪的分辨率带宽应为多少才能满足测试要求?

8-9 如果停止外差式频谱仪的本地扫频振荡器的扫描,但不停止示波管的水平扫描,将频谱仪调谐到一个输入的调幅信号上,该调幅信号的带宽小于频谱仪调谐回路的带宽,问此时屏幕上将显示什么信号?

8-10 试说明用频谱仪及鉴相器法测量相位噪声的原理。

电子元器件参数测量及网络分析

本章将讨论电子元件（包括 R、L、C）、电子器件（包括半导体分立器件及集成电路）及微波网络参数的测量。电子元器件是基础电子产品，是电子整机、设备和系统的基本的物质基础，它们的性能、质量和可靠性直接影响电子装备的优劣，甚至起着决定性的作用。因此，电子元器件测量是一类最基本的、应用广泛的电子测量技术。

9.1 电子元件参数测量

元件参数测量仪器的发展可以追溯到 19 世纪。1843 年，惠斯登利用桥式电路，实现了电阻的直流比较（测量），被人们称为惠斯登电桥。20 世纪 60 年代以前，能测电阻、电容和电感的四臂电桥、感应耦合比例臂电桥等各类电桥发展迅速。到 70 年代初期，出现了基本上采用集成电路的全自动元件参数测试仪；到 70 年代中期，由于大规模集成电路技术和微处理器的发展，出现了内含微处理器的智能化元件参数测试仪。从 70 年代末至今，以实现宽量程、宽频带、多功能、多参量、高精度、高速度、自校准、自诊断、大屏幕液晶显示、软键（softkey）控制等为特征的智能化元件参数测试仪，已成为发展的主流，并已达到了一个新的高度。

9.1.1 电桥法测量元件参数原理

电桥法以电桥平衡原理为基础，它最宜于在音频范围内工作，亦可工作在高频。电桥法元件参数测量仪由桥体、信号源和指零仪三部分组成，是一种比较测量仪器，测量是利用电桥平衡将被测元件与标准元件进行比较的过程。电桥法历史悠久，自 19 世纪 60 年代和 70 年代，麦克斯韦第一个采用电桥来测量电感和电容以来，特别是 1891 年，文氏用正弦交流供电的交流电桥诞生以来，到 20 世纪 50 年代末，各种交流电桥迅猛发展，并逐步形成了系统的电桥理论。从此，经典电桥已趋成熟。但 20 世纪 60 年代以来发展不大，究其原因，主要是交流电桥对幅值与相位两个参数进行反复平衡调节，操作繁琐，测量时间长，桥路中还采用许多昂贵的精密元件，制造困难等，因此应用受到了限制。

1）交流四臂电桥的基本工作原理

交流四臂电桥的基本电路如图 9-1 所示。电桥的四条支路彼此首尾相接，其中的一对结点接交流正弦测试信号，另一对结点接一高灵敏度的平衡指示器。被测阻抗 $\dot{Z}_x$ 和标准阻抗 $\dot{Z}_S$ 接在相邻两臂中。当桥路平衡时，平衡指示器应没有电流流过。

根据指示器中没有电流流过，即其两端为等电位的条件，桥臂阻抗 $\dot{Z}_1$ 上的电压降与 $\dot{Z}_x$ 上的电压降应相等；$\dot{Z}_2$ 上的电压降与 $\dot{Z}_S$ 上的电压降相等，由此可得

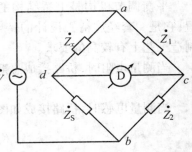

图 9-1 交流四臂电桥

$$\frac{\dot{V}}{\dot{Z}_1 + \dot{Z}_2}\dot{Z}_1 = \frac{\dot{V}}{\dot{Z}_x + \dot{Z}_S}\dot{Z}_x \quad 或 \quad \frac{\dot{V}}{\dot{Z}_1 + \dot{Z}_2}\dot{Z}_2 = \frac{\dot{V}}{\dot{Z}_x + \dot{Z}_S}\dot{Z}_S$$

整理后可得

$$\dot{Z}_1\dot{Z}_S = \dot{Z}_2\dot{Z}_x \tag{9-1}$$

此即为电桥的平衡条件,如用指数形式表示,则为

$$Z_1 Z_S e^{j(\varphi_1+\varphi_2)} = Z_2 Z_x e^{j(\varphi_2+\varphi_x)} \tag{9-2}$$

即

$$\left.\begin{array}{c} Z_1 Z_S = Z_2 Z_x \\ \varphi_1 + \varphi_S = \varphi_2 + \varphi_x \end{array}\right\} \tag{9-3}$$

由此可见,这种电桥必须同时满足振幅和相位两个平衡条件,同时必须按一定方式配置桥臂阻抗,否则难以实现平衡。在实际电路中,为使电桥结构简单和使用方便,$\dot{Z}_1$ 和 $\dot{Z}_2$ 常采用纯电阻,而 $\dot{Z}_x$ 和 $\dot{Z}_S$ 必须是同性阻抗。

四臂电桥也可接成如图9-2的形式,即被测阻抗 $\dot{Z}_x$ 和标准阻抗 $\dot{Z}_S$ 不是接在相邻两臂上,而是接在相对的两臂上。同理,可以得出这种形式电桥的平衡条件:

$$\left.\begin{array}{c} Z_1 Z_2 = Z_x Z_S \\ \varphi_1 + \varphi_2 = \varphi_x + \varphi_S \end{array}\right\} \tag{9-4}$$

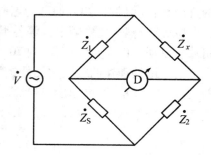

图 9-2　交流四臂桥的另一形式

同样,为了易于实现平衡,使结构简单,使用方便,$\dot{Z}_1$ 和 $\dot{Z}_2$ 常采用纯电阻,而 $\dot{Z}_x$ 和 $\dot{Z}_S$ 必须是异性阻抗。

图9-3表示精密万用电桥的基本组成。它由测量信号源、测量桥路、平衡指示电路、平衡调节机构、显示电路和电源等组成。

激励桥路的测试信号源有两种,测量电感和电容时,可用1 kHz 振荡器;测量电阻时,用整流后的直流电压。

平衡指示电路是由高输入阻抗的低噪声输入放大级、选频放大级和输出检波级组成,具有较高的灵敏度和抗干扰能力。

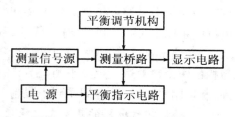

图 9-3　精密万用电桥方框图

平衡调节机构是电桥结构的最关键、最重要的装置,它是一套经过精心设计的特殊结构装置,因此,在制造工艺上有较高的要求。

当测量电阻时,桥路接成惠斯登电桥,如图9-4所示。电桥平衡时

$$R_x = R_L R_P / R_S$$

当测量电感时,桥路接成如图9-5(a)、(b)的形式。其平衡方程分别为

$$R_L R_P = \frac{1}{\dfrac{1}{R_x} + \dfrac{1}{j\omega L_x}}\left(R_S + \frac{1}{j\omega C_S}\right)$$

或

$$R_L R_P = (R_x + j\omega L_x)\Bigg/\left(\frac{1}{R_S + j\omega C_S}\right)$$

上两式经整理,可得

$$L_x = R_L R_P C_S; \quad R_x = R_L R_P / R_S$$

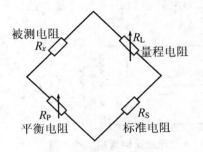

图9-4　测量电阻桥路

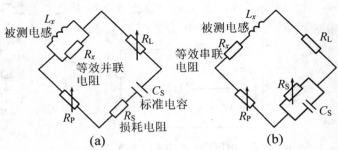

(a)　　　　　　　　(b)

图9-5　测量电感桥路

(a) 测量电感桥路之一　(b) 测量电感桥路之二

测量电容时,桥路接成如图9-6(a)、(b)的形式。其平衡方程分别为

$$\left(R_x + \frac{1}{j\omega C_x}\right)R_P = R_L\left(R_S + \frac{1}{j\omega C_S}\right)$$

或

$$\frac{R_P}{\frac{1}{R_x} + j\omega C_x} = \frac{R_L}{\frac{1}{R_S} + j\omega C_S}$$

上两式经整理,可得

$$C_x = \frac{R_P}{R_L}C_S; \quad R_x = \frac{R_L}{R_P}R_S$$

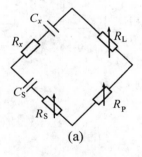

(a)

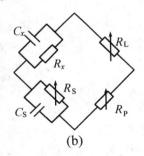

(b)

图9-6　测量电容桥路

(a) 测量电容桥路之一　(b) 测量电容桥路之二

2) 感应耦合比例臂电桥

除四臂电桥以外,感应耦合比例臂电桥或即变压器比例臂电桥也获得了广泛的应用。所谓感应耦合比例臂,实际上就是由绕在铁芯上的绕组所构成的电压比例臂或电流比例臂。这类电桥具有高准确度、高稳定性及很强的抗干扰性能。

感应耦合比例臂电桥的原理如图9-7和图9-8所示,它们分别为电压比例臂构成的桥路和电流比例臂构成的桥路。电压比例臂是使各绕组的端电压严格与匝数成正比,而电流比例臂是使各绕组中流过的电流严格与匝数成反比。

两电桥的平衡条件都为

$$\dot{Z}_x = \frac{W_1}{W_2} \times \dot{Z}_S \qquad (9-5)$$

由于变压器两个绕组的匝数比 W_1/W_2 只能为实数,因此标准臂参数必须与被测参数性质相同,即同为电阻或同为电容或同为电感。

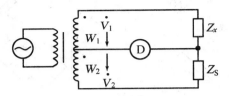

图9-7　电压比例臂构成的桥路

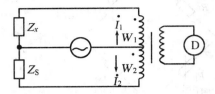

图9-8　电流比例臂构成的桥路

9.1.2　谐振法测量元件参数原理

这种方法利用谐振回路的特性来测量 L、C、R、Q 等高频元件的参数。由于这种方法的工作频率范围宽,可以实现被测件在实际使用频率下的测量,特别适合高 Q 值和低损耗阻抗元件的测量。

1) 电容测量

(1) 直接测量:利用图9-9所示方法,谐振时 C_x 为

$$C_x = \frac{2.53 \times 10^4}{f_0^2 L} \text{ pF} \qquad (9-6)$$

式中　f_0 为回路谐振频率(MHz);L 为标准电感(μH)。

(2) 替代法:在图9-9中,选择适当电感 L(不必为标准电感),接入标准可变电容 C_S(如虚线所示),调回路至谐振,然后接入被测电容 C_x。

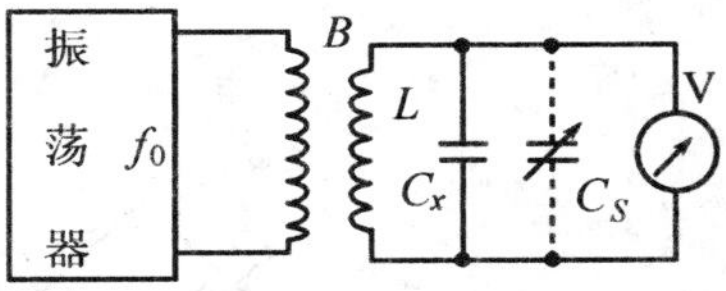

当 C_x 较小,$C_x < C_{smax}$ 时,并联接入,再调 C_S;使回路再次谐振。设两次谐振时 C_S 读数为 C_{S1} 和 C_{S2},则被测电容 C_x 为

$$C_x = C_{S1} - C_{S2} \qquad (9-7)$$

图9-9　谐振法直接测量电容

当 C_x 较大时,C_x 应和 C_S 串联接入,利用同样方法,则 C_x 为

$$C_x = C_{S1} \times (C_{S2}/C_{S1}) + C_{S2} \qquad (9-8)$$

2) 电感测量

在图9-9中,若电容为标准电容 C_S,则

$$L_x = \frac{2.53 \times 10^4}{f_0^2 C_S} \text{ } \mu\text{H} \qquad (9-9)$$

3) Q 值测量

品质因数 Q 是振荡一周内回路中储存能量和消耗能量之比,即

$$Q = \frac{2\pi W_m}{W_R} \qquad (9-10)$$

式中　W_m 为储存的能量;W_R 为回路一周期内消耗的能量。

对串联或并联回路的一般表示为

$$Q = \frac{x}{R} = \frac{\omega L}{R} = \frac{1}{\omega C R} \qquad (9-11)$$

式中　R 为回路中的等效串联损耗电阻;ω 为回路的谐振角频率。

应该指出,上式未考虑实际电路中存在的分布参数的影响,因而它是理想条件下的 Q 值。通常,在高频状态下,L 和 C 的分布参数是不能忽略的,这时串联谐振回路可用图 9-10 来表示。图中:C_0 为电感 L 的分布电容;L_0 为电容器 C 的分布电感,而对它的介质损耗一般可做得很小而未予考虑;R 为回路中总的损耗电阻,包括电感线圈的铜损、高频趋肤效应等。这种考虑了实际情况的品质因数称为实际 Q 值,用 Q_t 表示,Q_t 为

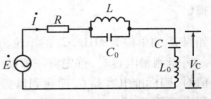

图 9-10　串联谐振回路的等效电路

$$Q_t = \frac{\omega(L + L_0)}{R} = \frac{1}{\omega(C + C_0)R} \qquad (9-12)$$

谐振时,电容两端的电压为

$$\dot{V}_C = \dot{I}\left(\frac{1}{\omega C} - \omega L_0\right) = \dot{I}\frac{1}{\omega C_e} \qquad (9-13)$$

式中　C_e 为等效电容。

串联谐振时,电容或电感两端的端电压应该相等。即

$$|\dot{V}_C| = |\dot{V}_L| = \dot{E}Q_e \qquad (9-14)$$

式中　Q_e 为串联回路的有效 Q 值,它是回路内电容或电感的等效电抗与串联等效电阻之比,即

$$Q_e = \frac{x_e}{R} = \frac{1}{\omega C_e R} = \frac{\omega L_e}{R} \qquad (9-15)$$

由此可知,当串联谐振时,电容器两端电压 V_C 比输入电压 E 大 Q_e 倍。

Q 表普遍采用串联谐振原理,以谐振电压与基准电压之比刻度 Q 值。当被测件以串联或并联方式接入 Q 表测试回路后,通过回路谐振前后电容量的变化求得被测件的电抗成分,通过谐振电压幅度的变化确定被测件的有功成分。

图 9-11 是 Q 表的基本组成图。它由高频振荡器、测量电路和输入、输出指示器等组成。高频振荡器常采用多频段式,其频率范围视 Q 表的工作频率范围而定。C_1、C_2 组成分压电路,C_2 的电压 V_1 作为 Q 表谐振回路的信号电压,C_2 应远大于标准电容 C_S,这样可忽略 C_2 对回路的影响,从而可把 V_1 看成是恒压源来处理。

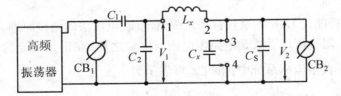

图 9-11　Q 表的基本组成

当测量电感时,被测电感 L_x 接于端子 1-2 之间,保持高频振荡器输出和频率为某一定值,调整标准容器 C_S 使回路串联谐振,即 CB_2 为最大值。此时最大值 V_2 等于 V_1 的 Q_e 倍,这样,CB_2 的指示可直接用 Q_e 来刻度,形成直读式仪表。因为谐振时高频振荡器的 f_0 和标准电容器 C_S 都是已知的,因此被测电感可由下式求出:

$$\omega_0 L_x = \frac{1}{\omega_0 C_S}$$

得
$$L_x = \frac{1}{\omega_0^2 C_S} = \frac{1}{f_0^2 C_S (2\pi)^2} \qquad (9-16)$$

如果 f_0 的单位为 MHz，C_S 的单位为 pF，L_x 的单位为 μH，则上式就转换成式(9-9)。

当测量电容时，首先将一辅助电感接在端子 1-2 间，按测量电感的方法，在频率为某一定值时，调标准电容器 C_S 使达到谐振，记下此时的 C_S 为 C_{S1}，并记下此时的 Q 值为 Q_1；然后，将被测电容器 C_x 接在 3-4 间，此时，回路由于 C_x 的接入而失谐，减小标准电容器 C_S 为 C_{S2}，使回路重新谐振，并记下此时的 Q 值为 Q_2，据此，就可求出被测电容器的容量和损耗角正切值。显然，在被测电容器和回路电容 C_S 相并联的情况下，下列两式成立：

$$C_x = C_{S1} - C_{S2} \qquad (9-17)$$

$$\frac{1}{Q_2} = \frac{1}{Q_1} + \frac{1}{Q_C} \qquad (9-18)$$

式中 $\dfrac{1}{Q_C} = \dfrac{1}{\omega(C_{S2} + C_x)R_P}$，这里的 R_P 是 C_x 的并联损耗电阻，由此可求得

$$R_P = \frac{Q_C}{\omega(C_{S2} + C_x)} = \frac{1}{\omega C_{S1}} \times \frac{Q_1 Q_2}{Q_1 - Q_2} \qquad (9-19)$$

因而，被测电容器的损耗角正切值为

$$\mathrm{tg}\,\delta = \frac{1}{\omega C_x R_P} = \frac{1}{\omega(C_{S1} - C_{S2})} \times \omega C_{S1} \times \frac{Q_1 - Q_2}{Q_1 Q_2}$$

$$= \frac{C_{S1}}{C_{S1} - C_{S2}} \times \frac{Q_1 - Q_2}{Q_1 Q_2} \qquad (9-20)$$

9.1.3 智能化元件参数测量

长期以来，电子元件参数的测量一直依赖于各类手动电桥，但是这类电桥制造工艺相当复杂、困难，使用操作又十分繁琐。进入 20 世纪 70 年代以后，微处理器出现并引入到电子测量仪器中。元件参数测试仪是较早引入微处理器的电子仪器。国内外各主要仪器厂竞相研制，现在内含微处理器的各种 LCR 参数测量仪已成为发展的主流，并不断向多功能、多参量、多频率、高速度、高精度、大屏幕、菜单方式显示等方向发展。

下面扼要介绍智能化元件参数的测量原理。

1）矢量电流-电压法

带微处理器的智能化 LCR 测量仪都采用矢量电流-电压法的测量原理。

根据欧姆定律，阻抗可以看成是电路中电压与电流之比，在正弦交流的情况下，电压与电流的比值是复数，在直角坐标系统中，阻抗 $\dot{Z}$ 可表示为

$$\dot{Z} = \frac{\dot{V}}{\dot{I}} = R + \mathrm{j}x \qquad (9-21)$$

矢量电流-电压法是最经典的方法，它直接来源于阻抗的定义，如图 9-12 所示。如果已知流经被测阻抗的矢量电流以及被测阻抗的端电压，求出其比，便可得到精确的被测阻抗复量。

如果在图 9-12 中，接入一个标准阻抗 $\dot{Z}_S$，使与被测阻抗串联，如图 9-13 所示，则可得到

$$\dot{Z}_x = \frac{\dot{V}_x}{\dot{V}_S} \dot{Z}_S \qquad (9-22)$$

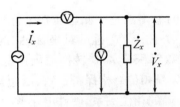

图 9-12　阻抗测试原理图

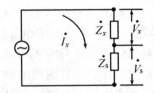

图 9-13　引入标准阻抗测试原理图

这样,就将阻抗 $\dot{Z}_x$ 的测量变成了两个矢量电压比的测量。在完成两个矢量电压的测量中,可以用双电压表法,即用两块电压表分别测量 $\dot{Z}_x$ 和 $\dot{Z}_s$ 的电压。但这样做一是增加了电路元器件,二是对测量精度有影响,所以一般都采用单电压表法,即用一台电压表分时测量两个矢量电压。这就要求在两次测量之间,电流保持绝对恒定,同时要求电压表的输入阻抗为无穷大。与双电压表法相比,单电压表法可抵消电压表刻度系数对测量精度的影响。

微处理器引入仪器并参与测量过程可以胜任单电压表测量。图 9-14 是某型号 LCR 自动测量仪单电压表法原理方框图。可以将已知的标准阻抗预先存储在 ROM 中,两次测出的 $\dot{V}_x$ 和 $\dot{V}_s$ 可以存储在 RAM 中,由微处理器最后完成计算任务。

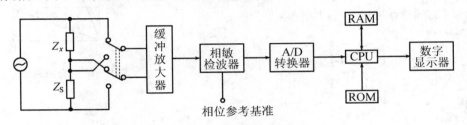

图 9-14　单电压表法原理方框图

2) 固定轴法与自由轴法

(1) 固定轴法

内含微处理器的自动电桥大体经历了两个发展阶段:第一阶段采用固定轴法;第二阶段采用自由轴法。两者区别在于实现上述矢量除法运算的途径不同,这与图 9-14 中相敏检波器相位参考基准的选取紧密相关。所谓固定轴法就是选取参考电压为固定方向;而自由轴法则选取参考电压为任意方向。

双斜积分 A/D 转换器具有电压量相除的运算功能,但它对矢量除法无能为力,而只能实现简单的标量除法,为此,必须将式(9-22)的矢量除法设法转换成标量除法。如果我们把复数阻抗的直角坐标轴方向选取在分母位置的矢量上,就会使分母矢量只具有实部分量,如图 9-15 所示。这时, $\dot{V}_s$ 因在 x 轴上,只有实部,即

$$\dot{V}_S = V_S + j0 = V_S \qquad (9-23)$$

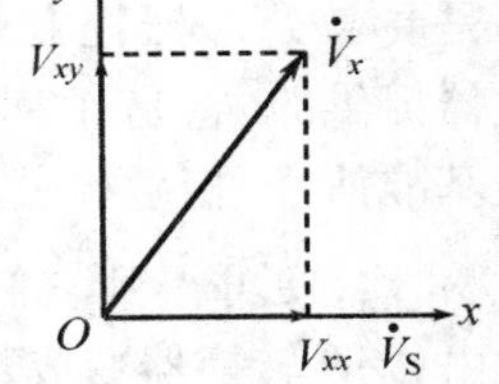

式(9-22)就变成

图 9-15　固定轴法矢量关系图

$$\dot{V}_x = \dot{Z}_S \left(\frac{V_{xx}}{V_S} + j \frac{V_{xy}}{V_S} \right) \qquad (9-24)$$

因此,式(9-24)只要通过两个简单的标量除法运算就能获得复杂的阻抗值。这一方法要求复数阻抗的坐标轴固定,故称为固定轴法。

相敏检波器的参考电压方向就是坐标轴的方向,它的输出就是待测电压在坐标轴方向上的投影。固定轴法要求把参考电压严格固定在 V_x 或 V_S 方向上。它通过对坐标轴方向的"固定",使矢量除法运算简化为两个标量除法运算,并利用双斜积分 A/D 转换器硬件电路实现。但是这种方法也存在难以克服的缺点,即不可能使两个矢量相位严格保持一致,因而就存在由于不同相位而产生的误差,即所谓同相误差。为了确保精确的相位关系,硬件电路就相当复杂,调试困难,仪器精度受到影响,可靠性降低。例如美国 HP 公司的早期产品 HP4262A 型 LCR 自动测量仪就是采用固定轴法的仪器,它除在四相位发生器中采用锁相技术外,还采用了复杂的直流反馈校相电路,并在测量时序安排上留出了相位的校相时间,致使逻辑更为复杂。而且在频率较高时,锁相环路的相位抖动以及测量电路的相对延迟时间等,都会引起较大的相位误差,使仪器精度和可靠性降低。因此,该仪器已为该公司更为先进的元件测量仪所取代。

（2）自由轴法

自由轴法不是把复数阻抗坐标轴固定在某一指定的矢量电压的方向上,而是采用自由坐标轴,如图 9−16 所示。坐标轴的选择可以是任意的,参考信号电压可以不与任何一个被测电压的方向相同,但应与被测电压之一保持固定的相位关系,如相差 α,且在整个测量过程中保持不变。

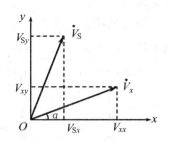

图 9−16　自由轴法矢量关系图

在图 9−16 中,

$$\dot{V}_x = V_{xx} + jV_{xy} \tag{9−25}$$

$$\dot{V}_S = V_{Sx} + jV_{Sy} \tag{9−26}$$

由此可得

$$\dot{Z}_x = -R_S \frac{\dot{V}_x}{\dot{V}_S} = -R_S \frac{V_{xx} + jV_{xy}}{V_{Sx} + jV_{Sy}}$$

$$= -R_S \left(\frac{V_{xx}V_{Sx} + V_{xy}V_{Sy}}{V_{Sx}^2 + V_{Sy}^2} + j\frac{V_{xy}V_{Sx} - V_{xx}V_{Sy}}{V_{Sx}^2 + V_{Sy}^2} \right) \tag{9−27}$$

式中　$\dot{Z}_S$ 用标准电阻 R_S 代替。显然,只要知道每个矢量在直角坐标轴上的两个投影值,经过四则运算,即可求出结果。

自由轴法的测量原理方框图如图 9−17 所示。图中相敏检波器的参考电压是受微处理器控制和自由轴坐标发生器提供的,它是任意方向的精确的正交基准信号。相敏检波器通过开关选择 $\dot{V}_x$ 和 $\dot{V}_S$,便可得到它们的投影分量,然后由 A/D 转换器变成数字量,经接口电路送到微处理器系统中存储;最后,CPU 对其进行计算得到待测数。

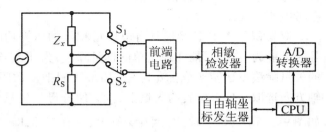

图 9−17　自由轴法原理方框图

交流电压 $\dot{V}_x$ 和 $\dot{V}_S$ 的测量包括幅度和相位,方法是采用相敏检波器对每个电压进行两次测量。在两次测量中,相敏检波器参考电压是正交的,应有精确的 90° 的相位关系。而对于参考电压与被测信号电压之间相互关系只要求相对稳定,而不要求精确确定。

自由轴法虽然采用矢量电流-电压法的基本原理,但由于其精确的正交坐标系主要靠软件来产生和保证,硬件电路大大简化,还消除固定轴法难于克服的同相误差,提高了精度,同时被测参数是通过计算获得的,因而除可以得到常用的 C、L、R、D、Q 以外,还可方便地计算出其他多种阻抗参量,如 $|Z_x|$、$|Y|$、x、B、G、θ 等。

3)被测参数的计算公式

(1)当测量阻抗 $\dot{Z}_x$ 时

$$\dot{Z}_x = -R_S \frac{\dot{V}_x}{\dot{V}_S} = -R_S \frac{V_{xx} + jV_{xy}}{V_{Sx} + jV_{Sy}}$$

$$= -R_S\left(\frac{V_{xx}V_{Sx} + V_{xy}V_{Sy}}{V_{Sx}^2 + V_{Sy}^2} + j\frac{V_{xy}V_{Sx} - V_{xx}V_{Sy}}{V_{Sx}^2 + V_{Sy}^2}\right)$$

$$= -R_S(x + jY) \tag{9-28}$$

对于电容串联等效电路,$\dot{Z}_x = R_x + \dfrac{1}{j\omega C_x}$,则有

$$R_x = -R_S x \tag{9-29}$$

$$C_x = \frac{1}{\omega R_S Y} \tag{9-30}$$

$$D_x = \omega C_x R_x = \omega \frac{R_S x}{\omega R_S Y} = \frac{x}{Y} \tag{9-31}$$

对于电感串联等效电路,$\dot{Z}_x = R_x + j\omega L_x$,则有

$$R_x = -R_S x \tag{9-32}$$

$$L_x = -\frac{R_S}{\omega}Y \tag{9-33}$$

$$Q_x = \frac{\omega L_x}{R_x} = \frac{\omega R_S Y}{\omega R_S x} = \frac{Y}{x} \tag{9-34}$$

(2)当测量导纳 $\dot{Y}_x$ 时

$$\dot{Y}_x = G_P + j\omega C_P = -\frac{1}{R_S} \times \frac{\dot{V}_S}{\dot{V}_x} = -\frac{1}{R_S} \times \frac{V_{Sx} + jV_{Sy}}{V_{xx} + jV_{xy}}$$

$$= -\frac{1}{R_S}\left(\frac{V_{Sx}V_{xx} + V_{Sy}V_{xy}}{V_{xx}^2 + V_{xy}^2} + j\frac{V_{Sy}V_{xx} - V_{Sx}V_{xy}}{V_{xx}^2 + V_{xy}^2}\right)$$

$$= -\frac{1}{R_S}(x' + jY') \tag{9-35}$$

则有

$$G_P = -\frac{1}{R_S}x' \tag{9-36}$$

$$C_P = -\frac{1}{\omega R_S}Y' \tag{9-37}$$

$$D_x = \frac{G_P}{\omega C_P} = \frac{x'}{R_S} \times \frac{1}{\omega Y'} \times \omega R_S = \frac{x'}{Y'} \tag{9-38}$$

上列各式就是自由轴法的基本数学模型,据此,可计算出各种被测参量。

4）智能化 LCR 测量仪的基本组成

图 9-18 是智能化 LCR 测量仪的基本组成框图。智能化元件测量仪的核心是微处理器,它通过数据总线、地址总线和控制总线与存储器 ROM、RAM 相连接,并通过接口电路和各组成部分沟通,在仪器工作中起着指挥控制、信息交换和处理、运算乃至参与测量过程,一切指令都由它产生。人机对话是通过键盘和显示器进行的。操作者可以通过面板上的键盘,操作相应的功能键和数字键,将测试条件、校准条件、标称值、误差极限等各种信息输入,仪器通过显示器或各种功能指示灯将测量结果、工作状态或对操作者的提示等信息显示出来。在自动测试系统中,还可通过专门配置的 GPIB 通用接口进行程控和信息交换。

晶体振荡器产生的高频信号经分频器分频,形成微处理器所需要的时钟信号,用以决定仪器的工作节拍,控制各部分的动作。仪器的正弦测试信号是由图中的测试信号源提供的。为了提高正弦测试信号的频率准确度、稳定度以及频谱纯度和幅度稳定性,应该采用数字合成技术。

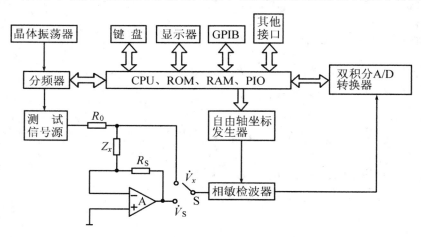

图 9-18   智能化 LCR 测量仪基本组成框图

测试信号经限流电阻 R_0 加到被测阻抗上,矢量电压 $\dot{V}_x$ 和 $\dot{V}_S$ 经开关选择送到相敏检波器,它的参考信号来自自由轴坐标发生器,后者在微处理器控制下产生任意方向的、精确正交的直角坐标系。开关 S 先后接通 $\dot{V}_x$ 和 $\dot{V}_S$,得到它们在坐标轴上的四个投影值,再由双积分 A/D 转换器变换成相应的数字量,送到 RAM 中暂存。最后,微处理器根据操作者通过键盘输入的信息,选择适当的计算公式进行计算,得到被测参量,并由显示器显示出来。

9.2   电子器件参数测量

9.2.1   引   言

当今时代所采用的电子器件主要是半导体器件和集成电路。因而本节讨论半导体器件测量仪器。

1）半导体分立器件测量仪器

半导体分立器件有二极管、双极型晶体管、场效应晶体管、闸流晶体管及光电子器件等门类;据不完全统计,所测参数有 700 多个。因而半导体分立器件测量仪器的品种繁多,每种仪器测量几种器件参数。根据所测参数的类型,半导体分立器件测量仪器可分为下列四种。

（1）直流参数测量仪器

这类仪器主要测试半导体分立器件的反向击穿电压、反向截止电流、正向电压、饱和电压和直流放大倍数等器件出厂时必须检测的参数。例如国内生产的 BJ 型双极型晶体管 h_{21E}、V_{BESat}、V_{CESat} 计量标准仪，是一种微机控制的仪器，常用于器件质量检测和分类。I_C 电流为 2 μA ~ 1 000 mA，I_B 电流为 200 nA ~ 200 mA，准确度均为 ±0.5% 给定值，±0.1% 满度值。V_{CE} 电压为（±1 ~ ±14.9）V，准确度为 ±0.5% 给定值，±0.05% 满度值。

（2）晶体管特性图示仪

晶体管特性图示仪是一种应用最广泛的半导体分立器件测试仪器，它不仅可显示器件的特性曲线，还可测量击穿电压、正向电压、直流放大倍数等主要直流参数。

（3）交流参数测试仪器

这类仪器主要测试半导体分立器件的频率参数（如晶体管的特征频率 f_T）、开关参数（如延迟时间、上升时间及下降时间等）、极间电容、噪声系数及交流网络参数（如晶体管的交流 H 参数、Y 参数及 S 参数）。交流参数测试仪一般只能测一二种交流参数。

（4）极限参数测试仪器

极限参数仪器用来测试器件参数能安全使用的最大范围，例如测试大功率晶体管在直流和脉冲状态下的安全工作区等。

2）数字集成电路测试仪器

集成电路测试仪器的发展史实际上就是集成电路的发展史。至今集成电路的发展历史经历了小规模（SSI）、中规模（MSI）、大规模（LSI）和超大规模（VLSI）集成电路四个阶段，集成电路测试仪也经历了相应的四代，如表 9-1 所示。第一代 IC 测试仪始于 1965 年，能测 16 条引脚的 SSI 的直流参数。该类仪器用导线连接、拨动开关、按钮插件及二极管矩阵等方法，编制自动测试序列进行测试。第二代始于 1969 年，能测 24 条引脚的 MSI 的直流参数和逻辑功能。这一代测试仪已采用计算机控制，因而测试生成容易，操作灵活，还能对测试结果进行处理。但由于测试图形用计算机数据产生，因而测试速率较慢。第三代测试仪用高速暂存器产生测试图形，大大提高了测试速率，解决了高速集成电路的功能测试问题。从 1975 年开始出现了有人称为三代半的产品，可测引脚数为 128 的 LSI 器件，功能测试图形速率提高到 20 MHz。1980 年开始推出了第四代产品，可测引脚数高达 256 的 VLSI 器件，功能测试图形速率达 100 MHz，测试图形深度 256 k 以上。20 世纪 80 年代后期，测试仪的功能测试速率已达 200 MHz，甚至达 500 MHz，可测引脚数达 512 ~ 1 024 个。

表 9-1　集成电路测试仪发展简况

产品年代	第一代 (1965 ~)	第二代 (1969 ~)	第三代 (1972 ~)	第三代半 (1975 ~)	第四代 (1980 ~)
测试对象	SSI	SSI/MSI	LSI	LSI	VLSI
可测管脚数	~ 16	~ 24	~ 60	~ 128	~ 512
主要性能	·导线连接逻辑 ·仅直流测试 ·~ 100 次/秒	·计算机控制 ·数百 kHz 低速功能测试 ·测试图形由计算机数据产生 ·有数据处理功能	·~ 10 MHz 的实时高速功能测试 ·由高速缓冲存储器实时产生测试图形	·~ 20 MHz 的实时高速功能测试 ·软、硬件更为丰富	·~ 100 MHz 实时高速功能测试 ·图形存储器增大 ·能与 CAD 相连

数字集成电路的测试内容包括直流测试、交流测试和功能测试三部分。直流测试项目包括：输出高电平、输出低电平、输入高电平电流、输入低电平电流、输入漏电流、输出漏电流及电源电流等。交流测试项目包括：延迟时间、建立时间、保持时间、最小时钟宽度、最高时钟频率等。功能测试是检查数字集成电路的各项逻辑功能是否正常。图 9－19 表示数字集成电路功能测试框图。图形发生器生成各种测试图形和期望响应图形。测试图形加到 DUT

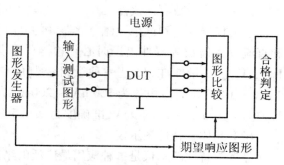

图 9－19　数字集成电路功能测试框图

的输入引脚。DUT 的输出响应图形送到图形比较器与期望响应图形进行比较。合格判定电路根据比较结果判断电路功能是否正常，并给出测试结果。

3）模拟集成电路测试仪器

模拟集成电路包括：运算放大器、稳压器、比较器、滤波器及各种专用模拟电路等。模拟集成电路测试包括直流测试和交流测试。运算放大器的直流测试项目有：输入失调电压、输入失调电流、输入偏置电流、输入阻抗、共模信号抑制比、输出短路电流、开环电压增益、最大输出电压及电源电流等；交流测试项目有：增益带宽积、建立时间、转换速度、失真及噪声等。

（1）模拟直流特性测试仪

为了能快速测定模拟集成电路的性能，模拟 DC 测试仪应满足下列要求：

① 能在宽范围、高精度下进行电压和电流的测定。

② 能测试多引脚 IC，并具有引脚扩充功能。

③ 测试速度高。

图 9－20 表示模拟 DC 测试仪的组成。各部分功能如下：

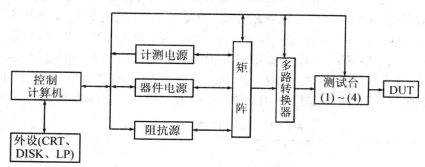

图 9－20　模拟集成电路 DC 测试仪原理框图

① 计测电源　此电源能够在 DUT 的任意引脚上施加电压或电流，并能精确地测定电压或电流值。

② 器件电源　此电源能对 DUT 的任意引脚施加电压，其电压范围比较宽，如 ±100 V、1 A。该电源一般不具备计测功能。

③ 阻抗源（电阻箱）　模拟 IC 必须有外接阻抗，因而模拟 IC 测试仪必须具有可程控的阻抗源，其阻值一般为 10 欧姆 ～ 几欧姆，且可与 DUT 的任意引脚相连接。

④ 管脚矩阵与多路转换器　在 DUT 的各引脚与计测电源及器件电源之间设置有引脚继

电器矩阵和多路转换器。在测试时,由控制电路驱动继电器选择指定的 DUT 引脚进行测试或施加测试条件。

⑤ 测试台　　大型测试仪一般都带有 4 个测试台,在测试台之间实行串行控制。测试台与测试插座、测试探针等均配套使用。

⑥ 测试控制计算机　　该计算机不仅对测试仪进行控制,还能对测试的结果和数据进行处理。

（2）模拟交流特性测试仪

对模拟 AC 测试仪的要求如下:

① 要有较强的通用性和扩展性。模拟 IC 的种类繁多,因而要求模拟 AC 测试仪应能测试尽可能多的模拟 IC。

② 测试程序开发容易。

③ 测试速度要快。

④ 具有自校准、自诊断能力。随着半导体制造工艺的进步,IC 特性参数的离散性大大减少,测试规范的上下范围变窄,因而相应地要求测试仪本身的精度高、重复性好,并具有自校准、自诊断功能。

图 9 - 21 为模拟 AC 测试仪的典型组成框图。其各部分功能如下:

① 主计算机　　主计算机并行管理（4 ~ 8）台 AC 测试仪,并能完成测试程序的生成及调试等,能对从各测试仪收集来的数据进行分析、处理和统计,还可以与其他主机相连接,进行全工厂的生产管理。

② 测试控制计算机　　将由高级语言编写的程序编译为测试执行程序,进行管理、测试数据及结果的处理。

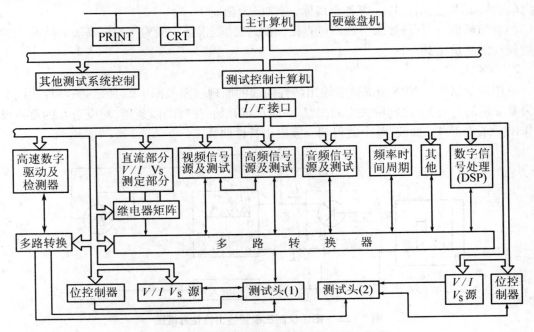

图 9 - 21　模拟集成电路 AC 测试仪原理框图

③ 直流测试单元　　这是 AC 测度仪的基本部分,包括计测电源、器件电源及继电器矩阵

等部件,其功能与 DC 测试仪中的计测电源和器件电源的功能基本相同,为 DUT 提供标准电压及偏压,并测定 DUT 各主要引脚在实际工作状态下的直流电压和电流。

④ 模拟测试仪组件　模拟测试仪组件亦称测试模块,包括:音频信号源及音频测定模块;视频信号源及视频信号测定模块;高频信号源及高频信号测定模拟;时间、频率及周期测定模块;其他任意信号源及测定模块等。用户可根据 DUT 要求进行选择和组装。

⑤ 数字信号处理部分　这一部分能对随时间变化的模拟量和数字量进行采样、检测和运算,可用于对 D/A、A/D 转换器、函数发生器及其他解调用的 LSI 电路进行测试。

⑥ 高速数字驱动器和检测器　该部件实现数字信号的高速传送、驱动及检测。

⑦ 位控制器　对 DUT 的引脚及测试条件的设置进行控制。

以下将讨论广泛应用的晶体管特性图示仪及集成运算放大器的测试原理。

9.2.2　晶体管特性图示仪

1) 概述

晶体管特性图示仪是一种能在显示器屏幕上观察和测试晶体管特性曲线和直流参数的仪器。它的主要特点是:

(1) 广泛性　可对晶体管、场效应管、光电管、可控硅、稳压管、恒流管、整流管等等,几乎所有的二极、三极半导体器件进行观察和测试,使用面极为广泛。

(2) 直观性　它可将晶体管的特性曲线直接显示在屏幕上,一目了然,并可直接读数,进行分析、比较和挑选,极为直观和方便。

(3) 全面性　只要调整适当的电压值置于被测器件各极点上,就可对半导体器件的各个参数进行测试。如对 NPN 型三极管,可测 h_{11e}、h_{12e}、h_{21e}、h_{22e}、h_{11b}、h_{12b}、h_{21b}、h_{22b}、h_{11c}、h_{12c}、h_{21c}、h_{22c}、I_{CBO}、V_{CBO}、V_{EBO}、I_{CEO}、V_{CEO} 等各个指标,测试极为全面。

(4) 精确性　各种被测参数均可直接读测,其读测误差一般为 ±3% 或 ±5%,是一种准确度较高的测量工具。

2) 工作原理

应用图示仪测量 NPN 型晶体管输出特性曲线的原理框图如图 9-22 所示。该特性曲线是以 I_b 为参变量的 I_c 与 V_{ce} 之间的关系曲线。I_b 一般从零开始,作等间隔递增,对应于 I_b 的每一级阶梯作出一条 $I_c \sim V_{ce}$ 曲线,整个就得到一簇输出特性曲线。

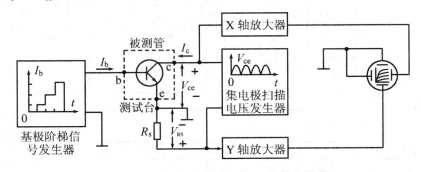

图 9-22　图示仪测三极管输出特性方框图

在图 9-22 中,R_S 为集电极电流 I_c 的取样电阻,其两端电压 V_{RS} 与 I_c 成正比。V_{RS} 经 Y 轴放大器放大后,使示波管荧光屏上的光点在垂直方向上产生与 I_c 成正比的位移。50 Hz 的市电经全波整流后得到100 Hz正弦半波电压,作为被测管的集电极扫描电压 V_{ce}。V_{ce} 经 X 轴放大器加在示波管的水平偏转板上,使荧光屏上的光点在水平方向上产生与 V_{ce} 成正比的位移。

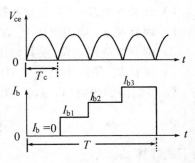

图 9-23 V_{ce} 与 I_b 之间的相位关系

基极阶梯电流 I_b 与集电极扫描电压 V_{ce} 之间保持有严格的相位关系,如图9-23所示。因此,在荧光屏上显示的每一条 $I_c \sim V_{ce}$ 曲线是在一定的 I_b 下得到的,成为一簇输出特性曲线,而其中任一条的显示重复频率为25 Hz。从显示出的输出特性曲线,可以看出被测管的质量高低,例如饱和压降及漏电流的大小等。利用相应的测试方法,可以测出被测管的各反向击穿电压、输出阻抗、电流放大系数等参数。

9.2.3   线性集成放大器的测试

线性集成放大器的参数值范围很宽,有的量级很小,例如失调电流 I_{os} 小于 pA 量级;有的量级很大,如开环电压增益高达 $10^6 \sim 10^7$。要测试这些参数困难较大。本节介绍线性集成放大器测试方法的国家标准及常用测试方法。

1) 线性集成放大器测试方法

本节介绍中华人民共和国国家标准《半导体集成电路线性放大器测试方法基本原理》中规定的线性集成放大器主要电参数测试方法的基本原理。

(1) 静态功耗 P_D 的测试

① 定义   输入信号为零时,器件所消耗的电源功率。

② 测试原理图 P_D 的测试原理图如图9-24所示。在 V_{CC}、V_{EE} 电源引线中串接电流表测电流。

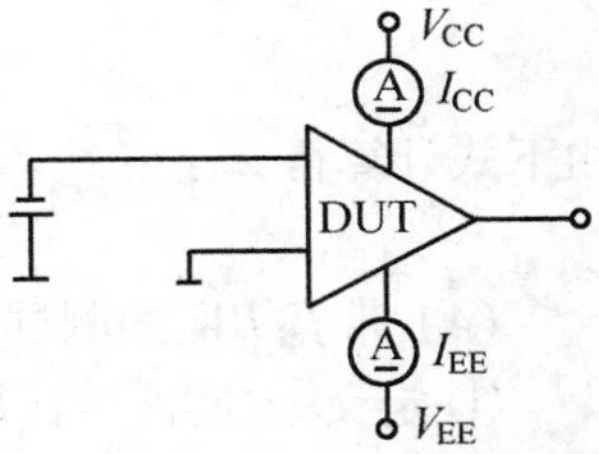

③ 测试方法   加电源电压 V_{CC} 及 V_{EE},分别测得 I_{CC} 及 I_{EE}。由下式计算 P_D:

$$P_D = V_{CC} \times I_{CC} + V_{EE} \times I_{EE} \qquad (9-39)$$

图 9-24   静态功耗 P_D 的
测试原理图

(2) 输入阻抗 Z_i 的测试

① 定义   器件工作在线性范围内时,输入端的等效内阻抗。

② 测试原理图 Z_i 的测试原理图如图9-25所示。G 为输入信号源,V 为电压表。增益控制器控制输入信号的大小。

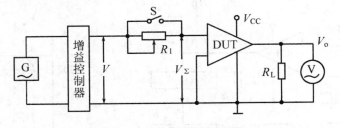

图 9-25 Z_i 的测试原理图

③ 测试方法   在施加规定的电源电压后执行下列步骤:

a) 开关 S 闭合   调节信号源电压,使输出电压 V_o 为规定值。

b）开关 S 断开　　调节增益控制器，使其输出增加 6 dB。

c）调节 R_1，使输出电压 V_o 为规定值，此时 $(V_1/V_2)_1 = 2$，读取 $R_{1(1)}$。

d）调节增益控制器，使其输出再增加 6 dB。

e）调节 R_1，使输出电压 V_o 为规定值，此时 $(V_1/V_2)_2 = 4$，读取 $R_{1(2)}$。

f）将测得的数值 $(V_1/V_2)_1$、$R_{1(1)}$ 及 $(V_1/V_2)_2$、$R_{1(2)}$ 分别代入下式，解联立方程可得 R 和 X

$$\left[\frac{V_1}{V_2}\right]^2 = 1 + \frac{R_1(2R + R_1)}{R^2 + X^2} \qquad (9-40)$$

由下式计算 Z_i：

$$Z_i = R + jX \qquad (9-41)$$

（3）输出阻抗 Z_o 的测试

① 定义　　器件工作在线性范围内时，输出端的等效内阻抗

② 测试原理图　　测试原理图如图 9-26 所示。

③ 测试方法　　加电源后按下述步骤进行测试。

a）开关 S 断开　　调节输入信号电压，使器件工作在线性范围内，在输出端读取 V_o。

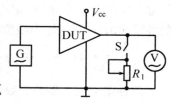

图 9-26　Z_o 的测试原理图

b）开关 S 闭合　　调节 R_1，使输出电压 $V_{o1} = (1/2)V_o$，即 $V_o/V_{o1} = 2$，读取 $R_{1(1)}$。

c）调节 R_1，使输出电压 $V_{o2} = V_o/4$，即 $V_o/V_{o2} = 4$，读取 $R_{1(2)}$。

d）将测得的数值 V_o/V_{o1}，$R_{1(1)}$ 及 V_o/V_{o2}，$R_{1(2)}$ 分别代入下式计算，解联立方程可得 R 及 X：

$$\left[\frac{V_o}{V_{o1}}\right]^2 = 1 + \frac{R^2}{R_1^2} + \frac{2R}{R_1} + \frac{X^2}{R_1^2} \qquad (9-42)$$

由下式计算得 Z_o：

$$Z_o = R + jX \qquad (9-43)$$

（4）带宽 BW 的测试

① 定义　　器件增益从直流增益下降 3 dB（直流增益的 0.707 倍）所对应的输入信号频率范围。

② 测试原理图　　BW 的测试原理图如图 9-27 所示。扫频信号发生器的输出加到 DUT 的输入。DUT 的输出经峰值检波器后加到示波器的 Y 轴。扫描信号发生器输出的扫描信号加到示波器的 X 轴，DUT 的 Z_i 与信号源阻抗、Z_o 与负载电阻要分别匹配。

③ 测试方法　　调节扫频信号发生器，使示波器显示图 9-28 所示曲线。由下式计算带宽：

$$BW = f_H - f_L$$

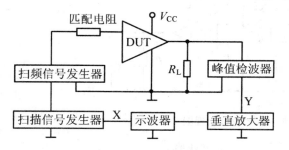

图 9-27　BW 的测试原理图

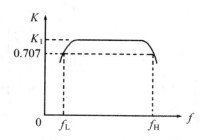

图 9-28　放大器的频率响应

（5）截止频率 f_c 的测试

① 定义　器件增益从直流增益下降 3 dB 所对应的输入信号高频端的频率。

② 测试原理图和测试方法同 BW 测试，所得 f_H 即为 f_c。

（6）电压增益 A_V 的测试

① 定义　输出电压 V_o 与输入电压 V_i 之比。

② 测试原理图　A_V 的测试原理图如图 9-29 所示。

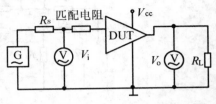

图 9-29　A_V 的测试原理图

Z_i 应与源阻抗 R_S 匹配。电源电压、信号频率和幅度、负载电阻及环路条件均应符合器件规范。

③ 测试方法　在输入端施加规定的信号电压 V_i，在输出端测得输出电压 V_o，由下式计算得到 A_V：

$$A_V = 20\lg \frac{V_o}{V_i} \text{（dB）} \tag{9-44}$$

（7）输入动态范围 D_i 的测试

① 定义　不引起输出失真的最大输入信号电压与能分辨输出信号的最小输入信号电压之比。

② 测试原理图　D_i 的测试原理如图 9-30 所示。

③ 测试方法

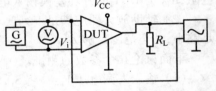

图 9-30　D_i 的测试原理图

a）由小到大逐渐增加信号电压，当输出波形临界失真时，在输入端测得最大输入信号电压 V_{imax}。

b）逐渐减小信号电压，当输出信号电压与噪声电压临界不能分辨时，在输入端测得最小输入信号电压 V_{imin}。

c）由下式计算得到 D_i：

$$D_i = 20\lg \frac{V_{imax}}{V_{imin}} \text{（dB）} \tag{9-45}$$

2）线性集成放大器的辅助放大器测试法

线性集成放大器的实际测试方法有单管测试法和辅助放大器测试法两种。由于上节介绍的单管测试法测试各参数的电路变化太大，测试精度也较差；尤其是对高增益放大器，在单管开环状态下测试时极不稳定，因此发展了另一种带有辅助放大器的闭环测试方法。这种方法不仅提高了测试精度，而且还有下列优点：

（1）被测器件的直流状态能自动稳定，且易于建立测试条件；

（2）环路具有较高的增益，有利于微小量的精确测量；

（3）可在闭环条件下实现开环测试；

（4）易于实现不同参数测试的转换，有利于实现自动测试。

因此，利用辅助放大器测试线性集成放大器是一种比较完美而成熟的方法，已为国际电工委员会（IEC）通过，作为国际上通用的测试方法。

这种方法的电路图如图 9-31 所示，其中 A 是辅助运算放大器。环路元件及辅助放大器应满足下列条件。

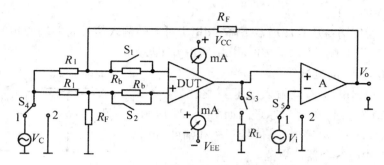

图 9-31　辅助放大器测试法基本原理图

（1）环路元件应满足下列要求：

$$\frac{R_1}{1 + \dfrac{R_1}{R_F}} \times I_{os} \ll V_{os} \tag{9-46}$$

$$R_{os} \ll R_F \ll R_{ID} \tag{9-47}$$

式中　V_{os} 为 DUT 的输入失调电压；I_{os} 为 DUT 的输入失调电流；R_{os} 为辅助放大器的开环输出电阻；R_{ID} 为 DUT 的开环差模输入电阻。

（2）辅助放大器应满足下列要求：开环增益大于 60 dB，输入失调电流和输入偏置电流应足够小，动态范围足够大。

下面讨论几个参数的测试。

（1）输入失调电压 V_{os}　将 S_1，S_2 闭合，S_3 断开，S_4、S_5 接地，测得输出端的直流电压 V_o，则得

$$V_{os} = V_o/(1 + R_F/R_1) \tag{9-48}$$

这里所测的实际是 DUT 和 A 两者的输入失调电压，但因 A 的 V_{os} 折合到 DUT 输入端后要除以 DUT 的开环增益，其影响可忽略。

（2）输入失调电流 I_{os}　将 S_4、S_5 接地，S_3 断开。将 S_1，S_2 先闭合，测输出电压 V_{o1}；再把 S_1，S_2 断开，测输出电压 V_{o2}。

当 S_1，S_2 闭合时，DUT 输入只有 V_{os}，所以

$$V_{o1} = \left(1 + \frac{R_F}{R_1}\right)V_{os}$$

当 S_1，S_2 断开时，DUT 输入端除 V_{os} 外，还有输入电流 R_b 上的压降 $I_{iB1}R_b - I_{iB2}R_b = I_{os}R_b$，所以

$$V_{o2} = \left(1 + \frac{R_F}{R_1}\right)(V_{os} + I_{os}R_b)$$

因此

$$I_{os} = \frac{V_{o2} - V_{o1}}{\left(1 + \dfrac{R_F}{R_1}\right)R_b} \tag{9-49}$$

（3）输入基极电流 I_{iB}　将 S_3 断开，S_4、S_5 接地，分两步测：

a）S_1 断开，S_2 闭合，测输出电压 V_{o1}

$$V_{o1} = \left(1 + \frac{R_F}{R_1}\right)(V_{os} + I_{iB1}R_b)$$

b) S_1 闭合、S_2 断开，测 V_{o2}

$$V_{o2} = \left(1 + \frac{R_F}{R_1}\right)(V_{os} - I_{iB2}R_b)$$

由此得

$$I_{iB} = \frac{1}{2}(I_{iB1} + I_{iB2}) \frac{V_{o1} - V_{o2}}{2R_b\left(1 + \frac{R_F}{R_1}\right)} \tag{9-50}$$

（4）开环电压增益 A_V　　S_1，S_2 闭合，S_3 断开，S_4 接地，S_5 接信号 V_i。使 V_i 变化 ΔV_i，测相应的输出电压 ΔV_o，则开环增益为

$$A_V = \frac{-\Delta V_i}{\Delta V_o}\left(1 + \frac{R_F}{R_1}\right)\quad \left(\text{设} \frac{R_1}{R_1 + R_F}A_V A_2 \gg 1\right) \tag{9-51}$$

式中　　A_2 为辅助放大器的开环增益。

（5）共模抑制比 CMRR　　将 S_1，S_2 闭合，S_3 断开，S_5 接地，S_4 接共模电压 V_C。且使 V_C 变化 ΔV_C，测相应的输出电压 ΔV_o，则

$$CMRR = \frac{R_F}{R_1}\frac{\Delta V_C}{\Delta V_o}$$

测量 CMRR 的条件是精密匹配四个电阻 R_1、R_F，使 $\frac{R_1}{R_F}A_1 A_2 \gg 1$。

（6）静态功耗 P_D　　测试方法与上一节所述相同。

9.3　微波网络分析

9.3.1　概　述

微波一般是指从 300 MHz 至 300 GHz 之间的电磁波。微波波段又可划分为米波（0.3 ~ 3 GHz）、厘米波（3 ~ 30 GHz）和毫米波（30 ~ 300 GHz）段。

在低频和高频频段，所接触到的参数都是集总参数，描述电路工作的参数只集中在理想的电路元件上，而与连接元件的导线被认为无关，导线仅起着传导电流的作用。这是一种近似的方法。实际上导线本身有电阻、电感，导线间有电容。这些参数均匀分布在导线上，因而称为分布参数。随着频率的提高，这些分布参数的作用将不断增大而不能忽略；以致对微波电路，人们关心的不再是集总元件上的电压和电流的关系，而是在传输介质中电波的传输特性，因而对微波网络的测量技术与对低频电路的测量技术有很大不同。

微波测量的参数有多种多样，就其测量内容而言，可分为"微波网络特性"和"微波信号特性"两大类参数。本节主要讨论前一类参数的测量原理。

所谓网络，只是对实际的物理实体所进行的数学抽象，用网络方法不能研究元件内部各点的场强。在大多数情况下，在微波系统中，微波元件的作用是通过它对微波信号的传输特性来表征的，而这一传输特性可用网络来表示。因此，当网络输入端的电压、电流及输出端的电压、电流之间的相互关系已知时，微波元件的特性也就完全确定了。

微波元件所外接的均匀传输线的数目不等。若只外接一条传输线，则代表该元件的网络称为单端口网络，如匹配负载、短路活塞等。依此类推，若微波元件与二条、三条或四条均匀传输

线相连,则分别称该元件为二端口、三端口或四端口网络,描述这些网络外接特性的电参数称为网络参数。为测量这些参数,要将多端口网络化为双端口网络,而双端口网络的反射参数又可化为单端口网络来测试。因此,微波网络特性测试包括单端口和双端口网络参数的测试。

9.3.2　S 参数

1) S 参数定义

描述二端口网络外部特性的参数有多种,但用得最多的是散射参数 S,如图 9-32 所示。图中 a_1、a_2 是网络的输入,b_1、b_2 是网络的输出。其中 b_1、a_2 是由网络反射产生的。用方程表示它们的关系为

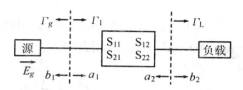

图 9-32　二端口网络的 S 参数表示

$$b_1 = S_{11}a_1 + S_{12}a_2 \qquad (9-52)$$
$$b_2 = S_{21}a_1 + S_{22}a_2 \qquad (9-53)$$

式中　S 及 a、b 均为复数。

对单端口网络,常用反射参数 Γ 表示其电特性:

$$\Gamma = b_1/a_1 \qquad (9-54)$$

反射系数与输入阻抗间有固定的转换关系,它们是

$$Z_{in} = Z_o \frac{1+\Gamma}{1-\Gamma} \qquad (9-55)$$

式中　Z_o 为传输线的特性阻抗。当在双端口网络的终端接上匹配负载时,可以像测单端口 Γ 那样测量其反射参数 S_{11} 或 S_{22}。

电压驻波比是沿线电压最大值与最小值之比。反射系数与电压驻波比 ρ 的关系为

$$|\Gamma| = \frac{\rho-1}{\rho+1} \qquad (9-56)$$

由于反射参数的变化范围为 $0 \leqslant |\Gamma| \leqslant 1$,因而驻波比的变化范围为 $1 \leqslant \rho \leqslant \infty$。驻波比 ρ 是大于 1 的无量纲的实数。

反射参数(Γ、S_{11}、S_{22},有时也称阻抗参数)和传输参数(S_{12}、S_{21})都是复数。但在微波工程上为表征元、器件的匹配程度,常用反射系数的模值 $|\Gamma|$ 或有关的标量参数作为主要技术指标,可方法简单,本成较低;故把反射参数分为标量参数($|\Gamma|$、$|S_{11}|$、$|S_{22}|$ 及驻波比 ρ)和矢量反射参数(Γ、S_{11}、S_{22} 及 Z)。同理,传输系数也分为标量传输系数($|S_{21}|$、$|S_{22}|$ 及衰减 $A = -20\lg|S_{21}|$)和矢量传输系数(S_{21}、S_{12})两种。

在实际测试中,有时还用到回波损失(RL)这一参数,其定义为

$$RL = -20\lg|\Gamma| \text{ dB}$$

回波损失表示反射波损失的大小。当 $RL \to \infty$ 时,网络的反射波为 0,即匹配状态。

2) S 参数的测量

(1) 传输参数测量

图 9-33 表示了传输系数 S_{21}、S_{12} 的测量系统。信号源的输出信号 E_s 经两电阻式功率分配器分成两路,一路为参考信号 R,另一路加到被测器件(DUT),后者输出信号 T。设功率分配器的分配系数分别为 C_1 和 C_2,DUT 的传输系数为 S_{21},则

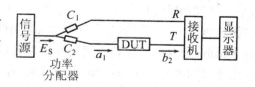

图 9-33　传输参数测量原理

$$R = C_1E_s, \quad a_1 = C_2E_s, \quad b_2 = S_{21}a_1 = C_2E_sS_{21} = T$$

于是有

$$\frac{T}{R} = \frac{C_2}{C_1}S_{21} \tag{9-57}$$

C_1、C_2 是已知的,所以只要测出 T/R,即可得到 DUT 传输系数 S_{21}。接收机的作用是测出 R、T 两种信号的幅度之比和相位之差,因而称为幅相接收机,也称求比值系统。最后结果由显示器显示。

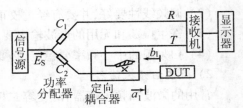

图 9-34　反射参数测量原理

(2)反射参数测量

图 9-34 表示反射参数 S_{11}、S_{22} 的测量系统。与图 9-33 相比该系统中增加了一个定向耦合器,它的作用是经过其主传输线把信号 C_2E_s 加到 DUT,同时把 DUT 的反射波经耦合端口送出作为信号 T。设耦合系数为 C_3,则

$$T = C_3b_1, \quad 且 \quad R = C_1E_s, \quad a_1 = C_2E_s, \quad b_1 = \Gamma a_1$$

所以

$$\frac{T}{R} = \frac{C_3b_1}{C_1E_s} = \frac{C_3C_2}{C_1}\Gamma \tag{9-58}$$

因为系数 $\dfrac{C_3C_2}{C_1}$ 为常数,所以测出 T/R,就得 DUT 的反射参数 Γ。

由此可见,一个网络测试系统主要由信号源、信号分离(如定向耦合器)、接收机及显示器四部分组成。

9.3.3　微波扫频信号源

与测试低频电路一样,测试微波电路也需要一个信号源。为使测试快速、简便,在微波电路的现代测试中大多采用扫频信号源。

1)基本原理

微波扫频信号源的原理框图如图 9-35 所示。它主要由扫频振荡器、扫描信号发生器、频标产生和稳幅反馈环路(ALC)等几部分组成。若不采用图中虚线方框内的电路,则扫频振荡器产生的信号经滤波器、宽带放大器和输出衰减器直接输出。当采用虚线方框内的电路时,由混频器将频率 $f_1 \sim f_2$ 向上或向下扩展,使之覆盖不同的频段。扫描信号发生器产生锯齿扫描信号,一路驱动扫频振荡器,产生 $f_1 \sim f_2$ 的扫频输出;另一路驱动显示器的 X 轴。由于两路信号同

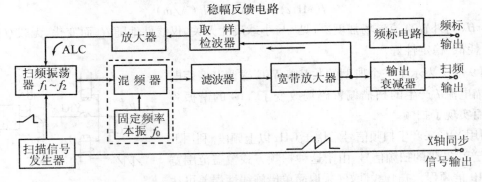

图 9-35　扫频信号源基本框图

步,因此显示器的 X 轴变换为频率轴,再用频标电路产生的频率标志进行刻度。扫描有连续扫描、外触发、单次及手动等方式。

对微波扫频信号源的技术要求主要有:

(1)在预定的频带内,要求有足够大的输出功率,且幅度稳定,为此要加入稳幅反馈环路。

(2)调频线性要好,并要有经过校正的频标,以便于确定频带宽度和点频输出。

(3)寄生振荡和无用的谐波输出要小。

(4)扫频源的中心频率要稳定,必要时要加稳频措施。

2)微波扫频振荡器

常用的微波扫频振荡器有:变容二极管电调振荡器、YIG(钇铁石榴石铁氧体)电调振荡器及反射速调管振荡器等。这里简单介绍前两种电调振荡器的基本原理。

(1)变容二极管电调扫频振荡器

变容管是 PN 结电容随外加偏置电压高低而变化的二极管。PN 结电容 C_D 与外加反向偏置电压 V 的关系由下式表示:

$$C_D = C_0 \Big/ \left(I + \frac{V}{\varphi} \right)^n$$

式中　C_0——不加偏置时,二极管 PN 结电容(零偏电容);

　　　V——外加的反向偏置电压;

　　　φ——二极管的势垒电压,对于硅材料的二极管,$\varphi = 0.7\ \text{V}$;

　　　n——变容指数,取决于 PN 结的结构和杂质分布情况,对缓变结,$n = 1/3$;对突变结,$n = 1/2$。

一种常用的克拉伯式振荡电路如图 9-36 所示。扫描电压改变了变容管 D_1 和 D_2 的容量,从而实现了扫频。

利用变容管来产生扫频信号常用于射频频段,直到微波频段,其优点是实现简单、输出功率适中及扫频速度快等,因而得到了广泛的应用。缺点是扫频宽度小于 1 个倍频程,特别是宽带扫频时线性不太理想,需要增加扫频线性校正电路。因此,目前在微波宽带扫频源中,较少采用变容管,而大都采用 YIG 来实现扫频。

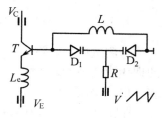

图 9-36　利用变容管产生扫频信号

(2)YIG 电调扫频振荡器

YIG 单晶铁氧体利用了铁氧体内电子自旋产生的磁矩,在外加偏置磁场下进动而产生了高频磁场。该磁场有谐振特性,对于小球状的 YIG,谐振频率 f 由下式决定:

$$f(\text{MHz}) = 0.011\ 2H_0(\text{A/m})$$

式中　H_0 为外置直流磁场强度。可见 f 与小球尺寸无关,仅线性地随 H_0 而变化。无载 Q 值高达 10^4,损耗低,稳定性好。

图 9-37 表示了一个典型的共基极 YIG 磁调谐振荡电路。扫描电流 I 产生的扫描偏置磁场改变了 YIG 的谐振频率,从而实现了扫频。

利用 YIG 来产生扫频信号常用于 GHz 以上频段。利用下变频可产生宽带的扫频信号。由于这种扫频方式覆盖范围宽(高达 10 倍频程)、扫频线性好(采取简单措施线性误差可达 0.1% 以下),因而得到越来越广泛的应用。唯一缺点是建立

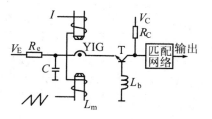

图 9-37　利用 YIG 产生扫频信号

外加偏置磁场的速度不能太快（100 Hz 以下），否则由于 H 的滞后影响扫频的线性。在新近推出使用的扫频仪里，在高频频段和微波频段中，都用这种扫频方式。

9.3.4 反射计和定向耦合器

反射计的基本作用是将传输线上由被测负载所引起的反射波与入射波分离开来，以便比较它们的大小和相位，从而确定被测负载的反射系数，或换算成驻波比及输入阻抗。反射计的概念在微波测量中非常重要，它除了能测量微波网络的反射参量外，还是组成现代微波测量仪器的基础。

反射计的基础是定向耦合器，因此先对定向耦合器的原理及主要技术指标作一简单介绍。

1）定向耦合器

定向耦合器用于测量出现在 DUT 输入端入射和反射的信号。定向耦合器由一个直通通道（又称主线）和一个耦合通道（又称副线）组成，如图 8-38 所示。直通通道的损耗很小，在图 9-38 中直通通道仅损失 0.02 mW 功率。耦合通道只对直通通道一个方向（图 9-38 中为从左向右方向）传播的信号进行耦合，而对相反方向传播的信号不应进行耦合，故名为定向耦合。在图 9-38 中，输入功率为 1 mW，耦合信号的功率为 0.01 mW。

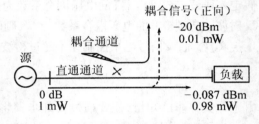

图 9-38　耦合系数（正向）测量

（1）耦合系数 C

耦合系数定义为输入功率与耦合功率之比，用分贝表示：

$$C = 10\log(\text{输入功率／耦合功率}) \quad \text{dB} \qquad (9-59)$$

图 9-38 中，$C = 20$ dB，表示耦合功率比输入端功率降低了 20 dB。耦合系数值小，则耦合度强。

（2）隔离度 D

在理想情况下，在耦合器直通通道上反向传送的信号不应当出现在耦合端口上；实际上由于耦合器端口之间的隔离度有限，总有一些反向能量出现在耦合端。可以采用对耦合器反向送功率的方法来测量隔离度，如图 9-39 所示。隔离度 D 的定义如下：

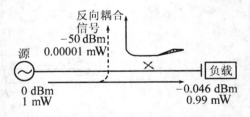

图 9-39　隔离度（反向耦合系数）测量

$$D = 10\log(\text{输入功率／反向耦合功率}) \text{dB} \qquad (9-60)$$

在图 9-39 中，$D = 50$ dB。D 值越大，耦合器性能越好。

（3）定向性 C'

定向性 C' 定义如下：

$$C' = 10\log\frac{\text{正向耦合功率}}{\text{反向耦合功率}} = 10\log\frac{\text{输入功率}}{\text{反向耦合功率}} - 10\log\frac{\text{输入功率}}{\text{正向耦合功率}}$$

$$= D - C \qquad (9-61)$$

在一般定向耦合器中，定向性 C' 约在 40 dB 左右。

2）双定向耦合器式反射计

图 9-40 所示为双定向耦合器反射计的典型组成。用两只高方向性的定向耦合器接入被测

负载的前面,分别取出入射波功率和反射波功率的一部分,以便进行比较。对于所选用的定向耦合器,除要求方向性尽量高外,还要求其耦合度较强。一般要求耦合度不弱于 20 dB,最好在 10 dB 左右。

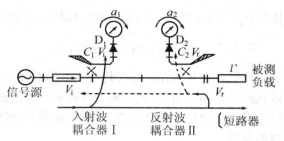

图9-40　微波反射计的基本组成方式

在图9-40中,从入射波定向耦合器和反射波定向耦合器取出的信号,经过晶体检波器检波,在直流或低频上进行比较测量。因此,每个检波器需带一个单独的指示器以便分别读数。假定入射波定向耦合器 I 的电压耦合系数为 C_1,反射波定向耦合 II 的电压耦合系数为 C_2,则两只定向耦合器输出的高频电压分别为 $V_1 = C_1 V_i$ 和 $V_2 = C_2 V_r$。假设信号电平控制在不超过检波器平方律的范围,则两个指示器读数之比为

$$\frac{\alpha_2}{\alpha_1} = |V_2|^2 / |V_1|^2 = C_2^2 |V_r|^2 / C_1^2 |V_i|^2 = \left(\frac{C_2}{C_1}\right)^2 |\Gamma|^2 = k|\Gamma|^2 \quad (9-62)$$

由于 k 值并非已知量,需要通过校准步骤将其测出或者消除掉。

为了避免用两个指示器读数并计算比值的麻烦,常采用比值计作为输出读数装置,如图9-41所示。将反射计中两个检波器输出的低频信号分别加至比值计的两路输入端,比值计的输出指示便由该两路信号的比值决定。为了补偿两个耦合器的耦合度和检波放大器灵敏度的差别,应先进行校准,即在反射计输出端接短路器时($|\Gamma_s| = 1$),调节比值计的"满度校准"旋钮,使其在最大量程内指示满度,然后换接未知负载,便可直接读出两路输入信号的比值。

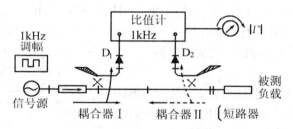

图9-41　用比值计读数的微波反射计

3) 单定向耦合器式反射计

在双定向耦合器式反射计的方案中,耦合器 I 的作用只是提供一个参考电平,代表入射波的大小,作为测量比值时的依据。如果对信号源采取稳幅措施,使信号源的输出幅度保持不变,即认为输入电压 V_i 是常数,则耦合器 I 便可省去,只需要一个反射波定向耦合器,如图9-42所示。在这一方案中利用反射波检波器的指示进行读数。因为 V_i 恒定不变,被测负载的 $|\Gamma|$ 值不同,反射波耦合器的输出电压大小将不同,其检波指示 α 亦随之变化。在平方

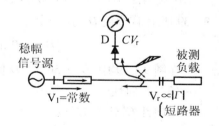

**图9-42　平方律检波读数式单定向
耦合器反射计**

律检波条件下,$\sqrt{\alpha} \propto |V_r| \propto |\Gamma|$。为了校准,在反射计终端接上短路器作为标准,得到 $|\Gamma_s| = 1$,并将此时指示器读数 α_s 调到等于测量放大器某一挡的满度值。当测量未知负载时,读取指示器读数 α,可按下式求出待测负载的反射系数:

$$|\Gamma| = \sqrt{\dfrac{\alpha}{\alpha_S}} \qquad\qquad (9-63)$$

用反射计测量标量反射系数的基本原理是将反射波分离开来,具有这种性能的微波元件,除定向耦合器之外,还有微波电桥,如双 T、魔 T、环形桥及微波集成电阻桥等。

9.3.5 微波标量网络分析

对单端口网络反射系数和双端口网络 S 参数的幅值进行测量,称为标量网络参数测量。标量网络参数测量应用十分广泛,其原因是:(1) 在许多情况下,某些微波元、器件的性能指标只用幅值参数表征已能满足工程应用要求;(2) 标量网络分析仪成本低,价格约为矢量网络分析仪的 1/4。标量网络参数分两种,即标量反射参数($|\Gamma|$,$|S_{11}|$,$|S_{22}|$)和标量传输参数($|S_{12}|$,$|S_{21}|$)。

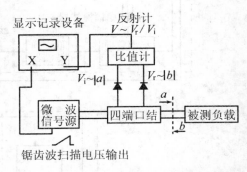

图 9-43 表示标量网络分析仪的基本组成。它主要是由微波信号源、反射计及显示记录设备等三部分组成。前两部分已在前两节讨论,因此本节主要讨论显示及记录部分。在此之前,先讨论反射参数及传输参数的测量方法,并进行误差分析。

图 9-43 标量自动网络分析仪典型方框图

1) 标量反射参数的测量

反射参数的扫频反射计测量有双定向耦合器和单定向耦合器两种,下面分别介绍这两种测量方法及其有关的测量误差。

(1) 双定向耦合器扫频测量原理

图 9-44 为扫频反射计的测量电路,其中的反射计由单定向耦合器和双定向耦合器组成。图 9-44(a) 为双定向耦合器扫频反射计的电路图。图中的指针式比值计和长余辉示波器为指示设备。

测量时首先要调整好扫频源和比值计。此外,在扫频测量系统中,由于检波器是宽带的,需要消除信号源输出的寄生信号和谐波信号,因此常在信号源与反射计之间接入低通滤波器,以减少由此原因引入的测量误差。

测量标量反射参数的步骤如下:

① 将扫频信号源置于"自动扫描"档,并选取合适的扫描时间。

② 将反射计测量端开路或短路(波导传输线取短路,同轴线可取开路),把比值计细心调到 100%。

③ 接入待测元件,改变比值计"量程开关"使电表有适当读数。比值计上电表指示度的变化轨迹就表示反射系数模值随频率的变化曲线。若把这个变化输送到长余辉示波器上去,就可以直接显示出 $|\Gamma_L| \sim f$ 曲线。如果接到 X-Y 记录仪上,则可把测试曲线直接描绘在坐标纸上。

需要指出,有的比值计(如 HP8755 型幅频响应测试仪)能自动求出反射波信号与入射波信号的电压比值,以回波损失(dB)显示其测试结果。这时的初始校准是把短路器接在反射计的输出端口,示波器或 X-Y 记录仪上显示的基线就表示回波损失 $RL = 0\,\mathrm{dB}(|\Gamma_L| = 1)$。校准之后换接待测负载,测出回波损失。

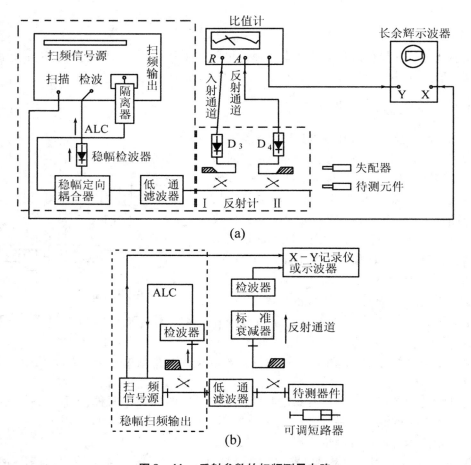

(a)

(b)

图9-44　反射参数的扫频测量电路

（a）双定向耦合器测试系统；　（b）单定向耦合器测试系统

（2）单定向耦合器扫频测量原理

图9-44（b）所示为单定向耦合器扫频反射计的测量系统。它与双定向耦合器扫频反射计的不同点是扫频源应加稳幅系统。显示方法有高频替代法、低频替代法和中频替代法三种，常用的是高频和低频替代法。

高频替代法的测量步骤如下：

① 调整稳幅扫频信号源，以获得最大稳幅输出。

② 用短路器校准　采用 X－Y 记录仪时，要测试、绘制校准栅形线。其方法是：将测试端口接入可调短路器，调整反射通道上的标准衰减器，得到一个适当的衰减量 A_0（dB）。通过手动触发开关，使扫频信号源进行单次扫描，在 X－Y 记录仪上就描绘出与 A_0 对应的栅形线。这条栅形线是在短路情况下绘制的（$|\Gamma_L| = 1$），所以它是该测量系统的参考栅形线，或者叫回波损失 0 dB（$RL = 0$ dB）校准栅形线。

以 A_0 为参考，增加 ΔA（如取 $\Delta A = 2$ dB），重复上述步骤再测制 $RL = 2$ dB 的校准栅形线。依此类推，可得到该测量系统的校准栅形线，如图9-45所示。经过校准之后，可使下列误差减到最小：① 等效源失配误差；② 定向耦合器的频率响应误差；③ 检波器的频响特性及偏离平方律检波所引起的误差。

③ 测量$|\Gamma_L|$值　若采用 X - Y 记录仪法，在测制了校准栅形线之后，换接待测负载，将校准可变衰减器调回到A_0(dB)，然后做一次触发扫描，X - Y 记录仪即绘出待测器件回波损失的$RL \sim f$特性曲线，如图 9-45 中的粗线所示。

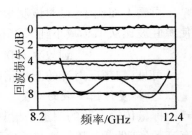

图 9-45　校准栅形线及某元件的$RL \sim f$特征

若采用示波器法，其测量原理如下：把滑动短路器接在测试端口，调整标准衰减器，使扫描曲线的平均值位于示波器荧光屏的中心线上。此时衰减器读数A_0(dB)即为 0 dB 回波损失。换接待测负载，调整衰减器，使扫描曲线恢复到荧光屏的中心线，读取衰减量A_1，则得到回波损失$RL = (A_1 - A_0)$dB。

(3) 标量反射参数的测量误差及减小误差的方法

扫频反射计的误差来源主要有以下几种：

① 测量装置的入射波直接泄漏到反射波通道，造成$|\Gamma_L|$的测量误差。这种误差主要来自定向耦合器的有限方向性，还有测试端口反射和定向耦合器耦合臂负载吸收不完善引入的误差。用精确度指数A_x表示。

② 扫频信号源失配引入的测量误差，称为源失配误差（对于稳幅源则为等效源失配误差）。用精确度指数C_x表示。

③ 用短路（或开路）进行校准时，由于定向耦合器的有限方向性和源失配引入的校准误差，以及测量装置的耦合度、检波器和显示设备的灵敏度误差。还有测量装置和检波器的频率响应、指示设备精确度等引入的测量误差。上述多项误差用精确度指数B_x表示。

由于这里所讨论的是标量测量，不涉及相位问题，因此所产生的误差即为最大误差，可表示为

$$\Delta|\Gamma| = \pm(A_x + B_x|\Gamma_L| + C_x|\Gamma_L|^2) \qquad (9-64)$$

这里举个例子。设有一台同轴线单定向耦合器基本反射计系统，方向性为 30 dB(0.031 6)，不加稳幅，源驻波比为 1.9($|\Gamma_g| = 0.31$)，测得回波损失$RL = 6$ dB($|\Gamma_L| = 0.5$)。由式(9-64)得测量误差为

$$\Delta|\Gamma| = 0.031\,6 + (0.031\,6 + 0.31)|\Gamma_L| + 0.31|\Gamma_2|^2 = \pm 0.28$$

可见，单定向耦合器一般反射计的系统误差是很大的。为此可采取下列方法来减小误差，提高测量精度：

① 用短路、开路法减小校准误差$(A_x + C_x)$，当接短路器($|\Gamma_L| = -1$)确定 0 dB 校准栅形线时，由于校准误差的影响，使栅形线起伏很大。若再以开路线为标准($|\Gamma_L| = 1$)进行校准，将产生一条与短路时反向的曲线，若以上述两种校准状态下的平均曲线为 0 dB 标准曲线，则$A_x + C_x = 0$，如图 9-46 所示。因此，用短路、开路法可以消除校准误差。

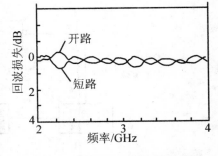

图 9-46　短路-开路校准栅形线

② 采用稳幅环路可以改善扫频源的匹配状态。若采用双通道比值计（如图 9-44(a)所示），能减少源失配误差的影响。

③ 采用高质量的同轴接头，将等效方向性误差减到最小。这是因为接头的反射会耦合到指示器去，等效于引入方向性误差。使用小反射接头可以改善方向性，同时也减少等效源失配误差。

再看上面例子。设对该测量系统采取上述措施 ① 和 ② 后,使$(A_x + C_x) = B_x = 0$,经稳幅使源驻波比从 1.9 减小到 1.36($|\Gamma_g| = 0.153$),则有

$$\Delta|\Gamma| = 0.0316 + 0 \times (0.5) + 0.153 \times 0.5^2 \pm 0.07$$

可见,扫频反射计的测量精确度得到较大提高。

2) 标量传输参数的测量

标量传输参数的测量是指测量微波无源元件的衰减或有源元件的增益。常用的测量方法有高频(或低频)替代法和比值计法。下面分别介绍这两种测量方法以及有关的测量误差。

(1) 高频替代法测量原理

高频替代法测量标量传输参数的测试系统如图 9-47(a) 所示。它与用高频替代法测量标量反射参数的系统相似,差别仅在于把反向耦合器改为正向连接,以便取出通过待测网络的能量进行检测。在具体测量的方法上要注意两点:① 短路校准是指把测试端口 T_1 和 T_2 对接;② 测量的结果是传输衰减,而不是回波损耗。

(2) 比值计法测量原理

用比值计法也可测量传输参数,测试方案如图 9-47(b) 所示。它与双定向耦合器的测试系统相似,差别仅在于把反向定向耦合器改为正向连接。由图 9-47(b) 可见,若定向耦合器的方向性为无限大,两只定向耦合器的耦合系数相同,且测试系统匹配,则 $|b_4|$ 正比于 $|a_1|$,$|b_3|$ 正比于 $|b_2|$,因此比值计的指示为

$$\frac{|b_3|}{|b_4|} = \frac{|b_2|}{|a_1|} = |S_{21}| \qquad (9-65)$$

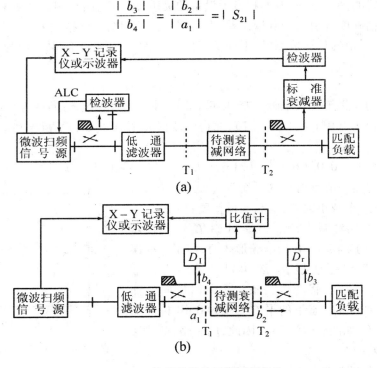

图 9-47 传输参数的扫频测量电路

(a) 单定向耦合器测试系统 (b) 双定向耦合器测试系统

在进行测量之前应先进行校准,即将端面 T_1 和 T_2 对接,调整比值计使满刻度时为 0 dB(即反射系数 $|\Gamma_L| = 1$)。然后接入待测衰减网络,此时 $|b_3|$ 有了衰减,而 $|b_4|$ 没有改变。如果比

值计用分贝表示,由比值计的指示值直接得到衰减量:

$$A_x = 20 \lg \left| \frac{b_3}{b_4} \right| = -20 \lg |S_{21}| \tag{9-66}$$

(3)标量传输参数的测量误差及其减小误差的方法

标量传输参数的测量误差主要是失配误差。由于是扫频测量,还应当考虑由测量系统的频率跟踪特性引入的误差和显示器误差。综合各项误差,可表示为

$$\Delta A = 20 \lg \frac{(1 \pm |\Gamma_g||\Gamma_L|)(1 \pm |S_{22}||\Gamma_d|)}{1 \mp |\Gamma_g||\Gamma_d|} + 频率跟踪误差 + 显示器误差 \tag{9-67}$$

式中 Γ_g 为 T_1 面等效源的反射系数;Γ_d 为 T_2 面的等效检波器的反射系数;Γ_1 是从 T_1 面向负载方向看入的输入反射系数;S_{22} 为待测衰减网络 T_2 端的网络反射系数。

频率跟踪误差可以通过校准栅形线减小,显示器误差决定于所用仪器的精确度。因此,在标量传输参数的扫频测量中,减小误差的主要方法是改善信号源和检波器的匹配状态。改善信号源匹配的方法有:① 外加稳幅环路;② 在信号源与测试端口 T_1 面之间接入宽带隔离衰减器(一般取 10 dB);③ 采用双通道法测量系统。为了改善检波器的匹配状态,除了尽可能选用反射系数小的宽带检波器之外,可在测试端口 T_2 与检波器之间接入宽带隔离衰减器(一般取 10 dB),用以改善匹配性能。

3)扫频幅度分析仪

前面介绍了标量反射参数和传输参数的测量原理及其误差的校准方法。所用的指示设备多为比值计、X-Y 记录仪或示波器等。现代化标量网络分析仪由扫频信号源、反射计和扫频幅度分析仪三部分组成。扫频幅度分析仪代替了前面的比值计、X-Y 记录仪和示波器。扫描幅度分析仪的显示方法有图形显示和数字显示等方式。它虽然也使用阴极射线示波器,但与普通示波器不同,它的显示原理如图 9-48 所示。它有两个通道,即参考通道 R 和测试通道 A,比值为 A/R。由于两个通道的信号都经过对数放大器,因此检波之后的输出相对于射频信号是功率关系,可用分贝表示。

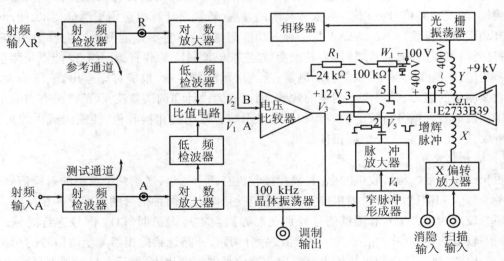

图 9-48　扫频幅度分析仪显示原理图

幅度分析仪使用的示波管有静电偏转和磁偏转两种,前者屏幕尺寸较小,后者较大。为了提高分辨率,目前的发展趋势是选用大尺寸屏幕。从显示图像的原理分类,有光点扫描式、光栅

增辉式和带微处理器的智能式显示三种。智能式显示器具有信号处理能力,是当前显示器的发展方向。对于光点扫描式,无论采用静电偏转示波管还是磁偏转示波管,均不易得到较高的测量精度。近年来出现的光栅增辉式显示器易于实现大屏幕显示,且有较高的测量精度,因此获得了广泛的应用。HP8755 型标量网络分析仪和国产 QH3610 型扫频幅度分析仪都使用光栅增辉式显示器。

光栅增辉式显示器的显示原理与电视图像显示原理十分相似。区别只是所用偏转线圈的安装方向与电视机线圈的安装方向相差 90°,即要求光栅呈垂直方向,以便显示待测信号的幅频特性曲线。当没有图像输入时,光栅是看不见的,称为"暗光栅"。当有图像输入时,待显示图像信号变换为调相的增辉脉冲。将增辉脉冲加到示波管的阴极上,就会在暗光栅上产生与幅度对应的增辉亮点。每条光栅上出现亮点的高度应该正比于待显示幅度。为了达到这个要求,需要将待显示幅度变换为一种相位数据。设待显示信号的电压幅度为 V_1,将它加到电压比较器输入端 A,再将光栅振荡器输出的同步信号经相移器加到电压比较器的另一端 B。这个同步信号是与直接加到垂直偏转线圈的光栅信号相同步的,并为锯齿波电压,设为 V_2。根据电压比较器的特性,当 $V_2 < V_1$ 时,其输出端 V_3 为低电平;当 $V_2 > V_1$ 时,V_3 为高电平;当 $V_2 = V_1$ 时,V_3 产生电压跳变。经过窄脉冲形成器和放大器,产生增辉脉冲,加到示波器的阴极上,在显示屏幕上打出增辉亮点。这个亮点在光栅上的高度与 V_1 成正比,V_1 越大,亮点的位置越高。只要暗光栅的条数足够多,光栅间的间隔足够小,就可显示连续的特性曲线,如图 9-49 所示。

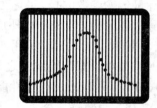

图 9-49　暗光栅增辉亮点显示曲线示意图

由于水平扫描信号(扫描输入)来自扫频信号源,与扫频范围同步,因此水平轴就表示频率。由此可知,屏幕上显示的特性曲线就是幅频特性曲线。

9.3.6　微波矢量网络分析

微波矢量网络分析仪是一种能全面测量微波网络参数的仪器,能同时测出网络参数的幅值和相位。随着扫频信号源和取样、变频技术的发展,特别是计算机应用于测量技术,便产生了微波自动网络分析仪(ANA)。ANA 是一种多功能测量装置,它不但能测量反射参数和传输参数,而且能将测量的结果自动转换为其他参数。它能够测量无源和有源网络,既能点频测量,也能扫频测量;既能手动测量,也能自动测量;既能用示波器显示,也能打印输出。该仪器大大扩展了微波测量的能力,并提高了测量的效率,因而成为设计和调试微波元、部件最有力的工具。

将微波标量网络分析仪的检波器和标量显示装置改为幅相接收机,便能组成微波矢量网络分析仪,因此下面首先介绍幅相接收机。

1)幅相接收机

图 9-50 表示幅相接收机的框图。幅相接收机有两个通道,送到两个通道的射频信号分别为参考信号 R 和测试信号 T,幅相接收机的功能就是测出这两种信号的幅度比和相位差。

频率较高的参考信号和测试信号分别在混频器与本地振荡器(LO)信号进行混频,下变频到频率较低的中频(IF)信号。经中频滤波后分两路,一路送到检相器测量两信号的相位差,另一路经检波、放大后送到求比值电路求出两路信号的幅度比值,最后在显示器上显示两信号的相位差及幅度比值。

幅相接收机有下列优点:

(1)下变频到中频时保留幅度和相位信息,然后在较低且固定的中频上检测幅度和相位,因而容易实现且测量精度高。

（2）在幅度测量中采用了对数放大器,因而显示器上显示 dB 数。

（3）在相位测量中采用了检相器和相位偏移电路,因而两信号的相位差可在 ±180° 范围内调节。

（4）幅相接收机实为"求比值"系统,因而削弱了信号源输出电平漂移的影响,改善了信号源匹配,使系统稳定且测量精度高。

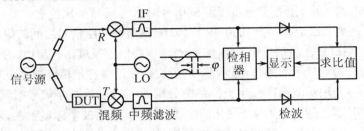

图 9 - 50   幅相接收机框图

2）HP8140 微波网络分析仪

图 9 - 51 表示 HP8140 型宽带式扫频微波网络分析仪框图。由于信号频率范围扩展为 $(0.1 \sim 12.4)$ GHz, 采用选件可达 18 GHz, 所以仪器采用二次变频方案。由定向耦合器采样的入射波和反射波分别送入幅相接收机的参考通道和测试通道,经采样变频器向下变换到恒定的中频 f_{IF}(20.278 MHz), 再经过第二混频器变换到低频(278 kHz), 得到显示信号,频率变换过程必须是线性的,仅起频移作用,不能改变原来微波信号的振幅和相位信息,这样才能保证测量的准确性。

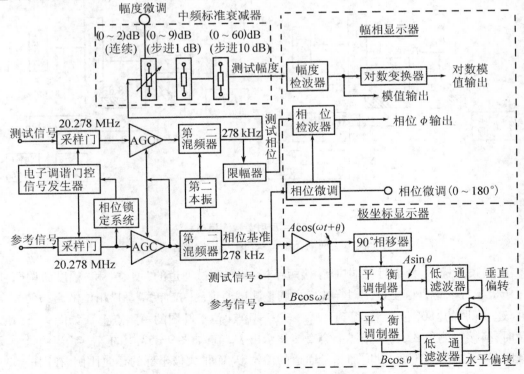

图 9 - 51   HP8410 型网络分析仪方块图

在图9-51中,两路采样变频器部分做成一个单独可移动的部件,称为谐波变频器。由变频器输出的两路中频信号送到网络分析仪的主机箱,其中包含的首先是自动增益控制(AGC)级。AGC信号也取自参考信道,同时控制两个信道的AGC放大器,但对参考信道为闭环控制,对测试信道为开环控制。其作用是(1)使经AGC之后的参考信道输出电平保持恒定不变;(2)控制测试支路AGC放大器的增益使两路共有的变化(例如扫频信号源功率变化等)不引起测试信道输出电平的改变,但单由测试信道前端来的信号大小变化仍会引起输出变化;(3)只要测量测试信道输出的大小,便等于测量了测试信号对参考信号的比值。

AGC级之后是第二次混频,变到低中频278 kHz,便进行两路信号之间的幅相关系测量。由于AGC的作用,幅度测量只在测试信道一路上进行,将该路信号经过0 ~ 70 dB的步级可变衰减器,便与参考信号一起,送到显示器插件。显示器有三种,一种是增益／相位指示电表,适宜于在点频测量时使用;第二种是用示波器在直角坐标系中分别或同时显示两路信号幅度的线性或对数比值和两路信号的相位差,随信号频率 f 变化的曲线;第三种是用极坐标显示器显示出两路信号复数比的极坐标图形。前两种显示器的电路基本类似。从步进衰减器来的幅度信号经过幅度检波便作为线性幅度输出,或再经对数变换器,便是对数幅度(即线性分贝)输出,可加到电表或示波器Y轴上显示两路的幅度比(增益或衰减)。量程大小可由步进衰减器改变,测量动态范围至少可达60 dB。由测试信道经限幅器送出幅度一定的测试信号与幅度一定的参考信号一起加到相位检波器电路,便可输出相位信号送到表头或示波器Y轴上,显示两路相位差。除相位量程可以选择外,还可用图中的"相位微调"电路使所显示的部分能在 ±180° 范围内移动。

3)反射参数的测量

(1)校准与测量方法

测量网络反射参数的电路如图9-52所示。测量之前需要先进行校准。

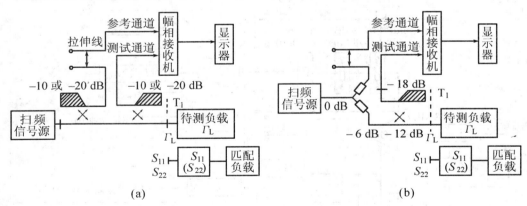

图9-52 反射参数测量电路

(a)双定向耦合器式 (b)单定向耦合器式

① 点频测量 校准时在端口 T_1 接短路板,调整测试通道的"增益"和"幅度微调",使光点位于极坐标的最外圆上($|\Gamma_L| = 1$)。再调整测试通道的"拉伸线"和"相位微调",使光点显示在极坐标圆的180°位置上,得到 $|\Gamma_L| = 1 \cdot e^{j\pi}$ 点(位于圆图的短路点上),如图9-53所示。测量时,换接待测负载,在荧光屏上会直接显示出 Γ_L 值,如图9-53中的 Γ_L 点。当测量小反射负载时,为了提高分辨率,可增加测量通道的增益,从而扩大极坐标的径向比例。在图9-53中,$\Gamma_L = 0.8e^{j135°}$。拉伸线是一段长度可变的传输线,用于补偿两个通道的传输路径差。在系统校

准时,起相位补偿作用。

② 扫频测量   在端口 T_1 连接短路板,调整到所需要的工作频率范围。当用极坐标显示时,就会出现如图 9-54(a)所示的结果。调整"拉伸线"使光点轨迹缩为一小团。调整"增益控制"使这个光团移到最外圆上,再调整"相位微调"使光团移到 180° 的位置上,得到校正点 $1 \cdot e^{j\pi}$,如图 9-54(b)所示。

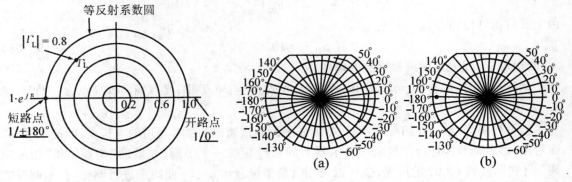

图 9-53   点频测量的校准点与测量点

图 9-54   扫频测量时校准示意图
(a)输出端短路,平衡前的扫频显示;
(b)调节相位、振幅微调,平衡后的结果

测量时,在端口 T_1 换接上待测负载,荧光屏上就显示出待测负载反射系数 Γ_L 的频响轨迹,如图 9-55 所示。

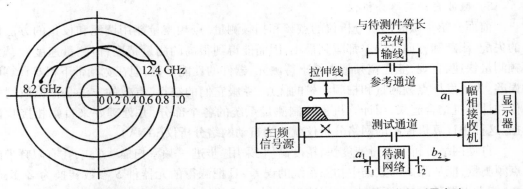

图 9-55   待测负载 Γ_L 的频响特性

图 9-56   传输参数测量电路

4)传输参数的测量

测量网络传输参数的电路如图 9-56 所示。测量之前需要先进行校准。校准与测量方法如下:

(1)点频测量   校准时,把测试通道与待测网络相连的两个端口对接。调谐到需要测量的频率,然后调整测试通道的"增益"和"幅度微调"旋钮,使光点处于极坐标最外圆上。再调整参考通道的"拉伸线"和"相位微调",使光点移到 0°。校准之后应保持"拉伸线"、"幅度微调"和"相位微调"机构在测试过程中不变,并记录测试通道的增益数 A_1(dB),$A_1 = -20 \lg \left| \dfrac{b_1}{a_1} \right|_c$,以 A_1 作为测试的起始电平。

测量时,在测试通道中接入待测元件。在参考通道内插入与待测元件等长度的空传输线,

以便使两通道的测试路程相等。调整测试通道的"增益"，使光点恢复到原来的幅度位置，即最外圆上，记录这时的增益数 $A_2(\mathrm{dB})$，$A_2 = -20\lg\left|\dfrac{b_2}{a_1}\right|_\mathrm{T}$。将 A_2 与校准时的电平 A_1 相比，增益的变化量为

$$A_2 - A_1 = -20\lg\left|\frac{b_{2\mathrm{T}}}{b_{2\mathrm{C}}}\right| = -20\lg|S_{21}|$$

由上式可得到传输参数

$$|S_{21}| = 10^{-(A_2-A_1)/20} \tag{9-68}$$

S_{21} 的相角 φ_{21} 是光点偏离校准点的角度。

例如校准时，增益 $A_1 = 20.0\ \mathrm{dB}$；测量时，增益 $A_2 = 36.7\ \mathrm{dB}$，光点偏离校准点为 $-150°$，则 $S_{21} = 0.146\mathrm{e}^{-\mathrm{j}150°}$。

（2）扫频测量　在扫频测量时，必须先平衡测试通道和参考通道的电长度，即把 T_1 和 T_2 面对接，然后调节拉伸线使极坐标显示器上的弧线变成一个小圆，并借助"增益"和"相位微调"将它调整到 $1\angle0°$ 的位置。也可以采用直角坐标显示 $\varphi\sim f$ 曲线来进行调整：在未调好之前，屏幕上将画出锯齿波状的 $\varphi\sim f$ 曲线，调节拉伸线使之变成一条水平线，这表明消除了两路之间的行程差，最后借助相位微调把该水平线调到纵坐标为 $0°$ 的位置上。同样，在两端口连接的情况下，利用中频步进衰减器在 $\lg A\sim f$ 的显示器上绘出不同误差值时的栅状定标线，作为测量待测网络衰减时读数的依据，可以消除跟踪误差的影响。在上述校准工作完成之后，接入待测网络，可以进行传输参数的测量。

5）微波自动网络分析仪

前面介绍了微波网络分析仪的点频和扫频测量。点频测量能用调配和校正的方法使系统的失配、跟踪和方向性误差都减到最小，因而能得到很高的测量精度，但测量速度慢、繁琐。扫频测量快速、直观，能在宽频带内给出待测元、器件的性能参数，但在宽频带下很难计算所有的误差。为了发挥点频测量和扫频测量的优点，克服它们的缺点，有效的方法是把微波网络分析仪和计算机结合起来，用计算机去控制测量系统的各个部分，并处理好来自幅相接收机的数据。这种用计算机控制的网络分析仪就称为自动网络分析仪（ANA）。

自动网络分析仪测量速度快，精度高。它采用"步进－频率扫描"方式，在有限频带内进行点频测量，能从测试的数据中扣除系统的误差，且把测得的元器件 S 参数转换为 Z、Y 或 H 参数，能求出群延迟、电压驻波比、回波损失、衰减或其他所需的参量。

ANA 由程控微波信号源、测试开关、调谐接收机、中频衰减控制和数据处理等几部分组成，如图 9-57 所示。

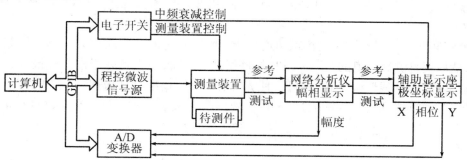

图 9-57　ANA 的基本方框图

在测量过程中,计算机控制微波信号源,通过电子开关控制测量装置的"四S参数选择开关"和辅助显示座,实现全自动化测量。辅助显示座用来程控中频衰减量。程控信号源输出的功率经过测量装置分为两路,即参考信号和测试信号,它们被送到网络分析仪中,由幅相显示器和极坐标显示器显示出测量的结果。由计算机输出测试结果时,振幅取自幅相显示器的模值输出;相位取自极坐标显示器的 X 轴和 Y 轴输出,用来计算相位角度。然后将振幅和相位数据送到 A/D 转换器,数字化后由计算机打印输出。数据处理器有较强的功能,它可以转换输出参数的形式,如把 S_{21} 或 S_{12} 变为插入损耗或衰减,将相位数据变为群延迟等。

习　题

9-1　图 9-58 表示了西林电桥电路,试求该电桥平衡时被测元件值的计算式。

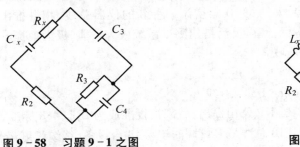

图 9-58　习题 9-1 之图　　　　图 9-59　习题 9-2 之图

9-2　图 9-59 表示串联欧文电桥并达到平衡,试求 R_x、L_x 之值。

9-3　试说明固定轴法和自由轴法测量阻抗的原理和特点。

9-4　在用辅助放大器法测试线性集成放大器的开环增益时,测得 ΔV_o(见图 9-31) 后用式(9-51) 计算 A_V,试推导该式。

9-5　测量标量反射系数的误差由哪些因素引起?如何减小误差?

9-6　如何测量网络传输系数?如何校正测量误差?

仪器总线及虚拟仪器

10.1   概   述

10.1.1   仪器总线的发展

对于任何一个可以与系统测试挂上钩的仪器而言,总线是一个必不可少的单元,在测试设备及系统中承载着数据传输和控制等的重要功能。测试测量仪器行业从 20 世纪 70 年代制定第一个仪器总线标准 GPIB 开始,大约每 10 年增添一种新的仪器总线,相继推出 VXI、PXI、LXI 和 AXIe 总线。总线技术的盛行,使得灵活搭建测试系统成为可能,极大地提升了电子测试的效率、扩大了电子测试的应用领域。

1)现有仪器总线

GPIB(General Purpose Interface Bus)总线

GPIB 于 20 世纪 70 年代由美国 HP 公司提出,后来被批准成为 IEEE488 标准,成为业界接受的第一个程控通用仪器总线。GPIB 总线最多可同时连接 14 台设备,线缆长度最长为 2 米。由于历史悠久,GPIB 具有最广泛的软硬件支持,几乎所有的独立仪器都配有 GPIB 接口。GPIB 测量系统的结构和命令简单,有专为仪器控制所设计的接口信号和接插件,具有突出的坚固性和可靠性。GPIB 适合自动化现有的测试设备、混合测控系统和特殊要求的专用仪器的系统,缺点是无法提供多台仪器同步和触发的功能,在传输大量数据时带宽不足。GPIB 总线现在依然活跃在市场上。

VXI(VME bus extensions for Instrumentation)总线

1987 年 VXI 总线联盟(VME bus Consortiums)成立,VXI 总线规范于 1992 年 9 月 17 日被批准为 IEEE-1155-1992 标准。VXI 总线的出现将高级测量与测试设备带入模块化领域,它拥有稳定的电源、强有力的冷却能力和严格的 RFI/EMI 屏蔽。具有结构紧凑、数据吞吐能力强(最新的 3.0 版规范总线带宽提高到 160 Mbit/s)、定时和同步精确等特点,适用于组建大、中规模的自动测量系统和对速度、精度要求高的应用场合。单个 VXI 机箱最多可扩展到 13 个槽位。VXI 现在主要用于大型的自动测试系统和航空、航天等国防军用领域。

PXI(PCI bus extensions for Instrumentation)总线

NI 公司为首的 PXISA(PXI 系统联盟)成立于 1997 年 9 月,在 PXISA 诞生的同时,公布了 PXI 总线标准 1.0 版本并展示了第一台简单配置的 PXI 仪器。目前 PXI 已经广为接受,并且以年均 20% 的速度快速增长,俨然成为总线技术的未来领军者。PXI 仪器虽然比 VXI 仪器的体积小,重量轻,成本也低,但 PXI 总线仪器的功能覆盖面有限,仪器品种也远比 VXI 仪器少,通道数和电磁兼容性都比 VXI 差。

LXI(LAN extensions for Instrumentation,即局域网的仪器扩展)总线

2004 年 9 月成立以安捷伦公司为首的 LXI 总线联合体,2005 年发布 LXl 标准 1.0 版本、并推出第一批 LXI 模块。LXI 总线的基础是以太网,通过高速以太网实现仪器系统从局域至广域

的全球联网,依靠 IEEE1588 精确定时协议获得整个仪器系统的全球定时同步,目的是以简单、经济、高速、实用的硬件和软件构建新一代的测试测量系统,代替已使用 40 年的 IEEE488(或称 GPIB)总线。因为测试测量仪器业和最终用户都具有使用互联网的熟练经验,对利用以太网作为网络载体并无异议,但是对于 IEEE1588 协议的软件定时同步存在疑问,因为测试测量仪器业通用的 GPIB、VXI、PXI 总线都使用电缆和微带线的硬线互联方式,可获得准确的定时同步和极短的延时。

AXIe(Advanced TCA extensions for Instrumentation and Test,即仪器与测试高级电信计算架构的扩展)总线

2009 年 11 月,安捷伦科技有限公司、艾法斯公司和 Test Evolution 公司联合成立 AXIe 联盟,并于 2010 年 6 月发布了 AXIe 1.0 基础体系结构标准和 AXIe 3.1 半导体测试扩展技术标准。AXIe 标准是一种开放式总线标准,也是第一个模块化的标准,它的制定参考了 ATCA 标准、PXI 标准、LXI 标准和 IVI 标准,并对所有的厂家开放。AXIe 1.0 提供的主要功能包括 PCI - E/LAN 数据架构、本地总线、触发总线、频率参考和同步、星型触发。AXIe 3.1 在 AXIe 1.0 的基础上增加了双向差分星型触发、用户定义的同步信号、负载板卡支持及现场校正支持。AXIe 基于 ATCA 并扩展了部分技术,以解决仪器和测试的总线需求。AXIe 标准的制定过程考虑了对 PXI 标准、LXI 标准的兼容性,具有更高的性能和分层标准架构,因此该标准承诺具有更长的寿命周期。

测试总线技术的发展历程和总线带宽对照如图 10 - 1 所示。

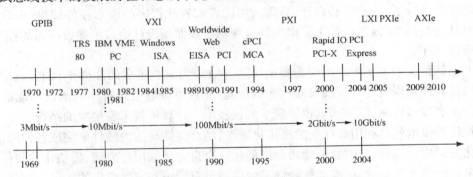

图 10 - 1 测试总线技术的发展历程和总线带宽对照图

2) 仪器总线发展趋势

近日,安捷伦公司高调宣布将全面进军模块化领域,并且一次性推出 48 款模块化产品,其中包含 3 种全新的基于 AxIe 总线的产品及 45 种 PXI 总线产品。安捷伦的加入,无疑对模块化测试市场带来相当大的冲击,一方面将大幅加快模块化产品在市场上的推广力度,另一方面则是对现有众多模块化市场的厂商形成巨大的威胁。不管如何安捷伦的加入从一个侧面也说明了模块化已经成为测试技术未来发展的重要趋势,而模块化技术的核心就是高速、可靠和功能强大的各种总线技术。

任何一种总线都有其在行业内独特的优势,没有一种总线会完美到可以取代其他任何的总线。因此,未来的总线市场不会是单纯的谁取代谁,即使号称兼容 PXI 和 LXI 两大总线的 AXIe 总线也不可以。现在的测试仪器和系统经常会支持多种总线,以发挥各自总线的优势,特别是在日益复杂的合成仪器(SI)系统中更是如此。

10.1.2 虚拟仪器

1）什么是虚拟仪器

虚拟仪器（Virtual Instrument，简称 VI）是用户定义的仪器。它是在通用的计算机平台上开发的仪器系统，用户在操作这台计算机时，就像在操作一台传统的电子仪器。虚拟仪器是计算机技术与现代仪器技术相结合的产物。仪器硬件把各种被测参数变成数字量送给计算机，由计算机完成信号分析、数据处理、结果表达、输出乃至对整个测试系统的控制和管理。用户不用修改硬件系统，只要修改软件，就能方便地改变仪器系统的功能和规模，因而有"软件就是仪器"的说法。在虚拟仪器中，传统仪器必不可少的面板由显示在计算机屏幕上的虚拟面板取代，使用者通过鼠标或键盘操作虚拟面板上的旋钮、开关和按钮来设置仪器的功能及参数、启动或停止仪器工作，最后把测量结果显示在屏幕上或输出到外围设备。

虚拟仪器的实质就是利用计算机显示器的显示功能来模拟传统仪器的控制面板，以多种形式来表达输出检测结果，利用计算机强大的软件功能来实现信号数据的运算、分析和处理，利用 I/O 接口设备来完成信号的采集、测量和调理，从而完成各种测试功能的一种计算机仪器系统。

虚拟仪器的"虚拟"主要包含以下两方面的含义。

（1）传统仪器面板上的器件都是实物，而且是用手动或者触摸进行操作的，而虚拟仪器的面板控件是外形和实物相像的图标，"开""关""左旋""右旋"等都对应着相应的软件程序。这些软件已经设计好了，用户不必设计，只需选用代表该软件程序的图形控件即可，由计算机的鼠标来对其进行操作。因此设计虚拟面板的过程就是在面板设计窗口中摆放所需的控件，然后编写相应的程序。

（2）由软件编程来实现虚拟仪器测量功能。在 PC 为核心组成的硬件平台上，虚拟仪器不仅可以通过软件编程设计来实现仪器的测试功能，而且可以通过具有不同测试功能的软件模块的组合来实现多种测试功能，这也体现了测试技术与计算机技术深层次的结合。

虚拟仪器技术就是利用高性能的模块化硬件，结合高效灵活的软件来完成各种测试、测量和自动化的应用。灵活高效的软件能帮助您创建完全自定义的用户界面，模块化的硬件能方便地提供全方位的系统集成，标准的软硬件平台能满足对同步和定时应用的需求。只有同时拥有高效的软件、模块化 I/O 硬件和用于集成的软硬件平台这三大组成部分，才能充分发挥虚拟仪器技术性能高、扩展性强、开发时间少以及出色的集成这四大优势。

2）虚拟仪器的特点和优势

传统仪器的功能一般是由厂家定义好的，固定不变，仪器比较单一。虚拟仪器相对于传统仪器，具有以下特点和优势：

（1）传统仪器的功能由厂商定义，虚拟仪器的功能由用户定义。仪器制造厂商仅需提供基本的软硬件，真正需要什么样的仪器功能由用户设计。

（2）虚拟仪器的软硬件模块化、标准化程度高，因而开放性能好，方便用户组建和修改仪器及测试系统。

（3）传统仪器图形界面小，人工读数，信息量少且容易出现读数误差。虚拟仪器利用计算机强大的图形界面、数据和信息的记录、存储与回放功能、可自定义的分析处理功能以及灵活的接口及打印功能，可发挥传统仪器无法比拟的强大功能。

（4）传统仪器与其他设备的连接受限制，而虚拟仪器可以与灵活的计算机技术结合，方便地与网络、外设或其他设备进行连接,利用网络实现数据共享,构建基于网络、客户机／服务器、各种高性能总线以及基于笔记本电脑和多媒体电脑的多用途、便携式的虚拟仪器(测试)系统。

(5) 传统仪器价格高、更新慢,开发和维护费用高。虚拟仪器可重复利用,技术更新快。由于虚拟仪器基于价格低廉、功能强大的计算机平台,而当今计算机及其软、硬件的性价比不断提高,使得虚拟仪器的投入、开发和维护的成本都不断降低,也为虚拟仪器产品进入和占领市场赢得了时间。

3) 虚拟仪器系统的构成

虚拟仪器由硬件和软件两大部分构成,如图 10 - 2 所示。硬件是虚拟仪器的基础,软件是虚拟仪器的核心。

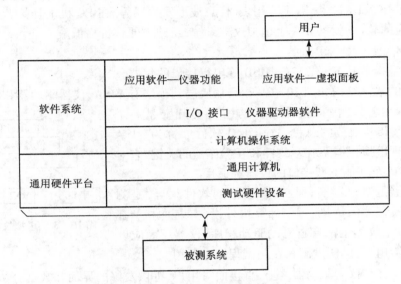

图 10 - 2　虚拟仪器的系统构成

虚拟仪器硬件通常包括基础硬件平台和外围测试硬件设备,它们共同组成通用仪器硬件平台。基础硬件平台采用各种类型的通用计算机,如笔记本电脑、台式计算机或工作站等。外围测试硬件设备可以选择 GPIB 仪器、VXI 仪器、PXI 仪器、DAQ 仪器或串口仪器等。其中,最简单、廉价的就是采用基于 ISA 或 PCI 总线的数据采集卡(DAQ),或是基于 RS232 或 USB 串行总线的便携式数据采集模块。

(1) GPIB 仪器

GPIB 技术首先把仪器与计算机技术紧密地联系在一起。一个典型的 GPIB 系统是由一台插入 GPIB 接口卡的计算机和若干台带 GPIB 接口的程控仪器通过 GPIB 电缆连接而组成的自动测试系统。计算机替代人工操作完成测试工作,这样既提高了测试效率,又排除了由人为因素造成的测量误差,提高了测试质量。目前,程控仪器大多具有 GPIB 接口。

(2) VXI 仪器

GPIB 系统由计算机和单机仪器组成,一台仪器一个机箱,仪器一多,系统就很庞大,这在某些场合(如军用)很不适用。此外,GPIB 系统的数据传输速率也比较低。针对这些问题,提出了 VXI 总线及仪器。VXI 仪器不是传统台式而是卡式的。VXI 规范定义了几种机箱,一个测试系统内的所有 VXI 仪器模块都插入一个或几个 VXI 机箱内,因而结构紧凑且可靠。不仅 VXI 仪器卡插入 VXI 机箱,而且计算机也可做成嵌入式模块与仪器卡一起插入机箱,这样系统更为紧凑。当然 VXI 系统也可用一台插入 GPIB 接口卡或 VXI 接口卡的通用计算机在外部对 VXI 仪器系统实行控制。

VXI 总线是高速的 VME 计算机总线在仪器领域的扩展,其数据传输速率远比 GPIB 总线要高。

（3）PXI 仪器

VXI 仪器的唯一缺点是价格昂贵。为此继 VXI 之后又出现了 PXI 仪器。PXI 总线是 PCI 总线在仪器领域的扩展,而 PCI 是目前计算机的主流总线,有大量价廉、功能强且广泛流行的基于 PCI 平台的硬件和软件可供使用,因而 PXI 仪器的价格比 VXI 仪器低,性价比高。

（4）DAQ 仪器

DAQ 是指基于计算机标准总线（如 ISA、PCI）的内置数据采集插卡。仪器厂家生产了大量的 DAQ 功能模块,如示波器、数字万用表、任意波形发生器等。在 PC 机上挂接若干 DAQ 功能模块,配合相应的软件,就构成一个虚拟仪器系统,组建方便且价格低廉。

（5）串口仪器

串口仪器是指带有 RS－232C、USB 等串行接口的仪器。

虚拟仪器的软件结构如图 10－3 所示,从底层到顶层有 VISA、仪器驱动器和应用程序。

VISA 的中文名是"虚拟仪器软件结构",实际上是一个 I/O 接口软件库及其规范的总称。这个 I/O 软件库称为 VISA 库。VISA 是实现虚拟仪器系统开放性和互操作性的关键,它对 VXI、GPIB、串口及其他类型接口的仪器都适用。

图 10－3　虚拟仪器的软件结构

仪器驱动器是对仪器实行控制和通信的软件集合,是测试应用程序控制仪器的桥梁。每个计算机外设（如打印机）都有驱动程序,每个仪器也都有自己的驱动程序。仪器厂商应以源码形式提供给用户,以便供用户在测试程序中调用。

应用软件建立在仪器驱动器之上,直接面对用户,提供友好的界面和数据分析处理功能来完成自动测试任务。

4）虚拟仪器的软件开发

虚拟仪器软件开发平台中比较流行、应用较广的是美国 NI 公司的 LabVIEW 和 LabWindows/ CVI,它们是专用于虚拟仪器开发的软件编程环境。

LabVIEW 是一种图形化的程序设计平台。计算机编程技术从最早的机器码,随后的汇编语言,到如今的高级语言,遵循从难到易的方向发展,而 LabVIEW 在这个方向上又进了一步,由文本编程变为直观明了的图形编程。用 LabVIEW 编写的源程序很接近程序流程图,所以只要把程序流程框图画好了,程序也就差不多编好了。LabVIEW 易于学习、方便使用,降低了对编程者编程经验和熟练程度的要求。

LabWindows/CVI 是基于标准 C 语言的虚拟仪器软件开发平台。它以 ANSI C 为核心,将功能强大、使用灵活的 C 语言与数据采集、分析和表达等测控专业工具有机地结合起来。它的集成化开发、交互式编程方法、丰富的功能面板和库函数大大增强了 C 语言的功能,为熟悉 C 语言的开发人员提供了一个理想的软件开发环境。CVI 编程语言适合较大型测控程序的编写,在实际的测控仪器的开发中有着广泛的应用。

10.2　GPIB 总线

10.2.1　概述

1) GPIB 的发展概况

在 20 世纪 70 年代以前,测量仪器的接口没有标准化,相互不兼容,因而要组建一个自动测试系统非常困难,造成人力、物力的很大浪费;而另一方面,随着科学技术和生产的迅速发展,对自动测试的要求越来越迫切。为了解决这一矛盾,美国 HP 公司于 1972 年首先提出了一种可程控测量仪器的接口系统,后来定名为 HP – IB 接口系统。美国电气与电子工程师学会(IEEE)接受 HP – IB 系统,并于 1978 年 11 月颁布了修订本 IEEE – 488 – 1978。国际电工委员会(IEC)于 1980 年 6 月正式颁布 IEC 625 – 1 号公告。除了总线电缆连接器的形式外,IEC 625 – 1 与 IEEE – 488 – 1978 兼容。IEC – 625 比 IEEE – 488 标准多了一条地线。在英国、日本及我国等地这一标准常被称为 GPIB,即通用接口总线(General Purpose Interface Bus,简称 GPIB)。

2) GPIB 的基本性能

GPIB 的基本性能如下:

(1) 总线的构成　　总线共有 16 条信号线,其中数据线 8 条,管理线 5 条,挂钩线 3 条。

(2) 总线系统可连接的器件数　　在 GPIB 中的设备称为器件(Devices)。由于受发送器负载能力(最大为 48 mA)的限制,总线系统内可连接的器件数不超过 15 台。采取合适措施,器件数可适当增加。

(3) 总线电缆长度　　总线电缆总长度,即数据传输距离不超过 20 m。若采用特殊的发送器和接收器,则总长度可扩展至 500 m。

(4) 传输速率　　若采用三态发送器,则数据传输速率最高可达 1 MBytes/s,一般为 500 KBytes/s。

(5) 数据传输采用位并行、字节串行、双向异步方式。传输的数据和消息均采用负逻辑。低电平($\leqslant + 0.8$ V)为逻辑"1"(真值),高电平($\geqslant + 2.0$ V)为逻辑"0"(假值)。

(6) 有控者、讲者、听者等 10 个接口功能。顾名思义,控者控制系统的工作,讲者发送数据,听者接收数据。接口功能详见后述。

(7) 地址容量　　单字节地址为 31 个讲地址和 31 个听地址。双字节地址为 961 个讲地址和 961 个听地址。

10.2.2　GPIB 总线的构成

GPIB 总线是一条 25 芯(美国使用 24 芯)电缆,其中 16 条用作信号线,其余用作逻辑地和外屏蔽。16 条信号线分成数据线、挂钩线和接口管理线三组,如图 10 – 4 所示。

1) 数据线

数据线由 DIO1 ~ DIO8 共 8 条组成,双向传送 8 位数据、命令及地址等消息。

2) 挂钩(Handshake) 线

挂钩线亦称联络线或握手线。为了保证在数据线上准确无误地传送消息,必须使用挂钩信号。在 GPIB 系统中一个讲者可以向多个听者发送数据,而各个听者接收数据的速度是不同的。为了保证最慢的听者能准确接收数据,采用三条线进行挂钩,称为三线挂钩。三条挂钩线如下:

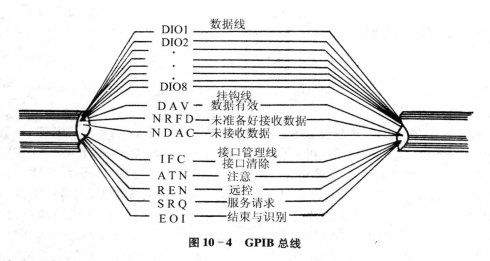

图 10 - 4　GPIB 总线

（1）DAV（DATA VALID）线，即数据有效线

该线是讲者或控者的源功能（SH），用来向听者表示 DIO 线上的数据是否有效。

DAV = 1（低电平）时，表示 DIO 线上的数据有效，各寻址为听者的器件均可以从数据线上接收这一数据消息。

DAV = 0（高电平）时，表示 DIO 线上的数据无效，各听者器件不能接收 DIO 线上的数据。

（2）NRFD（NOT READY FOR DATA）线，即未准备好接收数据线

该线由接收数据的器件中的受功能使用，用来向讲者或控者表示受方是否做好接收数据的准备。

NRFD = 1（低电平）时，表示系统内至少还有一个听者未准备好接收数据，讲者或控者不得通过 DIO 线发送任何数据消息，如果数据已置于 DIO 线上，也不能令数据有效，仍保持 DAV = 0。

NRFD = 0（高电平）时，表示系统中所有被寻址为听者的器件都已准备好接收数据，讲者或控者可以向 DIO 线发送数据，并使 SH 功能通过 DAV 线向听者发出 DAV 有效的消息，即 DAV = 1。

可见，总线系统中各器件应以"正与"的方式连接到 NRFD 线，即只有当全部听者都准备好接收数据时，NRFD 线才为高电平；只要有一个听者未准备好接收数据，NRFD 线就为低电平。

（3）NDAC（NOT DATA ACCEPTED）线，即未接收数据线

接收数据器件中的受功能使用该线向讲者或控者表示是否已收到数据。

NDAC = 1（低电平）时，表示至少有一个听者未接收到数据，讲者或控者不能撤销 DIO 线上的数据，且保持 DAV = 1。

NDAC = 0（高电平）时，表示所有听者都已接收到数据。

系统中各器件亦以"正与"方式连接到 NDAC 线，因而只有当所有器件都已接收数据时，NDAC 线才为高电平。

3）接口管理线

接口管理线用于管理接口的工作，共有五条。

（1）ATN（ATTENTION）线，即注意线

在 DIO 线上传输的消息分为两类，即接口消息和器件消息。ATN 线用于区分这两类消息。

当 ATN = 1(低电平,真值)时,表示 DIO 线上的消息是由控者发出的多线接口消息,诸如通令、指令、地址码等。在 ATN = 1 期间,只允许控者发布各种接口消息,系统中的其他器件则从 DIO 线上接收控者发出的接口消息,并完成相应的动作。

当 ATN = 0(高电平,假值)时,表示 DIO 线上的消息是器件消息。这类消息由讲者发出,并由听者接收。未被指定为讲者和听者的器件,则不进行任何操作。

(2) IFC(INTERFACE CLEAR)线,即接口清除线

当 IFC = 1(低电平,真值)时,表示控者发出接口清除消息,系统中一切器件的接口功能都必须返回到初始状态。

当 IFC = 0(高电平,假值)时,各器件的接口功能不受影响。接口标准规定 IFC 为真的时间 ≤ 100 μs。

(3) REN(REMOTE ENABLE)线,即远控可能线

接入 GPIB 系统中的器件可接收来自控者的远地控制,也可接收器件面板的本地控制,由 REN 线区分。

当 REN = 1(低电平,真值)时,表示系统控制器发出远控命令,总线上的所有器件均可进入远控状态。此时,只要控者发出某器件的讲(或听)地址,该器件就被寻址,进入系统远控状态,接受系统控者的控制。在系统正常运行中,REN 线一直保持低电平(真值)。

当 REN = 0(高电平,假值)时,系统控者放弃对系统的控制,各器件都返回到本地(即面板控制)状态。

(4) SRQ(SERVICE REQUEST)线,即服务请求线

在系统中具有服务请求功能的器件可以使用此线向控者提出服务请求(如超量程等)。

当 SRQ = 1(低电平,真值)时,系统中至少有一台器件向控者提出服务请求。

当 SRQ = 0(高电平,假值)时,表示系统工作正常,没有任何器件有服务请求消息产生。

(5) EOI(END OR INDENTIFY)线,即结束或识别线

该线是系统控者发布并行点名识别消息(IDY),或者是讲者发送数据已结束(END)消息用的。EOI 线必须与 ATN 线一道使用,发布 IDY 或 END 消息。

① 由控者使用,当 EOI = 1 且 ATN = 1 时,表示控者发布并行点名识别消息 IDY。此时控者进行并行点名识别,各有关器件接收到识别信号后,开始响应,以使控者识别出哪一个器件发出了服务请求。

② 由讲者使用,当 EOI = 1 且 ATN = 0 时,表示讲者已发送完数据,一次数据传送过程结束。

4) 三线挂钩过程

图 10-5 表示了三线挂钩的过程。三线挂钩在源方和受方之间进行。一般情况下源方就是讲者或控者,受方是听者。但在控者发布多线接口消息时,源方是控者,受方是讲者和听者。

图 10-5 左边是源方,右边是受方,中间的虚线表示三条挂钩线上传送的消息。当受方已全部准备好接收数据时,发布 NRFD = 0。讲者收到这一消息后,把数据送上 DIO 线,并发布 DAV = 1,通知受方数据已有效。当受方收到 DAV = 1 后,从 DIO 线上接收数据,且发出 NRFD = 1。当全部受方都已接收数据,就发出 NDAC = 0 通知源方。于是源方置 DAV = 0,表示已撤销数据。一次三线挂钩结束。

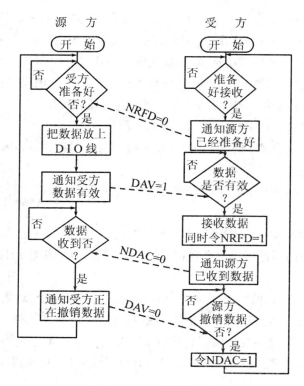

图 10-5　三线挂钩过程

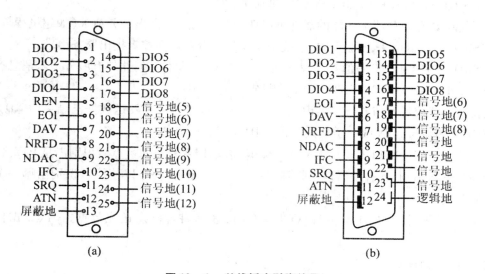

图 10-6　总线插座引脚信号
（a）IEC-625 插座　（b）IEEE-488 插座

5）总线插座引脚排列

图 10-6（a）表示了 IEC-625 标准规定的 25 线总线插座的信号排列。总线是一条 24 芯的电缆，其中 16 条信号线，8 条地线，还有外屏蔽线和外绝缘层。图 10-6（b）表示了美国采用的 24 线的 IEEE-488 插座，比 25 线插座少一条地线。

10.2.3　GPIB 的消息

在 GPIB 总线上传送的消息可按不同的方法进行分类。

（1）接口消息和器件消息

按用途和作用范围来分,消息可分为接口消息和器件消息。接口消息只用于管理接口本身的工作,使接口功能的状态发生变迁,但不传送到器件内部,更不会使器件内部的功能发生变化。例如,向示波器发出讲地址,仅使示波器进入讲受命状态,而不会影响它的测量功能。器件消息传送到器件功能并使之发生改变,例如使示波器的扫描速度或垂直增益发生改变,但它不影响接口功能。图 10-7 表示了接口消息和器件消息的传送范围。接口消息仅在器件的接口功能间传送,而器件消息在器件的器件功能间传送。

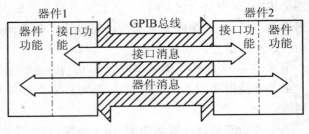

图 10-7　接口消息和器件消息示意

（2）远地消息和本地消息

按消息的来源可分为远地消息和本地消息。凡是系统中各器件之间通过 GPIB 总线传送的消息都称为远地消息。上面讨论的接口消息和器件消息都属于远地消息,因为它们都通过总线进行传输。

在器件内部的接口功能与器件功能间传输的消息称为本地消息。这些消息不通过总线进行发送或接收,它们通常来自器件的前后面板。标准中规定的 18 种本地消息主要反映器件的状态、要求和开关设置,如电源接通 pon、要求服务 rsv 等。标准规定用三个小写英文字母表示本地消息,而用三个大写英文字母表示远地消息。

（3）单线消息和多线消息

根据传送消息所用信号线的数目可分为单线消息和多线消息。用一条信号线传送的消息称为单线消息,例如"接口清除"就是单线消息。单线消息大多用挂钩线或接口管理线中的一条来传送。

用多根信号线传送的消息称为多线消息。多线消息通常需要利用 DIO 数据线来传送。

（4）主动消息和被动消息

在 GPIB 系统中,通常有多个器件连接到同一条信号线上,并且各器件可能发出状态相反的消息。例如所有听者器件都使用 NRFD 线,有的听者已准备好了,发出 NRFD = 0 消息,但有的听者尚未准备好,发出 NRFD = 1。根据三线挂钩原理,只有当所有听者都准备好了,挂钩线 NRFD 的状态才为"0"（为高电平）,表示已准备好,而现在部分听者尚未准备好,因而 NRFD 线的状态为"1"。这样,NRFD = 1 为主动消息,起决定作用;NRFD = 0 为被动消息,它服从主动消息。

对于 SRQ 消息,多个器件中只要有一个器件发出 SRQ 消息,SRQ 线的状态应为"1",向控者提出服务请求,因而 SRQ = 1 为主动消息。同样 NDAC = 1 是主动消息,表示多个听者中只要有一个听者未接收完数据,讲者就不能从 DIO 线上撤掉数据。

10.2.4　接口功能

一个自动测试系统为了能有条不紊地进行工作,必须设立一个控者。它可以发出各种命令管理系统的工作;授命某个器件为讲者以发送数据;授命某个或某些器件为听者以接收数据;

向系统中各器件发出程控命令以规定它们的功能及量程等;处理器件提出的服务请求等等。

GPIB 系统内各器件间的通信是异步的,为使数据的传送可靠、准确,实行了三线挂钩。为此在源方和受方都应具备挂钩功能,即源挂钩功能和受挂钩功能。

有了上述控、讲、听、源挂钩、受挂钩五种主要的接口功能后总线就能进行数据传送了,测试系统也能工作了。但在测试工作中常会遇到一些异常情况,此时需要向控者报告并进行处理,因而需要设置第六种接口功能 —— 服务请求功能。控者接到服务请求后,知道系统中至少有一个器件需要服务,但不知道是哪个或哪些器件需要服务,因而需要进行点名并查询。点名可逐个进行,即串行点名。串行点名的缺点是速度较慢。为此可设置第七种接口功能 —— 并行点名功能。并行点名是向 8 个器件同时进行点名查询。任何故障能在不超过两次查询中找到,因而并行点名的查询速度快。

第八种接口功能是远地／本地功能。该功能使器件能在远地控制和本地控制之间进行切换。

第九种接口功能是器件触发功能。有些器件必须有外部触发才能工作,为此可设置器件触发功能。

第十种功能是器件清除功能,用于清除器件,使之回到初始状态。

GPIB 系统共设置了上述 10 种接口功能,表 10 - 1 列出了这些接口功能的名称、记忆符号及其功能。每个器件的 GPIB 接口应具备多少种接口功能由设计者根据需要而确定。

表 10 - 1　GPIB 接口功能

	接口功能名称	符号	功　　　能
1	源挂钩	SH	完成三线挂钩
2	受者挂钩	AH	完成三线挂钩
3	讲者或 扩大讲者	T TE	使器件具有发送数据,或与 SR 共同响应串行点名的能力
4	听者或 扩大听者	L LE	使器件具有接收数据的能力
5	控者	C	使器件能够发送地址、通令和指令,控制系统的运行,还具有组织并行点名的能力
6	服务请求	SR	使器件能够向控者异步提出服务请求
7	并行点名	PP	使器件不必被寻址为听者就能对控者的并行点名作出响应
8	远地／本地	RL	使器件能在本地和远地之间切换
9	器件触发	DT	使器件开始工作
10	器件清除	DC	使器件回到初始状态

10.3　VXI 总线

10.3.1　概　述

1) VXI 总线的提出

VXI 总线的出现是继智能仪器、GPIB 总线之后在测试和仪器领域的一件大事。

GPIB 总线标准的提出,解决了分立仪器的互联问题,但存在着通信速度慢、体积大等缺点。

1987 年 7 月美国五家有影响的仪器公司 HP、泰克、RACALDANA、WAVETEK 及 COLORADO DATA SYSTEM 成立了 VXI 联合协会,一致同意在 VME 微机总线的基础上开发模块式仪器标准总线。1987 年 10 月和 1988 年 6 月分别发表了 VXI 总线规范 1.1 和 1.2 文本。1988 年 7 月 IEEE—P1155 采纳 VXI 总线规范 1.2 文本作为 IEEE 工业标准的基本文件来考虑。1989 年 7 月发表了 VXI 总线规范 1.3 文本。1992 年 9 月 17 日,VXI 总线技术规范被 IEEE 批准为 IEEE 1155 – 1992 标准。

VXI 总线是 VMEbus EXTENSIONS FOR INSTRUMENTION 的缩写,意为 VME 总线在仪器领域的扩展。VME 总线的突出优点是在器件之间可实现高速通信,GPIB 总线的优点是系统组建方便,VXI 总线汲取了两者的优点,既能高速通信又组建方便。虽然 GPIB 和 VME 总线标准具有不同的总线通信格式,但是,VXI 总线定义了两种不同的器件来利用这些通信格式。在 VXI 总线系统中,与 GPIB 仪器相对应的是"以消息为基础的器件"。它们很容易组建成系统,并能用 ASCII 字符在高层次上进行通信。但是,当涉及高速数据传输时,这种器件有一定的局限性。为此,VXI 总线规范还定义了一种"以寄存器为基础的器件",与 VME 总线器件相对应。这些器件用二进制数据在较低层次上进行通信,因而能达到较高的传输速度。程控以寄存器为基础的器件时,实际上就是对该器件内的专用寄存器进行读、写。

2)VXI 系统的组成

(1)VXI 主机箱

VXI 总线系统的主机箱(D 型尺寸)如图 10-8 所示。在插件上的连接器插头插入机箱内背板上相应位置的槽口内。背板是多层印制板,上面做有 VXI 总线,因此当仪器插件插入槽口后,就通过 VXI 总线组成测试系统。每个主机箱的背板有 13 列槽口,因而最多可插入 13 个插件。在机箱的背板与后面板之间装有电源和冷却系统。

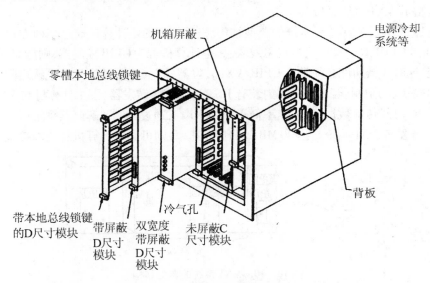

图 10-8　典型的 VXI 总线主机箱图

(2)插件

VXI 总线规范规定了 4 种插件的尺寸,如图 10-9 所示。A、B 2 种尺寸与 VME 总线标准完全相同,C、D 2 种尺寸是 VXI 系统为适应仪器需要而扩展的。A 尺寸的插件带有 P1 连接器,B 和 C 尺寸的插件带有 P1 和 P2 连接器,D 尺寸插件带有 P1、P2 和 P3 连接器。这三种连接器都是三列共 96 脚,每列有 32 脚。P1 连接器和 P2 连接器中间列的信号与 VME 总线信号完全相同。A、B 尺寸的插件厚度为2 cm,C、D尺寸的插件厚度为3 cm,但均允许扩展若干整数倍。例如,C、D尺寸插件的厚度除3 cm外,还允许有6 cm、9 cm等。尺寸较大的主机箱可以插入小尺寸的插件。例如,C尺寸的主机箱可插入B尺寸的插件。每个插件可加屏蔽。

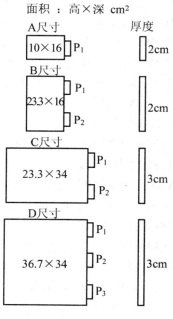

图 10-9　插件尺寸

最常用的插件尺寸是B尺寸和C尺寸。B尺寸适用于比较简单、价格较低廉的仪器。C尺寸适用于比较复杂的仪器。D尺寸用于特殊的领域,但价格高,较少应用。A尺寸插件太小,不能用于精密仪器,但仍适用于与非VXI总线系统相连接的通信接口。

（3）模块、器件、子系统和系统

VXI总线的模块(modules)可以是一块印制板,或是装入一个盒子内的几块印制板组件。

VXI总线的逻辑器件(devices)是指CPU、存储器、磁盘存储器、GPIB—VXI总线接口、I/O器件、A/D、D/A、DMM、逻辑分析仪、函数发生器或其他仪器模块。一个器件可由几个模块组成,反之一个模块也可包含几个器件。一个VXI系统最多可包含256个器件。每个器件有一个唯一的逻辑地址,其值为0~255。

一个VXI总线子系统最多可包含13个模块,其中在主机箱左边的是0号槽模块,其功能是定时、系统控制和资源管理;其他12个是仪器模块,其功能由用户确定。

一个VXI总线系统可由几个子系统(subsystems)通过合适的总线连接而成。

（4）典型的VXI总线系统

图10-10表示了VXI总线系统的典型结构。机箱外部的主计算机通过多种方式与VXI系统联系。例如通过GPIB、RS—232或微机总线联系。主计算机若为GPIB控制器,则能兼管GPIB系统和VXI系统。这时0槽插件必须带有GPIB/VXI转发器,而主计算机与VXI系统之间的数据传输速率受GPIB总线的限制。若0槽模块内装有RS 232C/VXI转发器,则主计算机与VXI系统间可通过RS—232C总线传输数据,传输速率低于38.4 KB/s,通过调制/解调器系统可连接远程计算机。如果要充分发挥VXI系统高达40 MB/s的传输速率,则可通过计算机总线外接至主计算机。

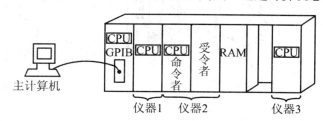

图 10-10　VXI系统的典型结构

在图10-10所示系统中有3个仪器,其中仪器2由命令者(commanders)和受令者(servants)组成。命令者是主器件,它能控制其他器件,需要时能得到对总线的控制权。命令者下面可以有多个受令者。受令者是从器件,能在一个命令者的控制下向命令者发送信号和中断,也可与其他从器件进行通信。某一器件可以是命令者,也可以是受令者。

VXI总线系统可以与GPIB系统共存于一个系统中。例如在图10-11系统中,下面是一个VXI总线系统,上面是两台带有GPIB接口的分立仪器,在计算机控制下进行工作。

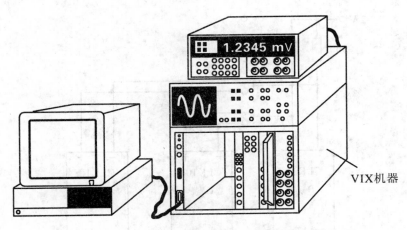

图 10-11　VXI 系统与分立式仪器组成混合系统

10.3.2　VXI 总线的构成

D 尺寸 VXI 总线系统的背板上有 P1、P2 和 P3 三种槽口。每个槽口有 3 列,每列有 32 个引脚信号,因此每个槽口有 96 个引脚信号。背板上共有 288 条连线。B 和 C 尺寸 VXI 总线系统的背板上有 P1 和 P2 槽口,共有 192 条连线。A 尺寸系统只有 P1 槽口,背板上有 96 条连线。

VXI 总线在逻辑上可分成 8 条子总线,它们是:VME 计算机总线、时钟和同步总线、触发总线、模块识别总线、本地总线、模拟求和总线、星形总线及电源分配总线,如图 10-12(a) 所示。VME 总线上节已讨论,其他总线讨论如下。

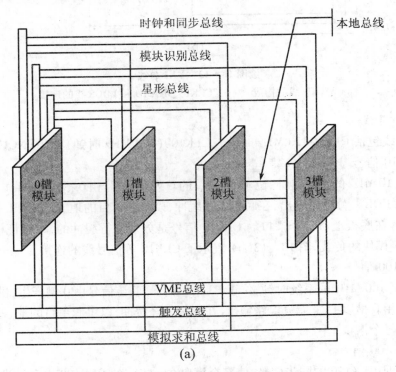

(a)

图 10-12　VXI 总线

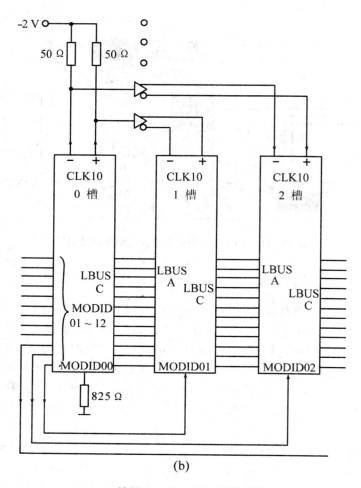

(b)

续图 10-12 VXI 总线
(a) VXI 总线的构成   (b) CLK10、MODID 和 LBUS 线的连接

1) 时钟信号线

时钟信号线包括 CLK10（10 MHz 时钟）、CLK100（100 MHz 时钟）及 SYNC100 信号。

（1）CLK10 信号

CLK10 是 10 MHz 的系统时钟，位于 P2 槽口的 C 列。该信号由 0 槽产生，供 1～12 号 P2 槽口使用。0 槽以 ECL 差分电路输出，在底板上经缓冲，以单源单目的地、差分 ECL 信号的形式提供给每个槽口。在底板上对每个槽口的 CKL10 信号是分别进行缓冲的，以保证模块间有高的隔离度，并减轻模块的负载。图 10-12（b）表示了 CLK10 等信号线的连接。

（2）CLK100 信号

CLK100 是 100 MHz 的系统时钟，位于 P3 槽口的 a 列。该信号由 0 槽产生，供 1～12 槽口使用。CLK100 由 0 槽以 ECL 差分电路输出，在底板上经缓冲，以单源单目的地、差分 ECL 信号的形式提供给每个槽口。

（3）SYNC100 信号

SYNC100 是 CLK100 的同步信号，使多个模块在一指定的 CLK100 上升沿进行触发，保证了模块间有精密的时间配合。SYNC100 信号源自 0 槽模块，分配到 1～12 槽，每个槽口有单独的背板缓冲器进行缓冲。SYNC100信号在功能上与GPIB系统的群执行触发(GET)命令相似,但在时间配合上有较大的改进。

2)触发总线

触发总线包括:8 根 TTL 触发线 TTLTRG0* ~ TTLTRG7*、6 根 ECL 触发线 ECLTRG0 ~ ECLTRG5。

(1)TTLTRG0 ~ 7*

TTLTRG* 线是集电极开路的 TTL 线,用于模块间通信。包括 0 槽模块在内的任何模块均可驱动这组线,或从这些线上接收信息。它们是通用线,可用于触发、联络、时钟或逻辑状态的传送。在用户通过程序进行控制之前,TTLTRG* 线一直处于无效(高)状态。规范中规定了标准协议、同步(SYNC)协议、半同步(SEMI—SYNC)协议、异步(ASYNC)协议及启动/停止(STST)协议。

(2)标准 TTLTRG* 协议

① TTLTRG* 同步触发协议

TTLTRG* 同步触发协议是单线广播触发协议,不需要任何接收器的响应。

规范对该协议的规定如下:

a)TTLTRG* 同步触发源使触发有效的最小时间为 T_1,使触发无效的最小时间为 T_2,T_1,T_2 值如图 10 - 13 所示。

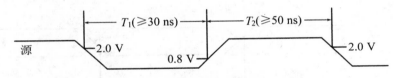

图 10 - 13 TTLTRG* 同步触发协议

b)TTLTRG* 同步触发接收器应接受有效时间 ≥ 10 ns、紧跟着无效时间 ≥ 10 ns 的触发。

② TTLTRG* 半同步触发协议

TTLTRG* 半同步触发协议是单线广播、多个接收器进行联络的协议。单触发源使触发有效的最小时间为 T_1,如图 10 - 14 所示。如果触发需要被响应,则接收器在 T_3 时间内也使触发有效,并当准备进行下一次操作时接收器使触发无效。当源和接收器均使触发无效后,源识别接收器已完成响应。在完成一次响应后,经过最小时间 T_2,源可以重新触发。

TTLTRG* 半同步触发接收器应接受任何有效时间 ≥ 10 ns、紧接着无效时间 ≥ 10 ns 的触发。

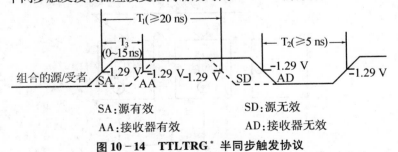

SA:源有效   SD:源无效

AA:接收器有效   AD:接收器无效

图 10 - 14 TTLTRG* 半同步触发协议

③ TTLTRG* 异步触发协议

TTLTRG* 异步触发协议是双线单源、单接收器的协议。源使所分配的 TTLTRG* 双线中的低号数线有效来启动操作,同时接收器使所分配的 TTLTRG* 双线中的高号数线有效进行响应。这是一种有用的触发方式,用于 VXI 总线模块与外部仪器,或在 VXI 总线主机箱间的挂钩联络。

模块执行 TTLTRG* 异步触发协议时,必须满足图 10-15 所示的定时要求,TTLTRG* 异步触发源或接收器接受任何有效时间 ≥ 10 ns、紧接着无效时间 ≥ 10 ns 的触发。

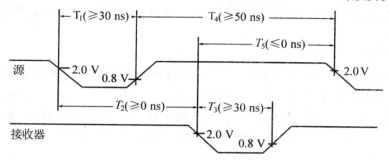

图 10-15 TTLTRG* 异步触发协议

④ 启动／停止(START/STOP) 协议

启动／停止协议提供了一种同步地启动(START) 和停止(STOP) 模块组工作的方法。0 槽模块驱动一条 TTLTRG* 线,该线的状态表示 START 或 STOP 操作。所有参与的模块均在下一个 CLK10 时钟上升沿同步地响应该线。0 槽应使 START/STOP 信号与 CLK10 保持同步,以便保证所有接收器满足对建立和保持时间的要求。图 10-16 表示了 0 槽模块执行启动／停止协议时应满足的定时要求。

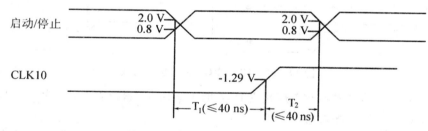

图 10-16 TTLTRG* 启动／停止定时

此外,使用 TTLTRG* 线也可传送数据或时钟信号,规范对此都有相应的定时要求。

⑤ 触发总线应用举例

图 10-17 是频率响应测试系统的例子。当采用异步触发协议时,数字化仪先利用一根触发

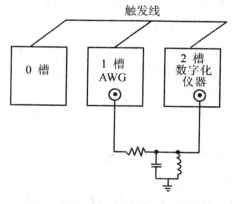

图 10-17 频率响应测试系统示例

线表示一次测试已完成。AWG（任意波形发生器）收到上述触发信号后改变频率,待信号稳定后,利用另一条触发线发信号指示数字化仪进行新的测量。

3）模块识别总线

模块识别总线由 12 条 MODID 线组成,源自 0 槽模块,连至其他 12 个槽口,如图 10 - 18 所示。在每个模块的 MODID 端与地间接入 825 欧电阻,0 槽模块的各 MODID 端与 + 5 V 间接入 16.9 kΩ 电阻。当 0 槽模块确定哪些槽口插入模块时,在各个槽口的 MODID 线上发出高电平,并读取反映各模块 MODID 线状态的配置寄存器中 MODID* 位的状态。若槽口中插入模块,则由于 825 欧电阻的拉低作用,MODID* 状态为"0";若未插入模块,则 MODID* 位为"1"。利用这种方法即使模块有故障或未加电,亦可确定槽口内是否插入模块。并且由于 0 槽模块分别进行查询,因而可确定插入模块的槽口的位置。

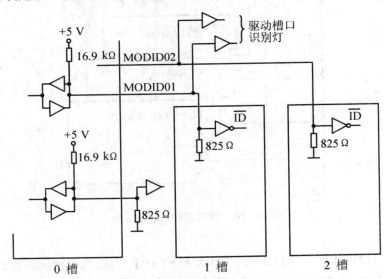

图 10 - 18   MODID 线的连接

4）本地总线

本地总线由 36 条 LBUSA 线和 36 条 LBUSC 线组成。LBUSA 线在板的左边,LBUSC 线在板的右边,连接成菊花链电路,如图 10 - 12（b）所示。本地总线为两个或多个模块间提供本地通信。在本地总线上可传送不同类型（如 TTL、ECL 等）电平的信号。为此,在模块面板上提供了键控机构,以防止相邻槽口上安装电平不兼容的模块。

图 10 - 19 表示本地总线应用举例。槽6模块的 A/D 把来自前面板的模拟信号转换成 10 位数据,经本地总线加到槽 7 模块,后者的 DSP 对数据进行实时处理,其结果送到槽 8 模块进行存储,并经本地总线送到槽

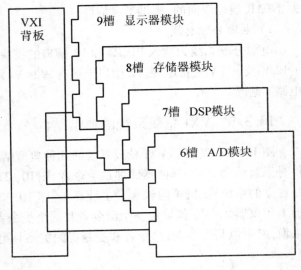

图 10 - 19   本地总线的应用

9 模块进行显示。

5）模拟求和总线

模拟求和总线 SUMBUS 是一条对模拟信号进行求和的总线,具有总线式结构,横穿 VXI 总线子系统的背板。任何模块都可用模拟电流源驱动该总线,也可通过高输入阻抗接收器接收该总线的信号。

图 10-20 表示模拟求和总线的应用。三个 AWG 产生一个模拟波形的不同部分,送到模拟求和总线相加后得到一个复杂的波形。这样,利用几个简单的 AWG 得到了复杂的波形,总的来说,降低了成本。

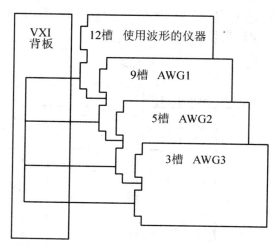

图 10-20　模拟求和总线的应用

6）星形总线

星形总线由两组双向、差分 ECL 线 STARX 和 STARY 组成,为模块间高速通信提供通路。0 号槽可看作为有 12 条腿的星形总线的中心点,每条腿的终点是一个模块。在 0 槽模块内可设置一组矩阵开关;适当设置这一组开关,可把源自一个模块的高速时钟信号送到要求的模块去。STAR 线是双向的,提供了灵活性。

7）电源分配总线

电源分配总线为插入 P1、P2 和 P3 槽口的模块提供 268 W 的功率。VME 总线提供 + 5 V、± 12 V 及 + 5 V 后备电源。P2 槽口上还有 ± 24 V(用于模拟电路)和 – 5.2 V、– 2 V(用于 ECL 电路)电源。

10.3.3　VXI 总线系统的典型结构

图 10-21 表示了 VXI 总线系统的几种典型结构。图 10-21(a) 是单一 CPU 系统,CPU 器件是系统的命令者,其他器件都是受令者。图 10-21(b) 是分布式的多 CPU 系统。图 10-21(c) 是独立的系统,在机箱内包含了主计算机。图 10-21(d) 是分层式的仪器系统,在机箱内有仪器 1 和仪器 2,每个仪器由一个命令者和两个受令者组成,而仪器中的命令者相对于主计算机来说,又可以是受令者,命令者和受令者的关系是可以嵌套的。

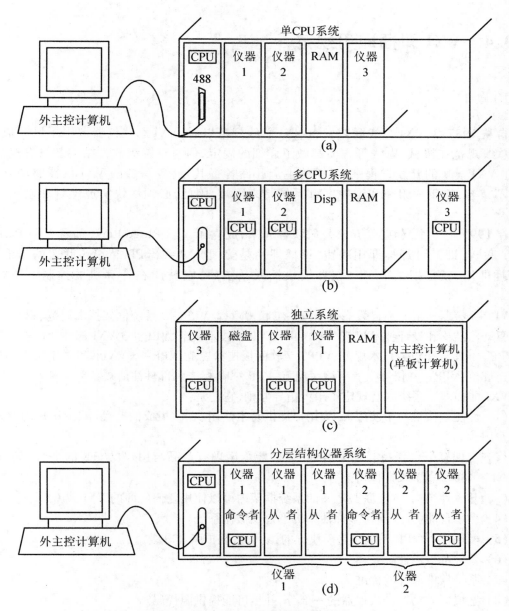

图 10 – 21　VXI 总线系统的典型结构

（a）单一 CPU 系统　　　　（b）多 CPU 系统
（c）独立系统　　　　　　（d）分层式仪器系统

　　由于各种 VXI 系统的具体结构不同,系统内部的通信方式也不同,因此,VXI 总线定义了一组分层式的通信协议,用来支持各种 VXI 系统结构。为了支持系统和存储器的自动配置,每个 VXI 器件必须具备最基本的"配置寄存器"(Configuration Register),以便让系统通过 VME 总线的 P_1 槽口了解该器件的类型、型号、地址空间及存储器要求等信息。

　　VXI 系统的地址空间有 64 KB、16 MB 和 4 GB 三种,分别对应于 16 位、24 位和 32 位地址线,简称为 A_{16}、A_{16}/A_{24} 及 A_{16}/A_{32} 地址空间。

10.4 VXI 即插即用规范

10.4.1 引言

自从 1987 年 VXI 总线联盟发布 VXI 总线规范以后，VXI 总线仪器取得了巨大成功。VXI 总线规范在机械、电气等方面都做了详细的规定，但对系统级软件结构却没有进行规定。在 VXI 模块的开发过程中，早期的生产厂商各行其是，各写各的 VXI 仪器驱动软件，相互不兼容，给用户组建和维护 VXI 系统带来困难。因此，必须尽快实现 VXI 驱动软件的标准化。

在 1993 年 9 月，泰克等五家公司联合起来，成立了 VXI Plug&Play(简称 VXI P&P 或 VPP) 联盟，即 VXI 即插即用联盟。即插即用是美国 VXI 系统 Plug&play 联盟的术语。所谓即插即用，就是把某个 VXI 仪器模块插入系统后，它就能在计算机的控制下执行其功能。

VPP 系统联盟成立后已发布了 VPP－1 联盟章程、VPP－2 系统框架技术规范、VPP－3.x 仪器驱动器结构和设计技术规范、VPP－4.x VISA 技术规范、VPP－5 VXI 部件知识库技术规范、VPP－6 安装和包装技术规范、VPP－7 软面板技术规范、VPP－8 VXI 模块／主机箱到接收器互连规范、VPP－9 仪器供货商缩写规范、VPP－10 标志和部件注册规范等文件。

VXI 即插即用系统联盟规定了十大指导原则，它们是：

（1）性能最佳且易于使用 为用户提供易于使用、方便集成的产品，减少用户的开发和维护费用。

（2）与现有平台保持长期兼容性 联盟承诺现有产品与用户已安装的平台（如 NI－VXI、NI－488.2 等）长期保持兼容。

（3）开放性结构 在联盟定义的系统框架内可以使用任何厂商的 VXI 或 GPIB 产品。

（4）多平台能力 支持多种计算机平台及操作系统。

（5）模块化 VPP 系统应是模块化的，易于系统扩张和升级。

（6）软件可重用性。

（7）系统软件部件的标准化。

（8）把仪器驱动器作成仪器的一部分，并尽可能提供源代码。

（9）从事实上和正规两方面调整已建标准。

（10）为用户提供最大的支持。

VXI 即插即用系统联盟为了保证系统级的互操作性并实现即插即用的承诺，提出了"框架(Frame works)"这一基本概念。普及型测试系统的所有部件被定义为框架。当用户选择同一框架内的产品时，无需考虑它们的兼容性和互操作性，不论来自何厂商，都能工作。每个框架都有名称，如 VXI 系统框架、WIN 系统框架、WIN NT 系统框架、HP－UX 系统框架、SUN 系统框架和 GWIN 系统框架等。每个框架至少应包括控制用计算机、操作系统、VISA 接口和 I/O 软件、仪器驱动器、应用程序开发环境 ADE(如 C、Labview、VEE 等语言)、文档和安装支持、软面板及 VXI 总线仪器等部件。

10.4.2 虚拟仪器软件结构 VISA

虚拟仪器软件结构 VISA(Virtual Instrument Software Archtecture) 是 VPP 联盟制定的新一代仪器 I/O 程序及相关规范,各 VXI 模块生产厂家以此软件作为 I/O 控制的低层函数集来开发 VXI 仪器驱动器。

1) VISA 特点

在 VISA 出现之前,一些仪器厂商已推出了多种 I/O 接口软件,如 NI 公司的控制 VXI 仪器的 NI – VXI,HP 公司的 SICL 等,这些软件相互不兼容。为此,VPP 联盟颁布了 VPP – 4.x VISA 技术规范,它具有下列特点:

(1) 为用户提供独立的使用方便的 I/O 函数。函数的调用不仅与接口类型(如 VXI,GPIB 及 RS – 232C) 无关,而且与操作系统、编程语言及网络结构无关。用户为带 GPIB 接口仪器所写的软件,也可用于 VXI 系统或带 RS –232C 接口的设备上;同样,在内嵌式控制器的 VXI 系统中的应用程序,也可用于 MXI 或 GPIB – VXI 系统中。

(2) I/O 函数不仅能用于单处理器系统,还能用于多处理器和分布式控制系统中。

(3) 能适用于软件平台的改变。

2) VISA 结构

图 10 – 22 表示了 VISA 的结构模型,它从下到上分成五层:资源管理层,I/O 资源层,仪器资源层、用户定义资源层及用户应用程序接口层。资源管理层对所有 VISA 资源实行控制、管理和分配,为应用程序提供资源访问和查找等服务。因此,用户不必知道系统内 VISA 资源管理和分布的更多细节。I/O 资源层对 VXI、GPIB 及串行接口进行 I/O 低层操作,并且用户可很容易地扩充资源函数以控制其他类型 I/O 接口。仪器资源层控制一组 I/O 资源,提供了以传统编程方法控制仪器的功能,应用程序通过打开仪器资源的通话链路,实现与仪器的通信。用户定义的资源层又称为虚拟仪器。这里虚拟仪器是指提供传统独立仪器功能的 VISA 资源,用户在前两层资源的基础上通过增加数据处理等软件来实现物理上并不存在的仪器。VISA 结构的顶层是用户应用程序。这些用户自行开发的应用程序使用一个或多个 VISA 资源来完成特定的任务。应用程序本身不属于 VISA 资源。

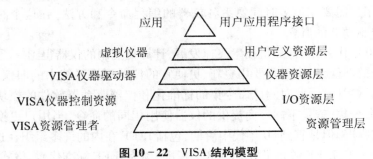

图 10 – 22　VISA 结构模型

3) 典型系统结构

图 10 – 23 表示了典型系统结构。两台计算机分别控制了 GPIB 仪器 A、B、C,触发源和 VXI 仪器。这是一个测控系统,由以太网实现两个仪器间的通信。VISA 仪器资源调用使 GPIB 仪器和 VXI 模块通过触发信号协同工作。由图可见,VISA 资源管理器是应用程序与仪器之间的桥梁,对仪器的所有操作都通过 VISA 资源管理器来实现,应用程序不需要知道被控制器件的位置,也不管仪器与计算机间的连接方式。

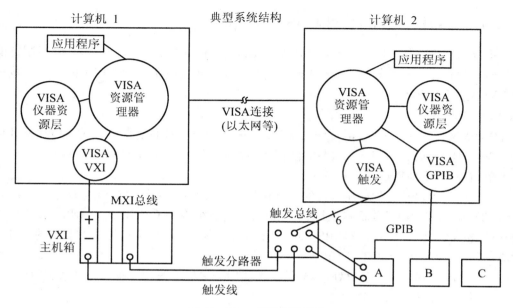

图 10－23　典型系统结构

10.4.3　仪器驱动器

1) 引言

仪器驱动器是一组控制程控仪器并与之通信的软件。驱动器中的每个程序对应于一个程控操作,如配置、读出、写入或触发仪器等。有了仪器驱动器,用户开发测试程序时无需知道每个仪器的通信协议和接口细节,方便开发,节省了时间,且简化了对仪器的控制。仪器驱动器更是没有前面板的 VXI 总线仪器的核心,是用户对仪器硬件控制的桥梁。

仪器驱动器其实不是一个新的概念。测试系统编程人员在多年前已经编写了仪器驱动器程序。在 GPIB 测试系统中,用户根据仪器厂商在手册中提供的命令格式用 ASCII 命令串对系统中的各个仪器进行控制。这种编程很费时费力,因为即使同类仪器,各个厂商提供的 ASCII 命令集都不同,用户需要花很多时间熟悉各仪器的编程命令和方法。在这个时候还没有 VPP 规范提出的仪器驱动器的概念。

从 20 世纪 80 年代开始,计算机技术飞速发展,计算机控制的仪器得到广泛应用。为了维护和增强测试系统的功能,用户经常要用更新、更便宜的仪器更换系统中的旧仪器,而希望更换时尽量不修改测试程序,因此对测试命令集的标准化和仪器驱动器软件的模块化提出了迫切要求。所谓标准命令集,就是不同厂商提供的仪器使用相同的命令,当用户更换或升级仪器时能很少修改测试程序。但是直到 80 年代中后期,包括 IEEE 在内的许多组织在这方面取得的进展却很小。在 1987 年,IEEE 颁布了 IEEE488.2 标准,称为 IEEE 标准代码、格式、协议和公用命令。该标准更仔细地规定了仪器的工作,但没有解决标准命令集的问题。

1990 年,由 HP、泰克等九家公司成立了 SCPI 联合体,颁布了可程控仪器标准命令 SCPI(Standard Commands for Programmable Instructions) 的第一个版本 SCPI Rev. 1999.0。该标准不仅适用于 GPIB 系统,也适用于 VXI 和 RS－232C 系统。由于 SCPI 助记符简单明确,容易记忆,标准化程度高,提高了仪器的互换性,大大缩短了测试程序开发和维护时间,因而受到各界欢迎。一些厂商在开发新仪器时采用了 SCPI 标准,但到目前为止的大多数仪器仍不兼容

SCPI 标准,因此仪器互换性问题仍未得到较好解决。另外,SCPI 标准适用于消息基器件,而不适用于如 VXI 总线系统中的寄存器基器件,使其应用受到一定限制。

SCPI 虽受到工业界的普遍支持,但一时却难以取得显著进展,另一方面对提高仪器互换性的要求却越来越迫切。在这种形势下,用户和厂商只得另辟蹊径,利用迅猛发展的计算机技术,开发功能强大的模块化软件来解决这一问题。

早在20世纪80年代,一些仪器用户就开始采用模块化编程方法并注意到测试代码的重用性问题,一些软件厂商为部分仪器开发了驱动程序库。到20世纪90年代,仪器驱动器技术已成为用户使用的主流技术,厂商把仪器驱动器源代码和开发工具一起提供给用户,使用户能方便地使用和修改仪器驱动器。随着离开软件无法工作的 VXI 总线仪器的广泛应用,对高性能仪器驱动器的需求更为迫切。为满足这一需求,VPP 联盟专用成立了仪器驱动器技术工作组,制定了完善的 VPP 仪器驱动器标准。这一标准化比以往命令集编程控制仪器的方法要高一层次,它将仪器底层的通信细节都封装在函数中,在应用程序中可直接调用这些函数,对支持 SCPI 或不支持 SCPI 的消息基器件,或寄存器基器件都适用。

VPP 仪器驱动器有下列特点:

(1)VPP 仪器驱动器对仪器功能进行全面控制。但有的用户可能仅使用部分仪器功能,工作组提出了三条指导原则。首先必须提供仪器驱动器的源码,因而用户可以修改源码,使系统工作最佳化;其次,驱动器结构必须模块化,方便用户选用其功能子集;最后各厂商提供的 VPP 仪器驱动器的结构必须一致,以方便用户学习和使用。

(2)模块化和分层结构

VPP 仪器驱动器采用了模块化设计,具有分层结构。用户既可通过应用函数实现简单的仪器接口,也可通过驱动器的底层软件访问较多的仪器功能。

(3)一致性原则

要求各厂商提供的仪器驱动器有统一的模块化结构、错误处理方法、帮助信息和版本管理等,这样用户熟悉一个仪器驱动器后,对其他仪器驱动也能很快熟悉。

2)仪器驱动器的结构模型

为了规定仪器驱动器软件设计和开发的标准,VPP 联盟提出了两个结构模型。第一个是仪器驱动器外部结构模型,表示了仪器驱动器如何与系统中其他软件相接口。第二个是仪器驱动器内部设计模型,描述了仪器驱动器软件内部的组成。

(1)仪器驱动器外部接口模型

一个 VPP 仪器驱动器由控制相关仪器的软件模块组成。这些软件模块必须能与测试系统中的其他软件模块协调工作,并且能与仪器、高层软件及用户进行通信。因此,制定仪器驱动器标准的第一步是要阐明仪器驱动器如何与系统中其他部分相互作用,这既包括驱动器与仪器之间的通信接口,又包括与仪器使用者的高层软

图 10-24 仪器驱动器外部接口模型

件间的接口。图 10 - 24 表示了仪器与系统其他部分接口的一般模型。模型包括下列五个部分。

① 函数体

仪器驱动器的函数体就是它的源代码,其构成情况将在下面讨论内部结构时介绍。

② VISA I/O 接口

仪器驱动器对仪器进行 I/O 通信是一种基本的操作,VPP 仪器驱动器通过标准的 VPP I/O 接口进行这种操作。VPP I/O 接口称为虚拟仪器软件结构 VISA。VISA 内有一个接口库,能控制 VXI、GPIB、RS - 232、以太及其他仪器接口,具有访问 VXI 消息基器件和寄存器基器件的能力,还能处理 VXI 中断、事件和直接访问 VXI 背板。

③ 子程序接口

子程序接口是仪器驱动器调用非仪器驱动器程序源代码时使用的接口。例如,仪器驱动器访问 VXI 控制器的功能以及访问其他数据库时使用子程序接口。

④ 编程开发人员接口

编程开发人员接口是把仪器驱动器作为测试程序使用时的接口,亦即应用程序调用驱动器内程序的一种软件接口。调用驱动器内功能模块与调用其他软件模块的方法是相同的。

⑤ 交互式开发人员接口

当把仪器驱动器作为高级应用软件的开发工具时,编程人员可使用软面板或其他工具作为与仪器驱动器的通信接口,这种接口称为交互式开发人员接口。通常以图形化的方式来帮助编程人员理解驱动器内部函数,并指明如何通过编程开发人员接口来调用这些函数。

(2) 仪器驱动器的内部设计模型

图 10-25 表示了仪器驱动器的内部设计模型,它规定了仪器驱动器函数体的内部组成。函数体是仪器驱动器的核心。图 10 - 25 表示了函数体内各函数及其层次关系。函数体中函数分为两类:部件函数集和应用函数集。部件函数集中的每个函数控制了仪器的某个功能。应用函数是面向测量和测试高层程序。测试程序通过应用函数来调用部件函数。每个仪器驱动器必须有一个或多个应用程序,它不仅提供了用户与驱动器间接口,而且还示范了如何使用函数。

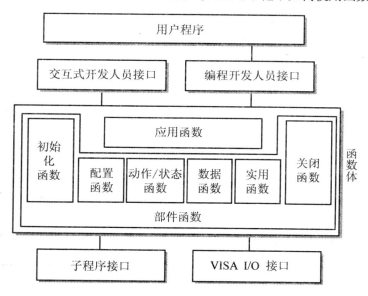

图 10 - 25　仪器驱动器内部设计模型

① 部件函数

VPP 仪器驱动器的部件函数分为初始化、配置、动作／状态、数据、实用及关闭共六类,每一类包含一个或几个软件模块。每类功能又分为"要求的功能"和"开发者专用功能"两类。"要求的功能"是指大多数仪器的驱动器都必须具备的功能,包括初始化、复位、自检、错误查询、错误信息及版本查询功能。除此之外的仪器驱动器功能均称为开发者专用功能,这些功能的实际操作由驱动器开发者自行确定。例如,所有仪器都有配置函数,但不同仪器可能有数量不同的配置函数,视仪器如何配置而定。

a）初始化函数

初始化函数用于初始化仪器软件的连接,也可以执行仪器识别查询和复位操作,使仪器置于加电复位状态或其他指定的状态。

b）配置函数

配置函数对仪器进行适当配置,使其执行要求的操作。

c）动作／状态函数

动作／状态类包含两类函数。动作函数使仪器初始化或结束测试操作。状态函数获得仪器当前的状态或未完成的操作的状态。

d）数据函数

数据函数对仪器读、写数据。例如从仪器读测量值或波形、下载波形或数据图形到信号源等。

e）实用函数

实用函数可以执行各种操作。有些实用函数是必备的,如复位、自检、错误查询、错误信息及版本查询,某些由开发者自行定义。

f）关闭函数

关闭函数用于终止与仪器的软件连接。

② 应用函数

应用函数是面向高级测试和测量的程序,可以提供源代码。通常情况下这些程序通过配置、启动和读仪器来完成一次测量。

3）仪器驱动器的设计和示例

在开发仪器驱动器时,首先必须定义它的层次关系,即定义它的基本功能和模块的层次。仪器驱动器必须设计成模块化,以保证其灵活性、可执行性和易使用性。模块化的驱动器内包括一系列函数,每个函数只执行单一的任务或功能。例如在数字示波器驱动器设计时,如果对仪器的配置和测量使用同一个函数,则每次测量时都要对仪器重新配置。因此,好的方法是设计两个函数,一个用于配置,一个用于测量。这样只需进行一次配置,以后进行多次测量。但是如果两个或多个函数总是联合使用,则应把它们合并为一个函数。仪器驱动器的功能必须涵盖仪器的全部功能。

仪器驱动器设计人员必须熟悉仪器操作,仔细研究仪器操作手册的编程部分和 VISA 库,全面了解仪器的控制和功能。手册的命令部分与仪器驱动器相关部分有较好的对应关系,但是把这些命令组合在一起实现要求的功能还要进行一定的工作。对于一组命令,设计者必须根据它们的功能分成两组或多组函数。例如,若仪器手册把触发配置命令和触发执行命令组合在一起,则设计者必须将这些命令分成两个函数,一个对触发功能进行配置,另一个对仪器进行触发。

为了满足仪器的要求,用户可以修改仪器驱动器内核来生成一个新的仪器驱动器。仪器驱动器内核简单,结构清晰、灵活,方便用户修改。仪器驱动器内核的模块函数(包括初始化、复位、自检、错误查询及关闭等函数)也能满足所有仪器驱动器操作的要求。这些模板函数基于IEEE4888.2命令,如果用户的仪器与IEEE4888.2兼容,则只要对内核作较少的改动就可以生成一个基本的驱动器。对于非IEEE488.2兼容器,通过改变内核结构也很容易满足要求。

修改内核后,把开发者定义的函数加入到仪器驱动器中,以便对仪器实现一些专有的操作。所有用户可调用的函数都有一个函数面板接口,并能返回错误和状态信息。

作为例子,表10-2列出了某示波器驱动器内各函数的层次结构。把执行相似操作的函数归为一类,表10-2中共有七类函数。

表10-2 示波器驱动器示例

函数层次	类型
初始化函数	必备函数
应用函数 自动设置并读波形 上升沿／下降沿测量	自定义函数 自定义函数
配置函数 配置垂直量 配置水平量 配置触发 配置采集方式 自动设置	自定义函数 自定义函数 自定义函数 自定义函数 自定义函数
动作／状态函数	
采集数据 自定义函数 数据函数 读波形 电压值测量 定时计数测量	自定义函数 自定义函数 自定义函数
公用函数 复位 自检 修改查询 错误查询 出错消息	必备函数 必备函数 必备函数 必备函数 必备函数
关闭	必备函数

在确定驱动器的层次结构后,对样板驱动器进行必要的修改;编制自定义函数,并将它们加入到驱动器,新的驱动器程序便生成了。

10.4.4　VPP 软面板

1) 引言

传统仪器有前面板,在面板上有各种开关、旋钮之类的控制部件及表头、LED、LCD、示波管之类的指示部件。在仪器加电后,使用者在几分钟之内就能确认仪器工作是否正常。但是,VXI 仪器模块没有传统仪器那样的前面板。在一个 VXI 系统组装后,用户首先要阅读产品手册,根据手册提供的命令集编制程序控制仪器进行工作,这往往要花费几天时间。

为了改变这种状况,VPP 系统联盟制定了软面板 SFP(Software Front Panel)和仪器驱动器规范,并规定仪器生产厂商在提供仪器时必须同时提供 SFP 和仪器驱动器软件。SFP 是图形化的用户接口,是自成体系的可执行的一种真实面板的软件形式。用户把 VXI 仪器模块插入机箱后,运行驱动器安装程序,并启动 SFP,就能很快验证仪器是否正确安装、功能是否正常。SFP 应用程序使 VXI 仪器使用起来与传统仪器一样方便。另外,一个功能完善的 SFP 执行了所有仪器驱动器的命令,因而 SFP 实际上也是仪器驱动器的一种测试工具。VPP – 7 规范定义了软面板,规定了设计软面板应遵循的框架。SFP 用于检验用户系统与 VXI 模块间的通信,并检验各仪器的操作。当对用户仪器进行编程时,可通过观察面板上的指示器来观察仪器是否被正确设置。当系统集成完后,SFP 像传统仪器的面板一样,控制测试操作,并显示测试结果。

2) 对 SFP 的要求

VPP 系统联盟对 SFP 提出下列要求:

SFP 软件存放在安装盘上,应与 VPP 仪器一起提供给用户。用户使用 SFP 就能验证通信和仪器工作。运行软面板所需的资源只能包括运用系统框架内的计算机、操作系统和 VISA 库,而不能要求其他资源。

VPP 软面板必须提出一个用户熟悉的友好接口,提供等效的旋钮、控制、显示器件及鼠标接口。

VPP 软面板必须提供的信息包括 VPP 徽标、VXI 模块型号、SFP 销售商及其版本等信息。下面结合图 10 – 26 软面板示例来讨论。

在主面板的右上方应显示 VPP 徽标、运行指示灯"Active"、槽口(slot)号及选用的逻辑地址(LA)码。在主面板或"相关"(About)盒内显示软面板生产商及版本信息,在主面板顶端给出仪器名称和型号。

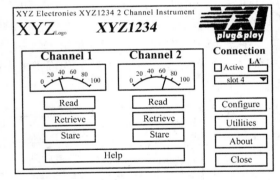

图 10 – 26　软面板示例

SFP 应能控制仪器主要的测试和测量功能。当执行 SFP 程序时,它应自动连接到 VXI 机箱内的某台仪器。如果发现待连接的器件多于一个,则 SFP 应能让用户选择其中一个进行连接。当连接后,"Active"灯显示绿色,并且显示自动连接的槽口号和逻辑地址(十进制)值。

如果 VXI 仪器模块有自检功能,则 SFP 必须能启动自检,并且报告自检结果。

VPP 必须与计算机应用程序共享计算机屏幕,因此所有 VPP 软面板应能移动和最小化。软面板不应占用超过 2/3 的最小分辨率屏幕的区域,以方便用户能切换同时显示的几个软面板。

VPP 软面板不能超出由系统框架定义的最低分辨率屏幕的满屏。

（3）软件板设计指南

在开发软面板时应选择分辨率为 640×480 的标准 VGA 显示器，这样就能保证软面板在分辨率更高的显示器上运行。一旦软面板开发成功后，它应当在其他平台上用其他分辨率（如600×800 或 768×1 024）的显示器进行测试，以保证软面板程序在不同平台和显示器之间的可移植性。

许多软面板由主面板和副面板组成。主面板是主要的用户界面，在执行时始终打开，不工作时也打开，因而在整个应用过程中都是可见的。图 10-27 表示了主面板的布局。上面是标题栏和 VPP 徽标。标题栏显示仪器生产厂商、仪器型号、名称及仪器主要特性等信息。"about"（关于）按钮用于显示软面板与仪器的版本信息。"close"（关闭）按钮用于关闭软面板并终止程序的执行。应用区域是主要区域，由用户安排各种控制元件和显示元件，以实现要求的功能。此外还有 Active 指示灯及 slot 号。

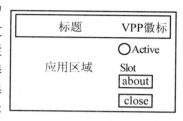

图 10-27　主面板布局

主面板可以调用副面板。图 10-28 表示了副面板的布局。副面板上面是标题栏，下面是方形按钮。规范对副面板上的按钮设置有如下说明：如果面板只有一个指示器或显示一个信息，则只用"OK"按钮；如果面板有几个控制件，但不必交互作用，则设"OK""cancel"按钮；如果面板包含许多选项并且要求交互作用，则设"OK""Apply"和"cancel"三个按钮。

按钮的标号不一定是 OK、Apply 和 Cancel，可选择意义更贴切的其他标号。例如，可用"connect"取代"OK"。

图 10-28　副面板布局

单击主面板上"About"按钮，就调用 About 面板。图 10-29 表示了 About 面板布局，它提供了有关软件版本、接口版本及硬件版本等信息。在图形区可插入一幅代表实际仪器的图标。因为整个 About 面板是一矩形大按钮，因而点击面板的任一空白处或单击"OK"按钮，就关闭该面板。

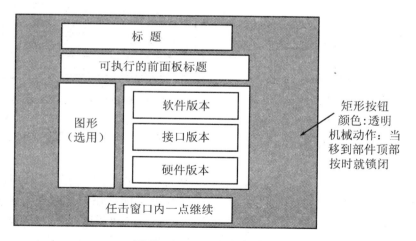

图 10-29　About 面板布局

VPP-7 还对软面板的外观、字体、颜色、图标和条款等作了规定。

10.5 可互换虚拟仪器(IVI)

10.5.1 概 述

长期以来,在测试系统中的仪器因性能不合要求、故障或其他种种原因而需要更换时,就要花费大量时间修改,甚至重写测试程序。为了解决仪器互换性问题,1997 年夏天,GDE 系统、GEC 马可尼及 NI 等公司的代表组建了一个工作组召开了首次会议。之后,该工作组演变成一个正式的工作组,即 IVI(Interchangeable Virtual Instruments,可互换虚拟仪器)基金会,至今已制订了从 IVI – 1 到 IVI – 4.9 共 20 多个 IVI 规范。

IVI 规范在 VPP 规范的基础上建立了可互换、高性能及可维护的仪器编程模型,适用于 VXI、GPIB、串行口及未来的仪用总线仪器。

IVI 仪器驱动器具有下列特点:

(1)仪器互换性 用 IVI 驱动器编写的测试代码在更换仪器时无需或作最小量的修改。

(2)仪器仿真 在没有物理仪器的情况下,输入所需参数,运行测试程序,就像仪器已接好一样,处理所有输入参数,返回仿真数据。这一性能在测试系统开发过程中特别有用。

(3)具有状态缓存功能,跟踪记录仪器硬件的配置,避免发送冗余的设置命令,优化了运行性能,提高了效率。

在运行 VPP 驱动器时,仪器的状态是不可知的,因此即使仪器已被正确配置,每次测量时都要重新设置,浪费了时间。在 IVI 规范中,驱动器能自动缓存仪器的当前状态,每个仪器命令仅改变与该命令有关的仪器属性。例如要对某一参数进行多次测量,IVI 驱动器只需在第一次测量时进行仪器配置,而 VPP 驱动器在每次测量后都要重新配置。

(4)具有边界检查、状态检查和其他设置选项,这些都是调试和开发过程中的有用工具。

IVI 规范把仪器分成一系列的子类,目前已制订了 8 类仪器规范,即示波器/数字化仪(IVI Scope)、数字万用表(IVIDmm)、任意波形发生器 / 函数发生器(IVIFGen)、开关 / 多路复用器 / 矩阵(IVISwitch)、电源(IVIPower)、射频信号发生器、频谱分析仪及功率表。

(5)因为同类仪器中的所有仪器不可能都具有相同的功能,不可能建立一个单一的编程接口,因此 IVI 基金会制订的仪器类规范分成基本功能和扩展功能两部分。前者定义了同类仪器中绝大多数(95% 以上)仪器都具有的功能,后者则更多地体现了每个仪器的特殊功能和属性。

IVI 示波器类把示波器视为采集变化电压波形的仪器,其基本功能包括设置典型的波形采集(设置水平和垂直范围和边沿触发)、波形采集的初始化及波形读取。扩展功能包括自动配置,求平均值、包络值和峰值,设置高级触发(如 TV、毛刺、宽度等触发),执行波形测量(如上升和下降时间、占空比和脉冲宽度等)。

IVI 万用表类的基本功能包括设置测量功能(如直流电压和电流、交流电压和电流、电阻、频率、周期和温度等测量)、量程、分辨率、触发延迟(从收到触发信号到开始测量之间的时间)及触发源。扩展功能组设定交流测量时输入信号的频率范围、频率和周期测量时输入信号电压的最大有效值、温度测量时所支持的传感器类型等。

IVI 函数发生器类的基本功能组用于产生一些基本类型的信号,并完成相关的配置操作,如输出阻抗、运行模式、参考时钟源等的配置及输出通道使能、信号发生器的启动和退出。扩展功能组用于产生一些特定类型的信号。

IVI 开关类的基本功能组用来配置开关模块以建立或断开通道间的相互连接。扩展功能组允许用户用触发来建立或断开连接，并在操作完成后产生触发信号。

IVI 直流电源类的基本功能包括设置输出范围、输出电压、过压保护电平及电流门限等。扩展功能组允许用户根据触发事件来改变输出信号。

10.5.2 IVI 驱动器

1）IVI 驱动器的功能

使用 IVI 驱动器的一个主要目的就是在不修改测试程序、不重新编译和不重新链接的情况下更换测试系统中的仪器，因此仪器驱动器必须有标准的程序接口。在实际上即使同类仪器的功能不可能完全相同，不可能用一个程序接口来适应所有仪器的所有功能。但有些基本功能是同类仪器中的绝大多数都具备的，因此有必要对 IVI 驱动器的功能进行划分，并提出相应的要求。

（1）IVI 固有功能（Inherend Capabilities）

IVI 固有功能是所有仪器的 IVI 驱动器必须实现的功能、属性和属性值。有些 IVI 固有功能与 VPP 规范中定义的有关内容相似，例如初始化、复位、自测试和关闭功能。另一些固有功能允许用户使能或禁止某些 IVI 的功能，例如状态缓存、仿真、越界检查及仪器状态检查等功能。还有一些固有属性提供驱动器和仪器的某些信息，例如用户通过编程可了解规范版本、驱动器制造商及驱动器所支持的仪器型号等信息。

（2）基本类功能（Bass Class Capabilities）

基本类功能是指该类仪器普遍具有的功能、属性和属性值。例如，示波器类仪器的基本功能有边沿触发、采集波形和读回数据。

（3）IVI 类扩展功能（Class Extension Capabilities）

IVI 类扩展功能是该类仪器中比较特殊的一些功能、属性和属性值。例如，示波器类仪器中的 TV 触发、脉宽触发和毛刺触发等特殊触发功能属于子类扩展功能。

（4）仪器专用功能（Instrument Specific Capabilities）

仪器专用功能是指某类仪器中的大多数都不具备的很特殊的功能，如某些示波器具有的抖动和时间分析功能，这些功能在 IVI 规范中未定义，因而没有互换性。更换使用这些功能的仪器时必须修改相应的测试程序。

2）IVI 驱动器的类型

IVI 驱动器是一个仪器驱动器，实现 IVI 规范规定的固有功能。图 10-30 表示了驱动器的类型。IVI 驱动器总的可分为仪器专用驱动器和仪器类驱动器两种。专用驱动器就是某种型号仪器专用的驱动器，不具普遍性，因而也不具有仪器互换性，但比以前的传统驱动器优良的是具有状态缓存、越界检查及仿真运行等性能。类驱动器包含该类仪器的通用功能函数，通过这些函数调用相应的专用驱动器，因而具有仪器互换性。具体讨论如下。

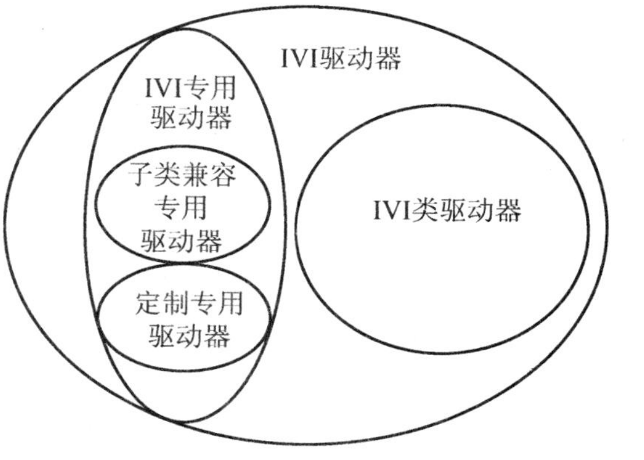

图 10-30　IVI 驱动器的类型

（1）IVI 专用驱动器（Specific Driver）

专用驱动器能控制某个或某类功能相近的仪器，能与仪器硬件进行直接通信，例如能发布命令串控制消息基仪器硬件。

（2）IVI 类兼容的专用驱动器（Class Compliant Specific Driver）

类兼容的专用驱动器是与某 IVI 仪器类规范相兼容的专用驱动器。当专用驱动器遵守某仪器类 IVI 规范时，就在专用驱动器名词前加上该仪器类规范名词来标识。例如，对示波器类兼容的专用驱动器为 Iviscope Specific Driver 或 Iviscope-compliant Specific Driver。当要求具有仪器互换性功能时必须使用类兼容的专用驱动器。

（3）IVI 类驱动器（Class Driver）

类驱动器通过类兼容的专用驱动器与仪器通信来实现仪器的互换性。例如，一个应用程序调用 Iviscope 类驱动器，后者又调用与 Iviscope 兼容的专用驱动器与示波器通信。

IVI 驱动器通常由仪器生产厂商或软件厂商提供。IVI 驱动器使用 VISA I/O 库与 GPIB、VXI 或串口器件进行通信，用户自己安装 VISA I/O 库。

（4）IVI 定制专用驱动器（Custom Specific Driver）

这类驱动器仅提供固有功能和非标准化的专有功能，不能实现硬件的互换性。

10.6 PXI 总线

10.6.1 概　述

前已述，GPIB 总线能方便地把分立仪器连接起来组成测试系统，缺点是传输速率低和体积大。VXI 系统解决了这些问题，但第一次投资大，成本高。为此，在 1997 年 9 月 1 日，美国 NI 公司推出了一种新的性能高而成本较低的模块化仪器总线规范——PXI。PXI（PCI extensions for Instruction）的含义是 PCI 总线扩张到仪器领域。PCI 总线是当今微型计算机的主流总线，是微机软件和硬件设计的事实上的标准，得到众多厂商的支持，因而有大量基于 PCI 的芯片、固件、驱动程序和应用程序都能经济有效地应用于 PXI 系统中。PXI 系统不仅继承了 PCI 系统的许多优点，而且针对测试领域的特点，对 PCI 的性能进行了扩展，例如增加了槽口数、触发总线和参考时钟、星形触发总线以及邻近卡间通信的本地总线等。

PXI 还要求支持标准操作系统（如 Windows）的框架，而 Windows 的众多应用程序有极其广泛的用户，这为简化 PXI 系统的集成及不同厂商产品的兼容性提供了保证。另外，所有 PXI 的外围设备都必须包含相应的设备驱动程序，这也节省了最终用户的开发时间和费用。

PXI 与 Compact PCI（牢固的 PCI）保持兼容。Compact PCI 是采用牢固的 Eurocard（欧洲插卡）机械封装标准和针槽插孔接口的 PCI。在 PXI 系统中还采用新的 Eurocard 标准中关于电磁兼容、机械锁和其他封装特性进行设计，规定了必须符合国际标准的电磁泄漏，因而 PXI 机箱能在苛刻的环境中正常工作。

PXI 系统实现了与 PCI 相同的性能。这些性能如下：

（1）32 位和 64 位的数据传输；

（2）132 Mbytes/s（32 位）和 264 Mbytes/s（64 位）的数据传输速率；

（3）利用 PCI – PCI 桥技术扩展系统；

（4）支持 3.3 V 系统电压；

（5）即插即用特性。

PXI 规范的体系结构如图 10-31（a）所示，整个规范由机械规范、电气规范和软件规范三部分组成。图 10-31（b）表示了 PXI 总线的组成，PXI 总线由 PCI 总线、触发总线、时钟和同步总线、星形总线及局部总线等组成。

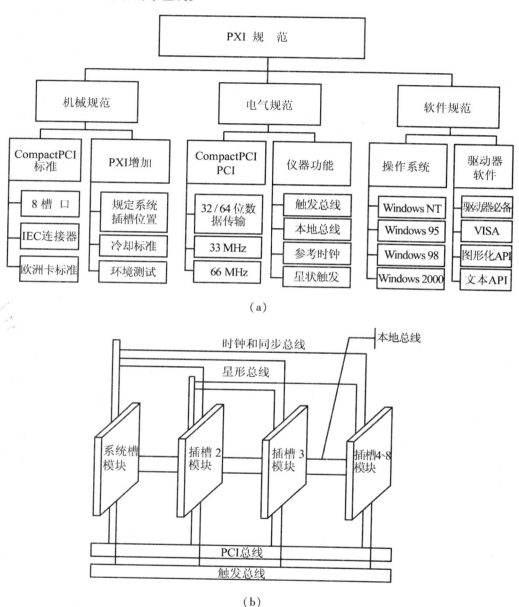

（a）

（b）

图 10-31 PXI 规范及总线

（a）PXI 规范的构成 （b）PXI 总线的构成

10.6.2 PXI 机械规范

1）模块和连接器

PXI 规范规定了两种尺寸的模块，如图 10-32 所示。3 U 模块的尺寸为 100 mm × 160 mm，

6 U 模块的尺寸为233.35 mm×160 mm,它们分别与VXI系统中的A尺寸、B尺寸模块相同。3 U 模块有两个连接器J1、J2,6 U 模块有J1 ~ J5共五个连接器。J1 连接器传送32 位PCI 总线的信号,J2 连接器传送64 位PCI 总线信号及PXI 规范中增加的信号。J3、J4、J5 目前保留,为以后增加新功能时使用。使用简单的适配器板,3 U 模块能插入6 U 机箱中。

PXI 使用针孔式连接器,引脚间距为2 mm。

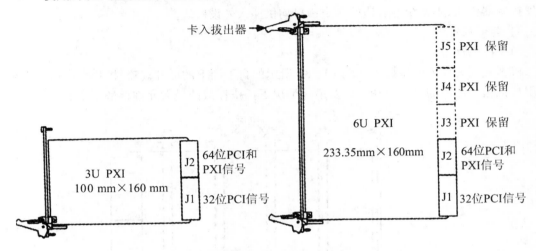

图 10-32　PXI 模块尺寸和连接器

2) 3U PXI 系统构成

图 10-33 表示 了3U PXI 系统的构成实例。在机箱后部装有背板。背板上有P1、P2 连接器

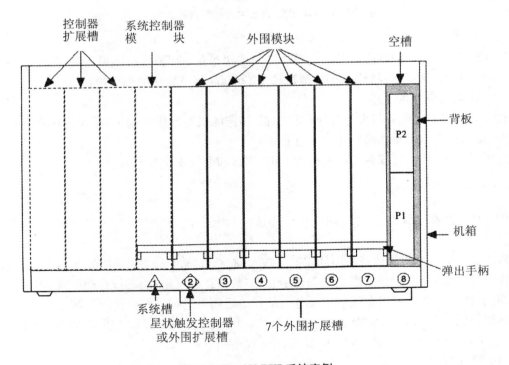

图 10-33　3U PXI 系统实例

槽口供插入系统控制模块和外围设备模块。规定系统槽是背板上最左边的槽口。如果系统控制模块的厚度大于一个槽宽,则必须按规定的槽宽(一个槽宽等于 20.32 mm)增量向左扩展。这些附加的控制槽仅用作系统控制模块的物理扩张,而没有连接器与背板相连,因而不能插接外设模块。

在系统槽右边的一个槽口可插入星形触发控制器模块,但该模块是选用的。若不插入星形触发控制器模块,则系统槽右边的 7 个槽口均供插入外设模块。

3)其他规定

(1)冷却规范

机箱必须为插入模块提供如图 10-34 所示的自下而上的冷却气流。机箱生产厂商必须告知用户机箱能耗散的最大总功率以及最坏情况下插槽耗散的最大允许耗散功率。

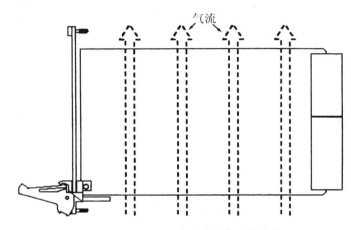

图 10-34 PXI 系统中冷却气流的方向

(2)环境测试

PXI 机箱、系统控制器模块及外设模块必须按储存和工作温度范围进行测试,并推荐进行湿度、振动与冲击测试。建议全部环境测试按 IEC60068 规范所述的程序进行。

(3)机箱及模块的接地

PXI 的机箱上必须有与大地直接(低阻抗)相连的机箱地接线端子。模块连接器应该有金属护套。金属护套与前面板应低阻抗相连接。

此外,PXI 产品还应按有关标准进行 EMC 测试和电气安全性测试。

10.6.3 PCI 总线

PXI 总线是在 PCI 总线的基础上扩展而成的,因此在介绍 PXI 电气规范时,先讨论 PCI 总线。

PCI 总线是目前微型计算机中的主流总线,具有总线宽度 32 位(可扩展到 64 位);支持猝发工作方式;总线同步工作频率达 33 MHz;地址/数据总线复用;能进行自动配置,实现设备的即插即用;独立于处理器以及任何主设备与从设备之间可进行点对点访问等特点。

从设备的 PCI 接口至少需要 47 条信号线,主设备的 PCI 接口至少需要 48 条信号线。图 10-35 表示了 PCI 总线信号名称。信号功能叙述如下:

(1)系统信号

CLK(输入) 总线时钟信号,最高为 33 MHz,除 RES#、IRQB#、IRQC#、IRQD# 外,其他

PCI 信号都在时钟信号上升沿有效。

RES#（输入）　复位信号，复位接口逻辑并设置 PCI 特性寄存器。复位后所有 PCI 总线的输出信号处于高阻状态，SERR# 被浮空。符号"#"表示低电平有效，下同。

（2）地址和数据信号

AD31 ~ AD00（双向三态）　地址和数据复用总线。在一个 PCI 传输中先发地址信号，后发一个或多个数据。

C/BE3# ~ C/BE0#（双向三态）　总线命令和字节允许信号。在地址节拍传送总线命令，如表 10-3 所示。在数据节拍传送字节允许信号，确定 32 位（4 字节）数据中哪些字节被传送。C/BE3# 为低电平时规定传送字节 3，C/BE0# 为低电平时规定传送字节 0，依此类推。

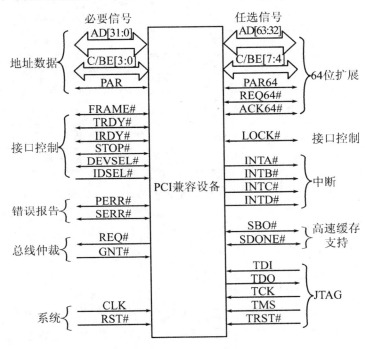

图 10-35　PCI 总线信号

PAR（双向三态）　奇偶校验信号，对 AD 和 C/BE# 信号进行奇偶校验。当 AD 和 C/BE# 线上"1"的个数为偶数时，PAR 为高电平。在写操作的数据节拍，该信号由主设备驱动；在读操作的数据节拍，该信号由从设备驱动。

（3）接口控制信号

FRAME#　帧周期信号，由当前总线主设备驱动，表示一个总线周期的开始和结束。在一个总线周期内，FRAME# 一直保持有效。当 FRAME# 发生正跳变时，表示进入最后一个数据节拍。

IRDY#　主设备准备好信号，由主设备驱动。该信号与 TRDY# 同时有效时完成整个传输。在写周期，IRDY# 有效表示 AD 线上已有有效数据；在读周期，该信号有效表示主设备已做好接收数据的准备。

TRDY#　从设备准备好信号，由从设备驱动。在写周期，该信号有效表示从设备已准备好接收数据；在读周期，该信号有效表示从设备已把有效数据置于 AD 线上。

STOP#　停止数据传送信号，由从设备驱动，向主设备请求停止当前的数据传送。

LOCK#　　锁定信号,由主设备驱动,保证设备对存储器的锁定操作。

表 10 - 3　　总线命令

C/BE3# ~ C/BE0#	命令类型	说　　明
0000	响应中断	中断识别命令
0001	特殊周期	在 PCI 上简单广播
0010	I/O 读	从端口读数据
0011	I/O 写	向端口写数据
0110	存储器读	从存储器读数据
0111	存储器写	向存储器写数据
1010	读配置	从配置空间读
1011	写配置	向配置空间写设备信息
1100	多重存储器读	只要 FRAME# 有效,就传输数据
1101	双地址周期	传输 64 位地址到某一设备
1110	线性存储器访问	用于多于两个 32 位数据的读入
1111	无效存储器写操作	写操作不进行 Cache 回写,余同线性存储器访问

IDSEL(输入)　　初始化设备选择信号,高电平有效,在参数配置读、写期间用作片选信号。

DEVSEL#　　设备选择信号,由从设备驱动。当该信号有效时,表示所译码的地址在从设备的地址范围内,即从设备被选中。

(4)仲裁信号

REQ#(输出)　　总线请求信号。每个主设备都有自己的 REQ# 信号。当主设备要求占用总线时,就通过 REQ# 线向总线仲裁器发出总线请求信号。

GNT#　　总线请求允许信号。每个主设备都有自己的 GNT# 信号。当总线仲裁器允许某主设备占用总线时,就通过该主设备的 GNT# 线发出 GNT# 信号。

(5)错误报告信号

PERR#　　数据奇偶校验错信号。当检测到传送的数据发生奇偶校验错时,在数据接收后两个时钟内,由接收数据的设备驱动 PERR# 有效。

SERR#(漏极开路信号)　　系统错误信号,用于报告地址奇偶错、特殊命令序列中的数据奇偶错或灾难性的系统错。

(6)中断请求信号

INT$_x$#(X = A、B、C、D)　　这是 4 条漏极开路的中断请求信号线,低电平有效。因为是漏极开路线,所以如果是多功能设备,即设备内有多个中断源,则可利用一条中断请求线提请求,当然也可利用多条中断请求线分别提请求。如果是只有一个中断源的单功能设备,则必须使用 INTA# 线,其他 3 条无意义。如果多功能设备用两条中断线,则要用 INTA# 和 INTB# 线;用 3 条中断线,要用 INTA#、INTB#、INTC# 线,依此类推。

(7)高速缓存支持信号

SBO#(输入／输出)　　试探返回信号,双向、低电平有效。当该信号有效时,关闭预测命中的一个缓冲行。

SDONE#(输入／输出)　预测命中一个缓冲行信号,双向、低电平有效。当该信号有效时,表示预测已经完成;否则尚未完成。

(8) 64 位扩展信号

REQ64#　64 位传输请求信号,三态、低电平有效。该信号用于请求进行 64 位数据传输,与 FRAME# 信号的时序相同。

ACK64#　64 位传输响应信号,三态、低电平有效。该信号表明从设备将进行 64 位传输,与 DEVSEL# 信号的时序相同。

AD63 ～ AD32(双向三态)　扩展的地址／数据复用总线。

C/BE7# ～ C/BE4#(双向三态)　高 32 位总线命令和字节允许信号。

PAR64#(双向三态)　高 32 位奇偶校验信号,是 AD63 ～ AD32 和 C/BE7# 和 C/BE4# 的校验位。

PCI 总线的传输操作由一个地址节拍和一个或多个数据节拍组成。地址节拍所需时间是一个 PCI 时钟周期,一个数据节拍需要一个或几个(当插入等待周期时)PCI 时钟周期。PCI 总线传输包括读、写和终止三种操作。

图 10-36 表示 PCI 总线的基本读操作时序。当 FRAME# 信号有效(变为低电平) 时,读传输开始。时钟周期 1 为地址节拍。此时在地址总线 AD31 ～ AD0 上保持有效的地址信息,在 C/BE3# ～ C/BE0# 线上保持存储器读总线命令(0110 B)。时钟周期 2 称为总线转换周期。在该周期主设备和从设备都不驱动 AD 线以避免总线冲突;被寻址的从设备置 DEVSEL# 信号有效(低电平);主设备置 IRDY# 为低电平,表示已做好接收数据的准备。时钟周期 3 为第一个数据节拍。在该周期从设备置 TRDY# 线为低电平,表示已准备好数据进行发送;C/BE3# ～ C/BE0# 线上保持字节允许信号,指示数据总线的哪些字节有效。主设备在接下来的每个时钟周期的上升沿检查 TRDY# 信号。如果 TRDY# 为无效的高电平,则从设备未准备好数据,主设备自动插入等待周期,如图 10-36 中时钟周期 5。当主设备把 FRAME# 置为高电平时,表示当前是最后一个数据节拍,之后传送结束。

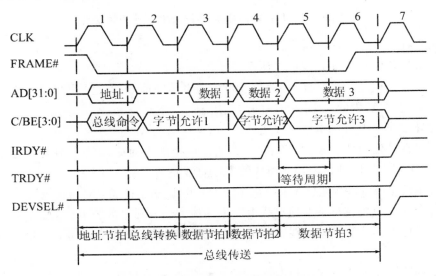

图 10-36　PCI 总线的基本读操作时序

由上可见,在总线传输期间,FRAME#、C/BE3# ~ C/BE0# 及 IRDY# 信号由主设备驱动;DEVSEL#、TRDY# 信号由从设备驱动。只有在 DEVSEL# 有效后,才能驱动 TRDY#。只有在 IRDY3、TRDY# 都有效时,才能传送数据;只要其中一个无效,就插入等待周期。

10.6.4 PXI 总线

PXI 总线在 PCI 总线的基础上增加了仪器专用的信号线,包括本地总线、参考时钟、触发总线及星形触发信号线。

1)本地总线 PXI_LBR[0∶12],PXI_LBL[0∶12]

PXI 在相邻外设模块间定义了 13 条菊花链本地总线,类似于 VXI 的本地总线。一外设插槽右侧的本地总线与右邻外设插槽左侧的本地总线相连,该槽左侧的本地总线与左邻外设槽右侧的本地总线相连,依此类推,如图 10-37 所示。最左边外设插槽左侧的本地总线用于星形触发,最右边外设插槽右侧的本地总线引脚可以不用,或用作其他用途。系统控制模块不设置本地总线,这些引脚用于 PCI 仲裁及时钟功能。

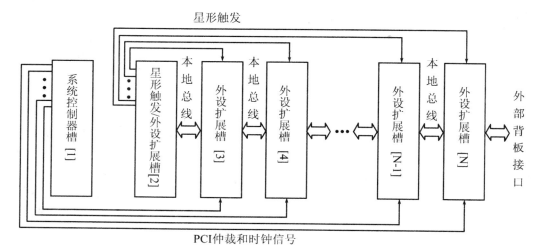

图 10-37　PXI 本地总线、仲裁、时钟及星形触发线

PXI 规范对本地总线有下列规定:

(1)外设模块驱动本地总线的电压不得超出 ± 4.2 V,直流电流不大于 200 mA。

(2)一外设插槽左、右两侧的本地总线可连通以传输信号。但这种连接可能违反本地总线长度及特征阻抗规范,因此应采取相应的防范措施。

(3)在外设模块上可将本地总线接地。

(4)如果在外设模块上本地总线接地,则在系统加电时必须将本地总线置于高阻抗状态,直至系统初始化软件已判定相邻模块的本地总线是兼容的。

(5)外设模块可以将本地总线上拉至 V(I/O) 处,以防止在加电时信号线处于不稳定状态。

(6)每个外设模块在每条本地总线上产生的最大输入漏电流为 100 μA。

(7)在背板上不能为本地总线安装端接电阻或缓冲器。邻近槽之间的本地总线必须直接相连。

(8)相邻插槽间本地总线的长度不能大于 3 英寸,所有总线的长度差别不超过 1 英寸。连线的特征阻抗必须为 65 Ω ± 10%。

（9）星形触发槽左边的本地总线引脚用作星形触发信号线。

（10）如果机箱右端的槽口设置带本地总线的外部背板接口,则该槽必须是机箱中编号最大的插槽。

2）使用 PCI – PCI 桥接技术扩展 PXI 系统

为了扩展 PXI 系统,可采用标准的 PCI – PCI 桥接器。在图 10-38 中,采用一个 PCI – PCI 桥接器,把 PXI 系统由一个总线段扩展为两个总线段,在第 8 和第 9 槽之间接入桥接器。两个总线段可提供 13 个外设模块插槽,由下式计算。

（2 总线段）× （8 槽／段）– 1 系统槽 – 2 个桥接器用槽 = 13 个外设槽

同样,三总线段的 PXI 系统可提供 19 个外设槽。

在总线段之间的触发线不能直接相连,以免影响触发总线的性能。星形触发控制器至多能提供访问双总线段 13 个外设模块的能力。

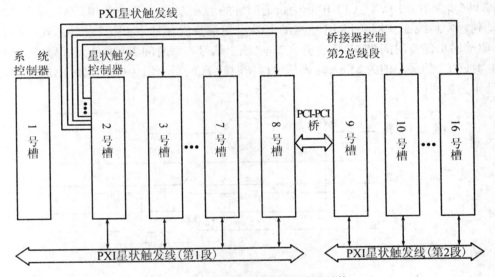

图 10 - 38　双总线段星状触发线结构

3）参考时钟 PXI_CLK10

PXI_CLK10　是频率为 10 MHz 的 TTL 时钟信号,由 PXI 背板向各外设插槽提供。该信号可为多个模块间的工作同步提供公共基准时钟。PXI 规范对 PXI_CLK10 信号提出下列要求:

（1）在规定的工作温度及工作时间内精度必须优于 ± 100 ppm,因此振荡器本身的精度要优于 50 ppm。

（2）在 2.0 V 电平处的占空比必须在 50% ± 5% 的范围内。

（3）送到每个外设模块的 PXI_CLK10 信号必须经缓冲器进行缓冲,其源阻抗与背板相匹配。

（4）背板向各外设模块提供的参考时钟的延迟差必须小于 1 ns。

（5）允许使用外部信号源作为参考时钟,以便得到更精确的信号。

（6）在切换参考时钟的信号源时,所形成的最小脉宽不小于 30 ns,相继的同极性边沿间时间间隔不小于 80 ns,这样可防止信号源因切换产生的毛刺破坏电路状态机的工作。

4）触发总线 PXI_TRIG[0：7]

PXI 有 8 条总线型触发线 PXI_TRIG[0：7]。触发线有多种用途,例如使多个外设模块间同步操作及一个模块控制其他模块进行精确定时操作等等。

PXI 有异步触发协议和同步触发协议。

（1）PXI 异步触发

PXI 异步触发是一种单线广播触发，其定时要求示于图 10 - 39，其中 T_H 和 T_L 时间不能小于 18 ns，这样可保证在异步触发脉冲上接收到最小 10 ns 脉宽的信号。

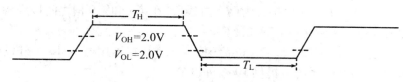

图 10 - 39　PXI 异步触发定时

（2）PXI 同步触发 PXI_TRIG[0：7]

PXI 同步触发是用 PXI_CLK10 作为选通时钟的触发方式。如图 10 - 40 所示，发送模块把信息驱动到触发总线上，PXI_CLK10 信号的上升沿把信息选通输入到接收模块。规定的定时参数为：驱动输出保持时间 T_{hd} 的最小值为 2 ns，输出信号有效时间 T_{val} 的最大值为 65 ns，选通输入建立时间 T_{su} 的最小值为 23 ns，输入信号保持时间 T_h 的最小值为 0 ns。也可把 PXI_CLK10 的下降沿作为选通沿。

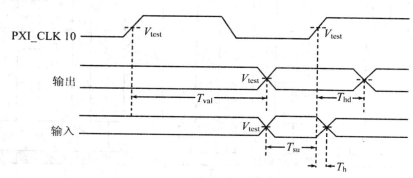

图 10 - 40　PXI 同步触发协议时序

PXI 规范对触发总线提出下列要求：

（1）在每个 PXI 总线段内，在背板上以总线方式把触发总线连到各外设插槽和系统槽。

（2）不同 PXI 总线段的触发总线在物理上不能直接相连，但在段间可通过信号缓冲在逻辑上连接起来。

（3）在每个总线段内，各触发线的两端都要接入如图 10 - 41 所示的端接电路。图中所示的二极管为快速肖特基二极管。

（4）在背板上，各触发信号线总长度不超过 10 英寸，相互间的长度差别小于 1 英寸。在外设模块或系统控制器模块上，触发总线长度不超过 1.5 英寸。

（5）在背板上，触发线无负载时的特征阻抗最小值 Z_{1min} 为 75 Ω ±10%。

（6）加电时 PXI_TRIG[0：7] 信号线及其驱动必须处于高阻抗状态，直至初始化软件完成触发配置。

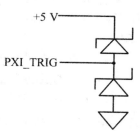

图 10 - 41　PXI 触发总线端接电路

（7）为了防止输入端浮置，系统或外设模块使用的

PRIG_TRIG[0∶7]线可在模块上加上拉电阻。上拉电阻最小值：5 V电源时为11 kΩ，3.3 V电源时仍为19 kΩ。

5）星形触发PXI_STAR[0∶12]

星形触发控制器必须设置在2号插槽模块，即系统槽右邻槽模块。当不用星形触发功能时，2号槽可插入其他功能模块。星形触发槽利用13根左侧本地总线引脚传送星形触发信号，因而星形触发控制器可以控制和监测两个PXI总线段的触发功能。若PXI系统多于两个总线段，则两个总线段设置一星形触发槽。

PXI规范对星形触发有下列要求：

（1）一个PXI机箱中只能有一个星形触发槽，也可以没有星形触发槽。当星形触发槽用作普通外设槽时，其左侧本地总线引脚已连接至星形触发，因此不能使用。

（2）星形触发线PXI_STAR0连至3号槽，PXI_STARI连至4号槽，…，PXI_STAR12连至15号槽，依此类推。

（3）背板上星形触发线的特征阻抗为65 Ω ± 10%，因此不管是在星形触发模块还是外设模块上，PXI_STAR驱动器的源阻抗亦必须为65 Ω ± 10%，以与背板阻抗相匹配。

（4）从星形触发槽到各外设槽的延迟不能超过5 ns，延迟差别不能超过1 ns。

（6）星形触发槽或外设槽驱动星形触发线的信号电平不得超过5 V。

（7）外设模块在星形触发线上的漏电流不得超过650 μA。

（8）在复位时外设模块不可驱动星形触发线。

（9）外设模块可在星形触发线上接上拉电阻，来防止不稳定的输入。

（10）星形触发槽的PXI_CLK10_IN信号线可提供外部的PXI_CLK10信号，星形触发模块不能驱动PXI_CLK10_IN线。

（11）适用于PXI_TTL触发总线的触发规范也适用于PXI_STAR信号。

10.6.5　PXIe总线

随着2003年6月高性能PCI Express的发布，PXI联盟也于2005年12月发布了与之相应的PXI Express，即PXIe。

与PXI相比，PXIe具有以下几个方面的突出特点：

（1）数据吞吐量高：传统PXI总线传输速率为132 MB/s(32 – bit) 和264 MB/s(64 – bit)，对于一些高实时性、大数据流量的应用，比如高速数据流盘，就难以适用了。PXIe则采用了高速串行差分信号和交换式结构（Switched Fabrics），每通道最高数据传输率可达250 MB/s。而将多个通道集合在一起，就可实现数据吞吐量成倍的增长，PXIe已定义了×1、×2、×4、×8、×12、×16和×32等多种多通道集合，带宽最高可达6 GB/s，突破了传统PXI总线传输速率的瓶颈，可以满足很多高实时性、大数据流量的应用要求。

（2）定时与触发方面：除了保持PXI现有的定时和同步功能，PXIe还提供了附加的定时和触发总线，包括：100 MHz差分系统时钟、差分星形触发信号以及槽间菊花链式差分信号等。使用这些定时与触发总线，可以开发出具有精确同步的系统，以满足应用需求。采用差分时钟和同步，PXIe系统中仪器时钟的抗噪声性能进一步提高。

（3）采用差分时钟和差分触发信号，PXIe系统中仪器时钟的抗噪声性能进一步提高，确保可靠同步和触发。可以更高速率传输数据。

需要指出的是，PXIe不是对PXI的替代，而是对其技术规范的发展。除了性能上的提升，

PXIe 同时还保持了和原来 PXI 软件上的完全兼容性。对于带宽要求不太高的测试,依然使用 PXI 模块来完成。PXIe 的软件兼容性使得 PXI 提供的标准软件框架同样适用于 PXIe,设备商提供的硬件驱动程序和用户开发的应用程序均能通用。在机械结构上,虽然 PXIe 模块在接头处较之早前的 PXI 模块有所改动,但是业界还是推出了几条措施来保证其兼容性:提供同时配备 PXI 插槽和 PXIe 插槽的混合机箱;将新品 PXI 的接头按 PXIe 规范生产;提供更换接头的服务。因此,传统的 PXI 总线仪器用户可以以"无妨碍"地过渡到先进的 PXIe 总线仪器。

PXIe 是针对高端测试需求,对 PXI 规范进行的改进。它的出现在一定程度上弥补了 PXI 与 VXI 的性能差距,扩宽了 PXI 总线平台的应用领域。

10.6.6 仪器平台性能比较

VXI 和 PXI 之间的主要差别源于它们各自的底层总线结构不同。VXI 基于 VME 总线,后者没有被测量和自动化之外的主流行业广泛应用;而 PXI 基于 PCI 总线,PCI 在台式 PC 中广泛应用。而且由于标准 PCI 总线最大带宽是 132 Mb/s,标准 VME 总线只有 40 Mb/s,所以 PXI 总线更有优势。使用 PCI 总线的另一个好处,就是能够降低产品成本,这是因为部件和软件很容易从全世界成千上万的 PC 产品供应商处购得。最后,由于 PCI 设备尺寸小,所以它能够为便携式、台式装置提供一个通用平台。表 10-4 是 PXI 与 VXI 和其他主要的仪器平台——GPIB 与台式 PC 插卡的对比情况。

表 10-4　目前几种仪器平台的比较

仪器总线	GPIB	VXI	标准 PC 插卡	PXI/CompactPCI
传输位宽(位)	8	8,16,32	8 16(ISA),8,16, 32,64(PCI)	8,16,32,64
传输速率 (MBytes/s)	1 or 8(HS488)	40, 80(VME64)	1 ~ 2(ISA); 132 ~ 264(PCI)	132 ~ 264
定时和同步	无	有定义	有	有定义
可用产品(种)	> 10 000	> 1 000	> 10 000	< 1 000
尺寸	大	中	小、中	小、中
标准软件框架	无	VXI plug&play 有定义	无	有定义
模块化	否	是	否	是
EMI 防护	可选	有定义	视具体插卡而定	视具体模块而定
系统成本	高	中、高	低	低、中

表 10-5 表示了 VXI 与 PXI 总线特性的比较。

表 10-5　VXI 与 PXI 总线特性的比较

信号线	本地总线	触发线	时钟线	星形总线
VXI	12 线	8 根 TTL,2 根 ECL,4 根附加 D 尺寸的 ECL 线	10 MHz,ECL, 100 MHz(仅 D 尺寸)	仅 D 尺寸
PXI	13 线	8 根 TTL 线	10 MHz,TTL	每槽 1 个

虽然 PXI 定义了许多与 VXI 规范相同的特性,但是并不是所有的特性都是用同样方式定义的,下面看看其中的一些区别。

(1) EMI(电磁干扰)　为了使系统中模块间辐射干扰的影响最小,VXI 规范要求所有 VXI 模块都封装在金属屏蔽装置中,这个目的很好,但却增加了 VXI 模块的成本,因为连不需要屏蔽的产品也屏蔽。PXI 规范也明确规定 PXI 产品必须符合规定的辐射要求,但是不要求每个模块都有金属屏蔽装置,只要求屏蔽模块上的一些敏感元件。

(2) 电源供应　VXI 在背板上定义了大量电源($+5$, -5.2, -2, ±12, ±24 V),在许多情况下不少电源没有被使用,额外加大了 VXI 系统主机的成本和热耗,而 PXI 主机规定的电压更适合于新型的低功耗集成电路,这些电压是($+5$, $+3.3$ V, ±12 V)。廉价的普通电源就能提供这些电压,因而降低了成本,减少了热耗,更重要的是适合新型集成电路使用。

(3) 冷却　VXI 和 PXI 规范都要求具有强制空气冷却装置,使气流从模块底部流动到顶部实现冷却。但是由于 VXI 模块通常都比 PXI 模块功耗更大,所以 VXI 系统需要更大的冷却装置。

(4) 控制器架构　所有 VXI 控制器都必须包括访问 TTL 触发线的电路和为 CLK10 提供时钟信号源。PXI 则定义了一种模块化控制器架构,它将仪器的 PXI 部分与控制计算机分开,从而降低成本。例如,星形触发控制器模块插在 PXI 机箱的第二槽中,能提供 10 MHz 的时钟信号源,因此第一槽中的控制器就不必提供该时钟信号源。采用这种模块化方法,用户只需要少量额外费用,就能获得复杂的定时和同步触发总线与星形触发总线特性。此外,由于 PXI 控制器使用主流 PCI 技术,所以它们更易于设计,制造成本更廉价,并且可以使用最新的处理器。

(5) 产品种类和成本　入门级 VXI 系统通常费用要超过 \$10 000,而入门级 PXI 的费用不到 \$3 000。VXI 有 1 000 多种产品可供选用,PXI 则有 400 多种产品可用,但是也可以选用 700 多种 Compact PCl 产品。带新功能的 VXI 模块的数量在最近几年已经下降,而可供选用的 PXI 模块的数量正以每年超过 100% 的速度增长。

(6) 尺寸　在开放式结构平台中,PXI 的体积是最小的。尽管 VXI 规范规定了 A、B、C、D 四种尺寸的系统,但是大多数 VXI 模块是 C 尺寸的。PXI 的大尺寸6U 模块才相当于 VXI 的 B 尺寸模块。

由于基于 PCI 总线结构,PXI 在性能和集成化上给用户带来了更多好处。PXI 设备能被操作系统自动识别,用户在集成基于 PXI 的系统时可以使用那些在标准 PC 上熟悉的工具。除了作为一个高性能的平台之外,PXI 也更易于模块集成化,因为所有 PXI 模块都具有共同的软件框架。PXI 是以 PC 技术为基础的,所以现有的 VXI/VME、GPIB、串行或者以太网接口的仪器都可以使用。通过 MXI－3 或 MXI－2,可以将 VXI 设备连接到 PXI 机箱上,就像直接从台式 PC 的 PCI 槽上连接一样。图 10－42 描述了 PXI 带来的配置上的灵活性。

图 10－42 中 MXI－2 是 PCI 系统与 VXI 系统间的一种总线扩展器。一个 PXI 系统通过 MXI－2 连接 VXI 机箱,就像在 VXI 机箱内的背板上直接插入了一个嵌入式的 VXI 控制器一样。用户通过 PXI 控制器来设置所有 VXI 仪器并与之通信,从而将一个 VXI 系统合并到 PXI 系统中。

MXI－3 是 PCI－PCI 桥。一块 PCI MXI－3 板卡插入计算机内,另一块 PXI MXI－3 模块插在 PXI 机箱的控制器槽内,两者通过电缆相连实现通信。计算机内的 CPU 对 PXI 模块进行设置和控制。对操作系统来说,在 PXI 机箱内的 PXI 模块与插在计算机内的 PCI 板卡是一样的。因此,MXI－3 和 PXI 机箱组合是扩展系统 I/O 的一种好方法。

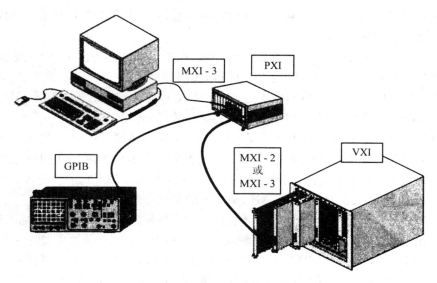

图 10 - 42   PXI 配置的灵活性

10.7   LXI 总线

为解决被测对象之间分布距离较远或测试设备与被测对象之间距离较远的问题,同时利用现有先进的网络通信技术,2004 年 9 月, 安捷伦公司和 VXI 公司联合推出了 LXI(LAN eXtensions for Instrumentation) 总线技术。LXI 总线标准融合了 GPIB 仪器的高性能、VXI/PXI 卡式仪器的小体积及 LAN 的高速吞吐率,并考虑了定时、触发、冷却、电磁兼容等仪器要求, 是基于以太网的新一代测控系统模块化构架平台标准。

10.7.1   LXI 总线概述

LXI 是一种基于以太网技术等、由中小型总线模块组成的新型仪器平台。LXI 仪器是严格基于 IEEE802.3、TCP/ IP、网络总线、网络浏览器、IVI - COM 驱动程序、时钟同步协议(IEEE 1588) 和标准模块尺寸的新型仪器。与带有昂贵电源、背板、控制器、MXI 卡和电缆的模块化插卡框架不同, LXI 模块本身已带有自己的处理器、LAN 连接、电源和触发输入。LXI 模块的高度为一个或两个机架单位, 宽度为全宽或半宽, 因而容易混装各种功能的模块。信号输入和输出在 LXI 模块的前面, LAN 和电网输入则在模块的后面。LXI 模块由计算机控制,不需要传统台式仪器的显示、按键和旋钮,同时由 LXI 模块组成的 LXI 系统也不需要如 VXI 或 PXI 系统中的零槽控制器和系统机箱。一般情况下, 在测试过程中 LXI 模块由一台主机或网络连接器来控制和操作,等测试结束后,再把测试结果传输到主机上显示出来。LXI 模块借助于标准网络浏览器进行浏览,并依靠 IVICOM 驱动程序通信,从而方便了系统集成。

10.7.2   LXI 总线的关键技术

1) 定时与同步技术

VXI 总线和 PXI 总线都包含有触发总线,通过硬件方式实现不同仪器模块的同步。由于 LAN 网线没有同步信号线,因此,LXI 总线要完成不同仪器的同步,需要采用不同的途径。LXI

提供精度由低到高的三种触发机制:基于 NTP 的触发方式、基于 IEEE 1588(PTP) 的触发方式和基于 LXI 触发总线(LXI Trigger Bus) 的硬件触发。

(1) 基于 NTP 的触发方式

网络时间协议 NTP(Network Time Protocol) 是互联网的时间同步标准协议,其用途是把计算机的时间同步到某些时间标准。目前采用的时间标准是协调世界时 UTC(Universal Time Coordinated)。NTP 的设计充分考虑了互联网上时间同步的复杂性。NTP 以 GPS 时间代码传送的时间消息为参考标准,采用了 Client/ Server 结构, 具有相当高的灵活性, 可以适应各种互联网环境。

但是 NTP 极好的适用性是以牺牲精度为代价的,在通常环境下 NTP 的定时精度在毫秒级,因此,基于 NTP 的触发方式精度最低,也最容易实现,适用于同步性能要求不高的静态和慢速测量,其触发特性适用于所有等级的 LXI 仪器和其他标准平台仪器(如 VXI 仪器和台式仪器)。

(2) 基于 IEEE 1588 的触发方式

精确同步时钟协议 PTP(Precision Time Protocol),又称为 IEEE 1588,该协议定义了一个在测量和控制网络中,与网络交流、本地计算和分配对象有关的精确同步时钟的协议, 它的设计目的是针对更稳定和更安全的网络环境,尤其适用于工业自动化和测量环境。

PTP 用时间戳来同步本地时间,采用这种技术 TCP/ IP 协议不需要大的改动就可以运行于高精度的网络控制系统中。一个 1588 精确时钟(PTP) 包括多个节点, 每个节点代表一个时钟,各时钟之间经由网络连接。按工作原理可分为两种时钟:普通时钟和边界时钟。它们的区别是:普通时钟只有一个 PTP 端口,而边界时钟包括多个 PTP 端口。PTP 系统通过这两种时钟来传输同步信号。发送和接收的信息都"加盖"时间戳。有了时间记录,接收方就可以计算出自己在网络中的时钟误差和时延。时间戳可以在硬件上实现,并且不局限于应用层,这使得 PTP 可以达到微秒以内的精度,特别适用于有较高定时要求的 LXI 模块间的触发和同步。

(3) 基于 LXI 触发总线的硬件触发

LXI 的硬件触发系统基于高速 LVDS(低压差分信号) 触发总线,该总线将各个模块通过硬件接口连接在一起,其连接方式与 VXI 和 PXI 的背板总线相似。LVDS 是一种适用于高速数据传输的通用接口标准,其功耗低、抗干扰能力强,而且集成度高 、成本低廉。该标准只规定驱动程序及接收器的电学特性,对协议、互连或连接器等方面的标准并未做出任何规定,而是让应用方案各自设定有关的技术规格,以确保 LVDS 能成为一个多用途接口标准。LXI 利用LVDS 标准的开放性,规定了自己的连接方案和物理接口以实现硬件触发。

2) 千兆以太网技术的发展

提高网络实时性最有效的方法是提高网络带宽,网络速度在过去的十多年里提高了三个数量级 , 它以后依然会遵循摩尔速度的发展规律。千兆以太网技术及网关、交换机、路由器、嵌入式以太网技术的发展使高速以太网可以满足仪器测量的需要。

3) 面向信号的 IVI – COM 技术

LXI 仪器的软件功能建立在 IVI 技术之上, 要求达到模块间的可互换性,IVI – MSS(Measure & Stimulus Subsystem) 方案是其中的一种。这种方案的关键是位于测试应用层和仪器层中间的 MSS 测量和激励子系统层。MSS 包括 MSS 服务器和角色控制组件。MSS 服务器封装了特定的测试、测量功能与独立于任何特定仪器的软件模块,为测试应用层提供实现测试任务的接口。IVI – Signal 接口标准是 IVI 基金会在 IVI – MSS 模型的基础上进一步发展起来的,它对IVI-MSS的RCM进一步封装,以信号接口的形式对外提供测试服务。IVI信号组件是带有标准信号接口的IVI-MSS角色组件,通过这些接口可用一系列方法执行信号操作,如初始化、建立、更改等。它允许客户应用程序控制仪器设备上的物理信号。

10.7.3　LXI的功能属性和功能类

LXI仪器具有三个功能属性:(1)标准的LAN接口,可提供Web接口和编程控制能力,支持对等操作和主从操作;(2)基于IEEE 1588标准的触发设备,使模块具有准确动作时间,且能经LAN发出触发事件;(3)基于LVDS电气接口的物理线触发系统,使模块通过有线接口互连。根据仪器所具有的功能属性和触发精度不同,LXI仪器分为三个等级:C类、B类和A类,性能和成本依次升高。这种划分完全是基于仪器功能,与其物理尺寸无关,称为LXI功能类。不同需求的用户可选用不同的功能类,不同功能类的仪器间可以协同工作。各类仪器应具有的功能如表10-6所示。C类仪器要求具有LAN和Web接口,其优点是结构简单、价格低、尺寸小;B类仪器在C类基础上增加IEEE 1588和LAN触发事件,其触发功能与GPIB等效,并可得到同样或更好的精度;A类仪器在B类的基础上增加物理线触发接口,其触发功能等效于机箱中模块仪器的背板触发。

表10-6　LXI的功能分类

	物理标准	软件接口	Web接口	触发接口
A类		LIX同步接口API(LAN触发和线触发)	同步配置网页(IEEE1588参数和线触发参数)	硬件触发总线
B类	电气标准机械结构环境要求EMC EMI	LXI同步接口API(LAN触发)	同步配置网页(IEEE1588参数)	IEEE1588(LAN消息和基于时间的事件触发)
C类		IVI驱动程序	欢迎网页及LAN配置网页	LAN接口(符合IEEE802.3)

10.7.4　LXI标准

现代工业标准是进行研发、生产以及国际交流与合作的基础。为了将LXI仪器的各项技术指标规范化,LXI联盟制定了LXI标准,深入理解LXI标准及相关协议,对于研制LXI仪器以及组建基于LXI的自动测试系统具有重要意义。LXI标准明确了实现LXI仪器的技术框架,包括物理规范、触发机制、仪器间通信、驱动程序、网络配置和Web接口等几个方面。

1)物理规定

物理规范部分规定了LXI仪器的外形尺寸、电气标准和环境标准。

LXI有四种机械尺寸:(1)非机架安装设备,适合小尺寸的应用,如传感器;(2)符合IEC60297标准的全宽度机架安装设备;(3)符合事实标准的半宽度机架安装设备,这种标准不是官方公布的,而是由于厂商大量生产,世界各地都在广泛使用,形成了事实上的标准,LXI标准推荐此类仪器为2U高度;(4)LXI单元,这是LXI标准定义的新的仪器机械尺寸。LXI单元高为1U~4U,推荐宽度为8.5英寸,深度要求符合相应的IEC标准。多种可选的外形尺寸给LXI仪器提供了很大的灵活性,能够符合各种不同应用的要求。

2）LXI 设备间的通信

对仪器进行控制和实现测试过程的自动化都离不开设备间的通信,LXI 模块间的通信有三种:经 LAN 的路由控制器到模块发送的驱动程序命令;通过 LAN 传送的直接模块至模块的消息;模块间的硬件触发信号线。直接模块至模块的消息是 LXI 仪器所特有的,它可以是点对点的通信(通过 TCP 连接传送数据包),也可以是一点到多点的广播式通信(通过 UDP 广播方式发送数据包)。这种基于 TCP/IP 协议的通信方式提供了传统测试系统结构(依赖使用中央控制器的主从配置)所不可能具备的灵活性。因为在 LXI 系统中,触发可由系统中任何 LXI 设备发起,并直接发送到任何其他 LXI 设备,而不必经过控制器。图 10 - 43 为传统基于 GPIB 总线的单控制器测试系统与简单的 LXI 测试系统体系结构的对比。

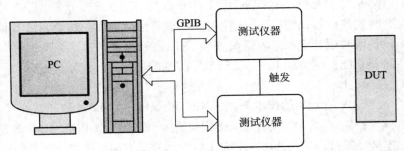

(a) 基于 GPIB 总线的单控制器系统

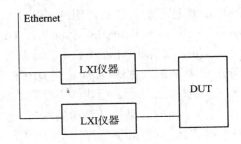

(b) 基于 LXI 的简单测试系统

图 10 - 43　测试系统体系结构对比图

3）驱动程序接口

所有 LXI 设备都必须提供符合 IVI 规范的驱动程序,并支持 VISA 资源名。A 类和 B 类仪器还要符合 LXISync 接口规范。

IVI 是在 VPP(VXI Plug & Play)规范的基础上发展而来的一项技术,主要研究仪器驱动程序的互换性、测试性能、开发灵活性及测试品质保证。IVI 规范实现不同厂商仪器间的互相替换功能,可用于 VXI/PXI、GPIB、高速串行总线控制仪器(如 USB、1394 仪器)等。它为各种虚拟仪器测试系统建立了一种可互换的仪器驱动程序框架结构。

IVI 通过类驱动程序和 IVI 配置库实现应用程序与驱动程序的无关性,从而达到驱动程序改变时不改变应用程序代码的目的。类驱动程序不是具体的驱动程序,它是符合某个 IVI 类规范的仪器类的 API 的集合(函数、属性、属性值等),可以理解为一种抽象的、具有过渡性质的驱动程序。IVI 类驱动程序为应用程序与具体仪器特定驱动程序提供了统一的接口,而 IVI 配置库中储存了这些接口的逻辑名与具体驱动程序间的映射关系。当仪器或驱动程序发生改变时,用户只需更改 IVI 配置库的信息,不需要对应用程序代码进行修改。

IVI 仪器驱动程序根据 API 分类的方式可分为 IVI2C 和 IVI2COM,它们分别是 ANSI2C 和 COM 技术与虚拟仪器结合的产物。IVI2COM 驱动程序是以所有主要应用程序开发环境都支持的微软COM技术为基础的,因此,LXI标准推荐使用IVI2COM驱动程序。LXISync规范定义了A类和B类仪器驱动程序编程接口(LXI API)的具体要求,这些API用来控制LXI设备等待、触发和事件功能特性(这些功能特性是关于A类和B类LXI设备的,不依赖于任何IVI仪器类),分为等待、触发、事件、事件日志及时间5个子系统。其中,等待子系统控制触发信号什么时候被接收;触发子系统控制LXI设备何时触发一次测量或其他操作;事件子系统控制LXI设备何时把特定状态发送给其他LXI设备;事件日志子系统提供一种访问设备日志的方法;时间子系统提供访问LXI总线1588时基的功能。

4) LXI LAN

LAN是LXI的技术基础,LXI标准规定了对LAN的硬件要求及相关配置要求。

硬件方面,LXI设备必须使用合适的IEEE802.x PHY/MAC规范实现以太网,以太网的物理连接必须符合IEEE802.3规范。LXI仪器应具有网络连接速度自动协商功能和以太网连接监视功能,前者使仪器能在小于自身速率的网络中正常工作,后者规定了网络断开时仪器应如何处理。

LXI的LAN配置是指设备为获得IP地址、子网掩码、默认网关和DNS(Domain Name System)服务器IP地址等配置值所使用的机制。LXI设备LAN配置的方法有三种:动态主机配置协议(Dynamic Host Configuration Protocol, DHCP)、动态配置本地链路选址(Dynamic Link-Local Addressing,又称为Auto-IP)和手动设置。其中,DHCP是在使用以太网路由器的大型网络中自动分配IP地址的方法,此时通过DHCP服务器获得设备的IP地址;Auto-IP方式适用于由以太网交换机(或集线器)组建的小型网络或特设网络,以及由交叉电缆组建的两节点网络;手动方式可用于所有类型拓扑结构的网络,此时用户手动设置LXI设备的IP地址。如果模块支持多种配置方式,则按如下顺序进行:DHCP → 动态配置本地链路选址 → 手动设置。

5) Web 接口

每个LXI仪器都是一个独立的网络设备,所有LXI仪器都必须提供包括产品主要信息在内的欢迎网页及LAN配置网页,A类和B类设备还要具有同步配置网页。此外,仪器还可以提供状态和其他页面,来显示仪器的当前状态和其他信息。这些网页通过HTTP80端口连接到网络,并可以通过标准W3C网络浏览器查看。从Web接口的角度看,LXI仪器类似于一个Web服务器,控制计算机可以像访问Web站点一样访问LXI仪器,查看仪器的配置或状态信息,甚至通过Web网页对仪器进行控制。

事实上,通过Web网页对仪器进行控制,也是LXI的一个特色。现代计算机技术和仪器技术的深层次结合产生的虚拟仪器技术,有效地将计算机资源和测试系统的软硬件资源结合在一起。LXI采用并发展了虚拟仪器技术,它可以像VXI/ PXI模块那样通过计算机上的虚拟面板控制仪器,但由于其网络化的特点,LXI联盟推荐用Web网页取代软面板对仪器进行控制,并通过Web接口来升级软件或软固件。

10.7.5 LXI 标准 1.1 版

为了推动LXI标准的进一步完善,加快LXI仪器的发展,LXI联盟在广泛听取各方意见后,于2006年8月推出了LXI标准的1.1版。新版本更正了原标准的印刷、排版及语法错误,对一些技术细节作了修改。

在1.1版标准中增加了第15章——混合系统。该章定义了集成型(aggregate hybrid system)和符合型(conformant hybrid system)两种混合系统。LXI设备与其他通过非LXI符合接口访问的非LXI设备组成的系统称为集成型混合系统;LXI设备与其他通过LXI符合适配器访问的非 LXI 设备组成的系统称为符合型混合系统。此外,新版标准还定义了混合系统中 LXI 设备与非 LXI 设备互连的工具 —— 桥接器、适配器和适配器工具包。

与 VXI、PXI、GPIB 等当前广泛应用的仪器组成混合系统,充分利用现有资源和多种仪器各自的长处共同完成测试任务,将是 LXI 仪器应用的热点。图 10-44 为 LXI 仪器混合测试系统示意图。

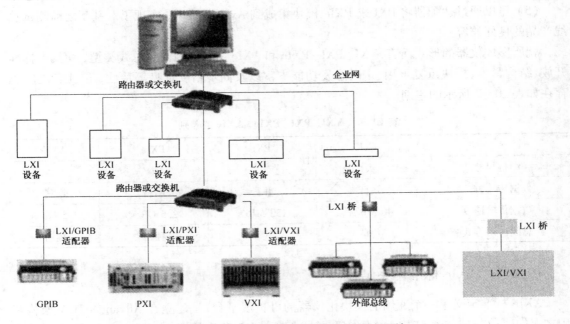

图 10-44   LXI 与现有仪器组合成混合系统

LXI 发展迅速,但毕竟还处在初级阶段,LXI 标准还有很多需要完善之处。另外,现在的网络监控系统还存在一些缺陷,基于网络通信技术的 LXI 技术在确保数据传输安全性等方面的研究仍需进一步加强。尽管 LXI 技术还面临一些困难和挑战,但测试技术和网络技术的结合是新一代仪器发展的要求,是测控技术发展的必然趋势。

10.8   AXIe 总线

虽然 PXIe 在传输速度和系统带宽方面取得了突破,但是由于其本身在功率和结构形式方面的限制,不利于实现大型的高性能仪器系统。为了解决这一问题,2009 年 11 月,Agilent(安捷伦)、Aeorflex 和 Test Evolution 公司联合成立了 AXIe 联盟,并于 2010 年 6 月发布了 AXIe 总线标准。目前的 AXIe 标准由 AXIe 1.0 和 AXIe 3.1 两部分组成。其中 AXIe 1.0 为基础体系结构标准,它是在 Advaned TCA 的基础上添加了核心触发功能、定时功能和高速本地总线而形成的,这些功能均通过背板的 Zonel 和 Zone2 接口进行实现。此外,还可以通过 Zoen3 接口对 AXIe 1.0 进行扩展,以形成适用于不同行业领域的 AXIe 3.x 标准。目前已经形成了针对半导体测试领域的 AXIe 3.1 标准。与 PXI 与 PXIe 总线相比较而言,AXIe 具有很多新的特性。

(1)功能模块电路板面积可达 900 cm^2 以上,有效解决了 PXI 和 PXIe 在电路板面积方面的限制;

（2）每插槽可提供200W或更大的功率以及散热能力，满足了大功率仪器的需求；

（3）融合了LAN和PCIe两种数据通信架构，为功能模块和计算机之间提供了高速的信息传递通道；

（4）功能模块之间提供了多组高速局部总线接口，可以对功能模块所产生的大量数据进行分流处理；

（5）可以通过适配器将PXI或PXIe模块集成到AxIe系统中，实现了对基于之前测试总线产品的良好兼容。

就所形成仪器的形式而言，VXI、PXI、PXIe和AXIe可划归为同一总线类型，均具有标准开放、结构紧凑、模块重复可用、定时触发功能丰富以及同步精度优良等特性，但几者之间也存在如表10-7所示的差别。

表10-7 VXI、PXI、PXIe、AXIe的差别

	VXI	PXI	PXIe	AXIe
结构尺寸	大	小	小	大
数据传输方式	并行	并行	串行	串行
数据传输速度	40 MB/s	132 MB/s	2.5 GB/s	2.5 GB/s
总线占用方式	共享	共享	独占	独占

10.8.1 AXIe标准体系结构

AXIe标准定义了一个通用的模块化仪器的可扩展平台，是建立在AdvancedTCA架构基础之上的一种分层体系结构，主要分为区域1、区域2和区域3三部分。AXIe标准继承了AdvancedTCA区域1和区域2的供电、机箱管理和数据传输接口的拓扑结构和功能，同时结构上结合了早期模块化仪器平台的优越功能，包括VXI、PXI和LXI总线技术标准，为AXIe体系结构添加了用于测试测量领域的触发总线、定时与同步接口和本地总线资源。AXIe 1.0标准定义了一个通用的测试和测量平台。相关AXIe 3.x标准还可针对特定应用领域扩展进行定义。AXIe 3.1标准对半导体测试进行了定义。AXIe标准体系结构如图10-45所示。

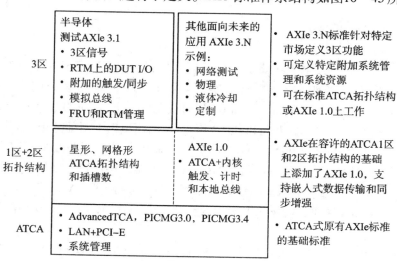

图10-45 AXIe标准体系结构

AXIe 体系结构,同其他模块化仪器平台标准一样,定义了一系列模块与机箱之间的机械、电气和逻辑接口。一个典型的 5 槽机箱简化框图如图 10-46 所示。AXIe 模块插入机箱前子箱槽,并占用背板上的连接器。背板为模块提供电源、智能平台管理总线、模块之间数据传输和控制、触发以及同步于定时接口的连接。机箱管理器则是一个用于监控机箱和插入机箱插槽的模块是否正常工作的控制器,包括控制机箱冷却风扇、管理机箱上电顺序等功能。模块可以涵盖与测试、测量应用有关的功能,例如信号源、信号处理分析、信号检测和数字 IO 等功能。所有外部 IO 在 AXIe 1.0 体系结构中都应当通过 AXIe 模块前面板的连接器。

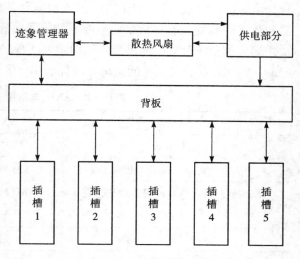

图 10-46　典型的 5 槽机箱简化框图

10.8.2　AXIe 的性能

AXIe 的数据通信架构融合了 LAN 和 PCIe 两种标准的特点。千兆位 LAN 可提供行业标准协议,包括用于 SCPI 通信的协议(例如套接字协议、VXI-11 协议和新的 IVI HiSLIP 协议),PCIe 接口可在计算机至仪器模块间提供 PCIe G2 速率,低时延和高速 PCIe 总线使仪器至计算机间的数据传输速率达到 10 Gbit/s,以及 2.2 Gbit/s 的写入速率和 2.7 Gbit/s 的读出速率。AXIe 的总线带宽和传输延时以及与目前常用的其他测试总线的比较如图 10-47 所示。

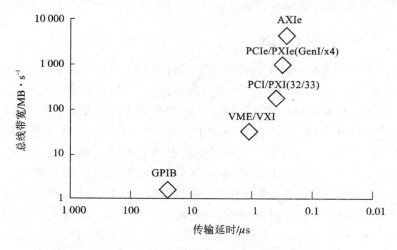

图 10-47　AXIe 与常用总线的总线带宽和传输延时比较图

AXIe 提供了高速和带宽较大的局部总线。数据采集模块可产生很高速率的数据,并能够分流这些数据,从而方便数据传输到系统计算机。这些较宽的本地总线可以提供一个非常快速的通道,18 至 62 个通道的局部总线可使相邻模块数据传输速率高达 600 Gbits/s,可将高速数据移至相邻数字信号处理模块,从而在通过 PCIe 背板将数据传输到计算机之前对部分数据进行分流。这种模块也可以用于实时生成数据并传输至相邻数据生成模块(例如任意波形发生器和数字码型发生器)。测量完整性通常需要精确、可重复的计时信号生成。AXIe 系统可在模块之间通过总线触发线或星形/径向触发线提供 100 MHz 的时钟和计时信号。AXIe 与常用的 PXIe、VXI 总线的主要性能指标比较如表 10-8 所示。

表 10-8 AXIe 与常用总线的性能指标对比

项目	VXI	PXIe	AXIe
技术基础	VME	CPCI/CPCI-E	AdvaneedTCA
单个插槽与背板之间最大数据带宽	320 MB/s	4 GB/s	2 GB/s
系统插槽与其余插槽间最大数据带宽	320 MB/s	8 GB/s	26 GB/s
PCIe 结构	无	有	有
LAN 底板	无	无	有
局部总线通道数	12(独立)	1(13 PXI)	18 ~ 62
触发方式	8 信号触发	星形触发	双向星形触发
参考时钟	10 MHz	10 MHz, 100 MHz	100 MHz
时钟同步	有	有	有
每插槽功率	(75 ~ 100)W	30 W	200 W
每个插槽提供的印制板面积	782 cm^2	160 cm^2	900 cm^2

AXIe 标准还规定了模块和系统元器件的电磁兼容性(EMC)标准,这有助于预防由于 AXIe 主机中元器件的电磁干扰所导致的测量信号完整性问题。例如,建议规定最大模块辐射,以确保相邻模块在辐射条件下符合测量标准。

10.8.3 硬件平台管理系统

AXIe 标准定义了完善的硬件平台管理系统,提供底层硬件管理服务,用于监控机箱的运行状态,控制机箱供电、散热,并通过电子键控保证模块接口与背板接口之间的兼容。硬件平台管理系统包括 ShMC(机箱管理控制器),IPMC(智能平台管理控制器)和 IPMB(智能平台管理总线)。在机箱工作状态下,位于仪器模块上的 IPMC 监控整个模块的工作状态,并通过 IPMB 与 ShMC 之间进行通讯,从而实现对机箱状态的监控和管理控制,AXIe 标准中定义了两个 IPMB,用于保证平台系统管理的可靠性。AXIe 机箱管理应该至少提供一个外部可进入 IEEE 802.3 系统管理接口,或者与系统槽的 ShMC 端口连接,或者与外部连接器连接。一个 AXIe1.0 机箱可以实现双冗余的机架管理,与系统槽上的交叉 ShMC 端口连接,或者与外部 LAN 连接器连接,或者与两者均连接。因此,每个 AXIe 机箱应该至少有一个专用的机箱管理器。

10.8.4 数据传输

AXIe 体系结构包括基本接口和交换接口,分别用于支持千兆以太网和 PCIe 通信的实现,并包括丰富的触发资源、本地总线、定时与同步接口来更好地满足测试测量的需求。AXIe 背板分为区域 1,为模块提供电源、地址信号和智能平台管理总线;区域 2,为模块提供基本接口和

Fabric 接口信号线以及触发总线、同步与定时接口和本地总线。

1）基本接口

AXIe 背板区域 2 的基本接口用来实现 10/100/1000 M BASE-T 以太网数据传输。基本通道以系统插槽为核心，与其他仪器插槽构成单星形拓扑结构。每个仪器模块与系统模块之间都有一个连接通道，那么以 14 插槽 AXIe 机箱为例，每个系统模块都有 13 个基本接口通道。系统模块的基本接口通道分布在区域 2 连接器 P23，P24 上，而仪器模块由于只有一个基本接口通道，其基本接口通道值分布在区域 2 连接器 P23 上。AXIe 机箱的基本接口通道分布如图 10-48 所示。

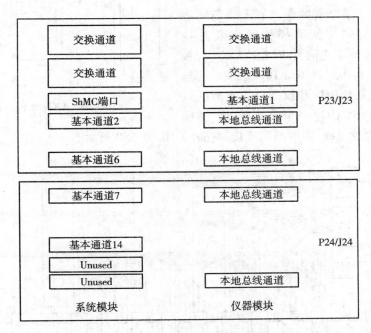

图 10-48　AXIe 机箱的基本接口通道分布

2）交换接口

AXIe 背板区域 2 的交换接口用来实现 PCIe 协议数据传输。交换通道以系统插槽、仪器交换插槽为核心，与仪器插槽之间构成双星形拓扑结构。AXIe 机箱交换通道支持第二代 PCIe(5 GT/s) 和第三代 PCIe(8 GT/s)，并兼容第一代 PCIe(2.5 GT/s)。通过电子键控来匹配不同速率链路与支持不同速率的交换通道。每个交换通道可以提供一个 ×4 链路的 PCIe 信号，可以支持 ×1、×2 和 ×4 三种配置模式，并将 PCIe 链路连接到系统插槽。与此同时，交换接口还可以支持一些生产商自定义协议的数据传输，但必须满足交换通道的电气要求。使用厂商自定义的协议进行数据传输时，必须在 1 号槽位上（仪器交换模块专用槽位）安装一个仪器交换模块，实现对背板信号和数据传输的控制，当然也可以通过远程计算机来控制。

3）本地总线

AXIe 本地总线分布在相邻的仪器插槽之间（不包括逻辑插槽 1），如图 10-49 所示，至少有 18 对本地总线连接相邻槽位，每个插槽分别拥有两个本地总线端口。AXIe 背板可以为每个端口提供 18 对、42 对或 62 对本地总线，用户可以根据实际需求进行选择。

AXIe 模块本地总线管脚电压允许达到 1.6V，对于可以达到 2.5V 电压的高电平信号，必须严格遵循电子键控协议。AXIe 标准中没有为本地总线规定数据传输协议,在实际使用中,用户可以灵活的自定义数据传输协议以满足实际需求,但是自定义协议必须满足标准中规定的电气要求和电子键控中规定的兼容性要求。

4) 触发总线、定时与同步接口

AXIe 体系架构主要用于自动测试测量领域,为满足测量的完整性以及和仪器之间的同步,AXIe 总线定义了丰富的触发和定时与同步信号。包括 12 对贯穿所有插槽的触发总线 TRIG[0 – 11]、PCIe 参考时钟 FCLK、AXIe 背板提供的 100 MHz 参考时钟 CLK100、触发 / 同步信号 SYNC 以及系统模块和仪器模块之间的双向星形触发信号 STRIG。一个典型的 14 插槽

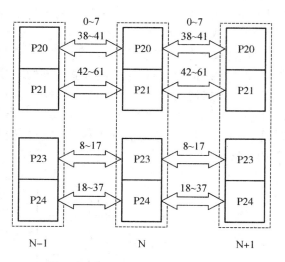

图 10 – 49　AXIe 本地总线背板拓扑

AXIe 机箱背板触发总线、定时与同步接口拓扑如图 10 – 50 所示。

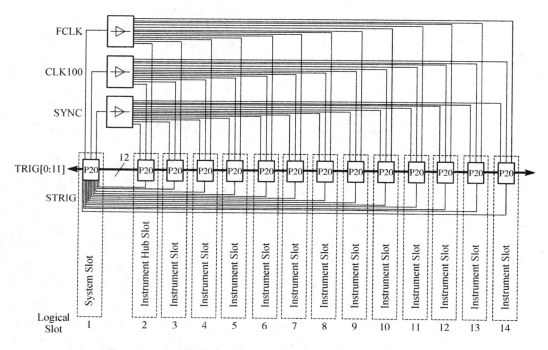

图 10 – 50　插槽 AXIe 机箱背板触发总线、定时与同步接口拓扑

10.8.5　AXIe 的现状及前景

AXIe 是最新一代测试总线标准,由于 AXIe 目前所处阶段,其产品线尚不丰富。相对于如日中天的 PXI 总线产品,目前市场上可见的 AXIe 产品数量和种类较少,且全部集中在中高端的测试、测量产品领域。但是,AXIe 的技术特点使其前景相当光明。AXIe 是在 GPIB、VXI、PXI、PXIe、LXI 这几种总线的基础上发展起来的,其性能全面超越上述几种总线,

而且可以完全兼容 GPIB、PXI、PXIe、LXI 这几种总线的产品。相信随着 AXIe 标准的逐步成熟,未来 AXIe 标准凭借其强大的性能和兼容性,必将在测试、测量领域获得广泛的应用。

10.9 LabVIEW 语言简介

10.9.1 引 言

LabVIEW(Laboratory Virtual Instrument Engineering Workbench,实验室虚拟仪器平台)是美国 NI 公司于 1986 年推出的虚拟仪器图形化软件开发平台。LabVIEW 的编程风格有别于传统的编程语言,因而易于学习和使用,提高了编程效率。它把繁琐费时的文本语言编程简化成用线条把图形化模块连接的过程,即绘制程序流程图的过程。

LabVIEW 的开发环境包括前面板和框图两部分,前者是用于人机交互的程序图形用户接口,集成了旋钮、开关等用户输入(即控件)对象;后者是程序的图形化源代码,包括函数、结构、代表前面板上控件对象和显示对象的端点及连线等。

LabVIEW 有灵活的程序调试手段,包括"加亮执行"、设置断点、探针和单步执行等调试工具,其中最具特色的是加亮执行和探针。加亮执行是在程序运行过程中正在执行的节点会加亮显示,从而跟踪框图中数据流的流动情况。

当把探针置于某根连线上时,就可查看运行过程中该连线的变量值。

LabVIEW 提供了 VISA、GPIB、VXI 及标准串口的驱动程序库。LabVIEW 还提供了功能强大的数据处理和分析函数库,包括数值运算、统计分析、DSP 及线性代数等模块。

LabVIEW 有三种模板:工具、控制和函数模板。工具模板包括创建和调试程序时用的工具。控制模板用于在前面板中设置控制器和指示器。函数模板用于创建框图程序。

LabVIEW 程序称为虚拟仪器程序,简称 VI。设计一个 VI 程序主要包括设计前面板和框图程序。虚拟前面板模拟了真实仪器的面板,主要由输入控制器和输出指示器组成,利用控制模板来添加各种仿真的输入和输出部件。利用输入控制器把数据输入到程序中,用指示器显示程序产生的结果。

框图程序相当于源代码,因此在设计前面板后就要设计框图程序。框图程序的设计主要是对节点、数据端口和连线的设计。其中节点是一个执行单位,相当于程序的一条语句。只有当一个节点的所有输入都有效时,它才能执行任务,只有当节点的功能都完全时,其输出才有效。LabVIEW 编写程序就是将多个节点用数据流连接起来,被连接的节点之间的数据流控制着执行次序,并允许有多个数据通路同步运行。在这里,数据流就是节点间的相互连线。总之,LabVIEW 在绘制方框图时只需从软件菜单中调用相应的函数方块并用导线连接即可,与文本程序的设计是完全不同的。

本章仅简单介绍 LabVIEW,若欲详细了解,可阅读 LabVIEW 用户手册。

10.9.2 LabVIEW 的工作环境

启动 LabVIEW 后,可看到如图 10-51 所示的主对话框,框中共有七项,LabVIEW 软件包的内容分别包含在这七项中。其中:"New VI"为创建一个新的 VI 程序,"Open VI"为打开一个已有的 VI 程序;"DAQ Solutions"为数据采集系统的通道配置及构建向导;"Search Examples"

为虚拟仪器程序示例；"LabVIEW Tutorial"为 LabVIEW 教程。

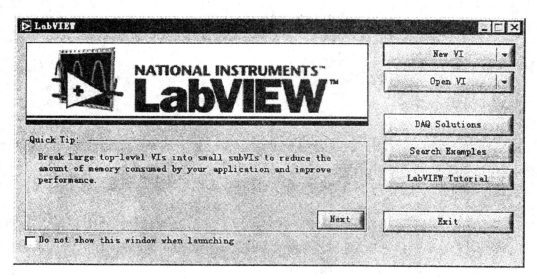

图 10-51　LabVIEW 6i 启动界面

　　点击 New VI 按钮时，就出现两个空白的前面板窗口和框图程序窗口，如图10-52所示，用户可在窗口内创建新的 VI 程序。窗口内的工具栏已在图中说明，其中若点击高亮按钮，则程序缓慢执行，所执行到的节点以高亮方式显示，可观察到数据流动。点击左边一个单步按钮时，进入子程序或结构内部时仍单步执行；点击右边一个单步按钮时，把子程序和结构当做一个执行单位一次执行完。

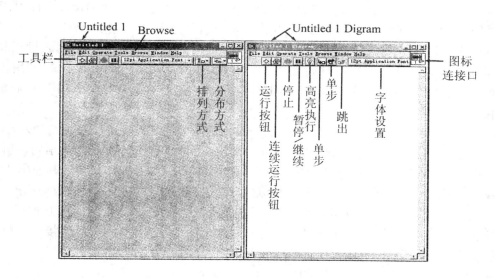

图 10-52　　前面板和框图编辑窗口

　　LabVIEW 窗口上部的菜单栏为下拉式菜单，有 File、Edit、Operate、Tools、Browse、Window和 Help 菜单。其中包括一些普通用的选项，如 Open、Close、Save 等，也包括一些仅 LabVIEW 中有的特殊选项，如：
　　File 菜单中的 New VI 创建一个新的 VI 并打开它的前面板。

Tools 菜单中的 Instrumentation 项为仪器驱动器,Data Acquisition 项为 DAQ 设置。

Window 菜单中的 Show Diagram(Ctrl + E) 项为显示框图程序窗口;Show Controls 项为显示控制模板;Show Tools Palette 项为显示工具模板;Tile Left and Right(Ctrl + T) 项将前面板窗口和框图程序窗口左右并排,如图 10 - 52 所示;Tile Up 和 Down 项将前面板窗口和框图程序窗口上下并排。

Help 菜单中的 View Printed Manuals 项显示 LabVIEW 使用手册;Examples 项为 LabVIEW 示例。

10.9.3 模板

在虚拟仪器的开发过程中,主要利用 LabVIEW 的三个模块:工具模板(Tools Palette)、控制模板(Controls Palette) 和函数模板(Function Palette)。

1) 工具模板

工具模板提供了编辑和调试 VI 的各种工具,如图 10 - 53 所示。执行"Window ≫ Show Controls Palette" 操作选择工具模板。为叙述方便,图 10 - 53 中对各工具编了号。现按号介绍如下:

（1）操作工具:将该工具移到某处,鼠标点击后就可在该处键入数字。

（2）选择工具:用于选择、移动和改变对象的大小。

（3）标签工具:用于输入标签文本。

（4）连线工具:在流程图中连接节点。

（5）模板弹出工具:用于在前面板窗口弹出控制模板或在框图窗口弹出函数模板。

（6）平移工具:使窗口中对象整体平移。

（7）断点工具:在流程图中设置断点。

（8）探针工具:在流程图的数据流线上设置探针以便观察连线上的数据。

（9）颜色提取工具:提取对象的颜色。

（10）颜色工具:改变对象颜色。

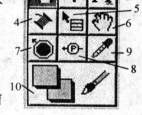

图 10 - 53　工具模板

2) 控制模板

在前面板开发窗口,执行"Windows ≫ Show Controls Palette" 或按鼠标右键就弹出控制模块,如图 10 - 54 所示。图中已标出各子模板的名称。传统仪器面板上的各种开关、旋钮及指示器件,都被仿真并分类存放在控制模板的各子模板上。设计前面板时只要把需要的控件放在合适的位置上。

用工具模板中的"选择工具"指向对象,用鼠标右击对象就可调出子模板及子模板上的控制。

这里仅讨论数字子模板和图形子模板。

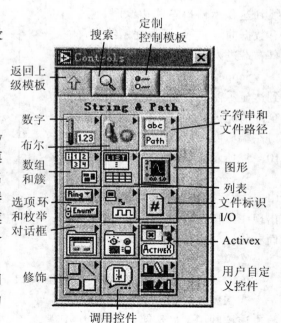

图 10 - 54　控制模板

（1）数字子模板

图 10 – 55 表示数字（Numeric）子模板，包含数字式（Digital）、滑杆式、旋钮式及表头式等控件。当把控件放在前面板窗口合适位置后就要进行属性设置，如设定数值范围、增量间隔、数制及标签等。设置方法是用鼠标右击该控件，弹出该控件的快捷菜单，按菜单逐项设置。

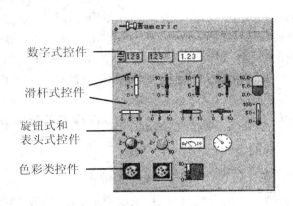

图 10－55　数字子模板

（2）图形子模板

图形子模板（见图 10 – 56）提供各种图形显示功能，这里仅介绍三种常用图形控件的功能。

① Waveform chart 控件

该控件动态显示信号，即来一个（或一组）数据显示一个（或一组）数据，从左到右，新数据在前一个数据右侧显示。这又分三种方式。

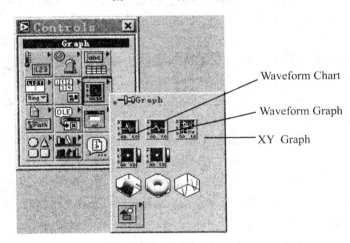

图 10－56　图形子模板

Strip Chart 方式：当数据曲线到达显示窗口右侧边缘时，原有数据曲线左移，新数据始终从屏幕右端进入；

Scope Chart 方式：当数据曲线到达显示窗口右侧边缘时，原曲线全部清除掉，新曲线重新从显示窗口左端开始往右逐点显示，如图10－57所示。

Sweep Chart 方式：与 Scope Chart 方式相同，只是在曲线右端出现一条长的竖线，随新数据进来而右移。

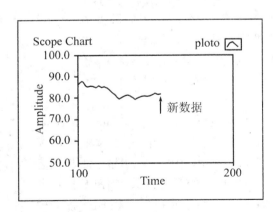

图 10－57　Scope Chart 显示方式

② Waveform Graph 方式

该方式把一个记录的数据一次送到窗口显示，常用作虚拟示波器的显示部件。

③ XY Graph 控件

该控制用于显示两个数据间的函数关系，横轴为 X，纵轴为 Y，可输入一个二维数据，也可输入两个一维数组。

3）函数模板

函数模板用于编辑框图程序，也只能用于框图程序窗口。函数模板内主要包含各种函数及控制程序流程的结构，如图10-58所示。用户在设计流程图时，只要从子模板上选择合适的图标放在框图程序窗口的相应位置。执行"Windows ≫ Show Functions"操作就调用函数模板。这里仅简单介绍数值运算、结构及信号处理子模板。

（1）数值运算子模板

图 10-59 表示数值运算子模板。其中"+、−、×、÷"图标对两数进行加、减、乘、除。"+1、−1"图标对数据进行加1或减1。"∑、∏"图标求数组中元素之和、积。"|\ |"图标求一数之绝对值。"[ ]"图标把一数取整为最近值，"⌊ ⌋"把一数取整为临近的小整数，"⌈ ⌉"把一数取整为临近的大整数。"$\sqrt{\ }$"图标求输入值平方。"(−x)"图标把输入值取反。"×2^n"图标把输入值乘2^n。"1/x"图标求一数之倒数。

"求三角函数值"图标可计算 $\sin$、$\cos$、$\tan$ 等多种三角函数值。

"求对数值"图标可求 e^x、10^x、2^x、x^y、$\log x$、$\ln x$ 等函数值。

"产生随机数"图标可产生 0 ～ 1 之间的随机数。

"特殊常量"图标有 e、π、$\ln\pi$ 等等许多常量。

"求商和余数"图标求两数相除后的商和余数。

（2）结构子模板

结构（Structures）子模板如图10-60所示。有四种控制程序流程的结构，这里仅介绍两种。

① For Loop 结构

For Loop结构示于图10-61。左上角 N 方块为循环次数输入口，左下角 i 方块为循环计数。程序循环执行一次，i 就加1。程序循环执行，直至 $i > N$ 时，跳出循环。

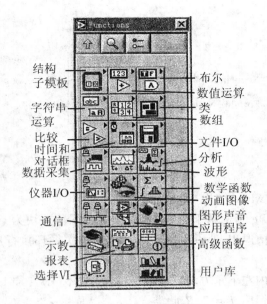

图 10-58　函数模板

结构子模板
字符串运算
比较
时间和对话框
数据采集
仪器I/O
通信
示教
报表
选择VI

布尔
数值运算
类
数组
文件I/O
分析
波形
数学函数
动画图像
图形声音
应用程序
高级函数
用户库

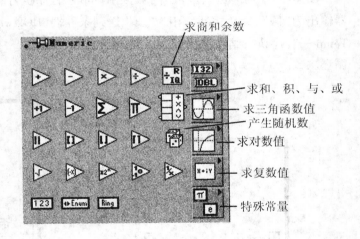

图 10-59　数值运算子模板

求商和余数
求和、积、与、或
求三角函数值
产生随机数
求对数值
求复数值
特殊常量

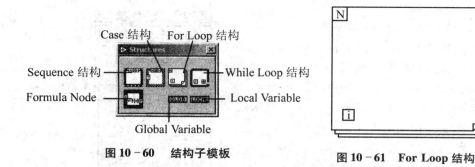

图 10-60　结构子模板

图 10-61　For Loop 结构

② while 结构

while 结构示于图 10-62。框内右下角方块为条件端口,当条件为"真"时,继续循环;为"假"时,退出 while 循环。因为是在每次循环执行后去检查条件端口的值,因而要至少执行一次。

框内左下角方块是计数端口,每循环一次 i 加 1。i 从零开始计数,第一次执行后,$i = 0$;第三次执行后,$i = 2$,依此类推。

图 10-63 是 while 循环的例子。当 Temp 子程序执行的结果(温度值)小于 85.00 时,比较器输出为"假",经反相器反相为"真"送到条件端口 $\boxed{G}$,while 循环中的程序将重复执行;一旦 Temp 子程序执行结果 ≥ 85 时,送到条件端口的状态为"假",停止循环。Numeric 指示器显示循环次数。

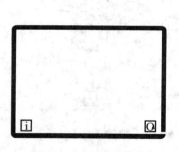

图 10-62　while 结构

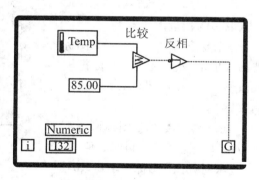

图 10-63　while 循环例子

（3）信号处理子模板

信号处理（Signal Processing）子模板可分为信号产生、时域分析、频域分析、加窗、滤波器和测量子模板,如图 10-64 所示。

仿真信号产生子模板可产生 15 种仿真波形。时域分析子模板可进行卷积、相关等 11 种时域运算。频域分析子模板可进行 FFT、功率谱等 19 种频域运算。加窗子模板可对信号进行 12 种窗函数（如矩形窗、汉宁窗等）的加窗处理。滤波器子模板提供多种滤波器。测量子模板有幅度、

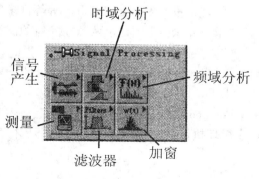

图 10-64　信号处理子模板

相位、传递函数测试等 14 种测试仪。

图 10-65 表示信号处理子模板内信号产生子模板。由图可见,信号产生子模板可产生正弦波、三角波、斜波、方波、扫频信号、脉冲序列及随机信号等许多仿真信号。

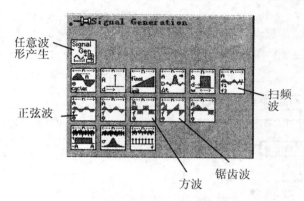

图 10-65　信号产生子模板

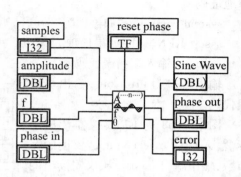

图 10-66　Sine Wave Vi 图标及其端口连接

图 10-66 表示信号产生子模板内正弦波发生器(Sine Wave VI) 图标及其端口。图标左侧 —— 列为输入端口,其含义为:

samples:所产生的波形总点数 N(约定值为 128);

amplitude:波形幅值(约定值为 1.0);

f:信号的数字频率(约定值为 1.0/128.0);

phase in:初始相位,单位为度(约定值为 0.0)。

图标右侧为输出端口,含义为:

Sine Wave:数组名,数组内存放生成的波形数据;

phase out:当输入端口 reset phase 为 False 时,该参数作为下一次生成的正弦波的初始相位;当 reset phase 为 True 时,该参数无效;

error:错误代码。当有错误时,输出相应的代码。

合适设置后,该图标将输出要求幅度、频率及初始相位的数字正弦波,点数为(Sample - 1)。

(4) 仪器 I/O 子模板

仪器(Instrument) I/O 子模板提供了多种图标,可对 NI 公司生产的 GPIB、VXI、标准串口仪器进行驱动。对其他公司生产的带上述接口的仪器,可用该子模板上的 VISA 图标来进行驱动。

GPIB 子模板包括 GPIB 初始化、GPIB 读、GPIB 写、GPIB 清除、触发、点名等共 10 个图标。执行 Function ≫ Instrument I/O ≫ GPIB ≫ GPIB Initialization. Vi 操作,就出现 GPIB Initialization. Vi 图标及其端口,如图 10-67 所

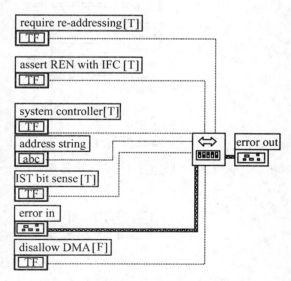

图 10-67　GPIB 仪器初始化图标及其端口

示。该图标对 GPIB 接口功能进行初始化,其输入端口如下:

address string:GPIB 仪器的地址。

reqire re-addressing:如果该项为"True",则仪器在每次读、写后,都要重发地址;否则保留原地址码。

system controller:如该项为"True",则该设备起着系统控制器的作用。

assert REN with:如果该项为"True",则系统控者发出一个远地控制信号。

error in:输入端错误代码。

输出端口为 error out,输出端错误代码。

图 10 - 68 为 GPIB 仪器读出图标。输入端口 byte count 是要读的字节数,输出端口 data 是从仪器读出的数据。

VXI 子模板有系统配置(System Configuration)、字串行命令者(Word Serial Commader)、字串行受令者(Word Serial Servant)、VXI 信号(Signal)、VXI 中断、VXI 触发等 12 个图标。

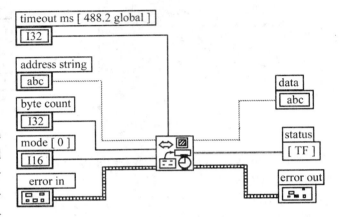

图 10 - 68　GPIB Read. Vi 图标及其端口

串口子模板有串口初始化(Serial Port Init)、串口写(Serial Port Write)及串口读(Serial Port Read)等五个图标。

图 10 - 69 表示串口初始化图标及其端口连接。端口 port number 设置串口号,baud rate 设置波特率,data bits 设置数据位数,stop bits 设置停止位数,parity 设置奇偶校验位,flow control etc 设置挂钩联络信号。

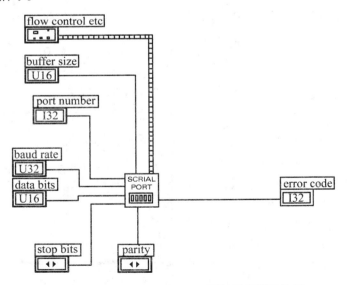

图 10 - 69　Serial Port Init. Vi 图标及其端口连接

图 10 - 70 为串口读图标及其端口。

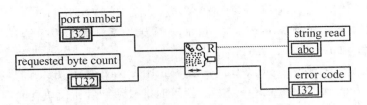

图 10 - 70　**Serial Port Read. Vi 图标及其端口连接**

10.9.4　LabVIEW 编程示例

LabVIEW 编程要经过前面板设计、方框图编程及程序调试等步骤。前面板设计在前面板编辑窗口内利用工具模板和控件模板进行。方框图编程在框图编辑窗口内利用工具模板和函数模板进行。完成编程后单击编辑窗口内工具条中的运行按钮执行 VI 程序,同时可利用工具模板中的断点或探针工具进行调试。

下面结合一个实例来说明 LabVIEW 的编程步骤。该示例程序产生一个叠加有随机干扰的正弦信号,并显示在屏幕上。步骤如下:

(1) 启动 LabVIEW,选择 NewVI → File → New,打开一个新的前面板窗口。

(2) 在前面板窗口的空白处单击鼠标右键打开控制模板,选择布尔量子模板中的"垂直开关控件",放在前面板左上角,取名为"Enable",如图 10 - 71 所示,用于控制程序的执行和停止。

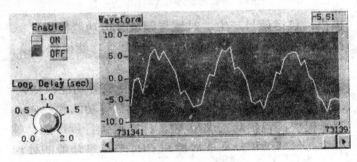

图 10 -71　**LabVIEW 示例前面板**

(3) 选择图形子模板中的"Waveform Chart",放在开关右边,取名为"Wareform",并设置坐标的范围。

(4) 从数字子模板选择"旋钮"控件,置于前面板左下方,取名为"LoopDelay(sec)",用于控制信号的持续时间,设置取值范围为 0 ~ 2。至此,前面板已设计完成。

(5) 单击前面板编辑窗口菜单栏中的 Windows → ShowDiagram 项,打开框图编辑窗口,看到三个控件对象,即开关控件端子"Enable"、旋钮控件端子"LoopDelay(sec)"和图形显示器端子"Waveform"。

(6) 在框图编辑窗口的空白处单击鼠标右键打开函数模板,选择 Analysis → SignalGeneration → SinePattern. vi 和 Analysis → SignalGeneration → PeriodicRandom Noise. vi,即正弦波信号和随机信号发生器虚拟仪器模块。在两个模块上单击右键,在弹出的快捷菜单上单击 Show → Terminals,显示模块的所有端子。在各端子上单击右键,选择 CreatConstant,为各端子产生常量输入模块,设置正弦波信号模块的信号点数、幅值、相位和周期数等参数,以及随机信号发生模块的信号点数、幅值、种子值等参数,如图 10-72 所示。

（7）在函数模板中选择 Numeric→Add 加法器模块,置于信号发生器和“Waveform”端子之间,并进行连线,如图 10-72 所示。

（8）在函数模板中选取 Time & Dialog→WaitUntilNextmsMultiple 时钟模块,置于旋钮端子的右边。选取 Numeric→Multiply 乘法器,置于时钟模块和旋钮模块之间,在乘法器模块的 y 输入端子上单击右键,选择 CreatConstant,将常量值设为 1 000。将旋钮的输出与乘法器的输入连接在一起,将乘法器的输出与时钟模块的输入端连接,实现对信号频率的控制。

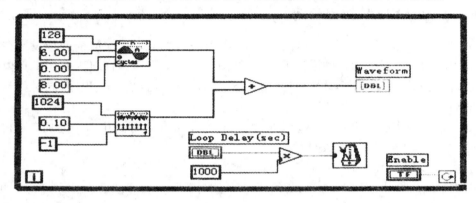

图 10-72　LabVIEW 示例方框图

（9）从函数模板中选取 Structures→While 循环结构。单击 WhileLoop 功能图标,按下左键将框图中所有的功能模块用 While 循环结构包围起来。程序要执行 While 方框里面各功能图标的工作,直至传送到条件端口的逻辑值为 FALSE。

（10）将“Enable”开关控件与循环结构的重复终端连接起来,如图 10-72 所示。

至此,程序设计完毕,执行结果如图 10-71 所示。

10.10　LabWindows 简介

10.10.1　引言

虚拟仪器编程语言 LabWindows/CVI 是 NI 公司开发的 32 位、面向计算机测控领域的交互式 C 语言软件,可以在多种操作系统(如 Windows、Mac OS 和 UNIX)下运行。它以 ANSI C 为核心,将功能强大、使用灵活的 C 语言与数据采集、分析和表达等测控专业工具有机地结合起来。它的集成化开发、交互式编程方法、丰富的功能面板和库函数大大增强了 C 语言的功能,为熟悉 C 语言的开发人员提供了一个理想的软件开发环境。CVI 编程语言适合较大型测控程序的编写,在实际的测控仪器的开发中有着广泛的应用。

与其他虚拟仪器开发工具相比,LabWindows/CVI 具有以下特点:

（1）集成开发平台

LabWindows/CVI 将源代码、32 位 ANSI C 编译、链接、调试以及标准 ANSI C 库集成在一个交互式开发环境中。用户可以快速方便地编写、调试和修改虚拟仪器应用程序,形成可执行文件。

（2）交互式编程方法

LabWindows/CVI 的编程技术主要是采用事件驱动与回调函数方式。对每一个函数都提供了一个函数面板,用户可以通过函数面板交互地输入函数的每个参数。在脱离主程序 C 源代码的情况下,可以直接在函数面板中执行函数操作,并能方便地把函数语句嵌入到 C 源代码中,还可通过变量声明窗口交互地声明变量。这种交互式编程技术大大地减少了源代码语句的键入量,减少了程序语法可能出现错误的机会,提高了工程设计的效率和可靠性。

（3）简单、直观的图形用户界面设计

LabWindows/CVI 运用可视化交互技术实现"所见即所得",使人机界面的实现直观简便。

（4）完善的兼容性

借助于 LabWindows/CVI,开发人员可以采用所熟悉的 C 编程环境,开发自己的虚拟仪器系统。

（5）功能强大的函数库

针对测控领域的需要,可供用户直接调用的函数库有:基本的数字函数、字符串处理函数、数据运算函数、文件 I/O 函数、高级数据分析库函数、各种驱动函数库等。

（6）多种灵活的程序调试手段

提供的变量显示窗口可观察程序变量和表达式的变化情况,还提供单步运行、断点执行、过程跟踪、参数检查、运行时内存检查等多种调试手段。

（7）网络功能

强大的 Internet 功能,支持常用网络协议,方便网络仪器、远程测控仪器的开发。

同时,LabWindows/CVI 还有以下模块:用于仪器控制、数据采集和分析的交互式 ANSI C 编译软件包,用于构成 GUI 用户界面的编辑器,用于快速样机开发的代码生成工具和内部编译器,用户 DAQ、GPIB、PXI、VXI、串行、信号分析处理、TCP/IP 协议和用户界面的函数库。

10.10.2　LabWindows/CVI 的编程环境

LabWindows/CVI 开发环境有以下三个最主要的窗（window）与函数面板（Function Panel）:

- 项目工程窗（Project Window）
- 用户接口编辑窗（User Interface Editor window）
- 源代码窗（Source window）

1）项目工程窗（Project Window）

一个项目工程窗如图 10-73 所示,其中列出了该项目工程所有的文件。

项目工程窗中的各菜单项功能如下:

File:　　　创建、保存或打开文件。可以打开以下文件:项目工程文件(*.Prj)、源代码文件(*.c)、头文件(*.h)以及用户接口文件(*.uir)。

Edit:　　　在项目工程中添加或移除文件。

Build:　　　使用 LabWindows/CVI　编译链接器编译源文件或项目工程。

Run:　　　运行一个项目工程。

Windows:　用来访问某个已经打开的窗,例如:用户接口编辑窗、源代码窗等。

Tools:　　　运行向导（wizard）或者添加到 Tools 菜单中的一些工具。

Options:　　设置 LabWindows/CVI　的编程环境。

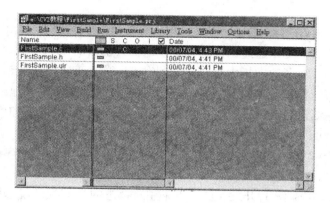

图 10 - 73　项目工程窗

Help：　　　　　　LabWindows/CVI　　在线帮助及 Windows SDK　的函数帮助。

项目工程文件显示了所列文件的状态,其各项的含义如图 10 - 74 所示：

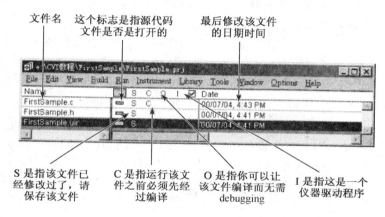

图 10 - 74　项目工程文件的各项含义

2）用户接口编辑窗（User Interface Editor window）

图形用户接口编辑窗是用来创建、编辑 GUI（Graph Uer Interface）的。一个用户接口至少要有一个面板（Panel）以及在面板上的各种控件元素（Control Element）。图形用户接口编辑窗提供了非常快捷的创建、编辑这些面板和控件元素的方法,可以在短时间里创建出符合要求的图形界面。

图 10 - 75 所示就是一个图形用户接口编辑窗。

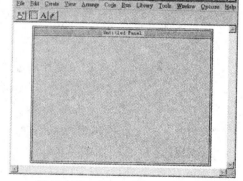

图 10 - 75　图形用户接口编辑窗

下面介绍图形用户接口编辑窗各菜单项的功能：

File：　　　　创建、保存或打开文件。

Edit：　　　　编辑面板或控件元素。

Creat：　　　创建面板和各种控件元素。

View：　　　创建多个面板后可用来查看面板。

Arrange：　调节各个控件元素的位置与大小。

Code：　　　产生源代码,以及选择你所需的事件消息类型。

Run： 运行程序。

Library： 函数库。

Tools： 可使用的工具项。

Windows： 用来访问某个已经打开的窗,例如:项目工程窗,用户接口编辑窗,源代码窗等。

Options： 设置用户接口编辑窗的编辑环境。

Help： LabWindows/CVI 在线帮助及 Windows SDK 的函数帮助。

图形用户接口编辑窗中还有以下四个模式选择按钮：

当按下该按钮后,可以操作面板上的控件,同时可在图形用户接口编辑窗的右上角观察面板上的事件消息。

在这种模式下可以创建、编辑面板和控件元素以及修改它们的属性。

在这种模式下可以直接修改控件元素的名字、标签等文字相关方面的东西。

在这种模式下可以直接修改面板、控件元素的颜色。先把鼠标放在想修改颜色的对象上,点击右键便会弹出一个选色对话框,选择想要的颜色后点击即可。

3) 源代码窗(Source window)

在源代码编辑窗中可以开发 C 语言代码文件。例如:添加、删除、插入函数等编程所需的基本编辑操作。

一个源代码编辑窗(Source window) 如图 10 - 76 所示。

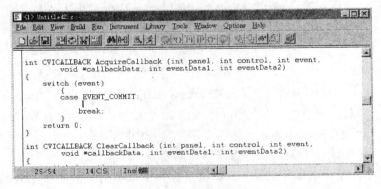

图 10 - 76   源代码编辑窗

下面介绍源代码编辑窗中各菜单项的功能：

File： 创建,保存或打开文件。

Edit： 可用来编辑源代码文件。

View： 设置源代码编辑窗的风格等功能。

Build： 编译文件以及编译设置。

Run： 运行程序。

Instrument：装入仪器驱动程序。

Library： 函数库。

Tools： 一些你可使用的工具项。

Windows: 用来访问某个已经打开的窗,例如:项目工程窗,用接口编辑窗,源代码窗等。

Options: 设置用接口编辑窗的编辑环境。

Help: LabWindows/CVI 在线帮助及 Windows SDK 的函数帮助。

4)函数面板(Fuction Panel)

在 LabWindows/CVI 编程环境下,如果要在源程序某处插入函数时,只需从函数所在的库中选择该函数,便会弹出一个与之对应的函数面板,然后填入该函数所需的参数,完成插入即可。更为方便的是,若参数是一已有的常量或变量,只需点击常量或变量工具按钮后选择所需的量即可;若参数是一变量,可直接声明该变量而无须再切换至源代码窗。

一个函数面板如图 10-77 所示。

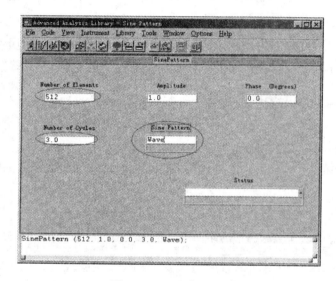

图 10-77　函数面板

这是一个产生正弦波的函数。其中 SinePattern 项用来装正弦波的数组,在程序中是使用数组 Wave[512] 来装正弦波的。当在 SinePattern 项填入 Wave 后,由于 Wave 是一变量,所以需要声明该变量:让鼠标指在 Wave 上然后点击工具条中的声明变量按钮后,便弹出一个声明变量对话框,即可声明该变量为局域变量或为全局变量。

如果对函数中的某个参数不清楚,只需将鼠标置于该项的文本框中点击鼠标右键后便会出现对此参数说明的在线帮助。

10.10.3　LabWindows/CVI 的函数库(Library)

LabWindows/CVI 提供了丰富的函数库,函数库可分为五个大的方面,各个方面又分成了不同的小类:

● 数据采集方面(Data Acquisition),七个库:

Instrument Library: 仪器驱动库

GPIB/GPIB 488.2 Library: 仪器控制函数库

Data Acquisition Library: 数据采集函数库

Easy I/O for DAQ: 易用的数据采集函数库

RS 232 Library: RS 232 库

VISA Library：	VISA 库
VXI Library：	VXI 库

- 数据分析方面,两个库:

Formatting and I/O Library：	格式化以及输入输出库
Analysis Library：	分析库
或 Advanced Analysis Library：	高级分析库

- 数据显示方面:

User Interface Library：	用户接口库

- 网络、通信与数据交换方面,四个库:

DDE Library：	动态数据交换库
TCP Library：	TCP 库
Active X Automation Library：	Active X 自动化库
DataSocket Library：	DataSocket 库

- 其他方面:

ANSI C Library：	标准 C 库

LabWindows/CVI 的功能强大在于它提供了丰富的函数库。利用这些库函数可方便、快捷地开发各种虚拟仪器、数据采集与控制系统等。

10.10.4　LabWindos/CVI 的程序结构和设计步骤

在 LabWindows/CVI 平台开发的程序结构如图 10-78 所示。

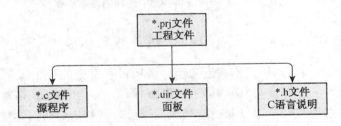

图 10-78　在 LabWindows/CVI 平台开发的程序结构

从图中可以看出,工程文件(＊.prj)是程序文件的主体框架,它包含了 C 源程序文件(＊.c)、头文件(＊.h)、用户界面文件(＊.uir)等三部分。全部软件调试好后,可以将工程文件编译生成可执行文件(＊.exe)。使用 LabWindows/CVI 编写程序时,其基本的文件类型有如下四类:

（1）＊.prj 文件:它是工程文件,主要由＊.c 文件、＊.h 文件、＊.uir 文件组成。

（2）＊.c 文件:它是源程序文件,此文件为标准的 C 语言程序文件。文件由三部分组成:头文件(＊.h)、主程序文件(Main)和回调函数(Callback),其结构和 C 语言的结构一致。

（3）＊.uir 文件:它是用户界面文件。该文件中包含面板和面板中的各类控件,如旋钮、按钮、开关等。每个控件都有自己的属性和事件,当事件发生时,调用相应的回调函数,即可完成相应的仪器功能。

（4）＊.h 文件: 它是头文件, 其结构与 C 语言中的＊.h 文件结构完全一致。在 LabWindows/CVI 中,＊.h 文件是自动生成的,当设计完＊.uir 文件后,保存＊.uir 文件时自动生成＊.h 文件。

使用 LabWindows/CVI 编程的基本步骤如下：

（1）制定程序的基本框架

根据测量任务确定程序的基本框架、面板及程序中所需的函数。

（2）创建用户界面

根据第一步制订的方案，创建用户界面、设置控件属性和回调函数名称。

（3）程序源代码的编写

在创建好用户界面后保存用户界面时，计算机自动生成头文件（*.h 文件），利用计算机自动生成源程序（*.c 文件）代码框架，并在框架中添加函数代码来完成代码的编写。

（4）创建工程文件并运行

将用户界面文件（*.uir 文件）、源代码文件（*.c 文件）和头文件（*.h 文件）添加到工程文件中来完成工程文件的创建，然后编译调试工程文件。

LabWindows/CVI 编程的基本步骤如图 10-79 所示。

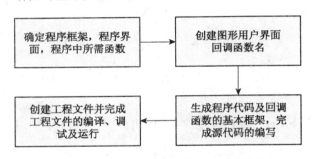

图 10-79 LabWindos/CVI 编程的基本步骤

10.10.5 LabWindows/CVI 应用示例 —— 虚拟示波器

下面介绍的虚拟示波器示例是作者近几年科研项目开发中的一个实例。该项目设计的虚拟示波器的硬件部分不是一个单独的数据采集电路，而是一台完整的实体示波器。虚拟示波器与实体示波器都通过网口连到局域网，通过局域网进行数据和命令通信，虚拟示波器通过网口接收从实体示波器发来的波形数据进行显示、存储与回放、测量、分析与处理等，虚拟示波器也可以通过网口对实体示波器进行实时监控，包括对实体示波器某些功能操作和挡位参数的实时控制和采集波形的实时显示。

虚拟示波器与实体示波器的关系如图 10-80 所示。

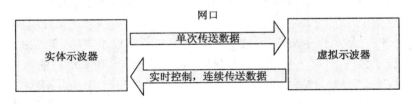

图 10-80 虚拟示波器与实体示波器的关系

该项目的主要技术指标如下：

通道数：四通道

模拟带宽：500 MHz

扫描时基范围:1 ns/div ～ 40 s/div

最高实时采样率:1 Gsps,最高等效采样率:50 Gsps

垂直衰减挡位:1 mV/div ～ 5 V/div

波形显示模式:全屏显示,视窗扩展(双窗口)显示

其中,虚拟示波器软件就是在计算机上基于 LabWindows/CVI 开发的,其主要功能模块包括:虚拟示波器的主面板模块、波形显示模块、软件功能模块。主面板模块完成虚拟示波器的界面设计;波形显示模块负责将实体示波器传送的数据绘制出相应的波形显示在主面板的显示区,包括全屏显示模式和视窗扩展显示模式;虚拟示波器的各软件功能模块主要包括文件存储与回放、参数测量、光标测量、波形分析与处理、网络功能、帮助功能等。虚拟示波器的软件模块框图如图 10-81 所示。

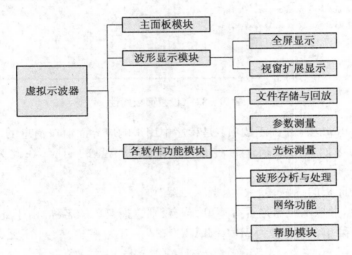

图 10-81 虚拟示波器软件模块框图

因为篇幅关系,下面主要介绍虚拟示波器的主面板设计,波形的显示和分析处理只做简略介绍。

1)主面板设计

● 创建主面板工程:

(1)打开 LabWindows/CVI,进入一个空项目,通过 File → New → User Interface(*. uir)操作,进入图形化用户界面编辑环境,即可创建或编辑用户界面文件。一个用户界面文件至少要有一个面板(Panel),面板上可放置完成不同功能的控件。

(2)在建立用户界面文件后,工具区中有一个空白面板,在空白面板中右击添加一个 Command Button 作为"退出"按钮,设置好 Constant Name 为 QUITBUTTON, Callback Function 为 Quit Callback, Control Mode 设置为 Hot, Label 设置为"退出",然后点击"OK"保存设置。

(3)双击面板即可设置面板的属性,主要设置好面板的 Constant Name,如果需要回调函数的话,再设置好回调函数 Callback Function,属性如图 10-82 所示。

其中的 Constant Name 是用来标识该面板的 resource ID,将这个 resource ID 传递给 Load Panel 函数将面板加入内存。当保存相应的 . uir 文件时,这个常量名字即被定义在与之相对应的 . h 文件中。若未设置此变量,当保存 . uir 文件时,用户界面编辑器将为这个变量自动设置一个值。在此,将主面板的标志设置为 PANEL。

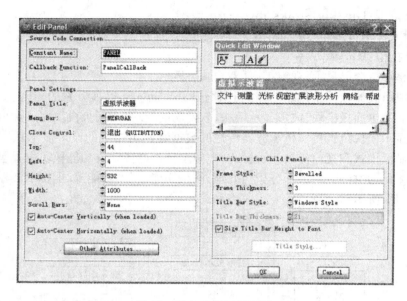

图 10-82　设置面板属性

Callback Function 项(回调函数项)是程序中用来响应界面窗口消息的,即当该面板被点击后,程序会调用该回调函数来作为对面板按下这一消息的响应,在此为 Panel CallBack 函数。

Panel Title 为面板的标题,输入"虚拟示波器"。

Menu Bar 表示虚拟示波器是否有菜单,若有,则选择菜单的名称。由于此虚拟示波器功能较多,所以设置了菜单,菜单名为 MENUBAR。若是一开始搭建平台,还无菜单,则选择"No Menu Bar"。

Close Control 是设置具有关机功能的控件,在此设置为面板中的"退出"按钮。

其余的就是设置面板的一些位置、大小参数及外观风格等。

设置完成后,单击"OK"即可保存。注意,这些参数只是相当于进行了一些初始化,大部分属性参数在运行时还可以通过 LabWindows/CVI 语句 Set Panel Attribute 进行重新设置。如果不设置就用原来设置的初始值。

(4) 保存为 panel. uir 文件,LabWindows/CVI 将自动产生相关的头文件,主要包含面板和控件的信息,具体是一些宏定义和回调函数原型。

(5) 产生程序代码框架。LabWindows/CVI 的 Code Builder 能利用 panel. uir 产生完整的 C 代码,选择菜单 Code→Generate→All Code 菜单,LabWindows/CVI 将在源代码文件中插入相关的头文件,变量声明,回调函数代码块以及一个 main 函数。每个回调函数的代码中都包含一个 switch 结构以及一个默认的 case 语句。产生的这些框架代码语法都是正确的,可以直接编译和运行。

(6) 添加代码到回调函数,让它们能正确地响应用户界面事件。

(7) 添加源代码文件(. c)、头文件(. h)和用户界面文件(. uir)到工程中,保存工程文件(. prj)。

到此,主面板的工程就建立好了。接下来就可以在主面板中添加控件,加入菜单,编写让各个控件之间、控件和菜单之间互相协调工作的代码。

• 添加控件

控件是放置在面板上用来接收用户输入和显示输出信息的对象,是用户与虚拟示波器的数据联系通道,它可响应用户事件(通过回调函数)实现人机对话。每个控件都有自己的属性,使用时需要逐个进行设置。

(1)添加波形显示控件

波形显示控件分为 Graph 控件和 Strip Charts 控件, Graph 控件可对光标进行设置,而 Strip Charts 控件以滚动方式绘制图形形成的轨道,一般配合时钟控件,并设置有回调函数。因为虚拟示波器中需要进行光标测量,所以选择 Graph 控件。由于后续还要进行视窗扩展显示,要分为上下窗口显示,所以,需要有两个 Graph 控件。添加方法为:

在面板空白处右击选择 Graph → Graph 控件,双击 Graph 控件,进入属性设置窗口,如图 10-83 所示。

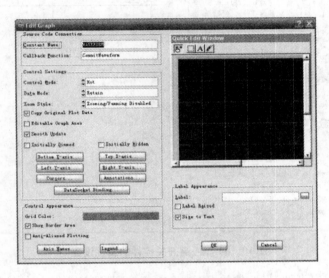

图 10-83 波形显示控件的属性设置

将显示主窗口波形的 Constant Name 设置为 WAVEFORM,显示视窗扩展波形的 Constant Name 设置为 WAVEFORM_EXTRA。用户界面编辑器将此常量名添加到面板的资源 ID 中,形成控件的 ID,这个 ID 定义在保存.uir 时生成的.h 中,用来区分各种控件。

虚拟示波器要实现光标测量的功能,光标测量时单击 Graph 控件移动光标时,需要调用能完成光标测量功能的回调函数,设置回调函数为 CommitWaveform。

Control Mode 一共有四种模式可以选择:

Normal 方式 —— 控件数值可被用户操作,也可编程改变。用户操作能使控件数值改变,但是没有敲击事件产生。

Hot 方式 —— 用户可以操作控件,也可通过编程使控件值改变。用户的动作将产生敲击事件,并改变控件值。

Indicator 方式 —— 控件的值可通过编程改变,但用户的操作不能产生敲击事件或使控件值改变。

Validate 方式 —— 类似于 Hot 方式,不同的是在产生事件前,先对面板上所有需要检测范围的控件值进行检查,控件值无效将有一个通知框显示,所有控件值都有效时才会产生敲击事件。

在这里,将 Control Mode 设置为 Hot 模式,因为需要产生事件来响应光标测量的操作。其余就是一些外观上的设置,这里不细述。

(2)添加通道开关控件

由于示波器通道开关只有"开"和"关"两种状态,因此,选用 Toggle Button 控件作为四个通道的开关按钮。Toggle Button 控件只有两种状态:按下和未按下。当控件按下时,控件的值为1,未按下则为0。

添加 Toggle Button 控件的方法为:在面板空白处右击选择 Toggle Button → Square Text Button,其属性设置如图 10 - 84 所示。

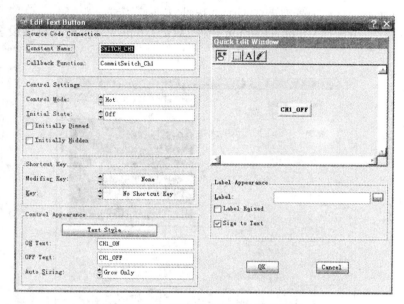

图 10 - 84　通道开关控件的属性设置

由于需要产生用户事件,将控件的 Control Mode 设置为 Hot,将控件的初始值设置为 Off,将开状态时的文字显示为 CH1_ON,将关状态时的文字显示为 CH1_OFF,通道 2、3、4 的设置与此类似。

(3)添加垂直增益挡位的相关控件

虚拟示波器的垂直增益挡位与实体示波器一致,共有 12 档:1 mV/ 格 ~ 5 V/ 格(按 1 - 2 - 5 步进)。在此,使用 LabWindows/CVI 的 Ring Dial 控件。Ring Dial 控件是在一组项目中进行选择,这些控件在外观上和 Numeric 控件很像,但是 Ring Dial 控件有一组固定的 Label/Value 对。通道 2 的垂直增益控件属性设置如图 10 - 85 所示,其余通道类似设置。

常量名为 PLUS_CH2,设置回调函数为 CommitPlus_Ch2,因为要产生事件来控制显示通道波形的垂直增益,因此,将 Control Mode 设置为 Hot 类型,其中 Label/Value 对的设置如图 10 - 86 所示。

垂直增益有 12 个挡位值,可将控件的数据类型设置为整型,Value 值设置为 0 ~ 11。而将 Label/Value 对中的 Label 都设置为空,因为这里的 Label 值会显示在控件的周边,如果将上述 12 挡位的 Label 都一起在这里设置的话,那么显示时要么占用的空间过大,要么空间太小太过拥挤、看不清挡位值,所以在这里不将挡位值显示在控件的周边,而是把挡位值看作字符串,再使用 String(字符串)控件显示各自的挡位值。每当垂直增益的控件值改变时,都要实时更新相应的 String 控件的挡位值。String 控件属性设置如图 10 - 87 所示。

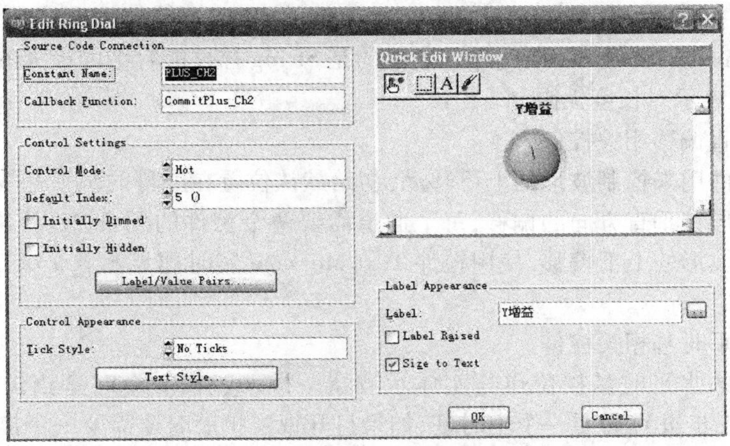

图 10 - 85　垂直增益控件的属性设置

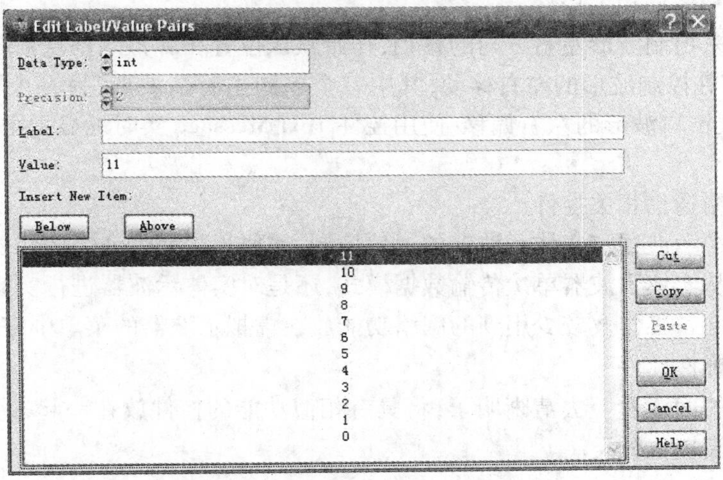

图 10 - 86　Label/Value 对的设置

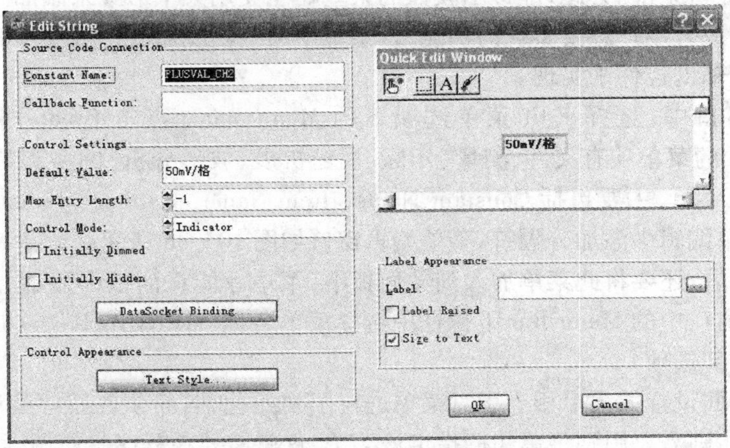

图 10 - 87　String 控件属性设置

因为 String 控件只是用来显示垂直增益挡位值的,所以不设置回调函数,并且将 Control Mode 设置为 Indicator。Max Entry Length 表示的是 String 控件能容纳的最大的字节数,在这里将其设置为 −1,表示对长度无限制。

(4) 添加垂直偏移相关控件

垂直偏移控件用来控制波形的上下移动,初始默认位置在屏幕的水平基线位置。为了清晰地控制和显示波形在垂直方向的偏移,每个通道需要两个控件的配合,使用 Numeric Knob 控件产生事件控制波形的上下偏移,使用控件 Text Message 实时地显示各个通道波形的垂直偏移的具体位置。

(5) 添加水平时基相关控件

虚拟示波器的水平时基挡位也与实体示波器一样,共有 33 个时基挡位:1 ns/ 格 ~ 40 s/ 格(按 1 − 2 − 5 步进)。需要一个主时基,如果打开视窗扩展时还需要一个扩展时基。添加控件时,与垂直增益控件类似,也是选用 Ring Dial 控件,设置 Value 为 0−32,Label 值为空,再使用 String 来显示上述挡位的具体数值。

(6) 添加水平偏移相关控件

水平偏移用来控制波形左右方向的移动,初始默认位置在屏幕的垂直基线位置。使用两个 Numeric Knob 控件控制波形的左右移动,其中一个控制主时基波形,另一个则是在视窗扩展打开时,控制扩展窗口波形的左右偏移。使用控件 Text Message 实时地显示主时基波形水平偏移的具体位置。

(7) 添加网络通信相关控件

为了方便虚拟示波器与实体示波器的通信控制,需要添加两个命令按钮控件,来控制虚拟示波器是工作在从实体示波器单次传输数据模式,还是对实体示波器进行实时监控模式。网络通信相关的其他准备工作及较少用到的网络功能放在虚拟示波器的菜单中完成。

(8) 添加装饰性控件

为了让繁杂的面板看上去清晰明了,将具有相似功能的控件放在一起,并使用 Decoration 控件对面板进行模块化分类。

- 菜单的添加

由于虚拟示波器完成的功能较多,需要的控件较多,而过多的控件会占用主面板大量空间,并会使界面显得杂乱。为此,虚拟示波器的某些功能使用菜单形式来添加。

菜单中可以放置用户想要实现的功能,若菜单中某些功能需要一些额外的控件支持,可以在子面板中放置辅助控件来实现。

在主面板窗口中,选择 Edit 菜单选项下的 Menu Bars,点击 Create 来创建一个菜单 MENUBAR,添加的菜单项有文件、测量、光标、视窗扩展、波形分析、网络和帮助。设置各个菜单项及下面的子菜单,主要包括 Constant Name, Item Name, Callback Function。若子菜单过多,还可以在菜单编辑中添加分隔符。菜单编辑窗口如图 10−88 所示。

编辑好菜单后,还要将此菜单加入到父面板中,菜单才能在面板中显示。加入的方法为在 panel 属性设置窗口中的 Menu Bar 下拉框中选择菜单名称"MENUBAR",这时,在父面板中就显示了菜单的全部选项。

通过用户界面设置的菜单相当于对菜单进行了初始化,若希望在程序运行时改变或更新菜单的某些属性,则需要用到菜单句柄指定该菜单,这就需要在程序中使用函数 LoadMenuBar 将菜单从用户界面资源(.uir)文件或者文本用户界面(.tui)文件加载至内存。这个函数将返

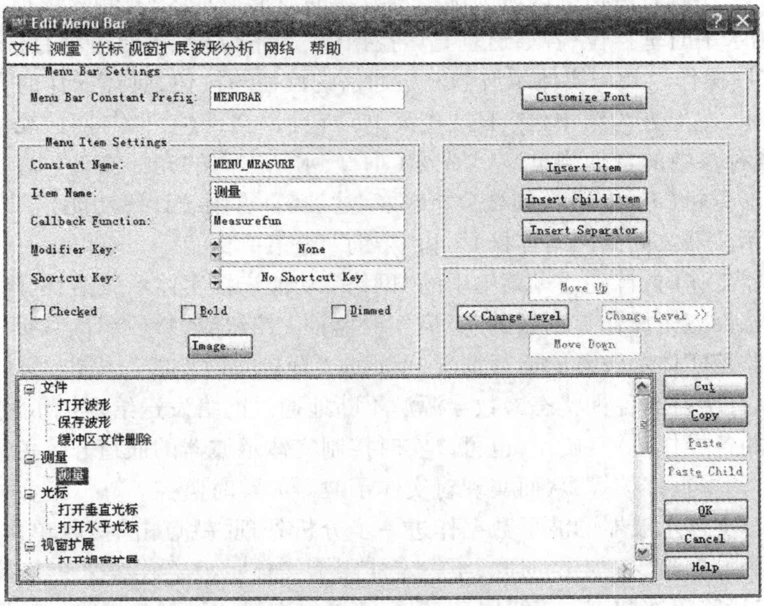

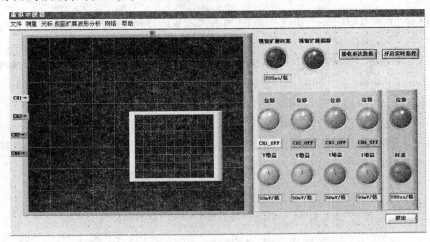

图 10-88 菜单编辑窗口

回一个菜单句柄,之后就可以在程序中通过这个菜单句柄来指定这个菜单,对菜单进行操作。当调用 LoadMenuBar 函数时,每个在 .uir 文件中指定的菜单或子菜单的回调函数都将自动地关联到具有相同名字的函数。

若某个菜单下的功能需要辅助控件,则可以在菜单的回调函数中加载子面板,在子面板中放置辅助控件即可。

菜单的回调函数原型为 int CVICALLBACK MenuBarResponse (int menubar, int menuitem, void * callbackdata, int panel)。对于菜单,只有 EVENT_COMMIT 事件,所以在回调函数中不再有 event 参数,menubar 为产生事件的菜单,menuitem 为产生事件的具体子菜单,panel 为产生事件的面板,callbackdata 为与事件相关的一些数据。

至此,添加好所有控件和菜单的主面板界面如图 10-89 所示。

图 10-89 添加好所有控件和菜单的主面板界面

图10-89中,左侧有网格的区域为虚拟示波器的波形显示区;右侧为虚拟示波器的操作控制区,含有控制水平时基挡位、各通道垂直增益挡位、水平位移、各通道垂直位移、各通道打开/关闭、视窗扩展操作以及与实体示波器网络通信的旋钮与按钮,具体操作时可用鼠标点击相应的按钮或旋钮;左上方为菜单区(下拉式菜单),包括"文件(存储与回放功能)"、"测量(时间、幅度方面各种参数的自动测量)"、"光标(垂直、水平方向的光标测量)"、"视窗扩展(打开/关闭)"、"波形分析(时域分析、频域分析、数字滤波、直方图统计等功能)"、"网络(控制虚拟示波器与实体示波器之间的网络连接)"和"帮助"等菜单功能。

虚拟示波器工作时,首先通过菜单中的"网络"功能连接实体示波器;网络连接成功后,再根据具体需要选择点击操作控制区的"开启实时监控"按钮或"接收单次数据"按钮。

如果需要监控实体示波器的运行情况,就点击"开启实时监控"按钮。实体示波器的波形数据和时基、垂直增益等各种状态参数会源源不断地通过网络发送给虚拟示波器实时显示,通过虚拟示波器的各操作按钮、旋钮,也可以实时控制实体示波器的通道开/关、时基挡位、垂直增益挡位、水平/垂直位移等,从而实现对实体示波器的实时监控。

如果需要对实体示波器的波形数据作进一步分析处理,就点击"接收单次数据"按钮。因为分析处理波形数据需要一定的时间,不一定能跟上实体示波器连续采集每帧波形数据的速度,因此,点击"接收单次数据"按钮后,虚拟示波器每次只通过网络接收一帧波形数据作分析处理,处理完后要再接收下面的波形数据,需要再点击"接收单次数据"按钮。

2)波形的显示

(1)从实体示波器单次接收数据

当实体示波器与虚拟示波器通过网口连接成功后,即可进行通信。当虚拟示波器向实体示波器请求数据时,实体示波器采集满一屏数据时,即将这次采集的所有数据与相关参数传送至虚拟示波器。

虚拟示波器在接收到数据后,根据传送过来的相关参数(数据点数、通道开关状态、垂直增益、垂直偏移、时基挡位与水平偏移等参数),对其进行转换并显示到虚拟示波器的波形显示控件中。用户可以改变虚拟示波器的垂直挡位、垂直偏移、水平偏移、时基等,以更好地观测传送过来的波形。若用户对波形中的某些细节感兴趣,还可以打开视窗扩展功能,选取主窗口中的某一段,在扩展窗中拉开显示。

(2)波形的显示

在LabWindows/CVI中,主要使用画图函数PlotWaveform将波形画到一个graph控件中。其函数原型为:

Int PlotWaveform (int Panel_Handle, int Control_ID, void *Y_Array, int Number_of_Points, int Y_Data_Type, double Y_Gain, double Y_Offset, double Initial_X, double X_Increment, int Plot_Style, int Point_Style, int Line_Style, int Point_Frequency, int Color);

PlotWaveform函数根据Y_Gain(垂直增益挡位)和Y_Offset(垂直偏移)来控制波形数据的数组Y_Array中的值显示,在X轴方向,则是根据Initial_X和X_Increment来控制,函数按如下规律控制图形中的每个点:

$$x_i = (i^* X\_Increment) + Initial\_X$$
$$y_i = (wfm_i^* Y\_Gain) + Y\_Offset$$

(10-1)

在式(10-1)中,i为波形数组中某点的索引,wfm_i为数组中索引为i的点的值。Y_Gain、

Y_Offset、Initial_X、X_Increment 的类型均为 double 型，Y_Gain 为数组 Y_Array 的增益，Y_Offset 为添加到数组 Y_Array 上的固定偏移，Initial_X 为 X 轴的起始值，X_Increment 为每个点在 X 轴方向上的增量。

画波形用的波形数据即为接收实体示波器传过来的、且已根据虚拟示波器的波形显示需要做过抽取和转换的数据，只需将此数据传入 PlotWaveform 函数的 Y_Array 参数中即可。同时，Y_Data_Type 设置为 VAL_DOUBLE，即 double 型。Number_of_Points 为所需要画的波形点数，即使数组中的元素个数大于 Number_of_Points，画的波形点数仍为 Number_of_Points，此值必须大于 0。

Plot_Style 用来选择画图时数据点的连线风格，Point_Style 用来设置数据点的绘制风格，Line_Style 用来设置线的类型，Point_Frequency 为画标记符号的点区间。

Color 指定所画点的颜色，该 RGB 值是一个 4 - byte 的整形数据，使用十六进制格式表示为 0x00RRGGBB，RR、GG、BB 分别为 color 值中红色，绿色，蓝色分量，若不想使用 LabWindows/CVI 系统中的 16 种标准颜色，还可以使用函数 Makecolor，传入独立的 R、G、B 强度值，即可产生想要的颜色，再传入数组中。

PlotWaveform 函数将返回一个已画好的波形的句柄，该句柄可以在后续的程序中使用，用来指定该波形。若返回的句柄为正数，则表示波形已被成功地画到 graph 控件中，若为负数则表明发生了错误，波形未画到 graph 中。

在画好一次波形后，若之后还有新的波形需要画，则需要将之前的波形清除掉，否则之前的波形会一直存在，新画的波形将叠加在原来的波形上。这时，需要一个变量标识各个通道的波形，这个变量就是上述画图函数返回的句柄。每个句柄标识一个画图操作，当画图成功时，该值为正数，之后若要重新画图，首先判断标识该通道波形的句柄是否为正数，若大于 0，则表示之前的波形还未清除，此时需要使用函数 DeleteGraphPlot 清除该通道的波形，再将该通道的波形句柄置为 0，然后再画图。

图 10 - 90 就是绘制了通道 1 和通道 2 波形的虚拟示波器显示界面。从图中可以看出，只有通道 1 和通道 2 是"开(ON)"的，通道 3 和通道 4 是"关(OFF)"的，时基挡位和各通道的 Y 增益挡位也有对应的显示。

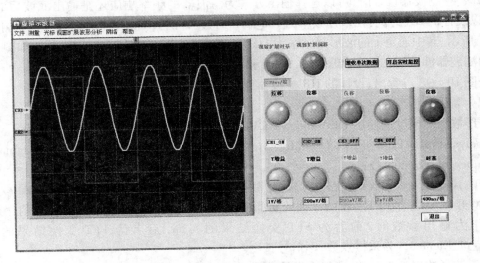

图 10 - 90　虚拟示波器的波形显示

3）波形数据的分析处理

虚拟示波器的分析处理功能有很多,这里只简略介绍数字滤波和频谱分析这两个功能的实现。

（1）数字滤波

在实际测量中,被测信号经常受到噪声的干扰。在虚拟示波器中,可以采用数字滤波抑制噪声的干扰。数字滤波是以数值计算的方法对离散化信号进行处理,以减小干扰信号所占的比例,从而提高信号的质量,达到滤波的目的。

根据冲击响应,可以将滤波器分为有限冲击响应(FIR)滤波器和无限冲击响应(IIR)滤波器。对于 FIR 滤波器,冲击响应在有限时间内衰减为零,其输出仅取决于当前和过去的输入信号值。对于 IIR 滤波器,冲击响应会无限持续,输出取决于当前及过去的输入信号值和过去输出的值。两种滤波器各有特点,IIR 滤波器可以较好地保留幅值频率特性,而 FIR 滤波器可以实现相位的不失真。

虚拟示波器中的数字滤波器设计步骤如下:

① 首先,选择滤波器的通过频带类型,即在低通、高通、带通、带阻中选择一个类型。

② 滤波器类型选择。选择是 IIR 滤波器还是 FIR 滤波器,因为这两种滤波器将会有完全不同的设计参数和模板。若为前者,则还需要选择以哪种方式实现滤波器特性,即在巴特沃斯滤波器、切比雪夫滤波器等类型中选择一个;若为后者,还需要选择窗函数的类型。

③ 截止频率确定。对低通滤波器只需要确定上限截止频率,对高通滤波器只需要确定下限截止频率,对带通和带阻则应确定上限和下限截止频率。

④ 采样频率设定。对各种类型的滤波器,必须设置成滤波器输入信号的采样频率,否则滤波结果将不正确。

⑤ 滤波器的阶数。阶数越高,滤波器的幅频特性曲线过渡带衰减越快。

⑥ 特殊参数。对于 IIR 和 FIR 参数,还有其额外的参数需要选择,如对不同的滤波函数,需要的参数不一样。如切比雪夫滤波器需要控制波纹幅度,而其他很多滤波器都不需要这个参数。

在本虚拟示波器示例的滤波器设计中,只显示与当前滤波器相关的参数,不相关的参数控件将隐藏。在滤波器设计时,可以选择输出方式为滤波器的频率响应还是输出滤波后的波形。在此,以设计的 IIR 为例:在采样频率为 100 MHz 时,设计的 IIR 滤波器的幅频与相频响应如图 10 - 91 所示。其中通道 1 的波形是频率为 1 MHz,峰-峰值为 4 V 的正弦信号。使用如图 10 - 91 所示的滤波器滤波后的波形如图 10 - 92 所示。

由图 10 - 92 可看出,设计的 IIR 滤波器能较好地保留信号的幅值特性。

（2）频谱分析

波形数据的幅度谱使用 LabWindows/CVI 中的 FFT 函数来计算,其函数原型为:

AnalysisLibErrType FFT （double Array_X_Real[ ], double Array_X_Imaginary[ ], int Number_of_Elements）;

其中, 前两个参数既可作为输入参数也可作为输出参数。作为输入参数时, Array_X_Real[ ] 为作 FFT 变换的序列的实部,Array_X_Imaginary[ ] 为作 FFT 变换的序列的虚部;在作为输出参数时, 前者为 FFT 变换结果的实部,后者为 FFT 变换结果的虚部。Number_of_Elements 为采样点数,即信号长度。

由于波形数据都是实数,所以在计算 FFT 时,输入参数的实部即为需要进行计算的波形数

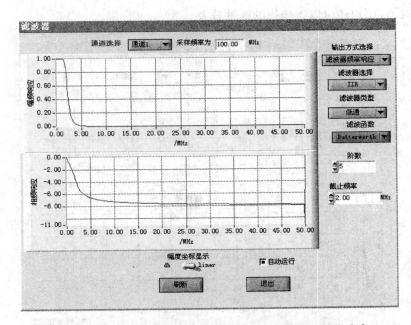

图 10 - 91 虚拟示波器设计的 IIR 滤波器的幅频与相频响应

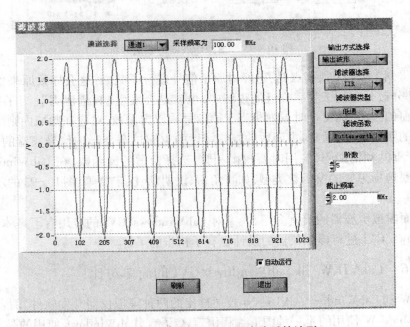

图 10 - 92 使用 IIR 滤波器滤波后的波形

据,虚部为 0。本虚拟示波器示例中共采用 1 024 点波形数据进行 FFT 计算,若数据源不够 1024
点,则在后面补 0 至 1 024 点;若多于 1 024 点,则从数据源中抽取 1 024 点进行计算。根据对应
的时基挡位可以计算出其采样频率。

实体示波器的时基挡位为 1 us/ 格时,采样率为 1 Gsps,采集到的数据量为 512 * 20 点,所
以,当使用其中的 512 * 2 = 1024 点时,等效的采样率为 100 Msps。因此,在计算单边频谱时,其
横坐标范围为(0 ~ 50)Mhz。当输入信号为方波时,其幅度谱如图 10 - 93 所示。为了更好地观

看波形的幅度谱,用户还可以将坐标的横轴放大。

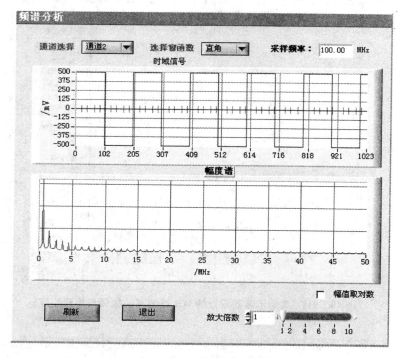

图 10-93　虚拟示波器的频谱分析

由于在得到 1 024 个数据点时,已经对原始信号进行了截断,这会导致原来集中在某一频率的功率,部分被分散到该频率临近的频域中,也就是会发生"频谱泄露"。为了抑制"泄露",通常采用加窗的方法。加窗在时域内相当于原信号乘以窗函数,对应在频域内则是原信号的频谱与窗函数的频谱卷积。通常,窗函数的幅频特性的主瓣过宽会影响信号频谱的分辨率,旁瓣太大,会有严重的频谱泄露,应用时要权衡利弊,选择合适的窗函数。在 LabWindows/CVI 中,可以根据需要选择想要的窗函数类型,如直角窗、汉明窗、汉宁窗等。图 10-93 的示例中选择了直角窗。

通过上面虚拟示波器的实例介绍,大家对 LabWindows/CVI 的应用有了具体的了解,对基于 LabWindows/CVI 进行虚拟仪器的设计也有了初步的了解。

10.10.6　LabVIEW 和 LabWindows/CVI 的简单对比

LabVIEW 和 LabWindows/CVI 是 NI 公司推出的两种虚拟仪器开发软件,两者之间最大的区别就是:LabVIEW 使用的是一种图形编程语言,G 语言。LabWindows 使用的是 ANSI C 开发环境。共同点就是:都是面向虚拟实验技术的软件产品。曾经有人说,利用这些软件之一和采集卡,即可构建一套个人电子实验室,而不再需要投入大量资金和时间去重复建设。

1) LabVIEW

NI LabVIEW 是一种图形化的编程语言,用于快速创建灵活的、可升级的测试、测量和控制应用程序。使用 LabVIEW,工程师和科学家们可以采集到实际信号,并对其进行分析得出有用信息,然后将测量结果和应用程序进行分享。使用 LabVIEW 来编程,你会发现鼠标的使用率远远高于键盘。使用图形来编程,能够充分利用空间和色彩,但是由于其高度的封装,很多底层编程无法涉及。

2）LabWindows/CVI

LabWindows/CVI 是一个完全的标准 C 开发环境，用于开发虚拟仪器应用系统。LabWindows/CVI 不仅内置丰富的函数库用于完成数据采集、分析和显示任务，而且因为采用 C 语言，也可以定制更多的底层操作。它还提供简单的拖放式用户界面编辑器以及自动代码生成工具，把掌握的 C 语言编程知识与 LabWindows/CVI 简单易用的特性结合在一起，可加快开发复杂的测量应用系统的速度。

参 考 文 献

[1] 中国合格评定国家认可委员会.CNAS-CL07:测量不确定度的要求.2011.11

[2] Keysight.测量不确定度.www.keysight.com

[3] Tektronix.深入了解信号发生器.www.tek.com

[4] Analog Device. 400 MSPS 14 – Bit, 1.8 V CMOS Direct Digital Synthesizer AD9951 Datasheet. www.analog.com

[5] 郑家祥,等.电子测量原理.北京:国防工业出版社,1980

[6] 郭成生,古天祥,等.电子仪器原理.北京:国防工业出版社,1989

[7] 王文梁.100MSa/s 任意波形发生器硬件设计.电子科技大学硕士论文,2007

[8] Keysight. TrueForm 波形生成技术.www.keysight.com

[9] 崔城.高速实时数字荧光示波器中数据采集与显示技术的设计与实现.东南大学硕士论文,2013

[10] 罗伟.数字荧光示波器中触发技术的研究与实现.东南大学硕士论文,2012

[11] 张宾.5Gsa/s 数字示波器中数据采集与荧光显示模块的设计与实现.东南大学硕士论文,2015

[12] Tektronix.逻辑分析仪基础知识入门手册.www.tek.com

[13] Tektronix. TLA7000 系列产品技术资料.www.tek.com

[14] Keysight. Keysight 16850 系列便携式逻辑分析仪.www.keysight.com

[15] Agilent.得心应手的逻辑分析仪.www.keysight.com

[16] Tektronix.实时频谱分析基础知识.www.tek.com

[17] Tektronix.现代实时频谱测试技术介绍.www.tek.com

[18] 苗胜,等.测试总线的发展、对比及展望.仪器仪表学报,2011,No.6

[19] 叶关山.PXI 总线平台的比较研究[J].科学技术与工程,2008,8(16):4508-4512

[20] 尹洪涛,等.LXI 标准概述[J].国外电子测量技术,2007,26(5):15-18

[21] 秘文亮,等.LXI 总线技术.四川兵工学报,2009,No.9

[22] 周志波,等.AXIe 标准研究.计算机测量与控制,2011,No.6

[23] 彭刚峰,等.新一代测试总线标准——AXIe 综述.测控技术,2012,No.7

[24] 刘岩.AXIe 接口技术研究及实现.哈尔滨工业大学硕士论文,2014

[25] 詹惠琴,等.虚拟仪器———一种全新概念的仪器.电子制作,2008,No.4

[26] 《LabWindows/CVI 基础教程》.吉林大学电气学院 znyq.jlu.edu.cn

[27] 温荷香.基于 LabWindows/CVI 的虚拟示波器软件的设计与实现.东南大学硕士论文,2012

[28] National Instruments Corporation. LabWindows /CVI Help. www.ni.com. 2007

[29] 管致中,杨吉祥,等.电子测量仪器实用大全.南京:东南大学出版社,1995

[30] 常新华,等.电子测量仪器技术手册.北京:电子工业出版社,1992

[31] 雷春奇,赵之凡.基于 DDS 的 AWG 波形噪声分析及对称性设计.电子测量与仪器学报,1998,No.3

[32] 肖明耀.关于统一测量不确定度的表达.中国计量,1996,No.9

[33] 孟绍锋,詹宏英.积分式 A/D 转换技术的发展过程.电子测量技术,1992,No.2

[34] 李景威.调制域分析——测量数字装置中信号跳动的新方法.现代电子测量技术,1993,No.3

[35] 白居宪.低噪声频率合成.西安:西安交通大学出版社,1995

[36] San Diego,CA. The Evolution and Maturity of Fractional——NPLL Synthesis. Macrowave Journal,1996. No.1

［37］汤世贤. 微波测量. 北京:国防工业出版社,1991

［38］李春明,等. 任意函数发生器的相位截断对数字合成信号影响的分析. 电子测量与仪器学报,1997,No. 2

［39］王梦勋,等. 如何确定频谱分析仪的频率分辨率. 电子测试,1998,No. 11-12

［40］胡克宪. 数字存储示波器特性与应用. 电子测量技术,2001,No. 3

［41］VXI bus System Spcification Revision 1. 3,July,14,1989

［42］IVI-3. 1：Driver Architecture Specification, Rev. 1. 0 Voting candidate, IVI Founcation. Mar. 5,2002

［43］LabVIEW User Manual. National Instruments Corporation,1998

［44］IVI-3.2：Inherent Capabilities Specification, Rev,1.0(Final Draft). IVI Foundation. Mar. 5,2002

［45］VPP-2：System Frameworks Specification Rev. 4. 2,VXI Plug & play System Alliance. Mar. 17,2000

［46］VPP-3. 1：Instrument Drivers Architecture and Design Specification, Rev. 4. 1, VXI Plug & Play System Alliance. Dec. 4,1998

［47］VPP-4.3. 2：VISA Implementation Specification for Textual Language, Rev. 2. 2, VXI Plug & Play System Alliance. Mar. 17,2000

［48］VPP-7：Soft Front panel Specification, Rev. 4. 1, VXI Plug & Play System Alliance. Dec. 4,1998

［49］林茂六,等. 高速采样信号数字内插理论与正弦内插算法研究. 电子学报,2000,No. 12

［50］邓焱,等. LabVIEW 7. 1 测试技术与仪器应用. 北京:机械工业出版社,2004